21世纪高等学校计算机
应用技术规划教材

C#程序设计
基础与应用

◎ 严健武 严耿超 李 彬 主编

　　杨晓盼 朱 楷 副主编

U0235896

清华大学出版社

北京

内 容 简 介

本书使用 Microsoft Visual Studio 2010 开发平台,以能独立完成"网络点餐管理系统"项目的开发为目标,对面向对象的程序设计语言 C♯进行了全面的阐述。全书分为 7 章,内容包括初步认识 C♯、C♯语法基础、面向对象程序设计、Windows 窗体应用程序设计、文件操作、使用 ADO. NET 进行数据库编程开发和网络点餐管理系统项目开发。

本书适合作为高等院校计算机相关专业 C♯语言程序设计的教材,也可以作为程序设计爱好者的自学参考书。

图书在版编目(CIP)数据

C♯程序设计基础与应用/严健武等主编.—北京:清华大学出版社,2019(2022.1重印)
(21 世纪高等学校计算机应用技术规划教材)
ISBN 978-7-302-51462-6

Ⅰ.①C… Ⅱ.①严… Ⅲ.①C 语言－程序设计－高等学校－教材 Ⅳ.①TP312.8

中国版本图书馆 CIP 数据核字(2018)第 258155 号

责任编辑:刘 星 薛 阳
封面设计:刘 键
责任校对:李建庄
责任印制:杨 艳

出版发行:清华大学出版社
  网 址:http://www.tup.com.cn,http://www.wqbook.com
  地 址:北京清华大学学研大厦 A 座   邮 编:100084
  社 总 机:010-62770175   邮 购:010-83470235
  投稿与读者服务:010-62776969,c-service@tup.tsinghua.edu.cn
  质量反馈:010-62772015,zhiliang@tup.tsinghua.edu.cn
  课件下载:http://www.tup.com.cn,010-83470236
印 装 者:北京鑫海金澳胶印有限公司
经 销:全国新华书店
开 本:185mm×260mm 印 张:26   字 数:630 千字
版 次:2019 年 7 月第 1 版   印 次:2022 年 1 月第 3 次印刷
印 数:2001～2500
定 价:59.80 元

产品编号:077179-01

出版说明

随着我国改革开放的进一步深化,高等教育也得到了快速发展,各地高校紧密结合地方经济建设发展需要,科学运用市场调节机制,加大了使用信息科学等现代科学技术提升、改造传统学科专业的投入力度,通过教育改革合理调整和配置了教育资源,优化了传统学科专业,积极为地方经济建设输送人才,为我国经济社会的快速、健康和可持续发展以及高等教育自身的改革发展做出了巨大贡献。但是,高等教育质量还需要进一步提高以适应经济社会发展的需要,不少高校的专业设置和结构不尽合理,教师队伍整体素质亟待提高,人才培养模式、教学内容和方法需要进一步转变,学生的实践能力和创新精神亟待加强。

教育部一直十分重视高等教育质量工作。2007年1月,教育部下发了《关于实施高等学校本科教学质量与教学改革工程的意见》,计划实施"高等学校本科教学质量与教学改革工程(简称'质量工程')",通过专业结构调整、课程教材建设、实践教学改革、教学团队建设等多项内容,进一步深化高等学校教学改革,提高人才培养的能力和水平,更好地满足经济社会发展对高素质人才的需要。在贯彻和落实教育部"质量工程"的过程中,各地高校发挥师资力量强、办学经验丰富、教学资源充裕等优势,对其特色专业及特色课程(群)加以规划、整理和总结,更新教学内容、改革课程体系,建设了一大批内容新、体系新、方法新、手段新的特色课程。在此基础上,经教育部相关教学指导委员会专家的指导和建议,清华大学出版社在多个领域精选各高校的特色课程,分别规划出版系列教材,以配合"质量工程"的实施,满足各高校教学质量和教学改革的需要。

本系列教材立足于计算机公共课程领域,以公共基础课为主、专业基础课为辅,横向满足高校多层次教学的需要。在规划过程中体现了如下一些基本原则和特点。

(1)面向多层次、多学科专业,强调计算机在各专业中的应用。教材内容坚持基本理论适度,反映各层次对基本理论和原理的需求,同时加强实践和应用环节。

(2)反映教学需要,促进教学发展。教材要适应多样化的教学需要,正确把握教学内容和课程体系的改革方向,在选择教材内容和编写体系时注意体现素质教育、创新能力与实践能力的培养,为学生的知识、能力、素质协调发展创造条件。

(3)实施精品战略,突出重点,保证质量。规划教材把重点放在公共基础课和专业基础课的教材建设上;特别注意选择并安排一部分原来基础比较好的优秀教材或讲义修订再版,逐步形成精品教材;提倡并鼓励编写体现教学质量和教学改革成果的教材。

(4)主张一纲多本,合理配套。基础课和专业基础课教材配套,同一门课程可以有针对不同层次、面向不同专业的多本具有各自内容特点的教材。处理好教材统一性与多样化,基本教材与辅助教材、教学参考书,文字教材与软件教材的关系,实现教材系列资源配套。

(5) 依靠专家,择优选用。在制定教材规划时依靠各课程专家在调查研究本课程教材建设现状的基础上提出规划选题。在落实主编人选时,要引入竞争机制,通过申报、评审确定主题。书稿完成后要认真实行审稿程序,确保出书质量。

繁荣教材出版事业,提高教材质量的关键是教师。建立一支高水平教材编写梯队才能保证教材的编写质量和建设力度,希望有志于教材建设的教师能够加入到我们的编写队伍中来。

21世纪高等学校计算机应用技术规划教材

联系人:魏江江 weijj@tup.tsinghua.edu.cn

前 言

　　C♯ 是 Microsoft 公司推出的 Microsoft Visual Studio 开发平台中一种面向对象的程序设计语言，采用面向对象、可视化的编程技术，结合事件驱动，使程序设计者能快速、高效地开发出广泛应用于多个领域的应用程序。

　　本书以 C♯ 基础内容为核心，以能独立开发一个完整管理信息系统为目标，按照认知规律来组织和编写教材内容。根据章节知识点分布，通过提供针对知识点的"应用实例"和提高综合运用能力的"典型案例"，帮助读者掌握和巩固学习内容。

　　本书学习线索为开发环境→基础语法→面向对象程序设计→用户界面设计→文件操作→数据库开发，最后完成"网络点餐管理系统"项目的开发任务，该项目将本书所有知识点有机融合在一起，使读者在学习结束后完全具备独立开发各类管理信息系统的能力，能够胜任企业软件设计师工作。本书所有的示例代码均有详尽注释。

　　本书由严健武、严耿超、李彬主编，杨晓盼、朱楷为副主编，其中第 1 章由杨晓盼编写，第 2、6 章由严健武编写，第 3、5 章由严耿超编写，第 4 章由李彬编写，第 7 章由李彬、杨晓盼和朱楷共同编写。严健武对全书进行统稿。

　　由于水平及时间有限等原因，书中疏漏与不足之处在所难免，恳盼读者批评指正。

编　者

2019 年 5 月

目 录

第 1 章

初步认识C#

本章导读

本章首先介绍了 . NET Framework 的基本概念、C♯语言特点以及 Microsoft Visual Studio . NET 开发环境的版本选择和搭建；然后演示了使用 Microsoft Visual Studio 2010 开发环境来创建和编辑项目的过程，认识项目文件分布和程序启动入口，并重点介绍了事件驱动、面向对象的基本概念以及使用 C♯语言编程的一般思路；最后介绍了窗体的基本属性和窗体的生命周期，以及联机帮助系统 MSDN 的使用。

1.1　.NET Framework 与 C♯概述

1.1.1　.NET Framework 概述

Microsoft. NET Framework 是微软公司在 2000 年推出的新一代技术平台。. NET Framework 的体系结构如图 1.1 所示,其主要核心部分为. NET Framework 类库和公共语言运行时 (Common Language Runtime,CLR)。. NET Framework 类库提供大量用于不同编程场合的类,如输入输出、图形图像、网络和数据库操作等；公共语言运行时是. NET Framework 的主要运行引擎,其主要功能是管理内存、线程执行、代码执行、代码安全验证、编译以及其他系统服务,并保证应用和底层操作系统之间必要的分离。

图 1.1　. NET Framework 的体系结构

所有基于. NET Framework 编写的程序源代码首先被编译为与平台无关的中间代码(Intermediate Language,IL),虽然编译后的程序文件扩展名与传统意义上的可执行文件扩展名一致,也为".exe",但不能直接双击执行,操作系统必须安装了. NET Framework,即. NET 应用程序的运行环境,在程序启动时,. NET Framework 公共语言运行时将中间代码再次编译成对应平台的可执行代码,才能正确执行。从这个意义而言,CLR 类似 Java 中的虚拟机。

1.1.2　C♯概述

C♯读作 C-Sharp,是微软公司为新一代技术平台 Microsoft. NET 提供的优秀的编程开发语言之一。微软对 C♯的定义是:"C♯是一种类型安全的、现代的、简单的,由 C 和 C++衍生出来的面向对象的编程语言,它是牢牢根植于 C 和 C++语言之上的,并可快速被 C 和 C++的使用者所熟悉。C♯的目的就是综合 Visual Basic 的高生产率和 C++的行动力。"

基于. NET 的编程语言有很多,但主要有 C++、C♯和 VB. NET。C++虽然功能强大,但学习难度较大、不适合初学者;VB. NET 容易学习而且开发效率高,但主要是为老一代的 VB 程序员平缓过渡到 VB. NET 使用的。C♯继承了 C、C++和 Java 的强大功能和思想,语法高度相似,对于具备 C、C++或 Java 基础的读者,C♯将是一种可以快速入门的语言。

C♯是. NET 技术平台中主要的编程语言,也是目前商业软件开发人员在 Windows 操作系统下选择最多的开发语言之一。在可视化的开发环境下,基于 C♯,使用. NET Framework 功能完善的强大类库,可以轻松地完成目标应用程序的设计。C♯可以用于开发基于 Windows 操作系统的桌面应用程序和基于浏览器的 Web 应用程序,也是基于 Microsoft 移动操作系统下移动应用程序开发的首选语言。

1.1.3　开发环境版本的选择

Microsoft Visual Studio . NET 是开发. NET 应用程序的可视化开发工具。Microsoft Visual Studio . NET 版本从 2000 年的 Microsoft Visual Studio. NET,经历了 Microsoft Visual Studio 2003、Microsoft Visual Studio 2005、Microsoft Visual Studio 2008、Microsoft Visual Studio 2010,以及 Microsoft Visual Studio 2012、Microsoft Visual Studio 2013、Microsoft Visual Studio 2015,到目前本书推出时最新的 Microsoft Visual Studio 2017。不同版本的开发工具,提供了不同版本的. NET Framework 类库支持。对于初学者而言,新版本提供的新特性需要一定的基础才能体会到。笔者认为微软随着 Windows 操作系统版本的升级,在对应的阶段推出了结合当前操作系统新特性的开发平台版本,如 Microsoft Visual Studio 2008 随着 Windows Vista 的出现而推出;Microsoft Visual Studio 2010 更适合在 Windows 7 操作系统下进行开发;Microsoft Visual Studio 2012、Microsoft Visual Studio 2013 跟随 Windows 8、Windows 8.1 的出现而推出;而 Microsoft Visual Studio 2015、Microsoft Visual Studio 2017 更适合在 Windows 10 下进行各种应用开发。因此建议在当前用户使用最多的 Windows 7 操作系统下,使用成熟、稳定的 Microsoft Visual Studio 2010(默认的. NET Framework 版本为. NET Framework 4.0)作为入门的首选开发工具。

其实,本节我们只需要知道 C♯是一门程序设计语言,Microsoft Visual Studio 2010 是 C♯的开发环境,. NET Framework 提供了在开发过程中可能用到的大量工具,并为应用程序提供运行的环境,暂时无须关注其他太多内容。

1.1.4　C♯能做什么

通常将应用程序分为三大类，第一类是桌面应用程序，此类应用程序如信息管理类的图书信息管理系统、学生信息管理系统、职工管理系统、物流信息管理系统、财务管理系统等，一般都有客户端(Client)和服务器端(Server)，又称为 C/S 架构的应用程序(如果没有服务端的又称为单机版应用程序)；此外，还有网络通信类的桌面应用，如我们熟悉的 QQ 之类的计算机版聊天工具，其他桌面应用还有文字处理软件、图形图像处理软件、工业控制系统、游戏开发等。C♯是当前桌面应用程序的开发利器，其高效性和易用性几乎无可匹敌。第二类是 Web 应用程序，也就是常称的网站。.NET 提供基于 C♯语言的 ASP.NET Web 应用开发技术，支持快速的 Web 应用程序开发。其他热门的 Web 开发技术还有 PHP、JSP。"ASP.NET 程序设计"是本课程的后续课程。有 C♯学习基础之后，可以利用学习 C♯基础的经验快速掌握 Web 开发技术。第三类为当前热门的移动应用程序，简称 APP。Microsoft 公司曾为其 Windows Phone 手机、Windows 平板等移动设备提供基于 C♯语言的开发平台，但由于市场的原因没有得到广泛的应用。从 2015 年开始，Microsoft 公司为个人计算机、笔记本以及平板和手机等移动设备提供了统一的操作系统，并提供了通用的开发平台(Universal Windows Platform，UWP)，这样基于 C♯语言开发的 UWP 应用程序就可以同时运行于基于 Windows 10 操作系统的计算机和移动设备中。

1.1.5　本书的学习目标

本书是使用 C♯语言进行基于桌面应用程序开发的教程。桌面应用程序在 C♯中称为 Windows Form 应用程序(在 Microsoft Visual Studio 2013 版本之前的开发模板中也称为 Windows 窗体应用程序)，在 Microsoft Visual Studio 2015、Microsoft Visual Studio 2017 中称为"经典桌面"应用程序。在学习本书之后，读者应能掌握 C♯语法基础、Windows 窗体程序设计、文件操作和数据库操作等内容，最终能独立完成一个管理信息系统的开发，同时为"Web 开发""UWP 应用开发"等后续课程的学习打下坚实基础。

1.2　开发环境的搭建

Microsoft Visual Studio 2010 有多个版本，分别为学习版(Express)、专业版(Professional)、高级版(Premium)和旗舰版(Ultimate)。无论选择哪个版本，对本书内容的学习都没有影响。考虑到目前大多数计算机采用 Windows 7 操作系统，因此，本节将以 Windows 7 操作系统下使用 Microsoft Visual Studio 2010 中文旗舰版作为开发环境来介绍其安装和配置过程。

在 Windows 7 操作系统下安装 Microsoft Visual Studio 2010 比较简单(能运行 Windows 7 的计算机，无论 32 位或 64 位，基本都可以顺利安装 Microsoft Visual Studio 2010)。

(1) 首先找到安装包下的 setup.exe 并启动。

(2) 在出现的图 1.2 中，选择"安装 Microsoft Visual Studio 2010"。

图 1.2　安装界面

（3）在环境检测和阅读许可协议后，将出现如图 1.3 所示的界面。为了减少占用的存储空间和加快安装速度，在图 1.3 中选择"自定义"选项，确定安装位置后，单击"下一步"按钮。

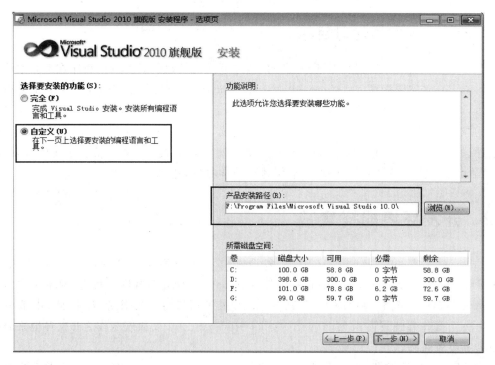

图 1.3　安装选项 1

（4）在如图 1.4 所示的界面中，仅保留 Visual C♯ 项，单击"安装"按钮，直到完成安装。

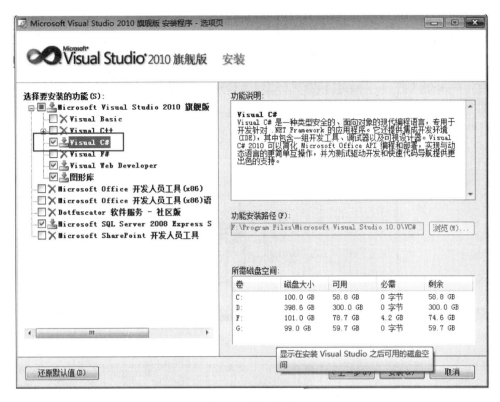

图1.4　安装选项2

1.3　第一个 C♯ 项目

本节从创建第一个 C♯ 应用程序的过程来介绍 Microsoft Visual Studio 2010 开发环境的使用以及代码编写的基本思路。

1.3.1　创建 C♯ 项目

安装好 Microsoft Visual Studio 2010 后,在 Windows 7 的"开始"菜单中选择"所有程序",找到 Microsoft Visual Studio 2010 程序组,单击 Microsoft Visual Studio 2010 程序项,进入开发环境,如图 1.5 所示。

每一个创建的 C♯ 应用程序,都称为一个项目或工程(Project)。我们有两种方法创建一个 C♯ 项目,方法 1:单击图 1.5 中"起始页"中的"新建项目…",如图 1.6 所示。方法 2:选择"文件"→"新建"→"项目…"命令,如图 1.7 所示。使用两种操作方法都将出现如图 1.8 所示的"新建项目"对话框。

在如图 1.8 所示的"新建项目"对话框中,按图中标识的操作步骤操作,其中,项目名称可以任意输入,保存位置可以输入或选择计算机中存在的文件夹(在图 1.8 中假定项目名称为 myFirstCS,并保存到 C:\CS 文件夹中);最后单击"确定"按钮,这样就完成了选用 C♯语言、创建"Windows 窗体应用程序"类型的项目并将项目内容保存到指定的位置。

图 1.5 Microsoft Visual Studio 2010 启动界面

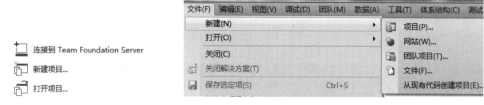

图 1.6 从起始页中新建项目　　　　　　　图 1.7 从"文件"菜单中新建项目

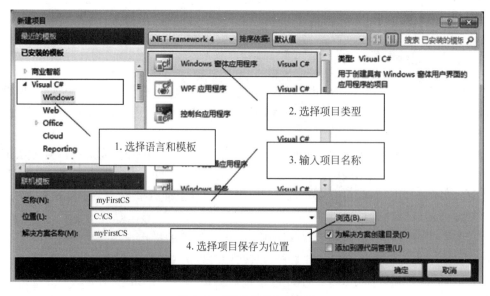

图 1.8 "新建项目"对话框

1.3.2 认识 Microsoft Visual Studio 2010 工作区

当我们在"新建项目"对话框中单击"确定"按钮后,将进入 C♯ 新建项目的开发环境。我们把开发环境划分为几个区域,如图 1.9 所示。

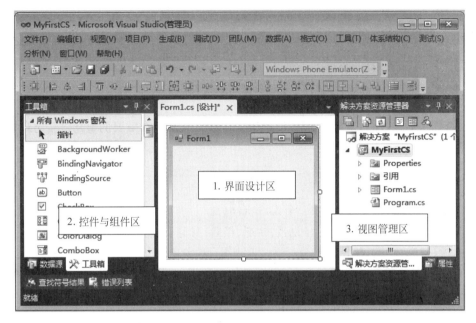

图 1.9 工作区

(1) 界面设计区(窗体):构建应用程序的用户界面。这就好像是我们建房子的一块空地。

(2) 工具箱:也叫控件与组件区,包含大量在设计用户界面过程中可能会用到的界面元素。就好像我们建造房子要用到的材料或工具。

(3) 视图管理区:默认集成了两个可以拖动组合的磁性窗口,分别为"解决方案资源管理器"窗口和"属性"窗口。

① "解决方案资源管理器"窗口:维护和管理项目中用到的所有文件。一个解决方案可以管理多个项目,Microsoft Visual Studio 2010 可以同时进行多个项目的开发(好比建筑公司工程部,管理各种项目),当前的解决方案只有一个项目。

② "属性"窗口:设置界面控件属性的窗口。

(4) 代码区:编写程序代码的区域,在图 1.9 中未体现。使我们的应用程序实现某些特定的功能。正如为房屋等建筑内部布设的供水、供电、供气等管线,从而使这些建筑具备真正实用的功能。

如果视图管理区中各个磁性窗口没有显示,可以通过工具栏中相应的图标按钮来打开,如图 1.10 所示。当然也可以通过"视图"菜单实现同样的功能。

至此,不用写一行代码,一个具有 Windows 风格的窗体界面,并具有最大化、最小化和关闭功能的程序就诞生了。按 F5 快捷键或单击工具栏中的 ▶ 按钮,即可运行该程序。然而,这仅仅是一个应用程序通用的界面框架,不具备更多的功能。如果要实现更多的功能,

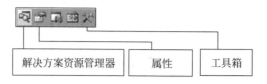

图 1.10　显示视图管理区和工具箱选项卡

比如放置一个按钮到窗体,实现单击该按钮时,做出关闭窗体的动作,从而退出程序,如何实现呢? 这就是下一节要重点介绍的内容。

1.3.3　面向对象与事件驱动的基本概念

C♯是面向对象、事件驱动的程序设计语言。首先介绍两个重要的概念:面向对象和事件驱动。

1. 面向对象

一切存在的事物都是对象,如一个人、一台电视、一个形状等。对象一般具有三大特征:属性、行为和标识。例如,一个人有姓名、性别、年龄、身高和体重等,这是人的属性;一个人可以有吃饭、睡觉、唱歌、跳舞等这些行为,即动作;对象的标识用来确定唯一一个对象,在C♯中,所有的对象都有唯一的一个名称,对象的名称即对象的标识,例如,人是一个抽象的概念,而张三则是具体的对象,虽然现实世界中允许名字相同,但在C♯中不允许两个对象名字相同。

对象与对象之间的联系可以通过消息传递。例如,一个闹钟,可以设置响铃时间(属性),启动计时(动作),计时时间到将触发振动或声音(对其他对象而言,发出"已到设定时间"的消息)。对闹钟响铃的处理,我们可以关掉闹钟(响应消息),或者继续设定新的闹铃。消息就是一个对象可以触发的事件,其他对象可以响应该事件,如关掉闹钟,也可以不响应该事件,如让闹钟一直响。

面向对象是一种程序设计范式,将现实世界中的各类事物,抽象出我们感兴趣的特征或行为,从而建立的一个数字模型,在任何时候都可以通过该模型创建我们所需要的对象。在C♯中,这个数字模型就是一个类,即类型,类是面向对象程序设计中的基本编程单元,是创建对象的模板。类相当于制作产品的模具,而对象则可认为是这个模具生产出来的产品。一个类用数据来描述其属性,用方法来描述其行为,用事件来描述其消息。面向对象的程序设计方法,就是把程序要实现的任务分派给一个个具有不同功能的对象来完成。我们要做的,就是综合了解已存在的类(如.NET类库,包含大量具有不同功能的类),选择合适的类来创建对象,通过设置或获取不同对象的特征,使对象执行不同的动作,或触发、响应不同的事件来完成程序设计任务。

面向对象的程序设计方法使得我们不必关心对象内部如何实现,只要了解对象提供哪些操作接口,就可以像搭积木一样将各个对象组合起来,从而高效地完成系统的开发。

工具箱中包含各种不同类型的控件,这些控件将构成我们界面设计的元素。当将其添加到窗体上时,Microsoft Visual Studio 2010将自动创建该类型的对象。视图管理区中的"属性"窗口列出了当前窗体中选中的对象的各种属性以及该对象可触发的事件,方便我们根据需要设置和选择。其中,(Name)属性就是对象的名称,是唯一的,也是区别同类型对象的标识。

2．事件驱动

事件,可以理解为一个对象向其他对象发出的消息;所谓事件驱动,就是只有在接收到一个对象发出的消息(触发事件)时,(驱动)我们才去做什么(编写代码,响应事件)。一个应用程序运行时,总是一直在等待用户操作或程序内部运行过程中的触发事件,在事件发生的时候编写代码来实现相应的操作,这就是事件驱动与事件处理。

事件通常分为系统事件和用户事件。系统事件是由操作系统触发的,比如程序正在运行,而此时又执行了系统关机操作,那么操作系统将向每一个当前运行的程序发出关闭的消息,对我们运行的程序来说,将触发程序退出的事件;而用户事件,一般是由用户通过键盘或鼠标触发的,如鼠标在窗体上移动、单击或双击时,都将触发窗体对应的事件。大多数事件都是键盘鼠标事件,如在按钮上单击了一下,按钮这个对象会发出被单击的消息(触发Click事件),我们要做的,就是编写代码,响应这个事件;或者应用程序在运行时的内部事件,如当窗体从最小化变为最大化时,会发出“重新绘制窗体”消息,通知界面刷新。

3．基本编程思路

在一个对象上发生什么事件时,我们对这个事件做出什么样的响应,也就是如何处理这些事件。这些响应包括编写程序代码,实现设置或获取其他对象的属性,调用其他对象的方法完成某一个功能。所以,在以后的学习中必须了解我们所需要的对象常用的属性、常用的方法和常用的事件。

> **提示**
>
> 代码编写思路:在哪个对象上触发了什么事件,做出何种响应,这些响应包括设置或取得其他对象的属性、调用对象的方法。

1.3.4　代码编写

按照代码编写思路,如何编写代码,将代码写在什么位置? 下面的例子将解决这个问题。

下例演示了如何创建对象,如何设置对象属性,如何响应对象的事件,如何调用对象的方法。

应用实例1.1　在窗体设计区放置一个显示为“关闭”的按钮,在程序运行时,实现单击按钮时关闭窗体,设计界面如图1.11所示。

1．控件添加和属性设置

从工具箱的“公共控件”组中,找到Button类型的

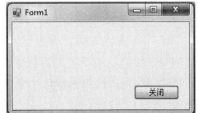

图1.11　界面布局

按钮控件,将 Button 控件添加到窗体上,就自动创建了 Button 对象,默认的名称为 button1。将按钮控件添加到窗体设计区有以下三种方法:①直接双击 Button 控件,在窗体默认位置将自动创建一个按钮对象;②鼠标选中 Button 控件并拖放到窗体的选定位置;③单击 Button 控件后松开,然后在窗体选定位置按住左键画出大小。

按钮添加到窗体后,选中按钮,此时在"属性"窗口中显示的所有属性都是当前选中按钮的属性。注意,首次添加到窗体的按钮,其 Text 属性和 Name 属性都默认为 button1。Name 属性是区分不同对象的标识,是唯一的,可以修改为我们想要的名字,但不能在窗体上存在两个 Name 属性相同的对象;对象的 Text 属性表示在对象表面上显示的文字信息,可以修改为任何值。在属性列表中找到 Text 属性,输入"关闭"。这样,就完成了对象属性的设置,如图 1.12 所示。

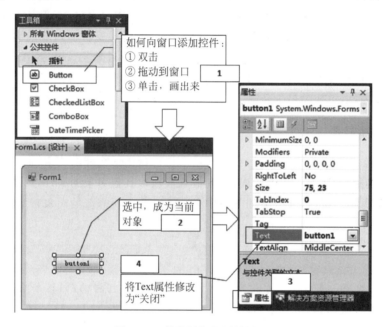

图 1.12　控件添加与属性设置

> **提示**
>
> 　　窗体和任何放置在窗体上的控件,都是一个对象。任何一个对象被选中时,将显示反白的 8 个控制点(通过控制点可以直接拖动来调整控件大小),表示是当前对象。"属性"窗口中显示的属性就是当前对象的属性。

2. 运行

按 F5 快捷键或单击工具栏中的 ▶ 按钮,程序将启动运行。

当程序运行时,单击窗体上的"关闭"按钮,正如我们所预料的,界面毫无反应。如果想要程序执行关闭窗体的功能,我们要对单击按钮时的事件编写代码。也就是说,在按钮这个对象上发生鼠标单击事件时,我们要编写代码响应该事件。我们面临的问题是代码写在什么位置。

3．添加事件处理过程及代码

事件处理过程是一种语法结构，可以由 Microsoft Visual Studio 2010 帮我们自动创建。事件处理过程代表一个对象在发出特定消息时，我们在这里如何去处理，即如何响应。

当双击窗体上的按钮时，将自动打开代码窗体，并自动创建按钮默认的事件处理过程。我们就在这个过程中编写响应事件的程序代码。事件处理过程格式一般为：对象名_事件名，其他内容可以暂时忽略。如在窗体上双击名称为 button1 的按钮，将产生默认的 Click 事件处理过程时，其结构如下：

```
private void button1_Click(object sender, EventArgs e)
{
    //在这里编写事件响应代码
}
```

Click 事件表示在程序运行时在对象上发生的单击事件，在该事件发生时，该事件对应的事件处理过程中的所有代码将被自动执行。自动产生的事件处理过程可以使我们更专注于代码的编写。注意，上面的结构不是手动输入的，双击界面中任何一个对象，都将为该对象产生默认的事件处理过程。

另外，也可以单击"属性"窗口中的"事件"图标，如图 1.13 所示，这里将列出当前选中的 button1 按钮控件所有可能触发的事件。找到 Click 项并双击，同样实现为按钮自动创建事件处理过程结构。

事件处理过程结构及输入的代码如下（阴影部分为手动输入内容）。

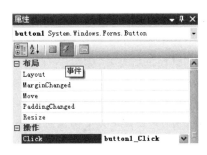

图 1.13 创建 button1 按钮的 Click 事件处理过程

代码片段

```
private void button1_Click(object sender, EventArgs e)
{
    //在这里添加代码
    this.Close();          //关闭窗体
}
```

代码说明

（1）事件处理过程命名方式一般为对象名_事件名，其他部分暂时无须了解。Microsoft Visual Studio 2010 自动帮我们创建好了该事件过程的语法结构，我们要做的就是在一对大括号"{"和"}"之间编写响应该事件的程序代码。

（2）"this. Close( );"语句中，this 代表窗体本身，Close( )是实现关闭窗体功能的方法（动作）。方法相当于 C 语言中的函数，不同的是方法一般是通过对象来调用，即通过"对象名.方法名()"的方式调用(在面向对象的程序设计语言中,函数不能独立存在,只能位于特定的类中,因此把类中的函数都称为方法)。在这里,窗体对象比较特殊,不能使用其名称Form1来调用其方法,而使用this代表窗体对象(原因将在第3章进行分析,这里仅需记住关闭当前窗体的方法)。注意方法名后必须有括号。

(3) C#中,多条语句可以写成一行,一条语句也可以分成多行,每条语句必须以分号结束。所谓语句,即程序要执行的指令,而语句体,则表示一条或多条语句的组合。

(4) 符号"//"是C#中最常用的行注释符,其后面所有内容均为注释,主要是为了方便阅读,程序不会去执行。

(5) 在代码窗体文件中,按钮事件处理过程之外的其他自动生成的代码,我们暂时可以忽略。

⚐ 提示

在一个对象上可能会发生多个事件,如鼠标双击、单击、移动或键盘按键等。在属性窗体的事件列表中,列出大量在该对象上可能发生的事件,大多数情况下,我们只关心极少数的事件。如按钮的默认事件:Click。默认事件只有一个,代表其最常用的事件,双击对象时自动创建的是默认事件处理过程。

如果不小心关闭了代码窗体或窗体设计界面,可以通过"解决方案资源管理器"窗口中的工具栏重新打开,如图1.14所示。重新打开代码窗体的方法有如下几种。

方法1:在"解决方案资源管理器"窗口中,选中要查看代码的文件,单击"解决方案资源管理器"窗口的"查看代码"图标按钮,如图1.14(a)所示。

方法2:直接双击窗体或窗体上任何一个对象,即可进入代码窗体。

方法3:在"解决方案资源管理器"窗口中,选中要查看代码的文件,如本例的Form1.cs,右击,单击"查看代码"命令,如图1.15所示。

如果要重新打开窗体设计界面,可以在"解决方案资源管理器"窗口中,选中窗体文件,然后单击图1.14(b)中的"视图设计器"图标按钮,或直接双击窗体文件。

图 1.14　打开代码窗体和窗体设计区

图 1.15　打开代码窗体

1.3.5　项目文件保存与编辑

1. 项目文件的保存

在项目设计过程中,要养成随时保存文件的习惯。在工具栏上有两个用于执行保存操

作的快捷图标按钮 ■ ⊠,第一个图标按钮表示仅保存当前编辑的文件,第二个图标按钮表示保存所有经过修改的文件。也可以通过快捷键 Ctrl＋S 保存当前文件,或者通过 Shift＋Ctrl＋S 组合键保存所有经过修改的文件。

2. 解决方案资源管理器窗口中的文件

在 1.3.1 节创建的 myFirstCs 项目中,有两个值得我们关注的文件,如图 1.16 所示。一个是窗体文件 Form1.cs,双击其可以打开窗体设计器,也可以通过对其右击来打开代码窗体;另一个是程序文件 Program.cs,包含程序启动入口的文件。正如 C、C++语言一样,每个程序的启动都是从 main()函数开始的,C♯的程序入口在 Program.cs 程序文件中的 Main()方法中。注意,C♯中的 Main()方法首字母是大写的。

图 1.16 "解决方案资源管理器"窗口中的文件

打开 Program.cs 文件,可以看到 Main()方法中包含如下一条语句:

```
Application.Run(new Form1());
```

如果以后在项目中添加了多个窗体,要将其中一个窗体作为程序启动时首先显示的窗体,那么只要将上述语句中的 Form1 替换为项目中存在的窗体名即可。本节暂不对该文件内代码进行过多的解释。

3. 项目保存位置的文件

在新建项目过程中,我们指定了项目的保存位置,如 C:\CS,项目名和解决方案名均为 myFirstCS,那么打开 C:\CS\myFirstCS 文件夹,可以看到图 1.17 中的文件分布,双击 myFirstCS.sln 解决方案文件,可以重新打开该项目进行编辑。

打开图 1.17 中的 myFirstCS 项目文件夹,文件列表如图 1.18 所示。

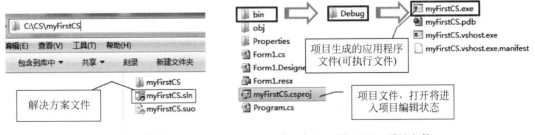

图 1.17 项目保存位置   图 1.18 项目文件

双击解决方案文件(扩展名为 sln)或项目文件(扩展名为 csproj),都可以自动打开 Microsoft Visual Studio 2010 开发环境,进入编辑状态。不同的是,如果解决方案文件包含多个项目,双击解决方案文件,多个项目将一起加载到开发环境进行编辑操作;而双击扩展名为 csproj 的项目文件只打开其本身的项目。

应用实例 1.2 常用控件的使用。

本例演示如何取得对象的属性以及如何设置对象的属性,也是后面章节讲解 C♯语法基础的样例。

(1)实现要求:在应用实例 1.1 建立的 myFirstCS 项目中新增一个名为"MyForm"的窗体,在 MyForm 窗体设计区添加一个按钮控件、两个标签控件、一个文本框控件,保留控件默认的名称。程序运行时,单击按钮,将文本框中输入的内容显示在标签上,如图 1.19 所示。

(2)实例分析:控件是界面设计元素,位于工具箱。每个放置在窗体上的控件都是一个对象,每个对象都具有唯一的对象名属性(Name),通过对象名可以设置对象

图 1.19 运行结果

的属性、调用对象的方法。本例主要了解以下两个简单控件的使用。

① Label 标签控件:主要作用是显示一些提示性的信息,可以在程序运行过程中动态显示操作的结果,或者对其他控件做辅助性的说明。

② TextBox 文本框控件:主要作用是接收用户从键盘输入的内容,输入的内容保存在其 Text 属性中;也可以像标签控件一样用来显示信息。

按钮、标签和文本框都有一个共同的属性 Text,表示显示在控件表面的文本,可以取得该属性,也可以设置该属性。

(3)实现步骤。

① 找到 C:\CS\myFirstCS.sln 解决方案文件或 C:\CS\myFirstCS\myFirstCS.csproj 项目文件,双击,自动打开开发环境并进入项目编辑状态。

② 在解决方案资源管理器中找到 myFirstCS 项目并右击,选择"添加"→"Windows 窗体…"命令,如图 1.20 所示。在弹出的对话框中,输入 MyForm,这样就完成了为项目添加一个新窗体的操作。

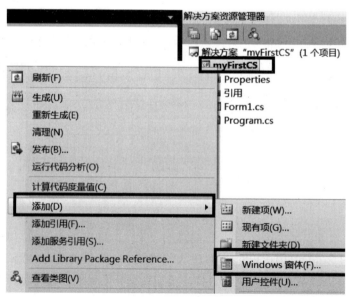

图 1.20 添加新窗体

③ 从工具箱的"公共控件"组中拖动一个 Button 按钮控件、两个 Label 标签控件和一个 TextBox 文本框控件到窗体,并将控件拖放到合适位置。完成的界面布局如图 1.21(a)所示。

④ 在"属性"窗口中,设置 label1 标签的 Text 属性为"请输入内容";设置 button1 按钮的 Text 属性为"显示结果"。效果如图 1.21(b)所示。

图 1.21　界面布局

⑤ 双击 button1 按钮,在自动生成的事件处理过程中,输入下面阴影部分代码。

📑 代码片段

```
private void button1_Click(object sender, EventArgs e)
{
    label2.Text = textBox1.Text;

}
```

📄 代码说明

对象的属性使用"对象名.属性名"方式描述。其中,点(.)可以理解为"的"。label2.Text 表示对象 label2 的 Text 属性;textBox1.Text 表示对象 textBox1 的 Text 属性。窗体上所有的控件都是对象,都有唯一的名称。

"="号为赋值符,表示将右边的值赋给左边的属性。赋值符右边表示在文本框 textbox1 中输入的内容,即其 Text 属性,赋给左边 label2 的 Text 属性,结果使 label2 标签显示的内容与在文本框输入的内容一致。要设置任何对象的属性,只要将要设置的值放在赋值符右边即可,如要使 label2 标签显示的内容为"我的.NET 应用程序",可以写为:

```
label2.Text = "我的.NET 应用程序";
```

注意,要使用代码来设置 Label 控件、TextBox 控件或 Button 控件的 Text 属性的值,该值必须用一对双引号括起。双引号内可以是任意可显示的字符,如数字、字母、符号等,或它们之间的任意组合,以双引号为定界符的任意字符的组合称为"字符串"。

⑥ 由于当前项目有两个窗体:一个是默认创建的 Form1;另一个是 MyForm。为了使程序在运行时首先启动 MyForm 窗体,需要打开 Program.cs 文件,找到下面的语句:

```
Application.Run(new Form1());
```

修改为：

```
Application.Run(newMyForm());
```

按 F5 键运行程序，在文本框中输入"ABC"，单击"显示结果"按钮，将会看到标签控件 label2 也显示与输入一样的内容，如图 1.19 所示。该例也体现了"在对象触发事件时，取得对象的属性，设置对象的属性"的基本编程思路。

▶ 提示

任何放置在窗体上的控件都是对象，要设置或获取对象的属性值，一般使用"对象名.属性名"方式；要调用对象的方法，一般使用"对象名.方法名()"方式，注意方法名后带一对括号。此外，代码中的所有标点符号都要在英文状态下输入。

1.4　认识窗体

1.4.1　窗体的基本属性

窗体是我们创建项目时首先接触到的对象。可以通过修改其属性，使其具有不同的外观和状态。窗体主要属性及含义如下。

（1）StartPosition：窗体启动位置。可能的选项有：①CenterParent，窗体在其父窗体中居中；②CenterScreen，窗体在屏幕居中；③Manul，手动调节位置（默认）。

（2）WindowsState：窗体状态。可能的选项有：①Maximized，最大化的窗口；②Minimized，最小化的窗口；③Normal，默认大小的窗口。

（3）Text：标题栏的标题文字。

（4）ControlBox：显示或隐藏标题栏中的控制按钮。如果值为 False，同时 Text 属性为空，则无标题栏。

（5）Icon：标题栏图标，图标类型文件（扩展名为 ico 的图标文件）。

（6）ShowIcon：是否显示标题栏图标。

（7）MaximizeBox：是否显示标题栏"最大化"按钮。

（8）MinimizeBox：是否显示标题栏"最小化"按钮。

（9）Opacity：透明度。取值范围为 0～1，表示窗体从透明到完全不透明的变化。

（10）ShowInTaskbar：是否在任务栏显示当前窗体。

（11）TopMost：是否作为顶层窗体。顶层窗体是指在其他任何应用程序界面之前的窗体。

（12）BackgroundImage：窗体的背景图。

（13）BackgroundImageLayout：窗体背景图的排列方式。

（14）FormBorderStyle：窗体边框样式。该属性可以设置窗体是否可以调整大小。默认为可调整大小。其可以选择的值比较多，Sizeable 开头的属性值均为可以调整大小；Fix 开头的属性值为不可调整大小；None 表示没有标题栏而且不可调整大小。

应用实例 1.3 设置窗体属性。

实现要求：新建项目，保存为 MyForm。为 MyForm 项目添加一个名为"FirstForm"的新窗体，作为项目启动时首先显示的窗体。设置 FirstForm 窗体的属性，使之成为一个半透明、屏幕居中、无"最大化"按钮、不可调整大小的窗体，标题栏显示为"欢迎！"。

实现步骤如下。

（1）在"解决方案资源管理器"窗口中，右击，选择"添加"→"Windows 窗体"命令。

（2）选中新建的窗体，在"属性"窗口中，修改 Name 属性为"FirstForm"。

（3）修改 Opacity 属性为 0.5，即半透明。

（4）修改 StartPosition 属性为 CenterScreen。

（5）修改 MaximizeBox 属性为 False。注意，运行时"最大化"按钮还在，只是不起作用。

（6）修改 FormBorderStyle 属性为 FixedDialog。

（7）修改 Text 属性为"欢迎！"。

（8）最后，打开 Program.cs 文件，将 Main()方法中的"Application.Run(new Form1());"修改为"Application.Run(new FirstForm());"，即启动程序时，首先打开 FirstForm 窗体。

1.4.2 窗体的生命周期

窗体的生命周期是指窗体从创建、装载到内存准备显示、显示到屏幕以及关闭，最终从内存卸载的整个由生到灭的过程，了解这个过程可以帮助我们将代码写在合适的事件处理过程中。窗体的生命周期可以从窗体的主要事件中体现。其主要事件如下。

（1）Load 事件：窗体装载到内存，准备显示出来，但还未显示到屏幕时。

（2）Shown 事件：窗体显示出来时。

（3）FormClosing 事件：窗体准备关闭时。

（4）FormClosed 事件：窗体关闭，从内存卸载。

一般用得比较多的是 Load 事件，在这里一般做些初始化的操作，如对变量赋值、设置对象的初始属性等。而窗体完全显示出来时，窗体上的控件也完全创建出来，这时可以在 Shown 事件中对控件进行初始化操作，如让文本框取得输入焦点等。而 FormClosing 事件可以让用户在关闭窗体前进行确认操作，最后 FormClosed 事件一般用于在用户关闭窗体后释放对象占用的内存。

应用实例 1.4 使用系统信息对话框来查看窗体的生命周期。

系统信息对话框经常用来在程序运行时查看变量的值，也是将运行信息反馈给用户的一个常用方法。系统信息对话框相当于一个不可调整大小、没有"最大化"和"最小化"按钮的窗体。要在程序运行时弹出系统信息对话框，显示运算的结果或运行阶段的其他信息，需要使用到 MessageBox 类的静态方法 Show（通过类名来直接使用的方法叫静态方法，使用方式为"类名.方法名()"），它最常用的语法如下：

```
MessageBox.Show(参数1,参数2,参数3,参数4);
```

方法说明：

（1）参数 1：对话框中显示的内容，字符串数据。

（2）参数 2：对话框标题栏的文本，字符串数据。

（3）参数 3：显示在对话框中的按钮，为 MessageBoxButtons 类型的枚举值，可选的值如图 1.22(a) 所示，默认为 OK 按钮。（枚举类型将在第 2 章介绍。）

（4）参数 4：显示在对话框中的图标，为 MessageBoxIcon 类型的枚举值，其可选的值如图 1.22(b) 所示。默认无图标。

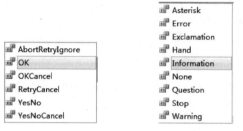

(a) MessageBoxButtons 枚举值　　(b) MessageBoxIcon 枚举值

图 1.22　参数 3 和参数 4 的枚举值

下面的语句是包含 4 个参数的 MessageBox.Show() 方法的使用，效果如图 1.23 所示。

```
MessageBox.Show("这是内容", "标题提示", MessageBoxButtons.OK ,
        MessageBoxIcon.Information);
```

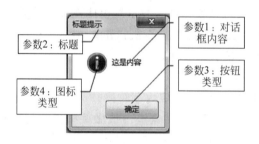

图 1.23　系统信息对话框

另外，在代码调试过程中，更常用的方式是省略参数 3 和参数 4，例如：

```
MessageBox.Show ("这是内容","标题提示");
```

或只有参数 1：

```
MessageBox.Show ("这是内容");
```

本例实现步骤如下。

新建项目，选中默认的 Form1 窗体，在"属性"窗口的"事件"面板中，分别找到 Load、Shown、FormClosing 和 FormClosed 事件并依次双击，并在各自自动生成的事件过程中添加如下代码。

📄 代码片段

```
private void Form1_Load(object sender, EventArgs e)
```

```
    {
        MessageBox.Show("我准备显示");
    }

    private void Form1_Shown(object sender, EventArgs e)
    {
        MessageBox.Show("我已经显示了");
    }

    private void Form1_FormClosing(object sender, FormClosingEventArgs e)
    {
        MessageBox.Show("我准备关闭");
    }

    private void Form1_FormClosed(object sender, FormClosedEventArgs e)
    {
        MessageBox.Show("单击确定,我就关闭了");
    }
```

📄 **代码说明**

　　MessageBox.Show()方法用于打开系统信息对话框。关于方法、方法参数、参数类型等相关的内容将在第2章进行讨论。这里只需要记住,如果要将任何信息作为内容显示在对话框中,直接将其放在方法括号内的一对双引号中即可。

1.5 帮助系统 MSDN

　　MSDN是微软公司为其各种开发技术建立的统一的技术网络资源库,全称为Microsoft Developer Network。在学习和开发过程中,可以通过在线或离线方式查看遇到的任何语法或对象使用问题,通过其给出的示例,更好地掌握所学内容。可以说,MSDN是程序员必不可少的学习工具。

　　默认情况下,MSDN并未安装到本地,为了避免每次查看帮助都需要联机打开MSDN,可以将所需要学习的相关内容下载到本地,其步骤如下。

　　(1)在Visual Studio 2010环境中,选择"帮助"菜单,单击"查看帮助"菜单项,如图1.24所示。

　　(2)在打开的"Microsoft Help查看器"窗体中,单击工具栏中"Help Library管理器"图标,如图1.25所示。

　　(3)在图1.26中,选择"联机安装内容"。

图 1.24　"帮助"菜单

图 1.25　"Microsoft Help 查看器"窗体

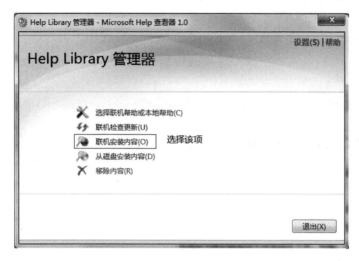

图 1.26　安装 MSDN

(4) 在联机安装内容选择对话框中,选择以下两项内容。

① .NET 类库帮助:.NET Framework 4 -中文(中华人民共和国)。

② C♯语法帮助:Visual C♯ -中文(中华人民共和国)。

注意:安装过程需要联网。为了避免安装其他不需要的内容,只选择上面两项安装。

安装完毕之后,如果要查看 MessageBox.Show()方法的使用,可以将鼠标光标停留在 Show 方法名的任意位置,按 F1 键,将打开"Help Library 查看器",得到该方法的使用指引,如图 1.27 所示。在任何时候,都可以通过在开发环境中使用 Ctrl＋F1＋V 组合键打开帮助系统,在其列出的内容目录中,找到感兴趣的学习内容。

图 1.27　MessageBox.Show()方法的帮助内容

小结

本章首先简要介绍了 C♯、Microsoft Visual Studio、.NET 框架的相关内容及三者的关系，接着通过在 Microsoft Visual Studio 2010 中创建一个 C♯ 应用程序的过程来认识 Microsoft Visual Studio 2010 开发环境布局、项目文件分布及 Microsoft Visual Studio 2010 最基本的操作，包括项目的创建、保存、打开、编辑和运行等。然后介绍了面向对象、事件驱动的基本概念，强调了代码编写的基本思路和位置。重点掌握和理解按钮的 Click 事件及自动创建其事件处理过程，以及如何设置和获取按钮控件、标签控件和文本框控件的 Text 属性，这些最基本的界面设计元素将在第 2 章的应用实例中使用。最后介绍了窗体的基本属性，以及窗体从生到灭的整个过程。MSDN 联机帮助是学习 C♯ 语言的好帮手，因此也一并进行了介绍。

上机实践

练习 1.1　新建项目，保存为 Ex1_1。在默认生成的 Form1 窗体中，添加一个"显示内容"的按钮和一个标签控件，当单击按钮时，编写代码实现将标签内容显示为"我是动态改变的内容"。运行结果如图 1.28 所示。

练习 1.2　新建项目，保存为 Ex1_2。在默认生成的 Form1 窗体中，添加一个"查看结果"的按钮控件和两个文本框控件，当单击按钮时，编写代码实现将第一个文本框的内容显示在第二个文本框中。运行结果如图 1.29 所示。

图 1.28　练习 1.1 运行界面　　　　图 1.29　练习 1.2 运行界面

练习 1.3　新建项目，保存为 Ex1_3。将默认生成的 Form1 窗体设置为无标题栏、不显示在任务栏的顶层窗体，并在窗体中添加一个"关闭"按钮，编写代码实现单击该按钮时关闭窗体。运行结果如图 1.30 所示。

练习 1.4　新建项目，保存为 Ex1_4。在默认生成的 Form1 窗体中，添加一个"显示内容"的按钮控件，编写代码实现单击该按钮时，将窗体标题栏文字修改为"我的第一个.NET 程序"。运行结果如图 1.31 所示。

图 1.30　练习 1.3 运行界面　　　　图 1.31　练习 1.4 运行界面

　　练习 1.5　新建项目,保存为 Ex1_5。在项目中添加两个窗体,分别命名为"FrmFirst"和"FrmSecond",使程序启动时,首先显示 FrmSecond 窗体。

　　练习 1.6　新建项目,保存为 Ex1_6。编写代码实现在窗体显示前,弹出信息对话框显示"欢迎进入 C♯的世界";在窗体关闭时,弹出信息对话框显示"再见!"。

第2章

C#语法基础

本章导读

本章主要介绍C#编程的基础知识,内容包括:常量、变量的定义和使用;基本数据类型和类型转换;运算符和表达式以及结构化的程序设计;代码调试和异常处理等。由于在开发过程中经常需要对字符串类型数据进行各种处理,或使用数组来处理大量同类型的数据,因此读者在本章的学习过程中需要熟练掌握字符串处理的相关方法和数组的使用。另外,在应用程序中,需要调用不同对象的方法来完成特定的功能,本章也将通过实例的方式来介绍对象的创建和方法的使用,以及自定义方法的实现。

2.1 常量与变量

2.1.1 常量和符号常量

(1) 常量:即常数,可以分为数值常量和非数值常量。例如:

数值常量:10,1,2,…

非数值常量:2014-08-04 12:28:19,'a',"abc",true/false,…

(2) 符号常量:用标识符来代替常数。

目的:在程序多个地方用到同一常数时方便统一进行修改。

符号常量在使用前需要使用const关键字进行声明,以说明其类型和代表的值。声明符号常量的语法格式如下:

```
const 类型 标识符 = 值
```

例如:

```
const float PI = 3.14159f;        //声明 float 类型常数 PI
const int YEAR = 2016;            //声明 int 类型的常数 YEAR
```

注意:符号常量一般都使用大写。

2.1.2 变量

变量是指在程序运行过程中,其值可以发生改变的量。实质是程序在运行过程中,用来临时保存数据的内存单元。内存单元的名称,称为变量名;内存单元保存的数据,称为变量值。变量名和变量值,以后均简称为变量。

变量的命名规则如下。

(1) 以字母或下画线开始,后跟字母、下画线或数字。

(2) 大小写具有相关性,即大小写代表不同变量,如 num 和 Num 是不同的变量。

(3) 可以使用汉字作为变量名,但一般不提倡使用。

(4) 不能直接使用系统关键字(具有特定含义的系统标识符)作为变量名,但在系统关键字前加@则可以。如 if 是关键字,则@if 可以做变量名,但这种情况很少使用。

(5) 建议采用英文单词、单词缩写或其组合、拼音作为变量名。

以下是正确的变量名:

```
x  y  school  myClass  num  Num  _year _birth  @int
```

不正确的命名有:

```
8x  901  x-y    -abc   (非字母开头,或带有非法符号)
class  int  float      (C#关键字)
```

本书涉及的几个概念如下。

(1) 标识符:一个名称。如变量名、方法名、类名等,其命名要符合变量命名规则。

(2) 标识符命名方式主要有 camel(驼峰)方式和 Pascal 方式。

① camel 命名方式:首个单词首字母小写,后面单词首字母大写,如 myName、num 等。

② Pascal 命名方式:每个单词的首字母均大写,如 Student、StudentName 等。

建议:一般变量采用 camel 方式命名,方法名、类名、属性名等采用 Pascal 方式命名。

(3) 关键字:由系统定义、具有特殊含义的标识符。如 int、class、public、static 等。

(4) 空白:包含空格、换行符和制表符。多条语句写在一行时,每条语句以分号结束,语句之间可以有空白。

(5) 语句体:也叫语句块。用一对大括号"{}"括起来的一条或多条的语句的组合。语句就是程序执行的一条指令。

(6) 块:由一对大括号"{}"组成的一种结构,有命名空间块、类块、方法块和语句块等。

2.1.3　一个典型的窗体代码文件

认识窗体的代码文件结构,有助于基本语法的学习和上机实践。如图 2.1 所示是一个典型的窗体代码文件的结构,各部分内容说明如下。

(1) using 指令区包含对一系列的命名空间的声明。在代码文件的开始只能出现 using 指令语句。C#使用.NET 类库进行编程,这些众多的类按一定的逻辑结构组织在不同的命名空间中,从而形成.NET 强大的类库。要直接使用这些类,必须通过 using 指令说明这个类位于哪个命名空间中。

(2) 命名空间是类的组织方式,一个命名空间可以包含多个类,每个类必须包含在命名空间中。我们创建一个项目时,命名空间的名称默认是项目的名称。

(3) 类是面向对象程序设计的基本编程单位,包含数据和对数据处理的方法。每一个窗体代码文件都包含一个窗体类,类包含类声明和类主体。类主体通常只包含数据部分和方法部分。数据部分只能出现变量定义语句,不能出现如赋值语句等其他语句。在类主体区域内、所有方法和事件处理过程之外的空白区域都可以作为数据部分,为了便于阅读,一般数据部分都是放在所有的方法之前。类的详细结构将在第 3 章讨论。

(4) 在方法中定义的变量只能在这个方法中使用,在类的数据部分定义的变量可以在类中所有的方法中使用。

(5) 语句,即程序执行的指令或操作,每一条语句以分号(;)结束。一条语句可以写在一行,也可以分成多行书写。一行也可以写多条语句。如图 2.1 中的 28～30 行。

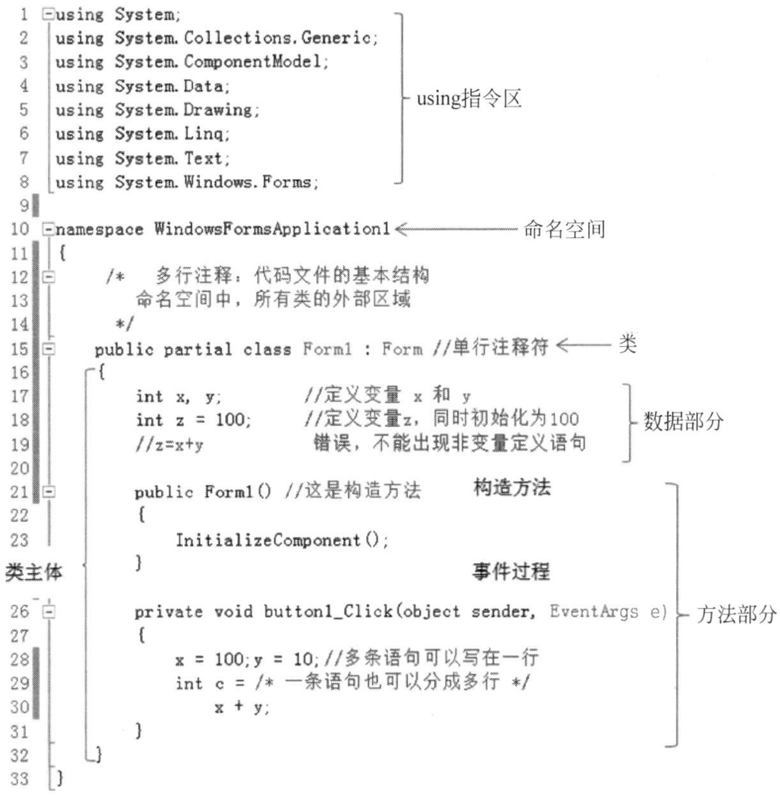

```
1  ┌using System;
2  │ using System.Collections.Generic;
3  │ using System.ComponentModel;
4  │ using System.Data;                      ├─ using指令区
5  │ using System.Drawing;
6  │ using System.Linq;
7  │ using System.Text;
8  └ using System.Windows.Forms;
9
10 ┌namespace WindowsFormsApplication1 ◄─────── 命名空间
11 │ {
12 │ ┌    /*    多行注释：代码文件的基本结构
13 │ │         命名空间中，所有类的外部区域
14 │ └        */
15 │ ┌    public partial class Form1 : Form //单行注释符 ◄───── 类
16 │ │    {
17 │ │        int x, y;        //定义变量 x 和 y
18 │ │        int z = 100;     //定义变量z, 同时初始化为100    ├─ 数据部分
19 │ │        //z=x+y          错误, 不能出现非变量定义语句
20 │ │
21 │ │        public Form1() //这是构造方法    构造方法
22 │ │        {
23 │ │            InitializeComponent();
                                                 事件过程
   类主体     }
26 │ │        private void button1_Click(object sender, EventArgs e) ├─ 方法部分
27 │ │        {
28 │ │            x = 100;y = 10;//多条语句可以写在一行
29 │ │            int c = /* 一条语句也可以分成多行 */
30 │ │                x + y;
31 │ │        }
32 │ └    }
33 └}
```

图 2.1　代码文件的基本结构

(6) 构造方法是一个与类同名的特殊方法,在这个窗体代码文件中,它是在创建窗体对象时(本例在 Main()方法中)被自动调用的,在窗体代码文件中主要执行与窗体相关的初始化操作,比如初始化窗体大小和位置、控件尺寸和位置、创建事件处理过程等。

(7) 赋值符(=),表示将“=”号右边的结果,保存到“=”号左边的变量中。“=”号左边只能是一个变量,右边可以是常数、变量、方法或者后面介绍的表达式的结果。

(8) 注释是对代码描述的内容,目的是方便自己或他人阅读,不会被执行。包括:

① 行注释符“//”:程序运行时将忽略“//”后面所有的内容。

② 多行注释符以“/*”开始,以“*/”结束:中间的内容都属于注释内容,多行注释符可以写在任何位置。

③ XML 格式注释符“///”:在需要注释的空白行中输入“///”,按 Enter 键自动产生,

常用于对方法的注释。例如：

```
/// < summary >
///摘要: 这是 XML 格式注释内容
/// </summary >
/// < param name = "sender"> sender 参数含义</param >
/// < param name = "e"> e 参数含义</param >
```

⚑ **注意**

　　本章我们只关心类主体,它是编写代码的位置。类主体包含数据部分和方法部分。数据部分是类主体内所有方法外部的任何区域,只能出现变量的声明或声明变量的同时初始化的语句,不能出现其他语句,如赋值语句,其他语句只能出现在特定的方法中。方法内一般包含数据和对数据处理的语句。构造方法是特殊的方法,事件处理过程其实也是方法。

　　本节内容的主要目的是让读者对窗体类文件有个大概了解,暂时仅需掌握的内容是:类的数据部分只能定义变量,不能有其他语句;其他语句只能书写在方法内部,通过方法来执行。目前,我们仅接触过事件处理过程,事件处理过程也是方法,这个方法是在对象的事件被触发时自动被调用的。

　　对于代码自动生成的 using 指令区、命名空间、类的声明部分,在本章只需大概了解,第3章将有详细介绍。

2.2 数据类型

　　数据是有类型的,不同类型的数据可以参与不同的运算,在计算机中占用不同长度的内存单元。因此,保存数据的变量也是有类型的,不同类型的变量,占用的内存单元的个数(即长度)不一样,取值范围也不一样。

　　变量在使用(保存数据,或取出数据参与运算)之前,必须先声明(或叫定义,目的是说明其类型),声明变量的过程就是申请内存分配的过程。不同类型的变量,只能保存对应类型的数据。

　　在 C♯ 中,数据类型分为两大类: 值类型和引用类型。值类型的变量直接包含它们的数据,而引用类型的变量存储对它们的数据的引用,后者称为对象。对于引用类型,两个变量可能引用同一个对象,因此对一个变量的操作可能影响另一个变量所引用的对象。对于值类型,每个变量都有它们自己的数据副本(除 ref 和 out 参数变量外),因此对一个变量的操作不可能影响另一个变量。

　　值类型和引用类型的主要区别在于数据的存储方式以及复制方式。可以简单认为,值类型变量存储的是直接数据,引用类型变量存储的实际数据在其他的内存单元中,它保存的是其他内存单元的位置,也即需要通过这个位置,才能找到实际的数据。引用类型的变量相当于 C 语言中的指针变量。下面再举例说明两者的区别。

　　如果将一个值类型变量 x,赋值给一个值类型变量 y,那么 y 就是 x 的一个拷贝,或叫一个副本。当改变 y 的值时,x 的值是不变的。如果把 x 比作一个身份证原件,那么 y 就是身份证的复印件,当复印件被涂改时,原件的内容不会改变。

而引用类型变量保存的是对其他内存单元位置的引用。如果 a 是引用类型,赋值给同为引用类型的 b 时,由于两者都指向同一个内存单元,通过 a 或 b 修改其指向的内存单元的数据时,两者指向的实际数据也将发生改变。假定 a 是一张 A4 纸,记录的是地址"广州黄埔红山三路 101 号",这个地址对应的是"广州航海学院"这个实际的单位,如果将这个 A4 纸复印一份得到 b,那么 b 的内容也指向"广州航海学院",如果指向的内容发生改变,那么通过 a 或 b 取得的内容也将改变。例如,如果以后校名改为"广州海事大学",那么通过 a 或 b 记录的内容,都将同时对应新的校名,如图 2.2 所示。

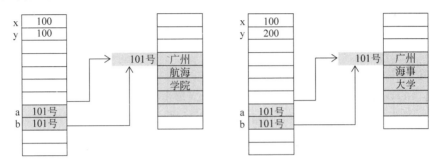

图 2.2　值类型和引用类型示意图

C#的数据类型可以进一步划分为如表 2.1 所示的类型。

表 2.1　数据类型

类　　别		说　　明
值类型	简单类型	有符号整型:sbyte,short,int,long
		无符号整型:byte,ushort,uint,ulong
		Unicode 字符型:char
		浮点型:float,double
		高精度小数型:decimal
		布尔型:bool
	枚举类型	enum E {…}形式的用户定义的类型
	结构类型	struct S {…}形式的用户定义的类型
	可以为 null 的类型	其他所有具有 null 值的值类型的扩展
引用类型	类类型	其他所有类型的最终基类:object
		Unicode 字符串型:string
		class C {…}形式的用户定义的类型
	接口类型	interface I {…}形式的用户定义的类型
	数组类型	一维和多维数组,例如 int[]和 int[,]
	委托类型	例如,delegate int D(…)形式的用户定义的类型

表 2.1 只是列举了 C#的类型系统,目前只需大概浏览一下。为了便于学习,本章仅介绍 C#变量中的简单类型、枚举类型和常用的字符串类型,其他的类型将在第 3 章逐步介绍。

不同类型的数据只能保存在对应类型的变量中。变量在使用前必须先定义,说明其可以保存的数据类型。变量定义格式如下：

类型关键字 变量名[= 初始值];

例如：

```
int  a = 10;  long b;
float x;  double y = 20.9;
```

2.2.1 数值类型

数值类型包含整数类型和实数类型(小数类型)。

1. 整数类型

(1) 类型关键字：int(整型)，long(长整型)。

int 类型的数据长度为 32 位，占 4 个内存单元(每个内存单元 8 位)，可保存的数值范围为 $-2\,147\,483\,648 \sim 2\,147\,483\,647$；long 类型数据长度为 64 位，占 8 个内存单元，可保存的数值范围为 $-9\,223\,372\,036\,854\,775\,808 \sim 9\,223\,372\,036\,854\,775\,807$。

(2) 变量定义和使用。

```
int x, y;                    //同时定义多个相同类型的变量,用逗号分隔
x = 10;                      //定义后赋值(保存数据)
y = 20;
```

或者在定义的同时赋值，即初始化。例如：

```
int i = 100, j = 200;long z = 10L; //定义的同时赋初始值
```

整数类型变量只能接收整数类型数据的赋值。例如，语句"int a＝1.2;"是错误的。

在 C♯ 中，整数常数的类型默认为 int 类型，如果要表示 long 类型的常数，可以在其后加 L 或者 l，如 10L。

long 类型变量可以保存 int 类型数据，例如：

```
long z = 10;
```

反之则不行，如下面是错误的赋值：

```
long z = 10;
int b = z;                   //错误
```

不论是通过定义一个 int 类型变量还是 long 类型变量来保存一个整数数据，都可以通过估算该整数的大概范围来做选择。

2. 实数类型(小数类型)

(1) 类型关键字：float(单精度)，double(双精度)。

float 类型的数据长度为 32 位，占 4 个内存单元，可保存的数值范围为 $\pm1.5e^{-45} \sim \pm3.4e^{38}$；double 类型数据长度为 64 位，占 8 个内存单元，可保存的数值范围为 $\pm5.0e^{-324} \sim$

$\pm 1.7e^{308}$。

（2）变量定义和使用。

```
float score = 2.4f;              //定义的同时初始化
double price;                    //定义后赋值
price = 2.4;                     //注意：赋值语句只能出现在方法体中
```

在 C# 中，小数常数的类型默认为 double，如果要表示 float 类型的常数，可在其后加 F 或 f，如 12.3f。一个整数类型数据可以保存到实数类型变量中，如下面的语句是正确的：

```
float a = 10F; float b = 10;float p = 10L; double d = 23;
```

反之则不行，如下面是错误的赋值：

```
float score = 2.4;               //2.4 是 double 类型
```

> 🚩 **提示**
>
> 简单类型所占用的内存单元长度可以使用系统提供的运算符 sizeof 求得，如求 int 类型和 float 类型长度：sizeof(int)结果为 4，sizeof(float)结果为 4。

数值类型的数据可以参与一般的算术运算，如加、减、乘、除等。

2.2.2　字符类型

字符类型数据占用两个内存单元，只保存一个字符常数，一般用于字符查找或替换。字符常数用一对单引号('')作为定界符。

（1）类型关键字：char。

（2）变量定义和使用。

```
char cha = 'a';
char chb = '1';                  //这里是字符 1,不是数字 1
```

有些字符常量不能直接包含在单引号内，需要借助反斜杠(\)来表示特定的含义，这些字符叫转义字符。C# 常用的转义字符有下面几种。

```
\'                               //单引号
\"                               //双引号
\\                               //两个斜杠代表一个斜杠
\r                               //回车
\n                               //换行
\t                               //Tab 键
```

例如：char c = '\"';   //保存一个双引号字符

一个字符变量只能保存一个字符。下面是错误的赋值：

```
char cha = '12';
```

如果要同时保存多个字符，可以使用后面的字符串变量。

字符类型的数据可以当作整数使用，反之，需要使用类型转换。例如：

```
int ch1 = 'a';                    //结果 ch1 = 97
int ch2 = 'a' - 32;               //结果 ch2 = 65,对应大写字母 A
char chr = 65;
//错误,整数不能直接赋值给字符变量,除非使用类型转换,如 char chr = (char)65;
```

2.2.3　布尔类型

布尔类型数据只有两个取值：true(真)和 false(假)，占用一个内存单元。类型关键字为 bool。以下是该类型变量的定义：

```
bool bol1,bol2 = true;
bool isExist = false;
```

布尔类型数据一般用于条件表达式中,作为程序执行流程的判断条件。

2.2.4　字符串类型

字符串类型不是值类型,而是引用类型,但在使用的时候作为值类型使用。其类型关键字为 string。字符串类型变量可以保存任意多个字符常数,其包含的字符个数即字符串长度；也可以是空字符串(不包含任何字符,也不是空格,其长度为 0)。字符串常数使用一对双引号("")作为定界符。

下面是字符串类型变量的定义：

```
string myName = "张三";
string youFrom = "中华人民共和国";
```

注意：在 string cha = "a";语句中变量"cha"保存的是字符串 a,而不是字符 a。

字符串数据中也可以包含转义字符,例如：

```
string path = "c:\\abc\\readme.txt";
string word = "他说：\"你好!\"";
```

这里的"\\"和"\""是转义字符,分别代表一个反斜杠字符(\)和一个双引号字符(")。path 的值是"c:\abc\readme.txt",而 word 的值是"他说："你好!""。

如果不希望字符串常数中包含转义字符,可以在字符串常数前使用@符号。原义字符串符号@代表取消字符串中所有字符的转义,所有的字符都是原义字符。例如：

```
string path = @"c:\abc\readme.txt";
```

特别地,在原义字符串中,如果要在字符串常数中显示一个双引号("),则需要用两个",例如：

```
string word1 = @"他说：""你好!""";
```

其他任何字符按照原始含义显示,例如：

```
string word2 = @"他说\r\n 你好";
```

word1 显示的结果是"他说："你好!""；而 word2 显示的结果是"他说\r\n 你好"。

（1）多个字符串可以使用连接符（＋）连接起来，例如：

```
string s1 = "Hello ";
string s2 = "World!";
string s3 = s1 + s2;                    //s3 的结果为 Hello World!
```

（2）字符串与任何类型的数据相连接，结果为字符串。例如：

```
int a = 10, b = 2;
string s = "a = " + a + ";b = " + b;       //s 的结果为 a = 10;b = 2
```

（3）字符串常用的方法。

字符串常用的方法包括：字符串大小写转换、字符串替换、字符串查找、取子字符串等。假定有"string str= "Welcome,GoodBoy";"。

① 大小写转换：ToUpper()、ToLower()。

```
string newStr1 = str.ToUpper();   //转换为大写,结果为 WELCOME,GOODBOY
string newStr2 = str.ToLower();   //转换为小写,结果为 welcome,goodboy
```

② 字符串替换：Replace()，将指定的字符或字符串替换为新的字符或字符串。

```
string newStr3 = str.Replace("Boy", "Girl");      //结果为 Welcome,GoodGirl
```

替换字符串也可以起到删除子字符串的效果，例如：

```
string newStr4 = str.Replace("Good", "");      //结果为 Welcome,Boy
```

③ 字符串查找。

* 正向查找：IndexOf()，顺序查找指定字符或字符串首次出现的位置。
* 反向查找：LastIndexOf()，从字符串尾部开始向前查找，查找指定字符或字符串首次出现的位置。例如：

```
int pos1 = str.IndexOf("o");                     //结果为 4
int pos2 = str.LastIndexOf("o");                 //结果为 13
```

注意：字符串数据中的字符起始位置从 0 开始。

也可以指定开始查找的位置，例如：

```
int pos1 = str.IndexOf("o",5);        //从第 6 个字符开始向后查找,结果为 9
int pos2 = str.LastIndexOf("o",5);    //从第 6 个字符开始往前查找,结果为 4
```

如果找到，结果为该字符（串）的首次出现的位置；如果未找到，返回值为－1，例如：

```
int pos = str.IndexOf("boy");                     //结果为－1
```

④ 取子字符串：Substring(index,len)，从给定的位置 index 开始取长度为 len 的字符串，如果不指定长度 len，则从 index 位置开始，取全部字符串。

```
string newStr4 = str.Substring(0, 2);          //结果为 We
string newStr5 = str.Substring(8);             //结果为 GoodBoy
```

所有的字符串处理方法,不影响原有的字符串数据,因此需要保存处理后的结果。

> **🏳 注意**
>
> 　　所有控件的 Text 属性都是字符串类型,只能使用字符串类型数据为其赋值。另外,对字符串处理的方法不会改变原有的字符串内容,替换、取子串和大小写转换等方法的结果是产生一个新的字符串。

2.2.5　枚举类型

　　枚举类型的实质是用一组符号常数来表示一组整数常数,目的是便于阅读和使用。例如,一个变量或属性的取值范围必须为 0～15,分别代表 16 种颜色,如果使用普通的整数变量,要想知道 7、8 或 12 代表哪种颜色,可能需要查看手册。而如果定义枚举类型的颜色数据,如 Red、Blue、Yellow、…那么一看就知名晓义。又如窗体状态属性 WindowState,它的取值范围为“最大化”“最小化”和“正常”三种状态,在 VS 2010 中的代码智能感知功能中,可以自动列出枚举值范围选择,避免赋值超出范围,如图 2.3 所示。

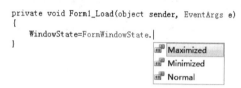

图 2.3　VS 2010 的智能感知功能

　　enum 关键字用于声明枚举类型,即一种由一组整型符号常量组成的独特类型。基本语法如下:

> enum 枚举名 {常量名列表};

　　如定义一组表示颜色值的枚举类型 Colors:

```
enum Colors { Red, Green, Blue, Yellow, Black, White, Gray };
```

　　默认情况下,每个枚举元素基础类型都是 int 类型。在 Colors 枚举类型中,第一个枚举元素的值为 0,后面每个枚举元素的值依次递增 1。Red 为 0,Green 为 1,Blue 为 2,以此类推。当然也可以改变枚举元素的默认值,例如:

```
enum Days { Sat, Sun, Mon = 8, Tue, Wed, Thu, Fri = Thu + 10 };
```

　　那么枚举元素值将依次为 0,1,8,9,10,11,21。可以通过强制转换得到对应元素的整数值,如(int)Days. Fri。

　　枚举类型一般在类的数据部分定义,也可以在类外部、命名空间中定义,但不能在方法中定义。在下面的一个窗体的代码文件中,说明了如何定义和使用枚举类型变量 Days。

📖 程序代码

```
//省略自动生成的 using 部分
namespace WindowsFormsApplication1
{
```

```
public partial class Form1 : Form
{
    //一般在数据部分定义
    enum Days { Sat, Sun, Mon = 8, Tue, Wed, Thu, Fri = Thu + 10 };


    public Form1()
    {
        InitializeComponent();
    }


    private void button1_Click(object sender, EventArgs e)
    {
        //不能在这里定义：
        //enum Days { Sat, Sun, Mon = 8, Tue, Wed, Thu, Fri = Thu + 10 }
        Days day = Days.Mon;
        MessageBox.Show(day + "," + (int)day);

    }
}
}
```

📄 **代码说明**

（1）本例需要建立一个 WindowsFormsApplication1 项目，在默认窗体中添加一个名为 button1 的按钮，并在按钮的事件处理过程中输入粗体字部分代码。

（2）MessageBox.Show()方法中，要将信息显示在对话框中，第一个参数必须是字符串类型数据，因此，要在对话框中显示 day 和对应的整数值，必须将其转换为字符串，前面已介绍过字符串与任何类型数据连接起来，结果为字符串。"day＋","＋(int)day"语句中，表示通过语句中的","字符串，将 Days 类型的 day 和其强制转换为 int 类型的结果连接成字符串显示在信息对话框中。(int)day 表示将变量 day 强制转换为 int 类型。强制转换将在 2.3.3 节中介绍。

（3）运行时单击按钮将显示内容为"Mon,8"的信息对话框。

在第 1 章中曾经介绍的 MessageBox.Show(参数 1,参数 2,参数 3,参数 4)方法的常用用法中，可以将参数 3 设置为 MessageBoxButtons 类型的枚举值之一来实现在对话框中显示不同的按钮；要在对话框中显示不同的图标，可以将参数 4 设置为选择 MessageBoxIcon 类型的枚举值之一来实现。

2.2.6 Object 类型

所有的类型都是从对象类型 Object 直接或间接派生出来的，Object 类型是一切类型的基类型。派生的概念将在第 3 章中介绍。换句话说，就是任何值类型的数据，都可以保存到 Object 类型的变量中，反之，需要类型转换。

值类型的数据可以保存到 Object 类型的变量中。当值类型数据保存到 Object 类型变量时,.NET 运行时将在堆中分配该类型长度的内存单元,然后将值类型数据复制到这个内存单元,这个过程称为对值类型数据的"装箱"。

反之,如果将 Object 类型变量的数据赋值给对应的值类型变量,.NET 运行时将会对已装箱的值的类型进行检查,然后转换为原来类型的数据再赋值给值类型变量,这个过程称为"拆箱"。

例如:

```
int x = 10;
object obj = x;                           //装箱
x = (int)obj;                             //拆箱
```

装箱需要在堆上分配内存,然后把数据复制到该内存单元;拆箱需要检查数据类型,然后复制该值。少量的装箱和拆箱操作对性能影响不大,但频繁的装箱和拆箱操作将影响系统性能,因此应尽量避免大量装箱和拆箱的过程。

2.3 类型转换

2.3.1 其他类型转换为字符串类型

任何类型的变量都有 ToString()方法,作用是将该类型数据转换为字符串类型数据。所谓方法,是指实现某一特定功能的命名代码,通过"变量名.方法名( )""对象名.方法名( )"或"类型名.方法名( )"的方式使用,括号"( )"内为方法的参数,即表示该方法要使用到的数据,如果没有参数,括号不能省略,括号是方法的标志。例如:

```
this.close();                             //关闭窗体的方法
```

其他类型变量转换为字符串类型的语法格式如下:

```
变量名.ToString();
```

例如,有以下类型变量:

```
int a = 100;float f = 2.0f;
double d = 3.4;
DateTime dt = DateTime.Now;           //日期时间类的静态属性 Now,表示取得当前日期和时间
```

注意:DateTime 是日期时间类,包含各种对日期进行处理的方法和属性,其静态属性 Now 也属于 DateTime 类型,用于取得系统当前的日期和时间。凡是静态属性都只能通过"类型名.属性名"的方式使用。

下面的语句实现将上面定义的变量转换为字符串并保存。

```
string s1 = a.ToString();
string s2 = f.ToString();
string s3 = d.ToString();
string s4 = dt.ToString();
```

将其他类型数据转换为字符串类型最简单的方法就是与空字符串连接,例如:

```
int m = 100;   float n = 12;
string s = "" + m + n;                         //任何数据字符串连接,都将转换为字符串
```

ToString()方法也可以带参数,用于按指定格式输出。更多用于控制数字或日期格式的输出,例如:

(1) f.ToString(".00");

　　//输出两位小数,小数点后 0 的个数表示小数位数,不足补 0

(2) f.ToString(".♯♯");

　　//输出两位小数,♯是占位符,小数点后表示最多保留多少位小数

　　//如果实际数的小数位小于♯的个数,则小数部分按原样显示

　　//如果实际数的小数位大于♯的个数,按♯的个数显示小数位并进行四舍五入运算

```
float f1 = 12.3f, f2 = 123.816f;
string str1 = f1.ToString(".♯♯");              //str1 结果为 12.3
string str2 = f2.ToString(".♯♯");              //str2 结果为 123.82,四舍五入
string str3 = f1.ToString(".000");             //str3 结果为 12.300
string str4 = f2.ToString(".00");              //str4 结果为 123.82,四舍五入
```

(3) dt.ToString("yyyy 年 MM 月 dd 日");

　　//显示中文日期格式,其中,yyyy 表示 4 位年份格式,如果是两个 y,则表示两位的年份

　　//MM(大写)表示两位月份格式;dd 表示两位某日格式。其他字符按原样输出

　　//如果要输出时、分、秒,则可使用"hh、mm、ss"格式控制字符

(4) 更多的格式控制字符可参照 MSDN 帮助文档。

另外,还可以通过 string.Format()静态方法,将所有其他类型数据连接成字符串,基本用法如下:

```
string.Format("格式字符串",数据项列表);
```

如前面定义的变量 a、f、d 和 dt,转换为字符串:

```
string s = string.Format("a = {0},f = {1},d = {2},dt = {3}",a,f,d,dt);
```

说明:

(1)"格式字符串"中,{ }内的整数表示对应"数据项列表"中数据的位置,{0}表示数据项列表中第 1 个变量 a 的值,{1}表示数据项列表中第 2 个变量 f 的值,以此类推。

(2){ }内只能出现整数或特定输出格式说明符,如{0:F2}表示第 1 位数字输出两位小数。F 代表输出小数,后面的数字代表小数位数;而 D 代表输出整数,X 代表输出十六进制等。

(3){ }外的任何字符按原样输出,如"a = ,f = ,dt = "。如果包含转义字符,则转义输出。

典型案例　各种类型数据转换为字符串

信息对话框经常用来在程序运行时调试或测试变量的结果,也是将运行信息反馈给用户的一个常用的方法。本例演示将各种类型数据连接成字符串,并进行格式化后显示在信息对话框中。

界面布局

新建项目,保留默认创建的窗体 Form1,并从工具箱中拖放一个按钮到当前窗体。界面布局如图 2.4 所示。

代码片段

双击 button1 按钮,在自动创建的按钮 Click 事件处理过程中输入以下代码。

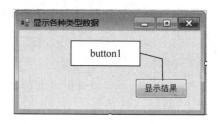

图 2.4　界面布局

```csharp
private void button1_Click(object sender, EventArgs e)
{
    int a = 12; long g = 100; double d = 3.4; bool bol = true;

    //1.使用 string 的静态方法,将不同类型的数据连接为字符串
    string s1 = string.Format("a = {0},g = {1},d = {2},bol = {3}", a, g, d, bol);

    float f = 2.125f;
    //2.使用换行符连接字符串,并将变量 f 转为保留两位小数的字符串格式
    string s2 = f.ToString () + "\r\n" + f.ToString(".00");

    DateTime dt = DateTime.Now;    //取得当前的时间和日期
    string s3 = dt.ToString() + "\r\n" + dt.ToString("yyyy/MM/dd hh 时 mm 分 ss 秒");

    //3.使用系统换行字符串,连接三个字符串变量
    string s = s1 + Environment.NewLine + s2 + Environment.NewLine + s3;
    MessageBox.Show(s, "提示");
}
```

代码说明

(1) 代码中定义并初始化了 5 个不同类型的变量:a,g,f,d 和 bol。事件处理过程中的语句只在事件被触发(单击按钮)时才会逐条执行,在该过程中定义的变量也只在该过程中有效,过程语句执行完毕,变量不再存在,再次单击该按钮将重复执行过程中所有语句。注意:如果变量在该过程外(数据部分)定义,那么在代码文件的所有的过程中都可以使用,而且这种变量在窗口启动时就存在,直至关闭窗体。

(2) string.Format( )方法将不同类型的数据连接成字符串,并保存到 s1 变量中。方法的第一个参数中,"{ }"外的字符按原样显示。

(3) f.ToString(".00")将 f 转换为保留两位小数的字符串,结果四舍五入。

(4) \r\n 是转义字符,表示换行;也可以使用 System.Environment.NewLine 取得换行字符串(在 Windows 操作系统下,它总表示\r\n,UNIX 下仅表示\n)。

(5) DateTime 类包含对时间和日期处理的方法,其中,静态属性 Now 表示取得当前日期和时间。dt.ToString( )方法是转换为系统默认的时间日期格式字符串,带参数的 ToSting( )方法显示指定的日期时间格式字符串,这里显示的格式为"　/　/时分秒"(除年份是四位数字,其他为两位数字)。

(6) MessageBox.Show( )静态方法使用了两个参数的格式,第一个参数将字符串变量

s 显示在对话框中,第二个参数是对话框标题。

▶ **运行结果**

按 F5 键运行后,单击"显示结果"按钮将看到如图 2.5 所示的结果。

图 2.5　运行结果

🚩 **提示**

方法是实现特定功能的一段命名代码,存在某一种类型中,通过点运算符(.)来使用,方法最大的特征是带括号。括号内的数据称为参数,多个参数用逗号分隔,代表方法需要操作的数据。通过类型名直接调用的方法是一种特殊的方法,称为静态方法;通过类型名使用的属性称为静态属性;非静态方法又称为实例方法或简称方法,需要通过创建对象来使用(2.6.4 节介绍如何创建对象以及通过对象来使用实例方法和属性)。

2.3.2　隐式转换(自动转换)

隐式转换也称自动转换,如整数类型的数据可以保存到实数类型变量中,这中间存在一个自动的转换过程。数值类型之间的自动转换原则:只有占内存单元长度小的类型向长度大的类型转换,或整型自动向实型转换。下面列出可以实现自动转换的类型。

```
int→long、float、double
long→float、double
char→int、long、float、double
float→double
```

说明:→表示左边的类型,可以自动转换为右边的各种类型,反之,则要使用 2.3.3 节的强制转换。

一般对数值类型隐式转换原则为 int→long→float→double。例如:

```
int a = 100,b;float f1, f2 = 2.3f;double d;
char ch = 'a';
f1 = a;                      //int -> float    整数可以看成是小数的特殊形式
d = a;                       //int -> double
d = f2;                      //float -> double
```

```
a = ch + 32;                     //char -> int
```

以下的语句将出现语法错误：

```
a  =  f1;                        //错误:float -> int
b  =  d;                         //错误:double -> int
f1  =  d;                        //错误:double -> float
ch = 30;                         //错误:char -> int
```

2.3.3　显式转换(强制转换)

在数据可以转换的范围内,将一种类型强制转换为另外一种类型,包含以下三种情形。

1. 数值类型与数值类型之间的转换

语法格式:

```
(类型)变量;
```

需要强制转换的数值类型如下:

```
int→char
long→int 或 char
float→int、long、char
double→int、long、char、float
```

说明:→表示左边的类型,需要强制转换为右边的类型。例如:

```
long x  =  100;
int a  =  (int)x;
double d  =  3.5;
float f  =  (float)3.4;
int c  =  (int)d;
char ch = (char)65;
```

注意:小数强制转换为整数时,将舍弃小数点及其后面位数,不会进行四舍五入的运算。

2. 字符串转换为数值类型

语法格式:

```
类型关键字.Parse(数字字符串);
```

原则:只有数字字符串才可以进行相应的转换,如"123""123.56"和"12"是数字字符串,而"2x"是非数字字符串。

```
int c  =  int.Parse("123.90");   //错误,必须是整数字符串
int c  =  int.Parse("123");      //正确
float f  =  float.Parse("123.90"); //正确
```

```
float f = int.Parse("123");          //正确,int 类型结果隐式转换为 float 类型
int c = int.Parse("123A ");          //错误,必须是数字字符串
```

典型案例　求两个整数之和

在窗体界面上接收两个整数的输入,并计算它们的和,结果显示在标签控件中。

📖 **案例说明**

在第 1 章介绍了 C# 项目的创建、保存和重新打开编辑的完整过程,同时介绍了三个基本控件的使用:Label、TextBox 和 Button。读者必须掌握将控件拖放到窗体构建窗体布局的方法,同时必须熟悉它们共有的属性:Name 和 Text。控件的 Name 属性代表这个控件对象,是唯一的,对象属性的设置和获取也必须通过"对象名.属性名"方式;而 Text 属性是对象上显示的文本信息。

除此之外,要了解 Label 控件的主要作用是显示一般文本信息或对其他控件进行提示性的说明;TextBox 控件的主要作用是提供给用户从键盘输入的内容;Button 控件的主要作用是执行用户操作,这些操作就是我们在事件处理过程中编写的语句。在项目设计状态下,双击窗体上的 Button 对象,可以为我们自动创建该按钮的事件处理过程。

了解这些内容之后,我们就可以开始设计一个简单实用的程序了。在本例介绍之后,后面的示例将不再重复说明类似如何启动运行界面、如何放置控件和如何取得对象的属性等内容。

📇 **界面布局和运行结果**

新建项目,在默认建立的 Form1 窗体中,添加 4 个 Label 标签控件、两个文本框控件和一个按钮控件,参照图 2.6(a)调整好各个控件的位置和尺寸并在"属性"窗口中改变各个控件的 Text 属性,图中标识的是控件的名称(Name),完成后的界面布局如图 2.6(b)所示。

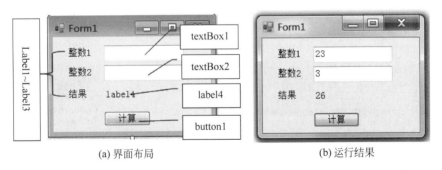

(a) 界面布局　　　　　　　　　　(b) 运行结果

图 2.6　界面布局和运行结果

📖 **代码片段**

双击窗体上的 button1 按钮,在自动创建的事件处理过程中,添加以下代码。

```
private void button1_Click(object sender, EventArgs e)
{
    int a, b,c;
    a = int.Parse(textBox1.Text);          //取得 textBox1 的输入内容,转换为整数
    b = int.Parse(textBox2.Text);          //取得 textBox2 的输入内容,转换为整数
```

```
    c = a + b;                          //将两数相加,保存到变量 c 中
    label4.Text = c.ToString();         //将整数 c 转换为字符串显示到标签中
}
```

📋 代码说明

（1）文本框控件一般用于接收用户从键盘的输入,输入的内容保存在其 Text 属性中。而标签控件 Text 属性用于对其他控件进行辅助性说明,或者显示程序运行过程中的计算结果。使用"对象名.属性名"方式取得或设置控件的属性。

（2）控件的 Text 属性为字符串类型,要实现两个整数相加,必须将在文本框中输入的内容转换为整数,而要将其他数据设置为控件的 Text 属性,必须转换为字符串类型。运算符(＋)对字符串而言是连接符,对数值类型而言才是算术运算符。

▶ 运行结果

按 F5 键或单击工具栏中的 ▶ 按钮启动程序,在文本框中输入两个整数,单击"计算"按钮,将看到如图 2.6(b)所示的运行结果。

3. Convert 方法转换

Convert 类包含将各种类型数据转换为目标类型数据的静态方法,基本的语法格式如下:

```
Convert.To×××(可转换数据);
```

说明：×××表示各种目标类型。当在代码窗体中输入"Convert."时,将出现其用法提示,如图 2.7 所示。

注意：小数转换为整数,将进行四舍五入,如 Convert.ToInt32(12.8F)→13；而使用强制转换不会四舍五入。

上面典型案例中的按钮事件处理过程中的代码也可改写为使用 Convert 方法转换:

```
private void button1_Click(object sender, EventArgs e)
{
    int a, b,c;
    a = Convert.ToInt32(textBox1.Text);
    b = Convert.ToInt32(textBox2.Text);
    c = a + b;
    label4.Text = Convert.ToString(c);
}
```

a =Convert.

| ToDouble |
| ToInt16 |
| ToInt32 |
| ToInt64 |
| ToSByte |
| ToSingle |
| ToString |
| ToUInt16 |
| ToUInt32 |

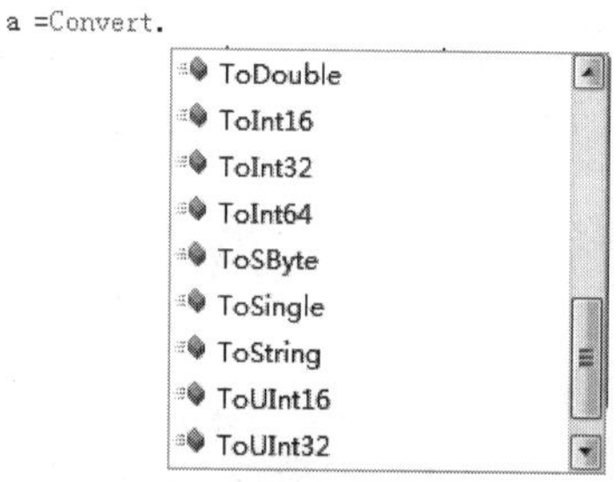

图 2.7　Convert 类型的静态方法

注意：使用 Convert 方法进行类型转换时,如果转换为 int 类型,使用 ToInt32；转换为 long 类型,使用 ToInt64；转换为 float 类型,使用 ToSingle；转换为 double 类型,使用 ToDouble。

2.4　运算符和表达式

表达式是由运算符和操作数组成的式子。运算符有算术运算符、比较运算符、逻辑运算符和条件运算符等；操作数可以是常量、变量、属性，也可以是方法的返回值。

2.4.1　算术运算符和表达式

算术运算符和其描述见表 2.2。

表 2.2　算术运算符

运算符	＋	－	*	/	%	++	——
描述	加	减	乘	除	取模	自加	自减

数值类型的数据可参与算术运算。相同类型的数值之间的运算，其结果的类型是一致的；不同类型的数值之间的运算，其结果存在隐式转换。参考下面的几个例子。

```
int a = 10, b = 3,z;
float f = 2.0f,c = 1.5f,t;

z = a + b;              //正确,z 为 13
z = a /b;               //正确,z 为 3,整数与整数相运算,结果是整数
z = a - f;              //错误赋值,结果是 float 类型,因此需要保存到 float 类型变量中
t = a - f;              //正确,结果为 float 类型的 8
z = a % b;              //正确,z 为 1
t = f % c;              //正确,t 为 0.5
z = b % f;
//错误赋值,结果为 float 类型的 1,因此需要保存到 float 类型变量中
//计算结果按照隐式转换原则进行转换
```

> 🚩 **注意**
>
> （1）整数与整数运算，结果为整数，如 5/2 结果是 2，结果舍弃小数部分，不进行四舍五入。
>
> （2）实数与整数运算，结果为实数，如 5/2.0 结果为 double 类型的 2.5，而 5/2.0f 结果是 float 类型的 2.5。

自加（＋＋）、自减（－－）运算符只对单个数值类型的变量自身进行加 1 或减 1 的运算，如果自变量作为单独语句，那么自变量运算符在变量前或后的计算结果都相同；如果包含在其他表达式中，则有不一样的含义。参考下面的示例。

假如有：

```
int x = 10,y;
```

分别单独执行下面的语句，那么：

① x++;与++x;结果是一样的,x 的值为 11。

② y=x++;   //y 的值为 10,x 的值为 11。

③ y=x--;   //y 的值为 10,x 的值为 9。

④ y=++x;   //y 的值为 11,x 的值为 11。

⑤ y=--x;   //y 的值为 9,x 的值为 9。

自变量运算符在前,表示先自运算,再参与其他运算(这里是赋值);自变量运算符在后,表示先参与其他运算,再进行自运算。

特别地,假定有:

```
int a = 10, b = 3;
float f = 2.0f, c = 1.5f,t;
t = a + b * f - f % c * b++;    //% 与 * 和 /优先级一样;b参与运算后再自加
```

则 t 的结果为 14.5;b 的结果为 4。

混合算术表达式中,运算优先级为:先乘除后加减,如有括号先计算括号内的表达式。

典型案例 温度转换

已知道摄氏温度值 C 转换为华氏温度值 H 的公式为 H=9C/5+32,编程实现输入一个摄氏温度值,在标签上显示对应的华氏温度值。

📇 界面布局

新建项目,在默认建立的 Form1 窗体中添加三个标签控件,一个文本框和一个按钮控件,各个控件的名称和属性如图 2.8 所示。

🖥 代码片段

双击窗体上的 button1 按钮,在自动创建的事件处理过程中添加以下代码。

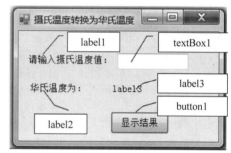

图 2.8 界面布局

```
private void button1_Click(object sender, EventArgs e)
{
    float H, C;
    C = float.Parse(textBox1.Text);
    H = 9 * C / 5 + 32;
    label3.Text = H.ToString();
}
```

📖 代码说明

首先定义两个 float 类型的变量 H 和 C,然后取得在文本框中输入的数据,并转换为 float 类型后保存在变量 C 中。注意表达式中的乘法和除法的运算符的书写,最后将得到的计算结果转换为字符串显示在 label3 控件上。当然也可以定义 H 和 C 为 double 类型,但显然 float 类型更合理。

▶ **运行结果**

按 F5 键启动程序,在文本框中输入数字,并单击"显示结果"按钮,运行结果如图 2.9 所示。

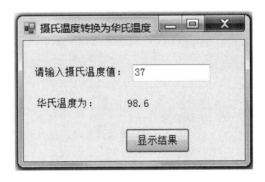

图 2.9 运行结果

2.4.2 赋值运算符和表达式

1. 赋值运算符 =

运算规则:将右边表达式的结果保存到左边变量中。

注意: "="左边必须是单个变量(或对象属性),右边可以是常量、变量、方法或其他表达式运算的结果,例如:

```
int a = 10;
int b = int.Parse("12");
int c = a + b;
label1.text = c.ToString();
```

2. 复合赋值运算符 += , -= , *= , /= , %=

运算原则:先计算右边表达式,再将结果与左边变量进行相应的算术运算,结果再保存回左边变量中。例如:

```
int x = 10;
x += 10;                    //相当于 x = x + 10; x 的结果为 20
int x = 10,y = 12,z = 2;
x *= y + z;                 //相当于 x = x * (y + z); x 的结果为 140
```

赋值运算是所有优先级中最低的。

2.4.3 比较运算符和表达式

比较运算的实质是比较两个操作数的大小,其比较的结果为布尔类型的值 true 或 false。比较运算符及其描述见表 2.3。

表 2.3　比较运算符

运算符	>	>=	<	<=	==	!=
描述	大于	大于等于	小于	小于等于	相等	不等于

例如有:

```
int a = 10,b = 2;bool c;
```

则:

```
c = a > b;               //c 的结果为 true
c = a!= b;               //c 的结果为 true,赋值运算符优先级最低
c = a == b;              //c 的结果为 false
```

特别地,对于字符串的比较,只能使用==或!=运算符,而无法使用其他的比较运算符。假如有:

```
string s1 = "abd";
string s2 = "abc";
```

那么,s1==s2 的结果为 false ,而 s1>s2 是错误的比较。

如果要比较字符串值的大小,建议使用字符串的 CompareTo 方法,比较的结果为整数 1、−1 或 0。例如:

```
int i = s1.CompareTo(s2); //结果只能是三者之一:1,0, − 1
```

如果 i 的值是 1,那么 s1 大于 s2;如果为 −1 则 s1 小于 s2;为 0 则两者相等(字符串比较方法 CompareTo 是根据两个字符串对应位置的字母的排列顺序进行比较,同时,如果字母相同,则顺序为:大写字母在前,小写字母在后,如"Abc"大于"abc")。

```
string m1 = "Abc";
string m2 = "abc";
int   y = m1.CompareTo(m2);      //结果 y 为 1
```

2.4.4　逻辑运算符和表达式

逻辑运算表达式的结果为布尔类型值 true 或 false。其中,逻辑与(&&)和逻辑或(||)需要两个操作数,逻辑非(!)对其后的操作数进行取反操作,只需要一个操作数。

逻辑运算符及其描述见表 2.4。

表 2.4　逻辑运算符

运算符	&&	||	!
描述	逻辑与	逻辑或	逻辑非

逻辑表达式的运算结果见表 2.5。

表 2.5 逻辑运算结果

操作数 1	操作数 2	&& 运算结果	‖运算结果	操作数	！结果
true	true	true	true	true	false
true	false	false	true	false	true
false	true	false	true		
false	false	false	false		

假定有：

```
int x = 10,y = 5,z = 3;bool c;
```

则：

```
c = x > y && y > z;          //c 的值为 true
c = x < z || x > y;          //c 的值为 true
c = !x > y;                  //c 的值为 false
```

几种运算符由高到低的优先级为：算术→比较→逻辑→赋值。根据运算优先级,试分析下面表达式的结果为何为 false。

```
bool x = 8 > 3 + 1 && 3 > 2 * 2;
```

特别地：

(1) 对于 &&,如果第一个表达式为 false,那么后面的表达式将不会进行计算,否则才计算后面的表达式。例如：

```
int x = 1,y = 0;bool z;
z = (x > 1) && (++y > 0);    //则 z 的值为 false,y 的值为 0
```

而如果：

```
z = (x == 1) && (++y > 0);   //则 z 的值为 true,y 的值为 1
```

(2) 对于 ‖,如果第一个表达式为 true,那么后面的表达式将不会进行计算,否则才计算后面的表达式。例如：

```
int x = 1,y = 0;bool z;
z = (x == 1) || (++y > 0);   //则 z 的值为 true,y 的值为 0
```

而如果：

```
z = (x > 1) || (++y > 0);    //则 z 的值为 true,y 的值为 1
```

2.4.5 条件运算符和表达式

由条件运算符(?：)组成的表达式称为条件表达式,也称问号表达式,由三个表达式组成,语法如下：

表达式 1?表达式 2:表达式 3

说明：

（1）先计算表达式 1 的结果，如果结果为 true，那么整个问号表达式的结果为表达式 2 的结果；否则为表达式 3 的结果。

（2）表达式 1 的结果只能是布尔类型值 true 或 false。

（3）表达式 2 和表达式 3 的计算结果必须是具有相同的数据类型或存在隐式转换的类型，整个表达式计算结果的数据类型与表达式 2 和表达式 3 相同。

如果有：

```
int a = 10, b = 2, c;
```

则：

```
c = a > b ? a : b;        //正确,结果 c 为 10
```

而下面的表达式是错误的：

```
c = a > b ? a : "OK";        //错误,表达式 2 和表达式 3 类型不一致
c = a > b ? a : b * 2.5;        //错误,表达式 2 和表达式 3 的结果类型与变量 c 类型不一致
```

但如果：

```
double d = a > b ? a : b * 2.5;
```

则正确，因为表达式 2 中的 a 可以隐式转换为 double 类型，并保存到 d 中。

问号表达式也可以嵌套，运算顺序由左到右，前一个表达式结果为 false 时才会进行下一个问号表达式的判断。

例如：

```
float f1 = 30f;
string s = f1 >= 90 ? "A" : f1 >= 80 ? "B" : "C";
```

运算步骤相当于：

```
string s = (f1 >= 90 ? "A" : (f1 >= 80 ? "B" : "C"));    //结果为 C
```

如果有：float f1 = 70;

请分析并上机验证 f1 为 0～100 时，下面表达式的结果是多少。

```
string s = f1 >= 90 ? "A" : f1 >= 80 ? "B" : f1 >= 70 ? "C" : f1 >= 60 ? "D" : "E";
```

典型案例　闰年判断

输入一个代表年份的整数，判断该年份是否是闰年，并在信息对话框中显示判断结果（显示结果为 True 则代表闰年，False 为非闰年）。其中，闰年的判断条件为：输入的年份，假如满足以下条件之一则为闰年。

（1）能被 4 整除且不能被 100 整除的为闰年。

（2）能被 400 整除的是闰年。

界面布局

新建项目,在默认建立的窗体 Form1 中添加一个标签控件、一个文本框控件和一个按钮控件,各个控件的名称和文本如图 2.10 所示。

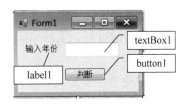

代码片段

双击窗体上的 button1 按钮,在自动创建的事件处理过程中添加以下代码。

图 2.10　界面布局

```
private void button1_Click(object sender, EventArgs e)
{
    int year = int.Parse(textBox1.Text);
    bool bol1 = year % 4 == 0;
    bool bol2 = year % 100 != 0;
    bool bol3 = year % 400 == 0;

    bool bol = bol1 && bol2 || bol3;
    MessageBox.Show(bol.ToString());
}
```

代码说明

首先定义一个整型变量 year,代表一个年份;将在文本框中输入的内容转换为年份。依据题意,依次写出各个条件表达式,并将结果再进行逻辑与运算,最后将保存在变量 bol 中的值显示在信息对话框中。

在以后熟悉代码编写后,上述代码也可以直接写成一个表达式,例如:

```
int year = int.Parse(textBox1.Text);
bool bol = year % 4 == 0 && year % 100 != 0 || year % 400 == 0;
MessageBox.Show(bol.ToString());
```

运行结果

按 F5 键运行程序,在文本框中输入数字,单击窗体上的"判断"按钮,运行结果如图 2.11 所示。

图 2.11　运行结果

2.5　结构化程序设计

结构化程序设计的三种基本结构是：顺序结构、分支（选择）结构和循环结构。顺序结构表示语句块中的语句按先后出现的顺序依次执行；分支结构表示根据条件的不同执行不同的语句块；循环结构表示在满足条件时重复执行某一语句块，直到条件不满足为止。

顺序结构是一种最简单的结构，在此之前的实例中的语句都是顺序执行的，因此本节不再单独介绍。

2.5.1　分支结构

根据条件数不同，分支结构又分为单分支结构、两分支结构和多分支结构。

1. 单分支结构

只有满足指定条件，才执行语句块中的语句。所谓语句块，是包含在大括号"{}"中的一条或一条以上作为整体一起执行的语句，这些语句构成语句体。如果只有一条语句，那么"{}"可以省略。

1）语法格式

单分支结构的语法格式如下：

```
if（条件表达式）
{
    语句体；
}
```

说明：

① "条件表达式"是指值为 bool 类型的表达式，取值只能是 true 或 false，不能取其他任何类型的值，如 if(3)是错误的。

② 如果语句体中只有一条语句，那么"{}"可以省略。

2）流程图

单分支结构的流程图如图 2.12 所示。

应用实例 2.1　在文本框中输入一个任意字符，如果文本框的内容不为空，则在标签中显示输入的内容。

📇 界面布局

新建项目，将三个标签控件、一个文本框控件和一个按钮控件添加到 Form1 窗体，各个控件的名称和文本如图 2.13 所示。

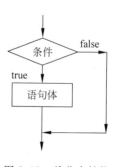

图 2.12　单分支结构

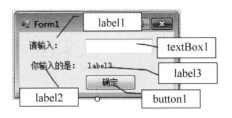

图 2.13　界面布局

代码片段

双击界面上的 button1 按钮,在自动产生的事件处理过程中添加以下代码。

```csharp
private void button1_Click(object sender, EventArgs e)
{
    string s = textBox1.Text;
    if (s != "")
    {
        label3.Text = s;
    }
    MessageBox.Show("结束");
}
```

代码说明

(1)将用户输入的内容保存到字符串变量 s 中,然后判断 s 的值是否是空字符串,只有在不是空字符串的条件下,才会将输入的内容显示在标签控件中。

(2)无论是否满足条件,语句块外的下一条语句都会被执行,如本例弹出对话框的语句。

(3)判断字符串是否是空字符串,也可以通过字符串的长度属性 Length 来判断,如果该值为 0,则是空字符串。如将条件 s != "" 修改为 s.Length != 0,结果是一样的。

(4)由于语句体只有一条语句,可以省略大括号"{}",因此代码中的单分支结构也可以写成:if (s != "") label3.Text = s;。

运行结果

按 F5 键运行程序,在文本框中输入内容,并单击窗体上的"确定"按钮,运行结果如图 2.14 所示。

图 2.14　运行结果

2．两分支结构

根据条件是否成立，执行不同的语句块。即满足条件做什么，否则做什么。

1）语法格式

两分支结构的语法格式如下：

```
if(条件表达式)
{
    语句体1;
}
else
{
    语句体2;
}
```

说明：如果条件表达式的值为 true，执行语句体 1 的语句；否则，执行语句体 2 的语句。

2）流程图

两分支结构的流程图如图 2.15 所示。

应用实例 2.2　输入一个代表身高的数，如果输入的数大于 180，显示"高！实在是高！"，否则显示"普通身高"。

界面布局

新建项目，将一个标签控件、一个文本框控件和一个按钮控件添加到 Form1 窗体，各个控件的名称和文本如图 2.16 所示。

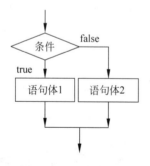

图 2.15　两分支结构

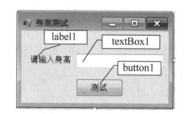

图 2.16　界面布局

程序代码

双击界面上的 button1 按钮，在自动产生的事件处理过程中添加以下代码。

```
private void button1_Click(object sender, EventArgs e)
{
    float height = float.Parse(textBox1.Text);
    if (height > 180)
    {
        MessageBox.Show("高!实在是高!");
    }
```

```
        else
        {
            MessageBox.Show("普通身高");
        }
    }
```

代码说明

（1）控件的 Text 属性是字符串类型，需要转换为数值类型才能保存到 height 变量中。这里使用了 float 类型的 Parse 方法，也可以使用 Convert. ToSingle()方法。

（2）由于语句体只有一条语句，因此这里的"{ }"也可以省略。

▶ 运行结果

按 F5 键运行程序，在文本框中输入数值，并单击窗体上的"测试"按钮，运行结果如图 2.17 所示。

图 2.17 运行结果

讨论：

（1）按以上代码，如果文本框中没有输入数据，那么单击按钮时将出现异常。为避免异常，需要先对文本框是否有输入进行判断，在没有输入时提示用户输入，如下面的代码。

```
if (textBox1.Text.Length == 0)
{
        MessageBox.Show("请输入数字!");
        return;
}
```

代码说明：

textBox1. Text 属性是字符串类型，凡是字符串类型数据都有 Length 属性，代表字符串的长度，空字符串长度为 0。return 语句表示中断程序执行，不再执行其后的任何语句，直接退出整个事件处理过程。

（2）两分支结构也可以使用条件表达式来代替，上例也可以简化为：

```
float height = float.Parse(textBox1.Text);
string s = height > 180 ? "高!实在是高!" : "普通身高!";
MessageBox.Show(s);
```

3．嵌套分支结构

嵌套分支结构是指在一个分支结构中又包含其他分支结构。下面以实例方式介绍其使用。

应用实例2.3 使用两分支结构编程实现图2.18中的数学表达式。

界面布局

新建项目,将两个标签控件、一个文本框控件和一个按钮控件添加到 Form1 窗体,各个控件的名称和文本如图2.19所示。

$$y = \begin{cases} x>0 & 1 \\ x=0 & 0 \\ x<0 & -1 \end{cases}$$

图2.18 数学表达式

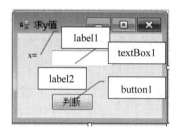

图2.19 界面布局

代码片段

双击界面上的 button1 按钮,在自动产生的事件处理过程中添加以下代码。

```csharp
private void button1_Click(object sender, EventArgs e)
{
    int y;
    float x = float.Parse(textBox1.Text);
    if (x > 0) y = 1;
    else
    {
        if (x == 0) y = 0;
        else y = -1;
    }
    label2.Text = "y=" + y;
}
```

代码说明

首先将文本框 textBox1 中输入的内容转换为 float 类型的数据保存到变量 x 中,然后判断 x>0 的情况。如果 x 大于 0,则 y 的值为 1;否则,又分为 x 是否小于 0 和是否等于 0 两种情况,将这两种情况包含在 else 语句中,作为 else 的语句体,从而构成了嵌套分支结构。

运行结果

按 F5 键运行程序,在文本框中输入数值,并单击窗体上的"判断"按钮,运行结果如图2.20所示。

图2.20 运行结果

思考：本例还可以有哪几种写法？

4．多分支结构

满足不同条件，执行对应的语句块。仅执行满足条件的语句块。

1）语法格式

多分支结构的语法格式如下：

```
if (条件表达式 1)          {语句体 1;}
else if (条件表达式 2)     {语句体 2;}
else if (条件表达式 3)     {语句体 3;}
…
else if(条件表达式 N)      {语句体 N;}
else                      {语句体 N＋1;}
```

说明：按顺序判断条件，首先判断条件表达式 1 的结果是否为 true，如果是，执行语句体 1，执行完毕跳出整个分支结构，不再判断剩余条件表达式；如果结果为 false，才会判断条件表达式 2，并根据其结果决定是否执行语句体 2，以此类推。如果所有的条件表达式都为 false，那么执行最后一个 else 后面的语句体，如果最后没有 else 语句，则这个分支结构什么也不执行。

2）流程图

多分支结构的流程图如图 2.21 所示。

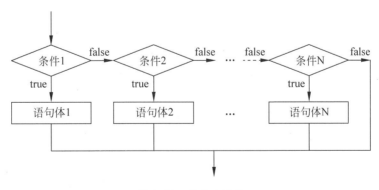

图 2.21　多分支结构

应用实例 2.4　输入一个考试分数 score，在标签中显示分数等级。其中，如果 score≥90 显示 A；如果 score 在 80～90 的范围，显示 B；如果 score 在 70～80 的范围，显示 C；如果 score 在 60～70 的范围，显示 D；其他范围，显示 E。

界面布局

新建项目，将三个标签控件、一个文本框控件和一个按钮控件添加到 Form1 窗体，各个控件的名称和文本如图 2.22 所示。

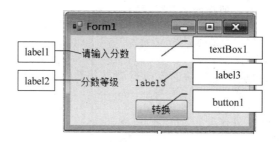

图 2.22 界面布局

📖 **代码片段**

双击界面上的 button1 按钮,在自动产生的事件处理过程中添加以下代码。

```
private void button1_Click(object sender, EventArgs e)
{
    if (textBox1.Text == "")  return;

    string s;       //保存判断的结果
    float score = float.Parse(textBox1.Text);
    if (score >= 90)          s = "A";
    else if (score >= 80)     s = "B";
    else if (score >= 70)     s = "C";
    else if (score >= 60)     s = "D";
    else                      s = "E";
    label3.Text = s;
}
```

📋 **代码说明**

(1)首先判断文本框是否有输入,如果没有输入,则退出整个事件处理过程,不再执行其后面的代码。

(2)在多分支结构中,只有前一个条件不满足,才会依次判断后面的条件。假如输入的分数是 98,那么满足第 1 个条件,执行 s = "A"语句后,后面的条件不再判断,跳出结构体,执行结构体后面的 label3.Text = s 语句;假如输入的分数是 78,那么第 1 个条件不满足,继续判断第 2 个条件,仍然不满足,接着判断第 3 个条件,直到第 3 个条件满足后,才执行其后面的语句,其余条件将不再判断。

(3)由于分支结构的语句体只有一条语句,因此这里省略了"{}"。

▶ **运行结果**

按 F5 键运行程序,在文本框中输入分数值,并单击窗体上的"转换"按钮,运行结果如图 2.23 所示。

5. switch 多分支结构

switch 结构是多分支结构的另外一种写法,其语

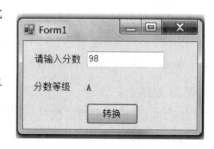

图 2.23 运行结果

法格式如下：

```
switch(入口表达式)
{
    case 常量表达式 1: 语句体 1; break;
    case 常量表达式 2: 语句体 2; break;
    case 常量表达式 3: 语句体 3; break;
    …
    case 常量表达式 N: 语句体; break;
    [default: 语句体 N+1; break; ]
}
```

说明：根据入口表达式的结果，如果找到 case 关键字后面对应的常量值，则执行其后面的语句体；如果没找到，则查找 default 语句，如果没有 default 语句，则什么也不执行。

入口表达式的值可以是整数、字符或字符串，以及枚举类型数据。case 后的常量表达式必须是常数值。

case 语句的执行顺序与位置无关，default 语句也可以出现在任何位置，也可以省略。

case 关键字后面可以没有语句体，表示从该入口直接转入到下一入口；如果有语句体，语句体最后一条语句必须是 break 语句，语句体不需要加"{}"。

应用实例 2.5　输入分数等级，显示对应的分数。

界面布局

新建项目，将三个标签控件、一个文本框控件和一个按钮控件添加到 Form1 窗体，各个控件的名称和文本如图 2.24 所示。

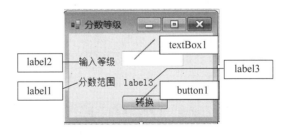

图 2.24　界面布局

程序代码

双击界面上的 button1 按钮，在自动产生的事件处理过程中添加以下代码。

```
private void button1_Click(object sender, EventArgs e)
{
    string str = textBox1.Text;
    if (str == "")  return;       //如果没有输入,则不再继续执行
    str = str.Substring(0, 1);    //取第一个字符
    switch (str.ToUpper())        //转换为大写
    {
        case "A": label3.Text = "90～100"; break;
        case "B": label3.Text = "80～90"; break;
```

```
        case "C": label3.Text = "70~80"; break;
        case "D": label3.Text = "60~70"; break;
        default: label3.Text = "<60"; break;
    }
}
```

📖 代码说明

Substring(0,1)是取子字符串的方法,表示从字符串的第 1 个字符开始取(字符的起始位置从 0 开始),取 1 位长度;ToUpper()是把字符串转换为大写字母的方法。这样,当在文本框中输入的字符数超过 1 个时,仅取第 1 个字符,并转换为大写再判断。

▶ 运行结果

按 F5 键运行程序,在文本框中输入字符或字符串,单击窗体上的"转换"按钮,运行结果如图 2.25 所示。

图 2.25　运行结果

典型案例　简易四则运算器

模拟 Windows 计算器,实现如图 2.26 所示的简易计算器。当单击包含数字的按钮时,将数字连接成字符串显示在文本框中;单击"＝"按钮时实现对两次输入的数字进行简易的四则运算,并将运算结果显示在文本框中。

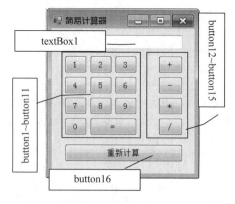

图 2.26　界面布局

📖 案例分析

(1) 如果要实现两个操作数之间的四则运算,必须知道两个操作数,以及运算符,为此定义三个字符串变量 op1、op2 和 op，分别保存操作数 1、操作数 2 和运算符。

（2）连续单击 0～9 数字按钮，代表输入一个操作数，将文本框中已有的数字与当前单击的按钮上显示的数字通过复合赋值符＋＝连接起来，组成一个完整操作数显示在文本框中。

（3）在单击"＋、－、＊、/"中任何一个运算符按钮时，表示操作数输入完毕，这时需要将文本框中显示的数字保存作为操作数 1。分为以下两种情况。

① op1 是空值：如果文本框中没有输入，那么直接退出事件处理过程；否则保存当前操作符并清空文本框，等待输入下一个操作数。

② op1 不是空值：说明已保存过操作数 1，无论此时文本框有没有输入，表示仅修改运算符，那么仅保存运算符。

（4）单击"＝"按钮时，判断操作数 1 和操作符是否已经存在，同时文本框是否有数字，如果三个条件满足，将文本框的数字作为操作数 2 保存，根据运算符来计算结果，并将结果显示到文本框中。如果仅有操作数 1 而没有操作数 2 和运算符，那么结果就是操作数 1，也当作本次计算完成。

（5）单击"重新计算"按钮时，初始化所有变量，恢复到运行前状态，等待下一次操作。

☞ **关键问题**

为取得按钮的 Text 属性，如果要为每个按钮添加事件处理过程及代码，代码将会变得冗长。为了简化代码，这里提出"事件组"的概念。所谓事件组，是指多个同类型的对象（比如都是按钮），触发同类型事件时（比如都是 Click），都调用同一个事件处理过程。这样，即使有 N 个按钮，不用创建 N 个 Click 事件处理过程，而是共享一个 Click 事件处理过程，每个按钮被单击时，都执行同一个事件处理过程中的代码，Click 事件处理过程的参数 sender 就代表当前触发事件的具体按钮对象。这样代码量将大大减少。创建按钮"事件组"的操作方法如下（注意，这里显示数字 1～9 和 0 的按钮对应的按钮名称是 button1～button10）。

（1）首先双击界面中的按钮 button1，代码窗体将自动创建如下的事件过程。

```
private void button1_Click(object sender, EventArgs e)
{

}
```

（2）然后回到窗体界面，同时选中 button2～button10（操作方法：拖动鼠标，将按钮位于拖动范围；或者按住 Ctrl 键，单击需要同时选中的按钮），在"属性"窗口的"事件"列表中，找到 Click 事件，打开其下拉框，选中 button1_Click 即可（注意：需要按照步骤 1 先创建好 button1 的 Click 事件过程名，才会出现该选项）。这样，运行时无论单击哪个按钮，都将执行 button1_Click 这个事件处理过程的代码。

（3）因为单击 button1～button10 都会执行 button1_Click 事件处理过程的代码，那如何知道当前单击的是哪个按钮呢？事件处理过程中的参数 sender 就代表当前单击的按钮对象。为了将按钮代表数字的 Text 属性显示在文本框中，添加如下代码：

```
private void button1_Click(object sender, EventArgs e)
{
    Button bt = (Button)sender;   //强制转换为按钮类型,代表当前单击的按钮对象
```

```
        textBox1.Text += bt.Text;     //将当前按钮对象的 Text 属性连接起来,显示在文本框中
    }
```

因为 sender 代表触发该事件的对象,它是 object 类型,没有 Text 和 Name 等属性。而这里触发事件的是各个按钮对象,为取得按钮的 Text 属性,需要将 sender 强制转换为 Button 类型。由于我们并不关心具体是哪个按钮,而是关心按钮的文本(0~9),因此直接取得该对象的 Text 属性即可。(当然,通过 bt.Name 属性也可以判断出具体对象。)

这样,就实现了依次单击不同按钮时,将具体按钮上的数字连接成字符串显示在文本框中。当多个同类型的对象需要执行类似的逻辑操作时,都可以使用"事件组"方式来简化代码的编写。

(4) 按同样的方式,创建"+、-、*、/"4 个按钮(button12~button15)的事件组,在运行时单击其中任何一个按钮,都执行同一个事件处理过程 button12_Click。

```
private void button12_Click(object sender, EventArgs e)
{
    if (op1 == "")                    //如果不存在第 1 个操作数
    {
        //在没有第 1 个操作而文本框输入为空的情况下单击,那么不允许保存操作符
        if (textBox1.Text == "") return;
        op1 = textBox1.Text;          //如果第 1 个操作数为空,那么保存
        textBox1.Text = "";           //等待输入第 2 个操作数
    }
    Button bt = (Button)sender;       //强制转换为按钮类型
    op = bt.Text;                     //如果有了第 1 个操作数,那么可以任意改变运算符
}
```

以下是本例的具体实现。

界面布局

新建项目,添加一个名称为 calc 的窗体,并设置为启动窗体。依次拖动 1 个文本框、16 个按钮到 calc 窗体合适的位置,并将按钮的 Text 属性设置为如图 2.26 所示,其中,button1~button9 对应的数字为 1~9,button10 为 0,button11 为"=",button12~button15 依次为"+、-、*、/",最后一个按钮为 button16,其文本为"重新计算"。界面布局如图 2.26 所示。

程序代码

```
public partial class Form1 : Form
{
public partial class calc : Form
{
    //数据部分定义三个变量,分别保存操作数 1、操作数 2 和运算符
    string op1, op, op2;
    bool isFinished = false;               //是否已完成 1 次计算的标志
    public calc()  { InitializeComponent(); }//构造方法

    //窗体启动时,初始化变量
    private void calc_Load(object sender, EventArgs e)
    {
```

```
        op1 = op2 = op = "";                //可以为同类型变量连续赋值,运算方向由右到左
        isFinished = false;                 //默认还没有进行运算
}
```

//1. button1～button10 数字按钮的事件处理过程

```
private void button1_Click(object sender, EventArgs e)
{
        if (isFinished)                     //如果上一次计算过,清除文本框中显示的结果
        {
            textBox1.Text = "";
            isFinished = false;             //初始化运算标记
        }
        Button bt = (Button)sender;         //强制转换为 Button 类型
        textBox1.Text += bt.Text;           //连接成新的数字字符串
}
```

//2. button12～button15 运算符按钮的事件处理过程

```
private void button12_Click(object sender, EventArgs e)
{
        if (isFinished) return;             //已经计算,单击运算符按钮无效,直接退出
        if (op1 == "")                      //如果不存在第 1 个操作数
        {
            //在没有第 1 个操作数且文本框内容为空的情况下单击,则不允许保存操作符
            if (textBox1.Text == "") return;
            op1 = textBox1.Text;            //如果没有第 1 个操作数,那么保存
            textBox1.Text = "";             //等待输入第 2 个操作数
        }
        //如果有了第 1 个操作数,那么可以再次改变运算符
        Button bt = (Button)sender;         //强制转换为按钮类型
        op = bt.Text;                       //保存运算符
}
```

//3. " = "按钮的事件处理过程

```
private void button11_Click(object sender, EventArgs e)
{
        if (op1 != "" && op != "")          //存在操作数 1 和运算符才能满足基本运算条件
        {
            if (textBox1.Text == "") textBox1.Text = op1;  // 结果为第 1 个操作数
            else                            //如果有输入,保存为第 2 个操作数,此时满足计算条件
            {
                op2 = textBox1.Text;
                double val = 0;

                switch (op)                 //根据运算符字符串执行相应的操作
                {
                    case " + ": val = double.Parse(op1) + double.Parse(op2); break;
                    case " - ": val = double.Parse(op1) - double.Parse(op2); break;
                    case " * ": val = double.Parse(op1) * double.Parse(op2); break;
                    case "/": val = double.Parse(op1) / double.Parse(op2); break;
                }
                //显示计算结果,格式如 2 + 3 = 5
```

```
            textBox1.Text = string.Format("{0}{1}{2} = {3}", op1, op, op2, val.ToString());
        }
    }//if 结束

    //完成 1 次计算,设置该标志为 true,以便在单击数字和运算符按钮时判断操作
    isFinished = true;
    op1 = op2 = op = "";              //重新初始化为下一次操作做准备
}

//4. "重新计算"按钮的事件处理过程
private void button16_Click(object sender, EventArgs e)
{
    //无论如何,重新初始化为下一次操作做准备
    op1 = op2 = op = "";
    textBox1.Text = "";
    isFinished = false;
}
}
```

代码说明

（1）斜体字为自动生成的代码,非斜体字为输入的代码。

（2）由于多个事件处理过程都需要用到操作数 op1、op2 和操作符 op,因此必须定义在窗体类的数据部分（原因详见 3.7 节"变量作用范围"）。op1 和 op2 也可以先定义为 double 类型,这样在 switch 结构中就可以无须转换了,但是在保存数据时,需要先把文本框的数据转换为 double 类型。

（3）isFinished 变量用来记录是否已执行过运算,通过对该变量的判断,决定是否为运算做初始化操作;同时,如果正在显示计算结果,那么此时单击运算符按钮也没有意义,可以通过判断该变量终止事件代码的执行。读者可以注释该变量,然后运行该程序,通过反复操作并观察运算结果是否正确来理解该变量的用途。

（4）由于在案例分析中进行了详细的说明,其余说明参见代码注释。

运行结果

按 F5 键运行程序,执行计算器相关操作,运行结果将如图 2.27 所示。

图 2.27　运行结果

> **🚩 提示**
>
> （1）为了快速添加多个按钮，可以先添加一个按钮并调整好尺寸，然后按住 Ctrl 键，拖动其到所需位置，完成快速复制；如果要批量复制按钮，可以先同时选中已有的多个按钮，然后按住 Ctrl 键，拖动到合适位置放开，完成多个按钮快速复制。
>
> （2）VS 2010 开发环境的"格式"菜单中，提供了对窗体上选中的多个控件的格式控制，如对齐方式、大小、水平与垂直间距等，可以用来方便地调整界面控件的格式。"格式"菜单只有在显示窗体设计界面时才会出现。

2.5.2 循环结构

当语句体在满足一定条件情况下需要重复执行时，可以使用循环结构来实现。循环结构有以下几种形式。

1. while 循环结构

while 循环结构的语法格式如下：

```
while(条件表达式)
{
    循环体(语句体);
}
```

说明：while 循环结构也叫"当型"循环结构，当条件表达式的值为 true 时，重复执行循环体，直到条件值为 false 时才退出循环体。一般通过变量值的变化来控制循环次数，该变量一般称为"循环变量"。

应用实例 2.6 计算 $1+2+\cdots+10$ 的值。

📑 代码片段

```
int i = 1;int sum = 0;
while (i <= 10)
{
    sum += i;
    i++;
}
MessageBox.Show(string.Format("1 + 2 + … + 10 的结果是:{0}", sum));
```

📋 代码说明

（1）本例实现了从 1 到 10 的累加，结果保存在 sum 变量中。

（2）代码中的 i 为循环变量，通过 i 值的变化来控制循环体执行的次数。当 i 的值小于等于 10 时，执行循环体中的语句，通过在循环体中改变 i 的值，控制循环体执行的次数，当 i>10 时可以退出循环体。

（3）语句 string. Format("1+2+…+10 的结果是：{0}"，sum)的结果是字符串，因此可以直接作为 MessageBox. Show()方法中的参数使用。

应用实例 2.7 1+2+…+100 累加过程中，求结果大于 1000 的第 1 个数。

📋 **代码片段**

```
int i = 1, sum = 0;
while (i <= 100)
{
    sum += i;
    if (sum >= 1000) break;                //退出循环
    i++;
}
MessageBox. Show(string.Format("结果大于 1000 的第 1 个数是:{0},当前结果是{1}",i,sum));
```

📖 **代码说明**

（1）由于无法预知循环体需要执行的次数，因此在累加过程中，需要有条件判断何时才退出循环体。"if(sum >=1000) break;"语句表示在满足该条件时，强制退出循环体。一般 while 结构多用于无法预知循环次数的场合。

（2）break 语句：在循环结构中表示强制中断循环，跳出循环体，执行循环体后面的语句；而在 switch 结构中，break 语句表示退出多分支结构。

2. do…while 循环结构

do…while 循环结构的语法格式如下：

```
do
{
    循环体；
} while(条件表达式);
```

说明：do…while 循环结构也叫"直到型"循环结构，先执行一次循环体，当条件表达式的值为 true 时，重复执行循环体，直到条件表达式的值为 false 时才退出循环体。与 while 结构相比，do…while 结构无论条件是否成立，都至少执行了一次循环体。

注意：while 语句最后有一个分号。

应用实例 2.8 实现从 1 到 100 之间的偶数相加。

📋 **代码片段**

```
int i = 0, sum = 0;
do
{
    sum += i;
    i += 2;
}while (i <= 100);
```

```
MessageBox.Show(string.Format("1 + 2 + … + 100 中偶数相加的结果是:{0}", sum));
}
```

代码说明

在 do…while 结构中,无论是否满足条件,都将至少执行一次循环体,然后再根据条件来判断是否继续执行循环体,而 while 循环结构是先判断是否满足条件,再决定是否执行循环体。

3. for 循环结构

for 循环结构的语法格式如下:

```
for(表达式 1;表达式 2;表达式 3)
{
    循环体;
}
```

说明:首先计算表达式 1,表达式 1 在整个循环过程中只执行一次,一般用于初始化循环变量;然后计算表达式 2 的值(相当于循环条件),如果表达式 2 的值为 true,则执行循环体;循环体执行完毕,再计算表达式 3 的值,表达式 3 一般用于改变循环变量;最后再次计算表达式 2,重复上一次循环过程;如果表达式 2 的结果为 false,则跳出循环结构,结束循环。其执行流程如图 2.28 所示。

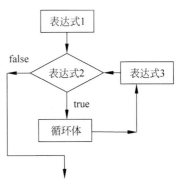

图 2.28　for 循环结构流程图

应用实例 2.9　输出 1～5 之间的每个数的平方。

代码片段

```
string s = "";
for (int i = 1; i <= 5; i++)
{
    s += string.Format("{0} * {1} = {2}\r\n", i, i, i * i);
}
MessageBox.Show(s);
```

代码说明

在 for 循环结构中首先定义整型变量 i 并初始化为 1(表达式 1),然后判断 i 是否小于等于 5(表达式 2),如果是,则执行循环体中的语句,将结果格式化后连接起来保存在 s 变量中(循环体),循环体执行完毕让 i 递增 1(表达式 3),再次判断 i 是否仍然小于等于 5,重复上述过程,直到 i>5 后,退出循环体。最后在信息对话框中显示的结果为:

```
1 * 1 = 1
2 * 2 = 4
3 * 3 = 9
4 * 4 = 16
```

5 * 5 = 25

注意：for 结构中的三个表达式中的任意一个表达式或全部表达式均可省略。如果省略表达式 1，则在进入循环之前，必须定义并初始化循环变量；如果省略表达式 2，在循环体中必须要判断循环变量是否满足继续循环的条件；如果省略表达式 3，在循环体中必须有改变循环变量的语句。如应用实例 2.9 的代码片段可以改写为：

```
string s = "";
int i = 1;                              //在进入循环之前,初始化循环变量
for (; ; )                              //表达式省略后,分号不能省略
{
    if (i > 5) break;                   //退出循环的条件
    s += string.Format("{0} * {1} = {2}\r\n", i, i, i * i);
    i++;                                //改变循环变量
}
MessageBox.Show(s);
```

注意：为提高程序可阅读性，一般不建议在 for 循环结构中省略表达式。

应用实例 2.10 求 1～10 之间偶数相加的结果。

📖 **代码片段**

```
int sum = 0;
for (int i = 1; i <= 10; i++)
{
    if (i % 2 != 0) continue;           //偶数的判断：除 2 的余数不为 0 则为偶数
    sum += i;
}
```

📋 **代码说明**

（1）continue 语句表示终止本次循环，直接转向表达式 3，准备继续下一次循环。而 break 语句表示终止循环，跳出循环体。最终 sum 的结果为 30。

（2）当然，也可以使循环变量每次递增 2，这样循环结构可以改写为：

```
for (int i = 0; i <= 10; i += 2) sum += i;
```

（3）大多数情况下，for 循环结构和 while 循环结构可以互换使用，只是 for 循环结构通常用于循环次数确定的场合，而 while 循环结构通常用于循环次数不确定的场合。

4. 嵌套循环结构

循环结构中又包含其他的循环结构，称为嵌套循环结构。我们通过下面的例子来学习嵌套循环结构的使用。

应用实例 2.11 求 1!＋2!＋3!＋…＋10! 的值。

对于本例，首先找出运算规律。如果知道某个数 x 的阶乘，比如 x 为 5，那么可以写出这样一个循环：for(int x＝1;x<=5;x＋＋) t＊＝x;，从而求得 5!。然后考虑 5 不是固定值，它要从 1 变化到 10，那么可以在另外的一个循环中使用循环变量 i 并使它每次递增 1，

作为内层循环 x 的终止值,这样就可以通过外层循环来控制内层循环的循环次数了,这样就构成了嵌套循环结构。

代码片段

```
int  t = 1,sum = 0;
for (int i = 1; i <= 10; i++)
{
    t = 1;                          //初始化 t
    for (x = 1; x <= i; x++)        // 实现 x!
    {
        t *= x;
    }
    sum += t;                       //累加 x! 的结果
}
MessageBox.Show(sum.ToString());
```

代码说明

外层循环每执行一次,内层循环执行循环体 i 次:当 i=1 时,内层循环执行 1 次,t 保存的是 1!;当 i=2 时,内层循环执行 2 次,t 的结果是 2!……当外层循环执行到第 10 次时,内层循环执行 10 次,t 保存的就是 10!。sum 用于累加每次 i 的阶乘。结果 sum 的值为 4037913。

5．foreach 列举循环结构

foreach 列举循环结构一般用于列举数组或者集合元素。

foreach 循环结构的语法如下:

foreach(元素类型 c　in 数组或集合对象）｛循环体 ｝

集合与数组类似,都可以保存一组类型相同的元素,不同的是数组的长度是固定的,而集合元素的个数可以动态变化。集合中元素的个数使用 Count 属性表示,而数组的长度使用 Length 属性获取。集合中的元素也可以像数组一样通过下标来访问(关于集合更多的内容将在第 3 章介绍,这里可以暂时将集合当作数组来使用)。

应用实例 2.12　列举所有界面上的对象的名称。

代码片段

```
foreach(Control ctl in this.Controls)
{
    MessageBox.Show(ctl.Name);
}
```

代码说明

(1) 窗体上所有的控件都可以通过窗体对象的 Controls 集合属性列举出来。Controls

中的每个元素都属于 Control 类型,每个控件也都属于 Control 类型。每循环一次,取得一个代表控件的元素保存到 ctl 变量中,由于所有的控件都有 Name 属性,因此每次循环都将显示控件的名称。

(2) 如果将集合当作数组来使用,那么可以将上面的代码改写为使用 for 循环结构:

```
for (int i = 0; i < Controls.Count; i++) MessageBox.Show(Controls[i].Name);
```

典型案例:显示 99 乘法表

通过观察 99 乘法表的规律可知,如果有一个数 j=1,实现计算 j 从 1 乘到 9 的结果,需要 9 次循环;那么,如果 j 不是固定值,它也需要从 1 变化到 9,这样就可以通过另外一个循环实现将 j 每次递增 1 直到 9。

新建项目,在默认创建的窗体 Form1 上添加一个按钮和一个标签控件,默认各个控件的名称,将按钮的 Text 属性改为"显示 99 乘法表"。为按钮的 Click 事件处理过程输入以下代码。

代码片段

```csharp
private void button1_Click(object sender, EventArgs e)
{
    string s = "";
    int    t;
    for (int i = 1; i <= 9; i++)
    {
        for (int j = 1; j <= 9; j++)
        {
            t = i * j;
            s += string.Format("{0} * {1} = {2} ", i, j, t >= 10 ? t.ToString() :
            " " + t);
        }
        s += "\n";
    }
    label1.Text = s;
}
```

代码说明

(1) 方法的参数可以是变量、常量、表达式和方法返回值。因此语句:

```
s += string.Format("{0} * {1} = {2} ", i, j, t >= 10 ? t.ToString() : " " + t);
```

相当于下面语句的简化写法:

```
string m = t >= 10?t.ToString():" " + t;
s += string.Format("{0} * {1} = {2} ", i,j,m);
```

(2) 条件表达式 t>=10?t.ToString():" "+t 用于判断 i*j 的值是否是两位数,如果是,直接将 t 转换为字符串;否则,如果是一位数,则在其前面加一个空格,保证结果是两位数。这样做的目的是在标签上进行数据格式的对齐。此外,条件表达式中的 t.ToString()保证了与冒号(:)后的表达式的结果类型一致。

▷ **运行结果**

按 F5 键运行程序,单击"显示 99 乘法表"按钮,运行结果如图 2.29 所示。

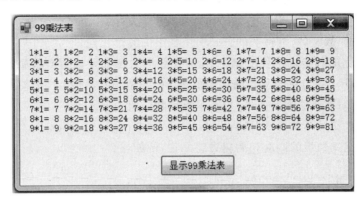

图 2.29　运行结果

2.6　数组与字符串

数组实质上是一片连续的内存单元,每个内存单元保存相同类型的数据,数组名是对这些内存单元的引用。数组中的每个内存单元都是数组的元素,共享数组名。数组的元素通过"数组名[下标]"方式来访问,其中,下标(或称索引)从 0 开始。数组元素的个数就是数组的长度。数组属于引用类型,在使用前需要为其分配内存单元。一个包含 5 个整数元素的数组 a,数组元素的存储和引用示意如图 2.30 所示。

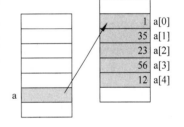

图 2.30　数组元素的存储和引用

2.6.1　数组定义与使用

数组在使用之前必须先定义,说明其所能保存的元素的类型和个数。本节只介绍一维数组的使用,一维数组相当于表格中的一行,数组元素相当于一行中的单元格。

(1) 数组的定义语法格式如下:

数据类型[] 数组名;

数组的数据类型是指数组元素的类型,数组中的每个元素都具有相同的类型。

例如:

```
int[] number;    //注意,空的中括号[]在类型后面,说明 number 是一个数组
```

说明:这里仅定义了整型数组 number,但并未为其指定内存单元,此时数组 number 还不可以使用。要使用 number,必须为其分配内存单元。

（2）可以在定义数组的同时为其分配内存单元，例如：

```
int[] number = new int[5];                      //定义保存 5 个元素的整型数组
```

说明：定义数组 number 的同时为其分配了 5 个整型的内存单元。new 关键字在这里的作用是为数组分配指定长度和类型的内存单元。此时，number 已包含 5 个整型元素，长度为 5。可以通过"数组名[下标]"的方式引用数组的各个元素。

如果定义数组时仅指定了长度和类型，那么数组的每个元素的初始值为数组类型的默认值。因此，number 数组每个元素的初始值为 int 类型的默认值 0。数值类型的默认值均为 0，字符串类型的默认值为空串（""），布尔类型默认值为 false。

注意：定义数组时不能写成"int number[5];"或"int[5] number;"。

（3）可以在定义数组的同时初始化数组元素，例如：

```
int[] number = new int[]{1,2,3,4,5};
```

说明：指定数组初始值来创建数组。使用这种方式创建数组时，可以不指定数组的长度，系统将根据初始值的个数，自动为数组分配内存单元并依次赋予初始值。数组元素的初始值包含在"{}"中，初始值之间用逗号分隔。

也可以按照以下方式定义并初始化数组：

```
int[] number = new int[5]{1,2,3,4,5};           //指定长度,长度必须与初始值个数一致
int[] number = {1,2,3,4,5};                     //省略 new 关键字,直接将初始值置于"{}"中
```

说明：如果创建数组时指定了数组的初始值，并且指定了长度，那么长度值必须与数组初始值的个数一致；也可以直接将初始值包含在"{}"中来创建数组，省略 new 关键字和类型说明，系统将根据"{}"中的元素类型和个数自动为数组分配内存单元。注意，数组初始值的类型必须与数组类型一致。

使用"int[] number = new int[3] { 1，2，3，4，5 };"或"int[] number = new int[5] { 1，2.8，3，4，5 };"语句初始化数组将出现语法错误。

（4）如果数组先定义，在使用之前必须使用 new 关键字创建数组，例如：

```
int[] number;                                   //先定义数组
number = new int[5]{1,2,3,4,5};                 //使用指定的初始值创建数组
number = new int[5];                            //使用类型的默认值创建数组
```

（5）创建数组时，数组长度也可以是变量值，例如：

```
int len = 5;
int[] number = new int[len];
```

（6）数组的长度可以通过其 Length 属性获取。

上面各种方式定义的数组 number 包含 5 个整数类型元素，也即数组的长度为 5，第 1 个数组元素使用下标 0，通过 number[0] 来引用；最后 1 个元素下标 4，通过 number[4] 来引用。注意，数组的下标从 0 开始。

应用实例 2.13 定义 3 个数组，分别保存 5 个学生的学号、姓名、分数信息，并通过信息对话框显示保存的数据。（测试本例时，在窗体上添加一个名称为 button1 的按钮，修改

其 Text 属性为"确定",通过双击该按钮来自动创建其事件处理过程。)

代码片段

```
//在类主体的数据部分定义数组
string[] studentName;            //定义数组,但没初始化,在使用时必须通过 new 关键字进行初始化
float[] score = new float[5];            //创建包含 5 个元素的 float 数组,保存的是默认值 0f
int[] studentNo = new int[] { 1, 2, 3, 4, 5 }; //定义数组同时进行初始化

private void button1_Click(object sender, EventArgs e)
{
  //在使用时进行初始化
  studentName = new string[] { "张三", "李四", "王五", "孙刘", "刘七" };
  score[0] = 80.5f;                          //对数组赋值,下标从 0 开始
  score[1] = 90f;
  score[2] = 86.3f;
  score[3] = 87f;
  score[4] = 89f;

  //取得每个数组元素的数据,连接成字符串显示出来
  string s = "";
  for (int i = 0; i < score.Length; i++)
  {
      s += string.Format("姓名:{0}\t学号:{1}\t成绩:{2}\n", studentName[i],studentNo[i],
score[i]);
  }
  MessageBox.Show(s);
}
```

代码说明

(1) 首先在类主体的数据部分定义了三个数组：string 类型的 studentName、float 类型的 score 以及 int 类型的 studentNo,每个数组元素的类型必须是定义数组时的类型。如果数组只在一个方法中使用,那么可以定义在这个方法内部。

(2) Score 数组在创建时仅指定了长度,没有使用指定的数据进行初始化。如果一个数组在创建时仅指定长度,那么每个元素都初始化为该类型的默认值。如数值类型默认值为 0,字符串类型默认值为"",bool 类型默认值为 false。

(3) studentNo 数组在创建时指定了数组的初始值。如果数组在创建时没有指定长度,那么其长度由初始值的个数自动确定。

(4) studentName 数组仅进行了定义,并未为其分配内存单元,必须通过 new 关键字为其分配内存单元后才可以访问其数组元素。如按钮事件处理过程中的语句：

```
studentName = new string[] { "张三", "李四", "王五", "孙刘", "刘七" };
```

(5) 数组的元素通过下标进行访问,下标下限为 0,上限为数组长度减 1。可以对数组元素赋值,如"score[0] = 80.5f;",也可以取出数组元素的值进行其他操作,如在循环体中将各个数组元素的值连接成字符串。score.Length 表示取得 score 数组的长度。

▶ **运行结果**

按 F5 键运行程序,单击窗体上的"确定"按钮,运行结果如图 2.31 所示。

姓名:张三 学号:1   成绩:80.5
姓名:李四 学号:2   成绩:90
姓名:王五 学号:3   成绩:86.3
姓名:孙刘 学号:4   成绩:87
姓名:刘七 学号:5   成绩:89

确定

图 2.31 运行结果

2.6.2 数组的属性和常用方法

数组常用的属性是 Length,代表数组元素的个数。如上例中的 studentName 数组,可以使用 studentName.Length 取得元素的个数。

Array 类提供很多对数组操作的静态方法,如排序 Sort、反转 Reserve、清除元素 Clear、查找元素 Indexof 等,它们都属于 Array 类的静态方法,通过类名直接使用。下面通过例子演示这些常用方法的使用。

应用实例 2.14 对数组元素进行排序,并显示排序前后的元素。

📋 **代码片段**

在窗体中添加一个按钮,并为按钮的事件处理过程添加以下代码。

```
float[] score = {90.5f,90f,45f,78f};
string s = "排序前: ";
foreach(float x in score)              //列举排序前的元素
{
    s += x+" ";                        //连接成字符串
}
s += "\r\n排序后: ";
Array.Sort(score);                     //对数组元素进行排序
foreach(float x in score)              //列举排序后的元素
{
    s += x + " ";
}
MessageBox.Show(s);
```

📖 **代码说明**

(1) foreach(float x in score)语句: 使用列举循环,依次列举出 score 数组的每一个元素。由于数组的每个元素都是 float 类型,因此需要定义 float 类型的变量 x 来保存在每次循环中从 score 数组取出的元素。

（2）Array. Sort(score)语句：对 score 数组中的元素进行排序（升序）。

（3）如果要对 score 数组中的元素从大到小排序（降序），
需要先执行 Array 的 Sort 方法，然后用 Array 的 Reverse 方
法来反转数组元素，从而实现降序。

▶ **运行结果**

按 F5 键运行程序，单击窗体上的"确定"按钮，将看到如
图 2.32 所示的运行结果。

应用实例 2.15 在数组中查找指定元素的位置。

图 2.32 运行结果

📇 **代码片段**

```
float[] score = {90.5f,90f,45f,78f};
string[] studentName = new string[]{ "张三", "李四", "王五", "孙刘", "刘七" };

int pos1 = Array.IndexOf(score,90.5f);
int pos2 = Array.IndexOf(studentName,"刘七");
//int pos2 = Array.LastIndexOf(studentName, "刘七");
```

📋 **代码说明**

（1）Array. IndexOf(参数 1,参数 2)方法用于顺序查找数组元素在数组中的下标。参
数 1 指定要查找的数组，参数 2 指定要查找的元素。注意，参数 2 必须与数组元素的类型相
同。如果没有找到元素，方法的返回值为－1，否则返回该元素所在的下标。

（2）如果要反向查找，可以使用 Array 的 LastIndexOf 方法，即从数组的最后一个元素
开始往前查找，查找结果与 IndexOf 方法是一样的。

（3）最终 pos1 结果为 0,pos2 结果为 4。

2.6.3 字符串作为数组使用

字符串可以作为字符数组来使用，如果有：

```
string word = "Hello 2017!";
```

那么，word[0]代表字符 H，word[1]代表字符 e。也可以定义字符类型变量 ch 保存一个字
符串中的一个字符，如 char ch＝word[0]，或使用列举循环列举出字符串中的每一个字符，
例如：

```
foreach(char ch in word){ … };
```

注意，string 属于引用类型而非值类型，字符串的值是不可改变的，所以 string 类型又
称不可变字符串。但既然值不可变，又如何理解下面的语句呢？

```
string word = "Hello 2017!";          //word 的内容是 Hello 2017!
word = "hello 2018!";                 //重新赋值后,word 的内容改变为: Hello 2018!
```

这不是改变了吗？没错，语法上看上去是改变了，但本质上，word 变量在内存中已指向了一个新的字符串"Hello 2018!"，原来的字符串"Hello 2017!"所占的内存空间将被作为垃圾回收，这可以通过图 2.33 来理解。

图 2.33 字符串对象占用内存空间示意

可以看出，当对字符串变量重新赋值时，字符串变量 word 指向新创建的字符串对象。由于 string 对象是不可变的，因此，虽然字符串可以当作字符数组来使用，但是这个数组是只读而不可以修改的，下面试图修改字符串对象的语句将出现错误：

word[0] = 'w';   //错误：不可修改

同样，字符串处理的各种方法，如大小写转换、字符串替换等方法并不改变字符串本身的值，而是处理后返回新的字符串，因此需要定义字符串变量来保存处理后的结果。例如：

string newString = word.ToUpper();   //转换为大写，word 本身并未改变

同时，由于对字符串变量赋值需要重新分配内存空间，如果要对字符串变量进行频繁的连接或赋值操作，将导致程序的性能降低。在这种场合下，为了提高性能，可以使用 2.6.4 节介绍的可变字符串类型 StringBuilder 来操作。

字符串可以转换为字符数组，然后可以使用 Array 类的静态方法来处理字符数组；也可以把字符数组转换为字符串。下面是一个实现字符串反转的例子。

应用实例 2.16 将一个字符串反转。

代码片段

```
string word = "Hello 2017!";
char[] ch = word.ToCharArray();              //转换为字符数组
Array.Reverse(ch);                           //反转数组
word = new string(ch);                       //将字符数组转换为字符串
```

代码说明

（1）word.ToCharArray()语句：将字符串 word 转换为字符数组的方法，必须定义字符数组来保存转换后的结果。

（2）Array.Reverse(ch)语句：将字符数组 ch 反转，ch 元素的实际顺序将发生改变。

（3）new string(ch)语句：将字符数组 ch 作为参数，使用 new 关键字来创建一个新的字符串。最终 word 的结果为：

!7102 olleH

字符串还有一个非常有用的方法 split，它实现把一个字符串按照指定的字符拆分成一个字符串数组。例如：

```
string word = "Hello,world,Good,Day!";
string [] words = word.Split(',');          //按逗号把字符串拆分成字符串数组
```

结果，words 长度为 4，其中，words 数组的各个元素分别如下。

```
words[0]: Hello
words[1]: world
words[2]: Good
words[3]: Day!
```

2.6.4 可变字符串

StringBuilder 类用于创建值可变的字符串对象，即创建字符串对象后，可以通过添加、删除、替换和插入方法来对可变字符串对象的内容进行修改。在需要连接大量字符串以及需要频繁修改字符串内容的情况下，StringBuilder 类是最佳选择；而在一般情况下，使用 string 类型就足够了。以下是 StringBuilder 对象的主要属性和方法。

1．主要属性

容量 Capacity：当前对象在内存中所分配的最大字符数。
长度 Length：当前对象的字符串的实际长度，总是小于或等于 Capacity。

2．主要方法

Append()：添加任意类型的数据，转换为字符串保存到对象中，相当于字符串连接。
Insert()：在指定字符位置插入任意类型的数据，转换为字符串连接起来。
Remove()：从指定位置开始，从对象中移除指定长度的字符。
Replace()：将指定的字符或字符串，替换为新的字符或字符串。
ToString()：将当前对象转换为字符串使用。

3．对象的创建

要使用 StringBuilder 类的方法操作字符串，必须先创建该类型对象。
创建对象的基本语法如下：

```
类类型 类类型变量;
类类型变量 = new 类类型();
```

如创建一个 StringBuilder 对象：

```
StringBuilder sb;
sb = newStringBuilder();
```

说明：第一条语句首先声明了 StringBuilder 类型的变量 sb，与简单类型变量声明一样，不同的是类属于引用类型，类类型的变量保存的值是对一个对象的引用。如果仅仅进行

声明,那么这个 sb 变量不指向任何对象,它的值为 null,null 代表目前还没有值,还不可以使用。如果要将 sb 作为对象使用,必须通过 new 关键字创建对象,如第二条语句"new StringBuilder();",该语句的含义是:为 StringBuilder 类分配内存单元并初始化,从而在内存中创建该类型对象,然后返回对该对象的引用(也就是对象在内存空间的地址)。因此,"sb＝new StringBuilder();"语句执行后,变量 sb 就保存了该对象的引用。类类型的变量也可以认为是对象变量。

为避免太拗口的叫法,如 sb 保存的是对 StringBuilder 对象的一个引用,在实际使用中,我们可以理解为 sb 就是一个 StringBuilder 对象即可。

可以在定义变量的同时创建对象,例如:

```
StringBuilder sb = new StringBuilder();
```

注意:在使用 new 关键字创建对象时,类后面的括号不能少,它的含义在第 3 章中将会介绍,实际表示在创建对象时,调用对象内部的构造方法(方法都带括号),初始化对象内部的数据。

下面两种方法都可创建 StringBuilder 对象:

```
StringBuilder sb1 = new StringBuilder(10);    //方法 1 指定初始容量
StringBuilder sb2 = new StringBuilder();       //方法 2 使用默认容量
```

方法 1 创建 sb1 对象时,指定了初始容量 10;而方法 2 采用默认容量(默认值为 16)来创建 sb2 对象。初始容量是指在创建对象时分配可以保存当前最大字符数的内存单元。如果实际需要保存的字符长度超过了当前容量,则对象将自动分配更多的内存来存储它们。

应用实例 2.17　StringBuilder 类的使用。

下面的语句演示了如何创建 StringBuilder 对象,并使用其方法来实现对字符串的常用操作。

```
StringBuilder sb = new StringBuilder();//创建 StringBuilder 对象 sb
sb.Append("ABC");//添加字符串数据到对象末尾,当前对象值为 ABC
sb.Append(100);//添加整数数据到对象末尾,当前对象值为 ABC100
sb.Append(false);//添加布尔类型数据到对象末尾,当前对象值为 ABC100false
sb.Replace("ABC", "X");
//将对象值中的字符串 ABC 替换为字符串 X,当前对象值为 X100false
sb.Insert(0, "123");//在开始位置插入字符串,当前对象值为 123X100false
sb.AppendLine();//添加换行符到末尾,当前对象值为: 123X100false[换行]
sb.Append("NEW");
//添加字符串到对象末尾,当前对象值为 123X100false[换行]NEW
sb.Remove(0, 2);
//从位置 0 开始,删除两个字符,容量将减少 2。结果为 3X100false[换行]NEW
sb.Clear();//清空对象的值.该方法不改变当前的容量,长度变为 0
```

可以使用 sb.ToString()方法取得存储在 sb 对象中的字符串。

典型案例 福利彩票自动生成器

模拟福利彩票 36 选择 7 规则,在 1~36 之间随机选择不重复的 7 个整数,并按升序显示。

📖 **案例分析**

要产生随机数,可以使用 C# 提供的随机类 Random 来实现。Random 类主要包含一个产生某个整数范围内的随机数的方法 Next。要使用随机类中的方法产生随机数,必须先创建 Random 类对象,通过该对象调用随机数的方法。如产生 1~10 之间的随机数的代码如下:

```
Random rd = new Random();                    //创建随机类对象
int val = rd.Next(1,11);                     //产生一个 1~10 之间的随机数并保存到 val 中
```

Next 方法中,参数 1 表示随机数的最小值(包含),参数 2 表示随机数的最大值,但产生的随机数不包含该值。

✍ **设计思路**

(1) 定义一个数组,用于保存 7 个整数。

(2) 产生 1~36 之间的随机数,使用 Array.IndexOf()方法判断该数是否已存在数组中。如果不存在,保存到数组;如果存在,则继续产生新的随机数。

(3) 由于不确定产生不重复的随机数的次数,第(2)步可以在 while 循环中实现,while 循环适合循环次数未知的场合。

(4) 使用 Array.Sort()方法对保存随机数的数组进行排序(升序)。

(5) 将数组中每个元素连接成字符串显示在文本框中。

具体实现过程如下。

🖼 **界面布局**

新建项目,向默认创建的窗体 Form1 中拖放一个文本框和一个按钮,并将按钮的 Text 属性修改为"开始生成"。

🖳 **程序代码**

单击窗体上的 button1 按钮,在自动创建的事件处理过程中添加以下的代码。

```
private void button1_Click(object sender, EventArgs e)
{
    int[] randArr = new int[7];        //用于保存 7 个随机数
    int index = 0;                     //保存当前随机数的下标
    Random rd = new Random();          //创建随机数对象
    int tmp;                           //用于临时保存每次产生的随机数

    while(true)                        //循环次数无法确定,循环体必须有能够退出循环的语句
    {
        tmp = rd.Next(1, 37);          //范围:1~36
        //查找该随机数是否已经存在,不存在才保存该随机数,避免随机数重复
        if (Array.IndexOf(randArr, tmp) < 0)
```

```
    {
        randArr[index] = tmp;        //保存随机数到数组
        index++;                     //准备下一个保存位置
        if (index >= randArr.Length) break;    //超过 7 个数了,退出循环
    }
}

Array.Sort(randArr);                 //排序
string str = "";                     //用于保存连接的随机数
for (int i = 0; i < randArr.Length; i++)
{
    str += randArr[i] + " ";         //取出每一个元素,用空格隔开
}
textBox1.Text = str;                 //显示在文本框中
}
```

📖 代码说明

(1) Random 是随机类。要产生随机数,需要通过创建随机类对象并调用其产生随机数的方法。Random rd = new Random()语句用于创建随机数对象,通过对象 rd 调用 Next方法,可以产生指定范围的随机数。随机数范围值为(最小值,最大值),如要产生 1~36 随机数,语句为 rd.Next(1,37)。

(2) while(true)语句形式上是死循环,使用这种结构必须要在循环体中确保有能够退出循环的语句,如语句"if(index >= 7) break;"就是实现在满足条件时退出循环体。

(3) Array.IndexOf(randArr, tmp)语句用于查找 tmp 是否存在数组 randArr 当中。如果存在则返回−1,否则返回该数在数组中的下标。

(4) 使用循环结构列举数组元素时,建议不要采用硬编码(也就是固定值)作为循环的终止值,而是采用数组的长度属性来代替。如代码中的 randArr.Length,而不是 7。以便在修改了数组的长度后,其他代码可以不需要跟随修改。

▶ 运行结果

按 F5 键运行程序,单击窗体上的"开始生成"按钮,将看到如图 2.34 所示的运行结果。

图 2.34   运行结果

2.7   变量的作用范围

虽然变量可以在类主体的任意位置定义,但在不同的位置定义的变量具有不同的作用范围和生命周期。

在图 2.1 中,把一个窗体的类主体分为数据部分和方法部分。数据部分定义的变量可以在任何方法中使用,这种变量暂且称为"类级别的变量",如图 2.35 中的 stdName 变量,这种变量可以在任何过程中使用,如图 2.35 中标识的过程 1、过程 2 和过程 3;另外,在任何过程外定义的变量也属于"类级别的变量",同样可以在其他过程中使用,如图 2.35 中的

sum 变量。"类级别的变量"在窗体对象被创建时就分配内存并初始化为类型默认值,直到窗体关闭后,变量不再存在。为阅读代码方便,"类级别的变量"通常统一定义在所有方法之前,即在类的数据部分中定义。

事件处理过程是一种特别的方法,在触发对象的事件时被自动调用。变量也可以在方法中定义,这种变量也称"局部变量",作用范围只限于在定义它的方法体中使用,其他过程无法使用,而且其作用范围从定义位置开始,到方法结束。如图 2.35 中的 score、str 和 avg,只能在过程 3 中使用,如在过程 2 中使用,将出现语法错误(图中出现波浪线的变量表示语法错误)。这种变量只有在方法执行时存在,方法执行完毕消亡。

还有一种变量定义在分支结构或者循环结构中,如图 2.35 中,过程 3 的 i 和 x,这种变量也称"块变量"。这种变量从定义的位置开始,直到跳出块结构后消亡,不能在结构外使用。

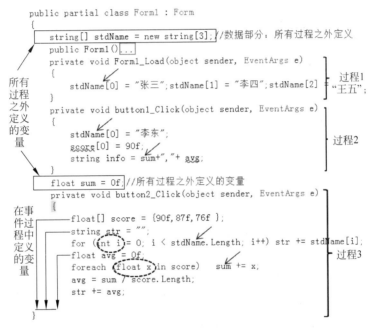

图 2.35 变量作用范围

> 🚩 **注意**
>
> 在方法之外定义的变量,任意方法中都可以使用;在方法块中定义的变量,仅在该方法块中使用;语句块内定义的变量,仅在语句块内可以使用,语句块外不可使用。

2.8 方法

方法是指完成某一特定功能的一段命名代码。方法由方法签名和方法体组成。方法签名包括方法名称、方法参数列表和返回值类型(在方法签名前还可能有访问修饰符和限定修饰符,如事件处理的方法签名 private void button1_Click(object sender,EventArgs e)中的访问修饰符 private,这里暂时不讨论这些修饰符);方法体就是方法要完成特定功能的语句组合。

方法使程序结构清晰,便于阅读和维护,更重要的是可以减少编写代码的工作量,重用代码。如在一个过程中包含以下的几个方法调用,那么通过方法名可以大概猜测出方法要实现的功能。

```
OpenDatabase();                         //打开数据库
GetData();                              //取得数据
ShowData();                             //显示数据
CloseDatabase();                        //关闭数据库
```

此外,一旦在程序运行时出现错误,也可以通过注释怀疑有异常的方法来快速定位异常发生的位置。

2.8.1　方法声明与使用

方法的基本结构如下:

```
返回值类型 方法名(形式参数列表)
{
    方法体;
    [return 结果;]
}
```

说明:

(1) 形式参数列表:用于接收调用者将实际数据传递给方法的临时变量,是方法体中需要处理的数据。每个形式参数必须说明类型,多个形式参数以逗号分隔。所谓实际参数,就是调用方法时,传递给方法的实际数据。

(2) 方法体:实现该方法功能的一系列语句的组合。

(3) 返回值类型:方法体执行完毕后,通过 return 语句返回给调用者的操作结果,结果的类型就是返回值类型。每个方法的返回值最多只能有一个。

(4) 如果一个方法仅执行某些操作,没有返回值,那么 return 语句以分号结束或缺省,但方法的返回值类型必须为 void,表示方法没有或者不需要任何返回值。

设计方法的一般思路如下。

(1) 确定实现的功能,即确定实现的算法或操作,选择合适的方法名。

(2) 确定方法中需要处理的数据,从而定义形式参数的个数和类型。

(3) 方法执行完毕,需要得到什么数据或结果,从而确定返回值类型。

应用实例 2.18　设计一个实现两个整数相加的方法。

设计过程分析如下:①确定功能,即对任意两个给定的整数求和,算法为算术运算;②确定形式参数,即两个任意的整数,可以定义为 int x,int y;③确定结果,即两个整数的和,得到返回值类型为 int。

📑 **代码片段**

```
int Sum(int x,int y)
{
        int z = x + y;
        return z;
}
```

📋 **代码说明**

（1）方法的返回值一般在方法体结束时，将计算结果通过 return 语句返回给方法的调用者，结果的类型就是方法返回值类型。同时，return 语句也代表着方法的结束。

（2）在调用方法时，必须按照方法的参数类型和个数要求，将实际参数与形式参数一一对应传递给方法。如"int c＝sum(12,34);"，该语句的执行过程为：首先使用 sum 方法，将整数 12 传递给 x，整数 34 传递给 y，然后执行方法体中的语句，最后将返回值 z 赋值给 c。方法调用过程如图 2.36 所示。

应用实例 2.19　设计两个方法，分别求圆的周长和面积。

实例分析：只要知道了圆的半径 r，就通过公式 $2 * \pi * r$ 来求圆的周长，通过 $\pi * r * r$ 来求圆面积（其中 π 值可以从静态类 Math 的常数 PI 中获得）。因此，方法中需要处理的数据是半径 r，方法的结果分别是周长和面积。圆的半径是任意的，可以通过文本框输入。

🔳 **界面布局**

新建项目，在默认创建的窗体 Form1 中添加三个标签、一个文本框和一个按钮，各个控件的名称和文本如图 2.37 所示。

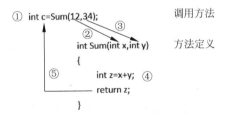

图 2.36　方法调用过程

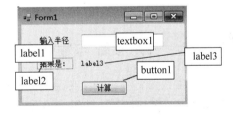

图 2.37　界面布局

📑 **程序代码**

```
//求周长
double Perimeter(double r)
{
    return 2 * Math.PI * r;
}
//求面积
double Area(double r)
{
    return Math.PI * r * r;
}
//"计算"按钮 button1 的事件处理过程
```

```
private void button1_Click(object sender, EventArgs e)
{
    double radius = double.Parse(textBox1.Text);
    double perimeter = Perimeter(radius);
    double area = Area(radius);
    string info = string.Format("周长 = {0:F2},面积 = {1:F2}", perimeter, area);
    label3.Text = info;
}
```

📄 代码说明

（1）从 button1 的事件处理过程中可以看出，方法使得代码结构更加清晰，容易阅读，通过方法名就可以看出要实现的大概功能。

（2）Perimeter()和 Area()是两个自定义方法，分别实现根据半径求圆的周长和面积。

（3）Math 是 C♯ 中的静态类。Math 包含许多用于数学运算的静态方法，如求幂 Math.Pow()、求正弦 Math.Sin()、求余弦 Math.Cos()等，PI 是 Math 类中定义的一个圆周率常数，代表 3.14159。这些方法和符号常数直接通过类名来使用。

（4）方法在使用时，实际参数和形式参数必须在类型、位置和个数上一一对应。

（5）string.Format()方法中的{0:F2}，冒号后表示数字格式，F 表示显示小数，2 表示小数位数（如果是 D3，表示对应的数据项显示为三位的整数，不足三位，数字前面补 0）。

▶ 运行结果

按 F5 键运行程序，在文本框中输入数字，单击"计算"按钮，运行结果如图 2.38 所示。

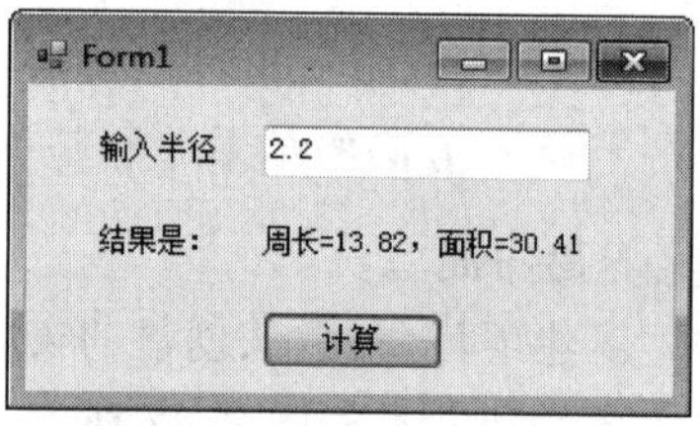

图 2.38　运行结果

2.8.2　引用参数与输出参数

有时可能需要将多个变量传递到方法中去处理，并通过变量带回处理后的结果。而一个方法只能有一个返回值，如果要在调用方法后需要得到多个值，除了使用数组作为参数外，还可以在方法定义的时候使用引用参数或输出参数。方法中的引用参数和输出参数就是用来解决这个问题的。

1. 引用参数

引用参数不是指引用类型的参数，而是把值类型参数的引用作为参数来使用。这样，形式参数和实际参数都指向同一个值，当形式参数在方法中被改变时，方法调用完毕，实际参数也将发生改变。要在方法中使用引用参数，需要在形式参数前加上 ref 关键字，在调用该方法时，实际参数也要加上 ref 关键字，而且实际参数必须是变量，例如：

定义包含引用参数 a 的方法：

```
void Change(ref int a){ a = 100;}
```

方法的使用：

```
int x = 10;
string s = "方法调用前: x = " + x;
Change(ref x);
s += "\r\n方法调用后: x = ";
```

代码执行后 s 的值为:

```
方法调用前: x = 10
方法调用后: x = 100
```

值类型作为参数与值类型的引用作为参数的区别在于,前者在调用方法时,把实际参数的值复制给形式参数,形式参数的改变并不影响实际参数;而后者把实际参数的引用传递给形式参数,相当于形式参数是实际参数的别名,形式参数改变的同时也将改变实际参数。

如果上面的自定义方法 Change 修改为 void Change(int a){a=100;},那么在调用该方法时实际参数也不能使用 ref 关键字,而且在调用该方法后,x 的值也将不受影响。即假如方法调用前 x 的值是 10,那么使用 x 作为参数调用方法 Change 后,x 的值仍然保持为 10。

注意: 调用包含引用参数的方法时,实际参数必须是变量,同时实际参数前也必须有 ref 关键字,如有方法 Change(ref x);,不能使用如下的方式调用:

```
Change(x);   或   Change(ref 10);
```

2. 输出参数

使用输出参数的目的是期望方法在执行完毕后,从方法中带回一个或多个所需要的结果给调用者。输出参数与引用参数的作用类似,都是将值类型的引用作为参数,形式参数的改变也将改变实际参数。不同的是使用输出参数的目的不是为了传递数据到方法中去处理,而是用来保存在方法中执行其他操作的结果。在方法定义时输出参数需要使用 out 关键字修饰,调用该方法时,实际参数也必须使用 out 关键字,同时,实际参数必须是变量。如下面使用了输出参数的自定义方法:

```
void Change(out int a){a = 100;}
```

调用时,实际参数也需要带 out 关键字,例如:

```
int x;
Change(out x);
```

结果 x 的值将改变为 100。

引用参数与输出参数在使用上的区别在于,包含引用参数的方法在调用的时候,实际参数必须初始化;而包含输出参数的方法在调用时,实际参数无须初始化,但在方法体中必须对输出参数赋值。

那么在自定义方法时如何选择是使用引用参数还是输出参数呢? 基本原则是: 如果需要在方法中对数据进行处理,并在方法调用完毕后得到处理过的数据,那么使用引用参数;如果仅需要从方法中得到多个处理的结果,那么使用输出参数。

应用实例 2.20　使用引用参数，实现两个整数的交换。

在窗体上添加一个按钮 button1 并输入以下代码。

📖 **代码片段**

```
void Swap(ref int x, ref int y)
{
    int tmp = x;
    x = y;
    y = tmp;
}


//button1 按钮的事件处理过程
private void button1_Click(object sender, EventArgs e)
{
    int a = 10, b = 20;
    Swap(ref a, ref b);
    MessageBox.Show("a = " + a + ",b = " + b);
}
```

📑 **代码说明**

（1）由于要在方法中实现两个任意整数的交换，在方法执行完毕需要得到交换后的结果，因此将形式参数定义为引用参数。在调用该方法前，实际参数必须初始化；调用该方法时，实际参数也必须带 ref 关键字。最终在方法调用完毕，两个数 a 和 b 实现了交换。

（2）最终结果将弹出对话框显示为：a＝20，b＝10。

应用实例 2.21　使用输出参数，实现取得一组数中的最大值和最小值。

在窗体上添加一个按钮 button1 并输入以下代码。

📖 **代码片段**

```
//方法定义
void maxMin(int[] arr, out int max, out int min)
{
    max = arr[0];min = arr[0];
    for (int i = 1; i < arr.Length; i++)
    {
        if (arr[i] > max) max = arr[i];
        if (arr[i] < min) min = arr[i];
    }
}


//button1 按钮的事件处理过程：方法调用
private void button1_Click(object sender, EventArgs e)
{
    int[] arr = new int[] { 1, 115, 89, 34, 56 };
    int ma, mb;                              //不用初始化
```

```
    maxMin(arr, out ma, out mb);
    MessageBox.Show(string.Format("最大值是:{0} 最小值是:{1}",ma,mb));
}
```

📖 代码说明

（1）在方法定义时,使用 int[] arr 声明整型数组形式参数。注意在形式参数中不能指定数组长度,仅起到声明作用。maxMin 方法首先将第一个元素保存到输出变量 max 和 min 中,然后在循环体中依次与数组元素相比较,最终得到最大值和最小值。

（2）在调用 maxMin 方法时,传递给该方法的三个参数依次为:实际数组的数组名、实际参数 ma、mb。实际参数 ma、mb 无须初始化,但必须在方法执行结束前对输出参数 max 和 min 进行赋值,在调用方法后才得到具体值。

（3）最终的结果将弹出对话框显示"最大值是:115 最小值是：1"。

2.8.3　方法重载

方法重载是指方法名相同,而参数个数或类型不同的多个方法。方法重载使得一个方法可以有多种不同的使用形式。C♯允许定义多个名称相同、参数个数或类型不同的方法,如下面的代码片段所示。

📑 代码片段

```
//相同方法名,但参数个数或参数类型必须不一致
void myMsg()
{
    MessageBox.Show("这是无参数对话框方法,显示默认信息");
}

void myMsg(string msg)
{
    MessageBox.Show("这是有参数,显示的参数是:" + msg );
}
```

📖 代码说明

上面的代码片段定义了一个无参和一个有参的同名方法 myMsg。在调用方法时系统自动根据有无参数来决定调用哪一个方法。

注意：重载的方法不能仅返回值不同,必须是参数个数或参数类型不同。因此上面代码片段中不能再定义以下的方法,否则将出现错误。

```
string myMsg()                              //与方法1相比,仅返回值不同
{
    return  "这是无参数方法";
}
```

更多关于方法设计的内容将在第 3 章进行讨论。

2.9　代码调试与异常处理

2.9.1　代码调试

初学者在编写代码时,难免会出现各种语法错误,如数据类型不匹配、在数据区域使用了非声明语句等,这些错误在编译阶段可以通过"错误列表"窗体查看,如图 2.39 所示。

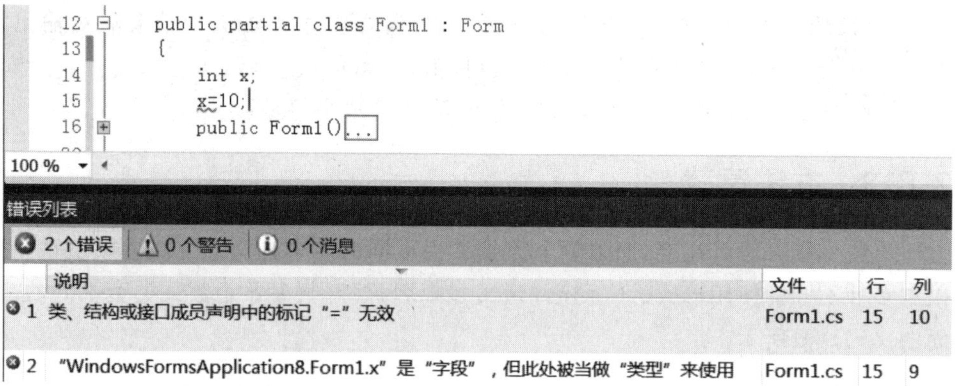

图 2.39　错误列表

当出现多个错误时,用鼠标双击错误列表中的错误信息,将定位到代码中错误的语句。可根据错误信息修改为正确的代码。

> 🚩 **提示**
>
> 如果没看到"错误列表"窗体,可以通过"视图"→"错误列表"命令来打开。

VS 2010 有即时智能提示功能,在出现语法错误时将在代码处显示红色波浪线,将鼠标移动到红色波浪线的位置也将看到错误信息,如图 2.40 所示。

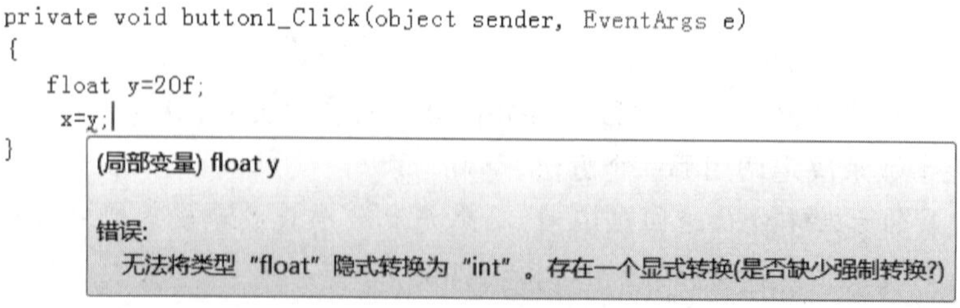

图 2.40　智能错误提示

有时,为了在运行时查看变量的值,可以使用断点模式。在需要查看变量的位置,设置断点。断点是指代码执行到该位置时,将暂停运行;再次单击"运行"按钮时,代码才继续执行,直到遇到下一个断点。这样,程序运行时,将停留在该处,将鼠标移动到变量上,可以查看变量的值。

断点设置操作：在代码窗体的最左边灰色区域，用鼠标单击，就在该位置设置了一个断点，如图2.41所示，再次单击则取消断点。程序运行后，会在断点处暂停，这时将鼠标移动到变量的位置，就可以观察到变量的值。需要继续运行时，单击"运行"按钮，直到代码执行完毕。

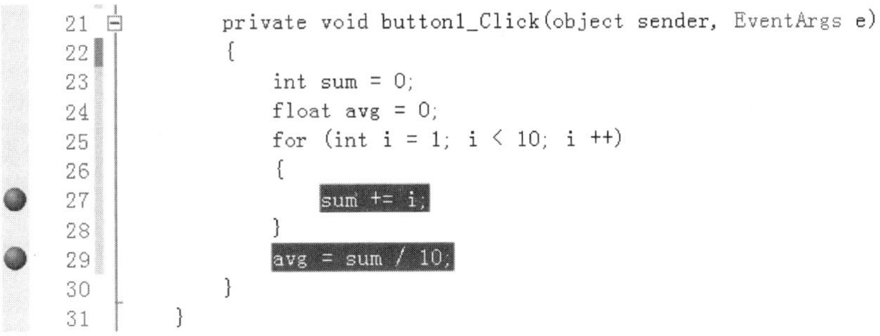

```
21    private void button1_Click(object sender, EventArgs e)
22    {
23        int sum = 0;
24        float avg = 0;
25        for (int i = 1; i < 10; i ++)
26        {
27            sum += i;
28        }
29        avg = sum / 10;
30    }
31    }
```

图 2.41　断点设置

也可以通过弹出信息对话框的方式来查看程序在运行时变量的值。如上面例子中最后要查看显示结果，可以使用语句"MessageBox.Show("sum="+sum+",avg="+avg);"。

2.9.2　异常处理

异常是指在程序运行过程中出现的错误。出现异常时，程序将无法继续运行。C#通过异常处理的语法结构来捕获各种可能的异常，避免程序在运行时崩溃。

异常处理的基本语法格式如下。

```
try
{
        //可能出现异常的代码
}
catch(异常类型 ex)
{
        //异常处理代码
}
finally
{
        //无论是否出现异常,最终都会执行的代码
}
```

说明：

（1）try块：可能出现异常的代码，都放在try块中。

（2）catch块：表示需要捕捉的异常类型。可以有多个catch块，每个catch块可以捕捉特定类型的异常，在出现该类型异常时，可以通过异常类对象来查看异常发生的原因和其他异常信息。一般情况下，由于具体的异常类比较多，为了简化使用，在catch块中通常仅使用Exception异常类，这是所有其他异常类的基类。Exception类包含一个重要属性

Message,通过该属性可以很方便地查看到异常发生的可能原因。catch 关键字后也可以省略括号及括号内的异常类参数,表示当异常发生时忽略任何异常信息。

（3）finally 块：无论 try 块是否引发异常,最终都会执行的语句块。是否需要 finally 块由实际需要决定。

应用实例 2.22 捕获代码中的异常并显示异常信息。

在窗体上添加一个文本框,一个按钮,并在按钮事件处理过程中输入以下代码。

代码片段

```csharp
private void button1_Click(object sender, EventArgs e)
{
    try
    {
        int num = int.Parse(textBox1.Text);
    }
    catch (Exception ex)
    {
        MessageBox.Show("出现错误,错误原因是: " + ex.Message);
    }
}
```

代码说明

程序在运行时,如果文本框没有输入,或者输入的不是数字字符串,在进行类型转换时将出现异常,catch 块将捕捉到该异常,并执行该语句体,结果弹出包含异常信息的对话框,如图 2.42 所示。Exception 类主要属性 Message 包含具体的错误描述信息,在程序调试阶段经常使用该属性来查看异常发生的原因。本例不需要使用 finally 块。

图 2.42 运行结果

注意：一般只在代码可能出现无法预测的错误时才使用异常处理结构,毕竟异常处理对性能有一定的影响。对可以预见的错误,尽量使用代码来判断而不是通过捕获异常来处理。如限制文本框只能输入数字,那么在处理文本框输入值时,可以先判断输入的是否是数字,而不是直接将数据类型的转换代码放入到 try 块中,在引发可能的异常后再在 catch 块中处理。

C#预定义了多种具体的异常类型,在需要的时候可以查看帮助文档,这里仅介绍最基本的异常处理结构及其一般使用方法。

小结

C#基础语法是初学者必须掌握的内容。本章首先介绍了常量与变量的基本概念、变量的本质、命名规则和书写规范,要求读者能够掌握基本数据类型的定义和使用以及类型之间的各种转换方法,并且对代码文件的基本结构和代码编写位置有清楚的认识;要理解变量在不同位置定义时的作用范围,掌握各种运算表达式的运算规则、运算结果及类型,能使用顺序结构、分支结构和循环结构解决基本的数学运算和操作逻辑等问题。此外,还需要掌握一维数组的定义和使用,能够设计简单的方法并调用,掌握程序的基本调试方法及异常处理结构的使用。本章最后提供了针对性的练习,希望读者能独立完成。

上机实践

练习 2.1 编写程序,实现单击按钮时,在标签上显示按钮单击的次数。

练习 2.2 编写程序,实现输入三角形任意三边长度,判断是否构成三角形,在标签中显示判断结果(true 或 false)。

提示:组成三角形的三条边 a,b,c,需同时满足条件 a+b>c、a+c>b 和 b+c>a。

练习 2.3 输入两个整数,在标签上显示较大的数(使用条件表达式)。

练习 2.4 编写程序,上机验证下列表达式的结果并将结果显示在标签上。
假定有:x=true,y=true,c=false,a=6
(1) !x||y&&y||c
(2) x&&6<=9||a>=7&&c

练习 2.5 将字符串按逗号拆分后分行显示"hello,jack!"。

练习 2.6 求出 1~20 之间,能被 5 整除的数并显示出来。

练习 2.7 设计一个登录验证窗体,假定用户名和密码均为 123;如果输入正确,在标签上显示"账号正确";否则显示"账号错误",如果三次输入错误,则退出程序。

练习 2.8 使用按钮事件组,实现简单的四则运算。界面布局如图 2.43 所示。

练习 2.9 设计一个手机抽奖程序:定义一个数组保存 10 个已经存在的手机号码,当单击按钮时,随机选择其中一个显示出来。

练习 2.10 设计一个方法,返回任意一组整数中的最大值,并调用该方法显示结果。

练习 2.11   设计一个方法,给定一个学生的三门课程的成绩,实现同时统计其总分和平均分,并显示统计结果。

练习 2.12   编写程序,实现在程序启动时,弹出信息对话框显示当天的日期,运行结果如图 2.44 所示。

图 2.43   练习 2.8 的界面布局   图 2.44   练习 2.12 的运行结果

第3章 面向对象程序设计

本章导读

本章首先介绍面向对象程序设计的基本概念以及类的创建和使用,包括字段和属性的定义和使用、方法设计、构造方法及方法重载,对静态类及其成员、静态成员与实例成员的区别也做了简单介绍;然后介绍了如何使用继承和接口的相关技术来实现多态性。此外,为了更好地使用集合类,本章也增加了泛型的内容,而委托是事件的基础,匿名方法和Lambda表达式则可以以更简洁的方式使用集合类、委托和事件,因此本章最后对委托的使用和事件的实现做了重点介绍。

面向对象程序设计(Object Oriented Programming,OOP)方法是当今主流的程序设计方法,是一种以事物为中心的编程思想,也即把所有的事物对象化,通过分析要实现的任务,将任务分派给具有各种不同特征和行为的对象去完成,最终完成程序的开发的方法。至于各种对象如何去实现则无须使用者去关注。在这里,类是面向对象的基本编程单元,通过类来创建对象,通过对象的方法来完成任务,对象之间通过消息(事件)传递来发生联系。

面向对象是相对于面向过程而言的。面向过程的程序设计方法是以过程为中心,从分析问题中得到解决问题的步骤,然后调用不同的函数来实现各个步骤,完成整个程序的开发,函数是面向过程的基本编程单元。

这里用一个例子来说明两者的区别。比如你是公司软件设计部门的经理,现在公司接到一个开发大型网站的项目,明确需求和确定架构之后,作为经理的你开始委派任务给不同职责的技术人员来完成,如让负责前台美工的小明来完成网站前台开发工作;让负责技术开发的小东来完成后台代码的编写;让数据库设计师小强来完成数据库规划和设计工作。至于他们是如何具体工作的,作为经理的你并不关心,只关心他们在完成任务后向你汇报。这种由调度不同职责的对象、对象之间相互沟通来完成任务的模式就是面向对象的思维模式。

而如果是面向过程的思维模式,则在接到开发项目后,你可能会首先确定需求和架构,规划好开发步骤,如首先设计数据库,然后编写功能实现代码,最后调整界面和测试,直到项目完成,都是按预先定义好的步骤有序进行。这就是以解决问题为核心,按步骤执行的过程。

面向过程与面向对象不是对立的,在面向对象方式内部,其实也包含面向过程,只是把面向过程的部分"包装"成一个个对象去实现。在上面的例子中,假如你把网站前台设计的工作"包装"成"小明",把后台代码编写的工作"包装"成"小东",而数据库设计的工作"包装"

为"小强"……具体的工作由各个对象独立完成,那么这就是一个由"面向过程"到"面向对象"思维模式的转变。

再比如组装一台计算机,按照面向过程的思维模式就是,首先规划好一台计算机所需要的零部件,然后制定执行步骤,如:①选购主板;②选购 CPU;③选购硬盘和内存;④选购机箱、键盘、鼠标;⑤选购显示器;⑥组装。而按照面向对象的思维模式来组装计算机可能就是:根据要购买计算机的配置和性能,跑去计算机城装机店,对老板说,给我组装一台计算机! 至于老板是怎么组装的,是他自己组装还是店员组装,你并不关心,关心的是对象(店家)帮你装好你所需要的计算机。面向过程关心的是解决问题的步骤,面向对象关心的是哪些对象可以帮助我们解决问题。

面向对象的程序开发也是如此,通过已存在的对象来构建应用程序界面以及实现所需操作,完成任务设计。如果需要的对象不存在,那么自己可以设计出来,让其具备所需功能,在需要使用的场合直接或重复调用。

面向对象程序设计方法达到了软件工程的三个主要目标:重用性、灵活性和扩展性。封装、继承和多态性是面向对象的三大主要特征。

1. 类与对象

现实世界中实际存在的事物都可以称为对象,如一本书、一部手机、一个人等。类,即类别、类型,是对具有相同特征和行为的事物进行高度概括后建立起来的一个抽象模型。例如,所有的书籍都可以是书籍类,所有的手机都属于手机类,人归为人类等。所有相同类型的对象都具有相同的特征,如人有姓名、性别、身高和体重特征等,这些特征就是对象的属性;而唱歌、跳舞,这些就是对象的行为或动作。

类是对对象特征和行为的描述,对象是类的实例,即按照某种类型创建出来实际的东西。

类是面向对象程序设计的基本单位,一个典型的类应包含数据和对数据的操作。数据用于描述对象的特征,而操作体现了对象具有的行为。

2. 封装

封装是实现信息隐蔽的一种手段。将数据和对数据处理的方法组合在一起,对外只提供操作接口。对用户而言,具体实现是隐藏的。正如一部电视机,对外提供操作的接口:操作面板或遥控器。用户无须知道电视机的工作原理,也无须了解遥控信号如何发送到电视机,只要会使用就可以了。本节要学习的就是如果把功能包装(封装)起来,给用户(更多的时候是自己)提供使用接口。

3. 继承

继承的目的是在已经存在的类的基础上,保留其原有的功能,并扩展其功能,从而创建新类。在这里,已存在的类称为基类,新类称为派生类。继承的好处在于减少编码工作量、提高代码重用性,便于维护和扩展。

4. 多态性

多态性是指一个方法可以有不同的实现。不同实现的方法,共享同一接口,调用时呈现不同的(多种)结果(形态)。多态性可以通过继承、方法重载、虚方法和重写、抽象方法、接口等技术来实现,好处在于方便调用,灵活性高。

3.1 类的创建与使用

3.1.1 创建类

为降低学习的难度,这里只介绍最简单的类的结构。类的基本结构如下:

```
[访问修饰符] class 类名
{
    类主体;
}
```

说明:

(1)访问修饰符是指类的可访问性(作用域),可选。C♯的访问修饰符如表3.1所示。类的访问修饰符说明类使用的级别,一般只使用 public(公共的)或 internal(内部的)。默认为 internal,代表仅本项目可使用的类。如果设计的类需要提供给其他项目使用,类名前必须带上 public 关键字,这种情况下一般以类库项目的形式出现,编译后得到以 dll 为扩展名的文件,在其他项目中需要添加对该 dll 文件的引用后方可使用。

表 3.1 C♯中的访问修饰符

访问修饰符	含 义
public	同一程序集中的任何其他代码或引用该程序集的其他程序集都可以访问该类型或成员
private	只有同一类中的代码可以访问该类成员
protected	只有同一类或者派生类中的代码可以访问该类型或成员
internal	默认值。同一程序集中的任何代码都可以访问该类型或成员,但其他程序集中的代码不可以
protected internal	同一程序集中的任何代码或其他程序集中的任何派生类都可以访问该类型或成员

(2) class 为定义类的关键字,其后紧跟类名。类名必须满足标识符命名规则,一般采用 Pascal 命名规范,即类名中每个单词的首字母大写。类名后是类主体,也就是类实现代码,置于{ }内,用于定义类成员,包括类的字段、属性、方法和事件等。

注意:所谓程序集,是指包含一个或者多个类文件和资源文件的集合。简而言之,就是一个 C♯项目,经编译后以可执行文件(扩展名为 exe)或以动态链接库文件(扩展名为 dll)的形式存在。

(3)类主体包含数据成员和方法成员。所有在类主体的数据部分定义的变量,都是类的数据成员,或称成员变量;所有在类主体中定义的方法都是类的方法成员。一般一个类包含数据成员和方法成员,但也可以只有数据成员,或只有方法成员。成员变量在 C♯中称为字段。

下面创建了一个最简单的 Student 类：

```
class Student
{

}
```

以上创建了一个没有任何数据成员和方法成员的空类，虽然没有意义，但满足类的构造语法。

虽然一个代码文件可以包含多个类，但规范的做法是将一个类保存在一个以类名命名的单独文件中。在 Visual Studio 2010 中为项目添加类文件的具体操作是：新建项目或打开已存在项目，在"解决方案资源管理器"窗口中右击项目名称，选择"添加"→"类"命令，在打开的"添加新项"对话框中的"名称"栏中输入类名，然后单击"添加"按钮来完成操作。

3.1.2　类的使用

Student 类创建好之后，就可以定义 Student 类型的变量了，然后通过 new 关键字来创建 Student 类型的对象，并把对象在内存中的位置保存到该变量中。此时，我们说变量指向对象，或者说变量保存的是对对象的引用，所以这种类型又叫引用类型，例如：

```
Student studentA;              //定义 Student 类型的变量
studentA = new Student();      //创建 Student 对象(实例)
```

new 关键字的作用是为 Student 类型变量分配所需的内存空间，并初始化其数据成员，从而创建 Student 对象，同时返回对该对象的引用。注意，类型后面必须带上括号。一般也把 studentA 称为对象或实例，因为实质上它就代表了这个对象。

上面的语句也可以写成一行，表示定义变量的同时创建对象。

```
Student studentA = new Sudent();
```

或者，将一个对象赋值给另外一个同类型的变量：

```
Student studentB = studentA;
```

此时，studentA 和 studentB 都指向同一个对象，或者说，它们都是对同一个对象的引用，实质上保存的是 Student 对象在内存中的位置。三者的关系在内存中的示意图如图 3.1 所示。为简化叫法，以后把 studentA 和 studentB 均称为 Student 对象。

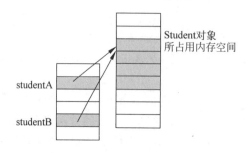

图 3.1　引用类型变量与对象示意图

3.2 字段

字段是直接在类的数据部分定义的任何类型的变量。字段的访问修饰符可以是公共的 public、私有的 private 或受保护的 protected。本节只关注 public 和 private。如果省略访问修饰符，则默认为 private，即私有字段。私有字段只能在类内部使用，类外部（其他类）的代码无法访问。如果使用 public 访问修饰符，那么类外部的代码可以通过对象来访问，这样的字段称为公共字段或实例字段。

如一个学生类 Student 需要保存姓名 StudentName、班级 ClassName 和学号 StudentNo 信息，可以定义三个公共字段提供给类外部使用：

```
public class Student
{
    public string StudentName;          //姓名
    public string ClassName;            //班级
    public int StudentNo;               //学号
}
```

说明：除了添加了访问修饰符 public 之外，字段的定义方式与局部变量的定义相同。局部变量是指在类的非数据部分定义的变量，如在方法（包括方法参数）和语句块中定义的变量，局部变量不能使用访问修饰符。

一个典型的类一般包含数据成员和方法成员。为了说明问题，上面只是创建了一个仅包含数据成员的 Student 类。

类外部代码可以通过创建对象来直接访问公共字段。下面是 Student 类的具体使用。

```
Student student = new Student();        //创建对象
student.StudentName = "张三";           //外部访问对象的公共字段：赋值
student.ClassName = "计算机 171";
student.StudentNo = 12;
string info = string.Format ("姓名:{0},班级:{1},学号:{2}",student.StudentName,
student.ClassName,student.StudentNo); //外部访问对象的公共字段：取值
MessageBox.Show(info);                  //显示读取的内容
```

上述代码通过创建 Student 对象来访问其公共字段。如果字段的访问修饰符修改为 private，或者省略访问修饰符，则 Student 对象将不能对该字段进行赋值或取值。

> 所谓类外部代码，是指使用这个类来创建对象，并通过该对象来访问类的字段、属性和方法的其他类中的代码，也称客户端（用户，使用者）代码。

3.3 属性

属性是对类内部数据进行封装的一种手段，通过属性可以安全访问类内部数据。

公共字段在类外部可以随意读写。有时需要限制类外部对类内部数据的访问权限，如

只能保存数据,而不能读取数据;或者需要验证数据有效性而不能随意赋值(如对学号 StudentNo 赋值为−12);或者创建动态数据(取得字段组合值),公共字段无法实现。因此,为了更好地封装数据,一般类中的成员变量都定义为私有字段,类外部如果要访问其内部数据,可以通过封装性更好的属性或方法来实现。

3.3.1 定义属性

属性是通过一对 getter/setter 访问器的语法来实现类外部对其私有字段的读写。
定义属性的语法格式如下:

```
[访问修饰符] 属性类型 属性名
{
    get{    }
    set{    }
}
```

说明:

(1)属性主要是为类外部访问类的私有字段使用的,因此属性的访问修饰符一般使用 public。

(2)get{ }表示返回类的私有字段,一般只有 return 语句。

(3)set{ }表示对类的私有字段赋值。其中,set 访问器包含一个内置的关键字 value,表示类外部对该属性赋值时的具体值。数据的验证在 set 访问器中实现。

(4)一般情况下,一个属性都有一个对应的私有字段,也即类外部通过属性来访问对应的类内部数据成员。特殊情况下,一个属性也可能是几个私有字段的组合,如成绩,可能是几门课程成绩的总和,这样的组合属性不能赋值,因此只能是只读属性。

比如上例 Student 类中的公共字段 StudentName,可以将其定义为属性:

```
string _studentName;                    //不加访问修饰符,默认为私有字段
public string StudentName               //公共属性,属性名后没有括号,方法才有
{
    get { return _studentName;}         //通过 get 返回私有字段的值
    set { _studentName = value;}        //通过 set 对私有字段赋值
}
```

代码说明:

(1)首先定义了一个私有字段_studentName,类外部不能直接访问。私有字段的命名规范:建议使用 camel 命名方式,即首个单词首字母小写,后面单词首字母大写,最好为私有字段名添加下画线,一看就知道是私有字段,有对应的属性。

(2)语句 public string StudentName 定义了类外部可以访问的公共属性 StudentName,对应私有字段_studentName,public 访问修饰符提供了类外部访问属性的能力。属性的命名规范:建议使用 Pascal 命名方式,即属性名的每个单词的首字母均大写。同时,相对于加下画线的私有字段名,只是去掉了下画线。

(3)get 语句体表示当类外部要取得属性值时,返回私有字段_studentName。其语句体一般只有一条 return 语句,把属性对应的私有字段返回给使用者。

（4）set 语句体表示类外部要对属性进行赋值时,将代表具体值的 value 保存到私有字段_studentName 中。这里 value 是内置的关键字,代表对属性的具体赋值。

定义好属性之后,其使用方法与公共字段完全一样,例如:

```
Student student = new Student();
student.StudentName = "张三";          //赋值,在类内部通过 set 语句体实现,value 就是"张三"
string name = student.StudentName;     //取值,在类内部通过 get 语句体实现
```

一般一个属性对应一个私有字段,属性的读写,就是对私有字段的读写。

如果对属性赋值时需要对数据进行有效性验证,如限制 Student 类中的学号必须从 1 开始,可以在 setter 访问器中对 value 进行判断。如果不满足条件,则保存原来的属性值,否则保存新值,例如:

```
int _studentNo;
public int StudentNo
{
    get{return _studentNo;}
    set
    {
        if(value > 0) _studentNo = value;      //满足条件才赋值,否则保持原来的值
    }
}
```

3.3.2　只读/只写属性

如果一个属性只有 get 语句体,那么这个属性为只读属性,只能对属性读取,不能赋值（如窗体中控件的位置属性 Location.X）;如果一个属性只有 set 语句体,那么这个属性为只写属性,只能赋值,不能读取属性的值。如一个类中有保存密码的属性,类外部只能赋值,而不能读取,可以将该属性定义为只写属性;又如一个银行账户的余额,只能查询,而不能修改,可以定义为只读属性。

（1）只写属性 PassWord,没有 get 访问器。

```
string _passWord;
public string PassWord
{
    set {_ passWord = value;}
}
```

（2）只读属性 Acount,没有 set 访问器。

```
float _acount;
public float Acount
{
    get { return _acount;}
}
```

有时,一个属性也可能是多个私有字段的组合,如一个 Student 类包含三门课程的成绩（假定对应私有字段为_Score1,_Score2,_Score3）,可以定义一个取得三门课程总分的只

读属性 Score,例如:

```
public float Score
{
    get {return _Score1 + _Score2 + _Score3;}
}
```

方法同样可以实现属性的功能,但方法在类外部不能使用赋值符实现对私有字段的赋值,而必须通过对象调用。一般原则是,如果简单地读写数据,使用属性;如果要对数据进行额外复杂的处理,使用方法。

3.3.3 自动属性

如果使用属性只是为了简单地读写数据,C#对属性的定义进行了简化,使其与公共字段一样方便定义和使用。如 Student 类中的 StudentName 属性,如果只是简单读写对应的私有字段值,代码显得过于冗长。C#可以使属性名后面只包含 get 和 set 关键字,其后省略了语句体,如定义 StudentName 属性:

```
public string StudentName { get; set; }
```

只有 get、set 关键字或两者组合的属性称为自动属性。只有 get 关键字的属性为只读自动属性;只有 set 关键字的属性为只写自动属性,使用方式完全不变。有了自动属性的语法,就可以简化 Student 类中的属性的定义了,例如:

```
public class Student
{
    public string StdName { get; set; }
    public string ClassName { get; set; }
    publicint StudentNo { get; set; }
}
```

可以将 getter/setter 访问器之一加上访问修饰符,但不可以同时添加。另外,getter/setter 访问器的访问级别不能高于属性的访问级别。例如:

```
//只写属性,类外部不可以读取,类内部可以读写
public string PassWord {private get;set;}

//只读属性,类外部仅可以读取,类内部可以读写
public string Acount {get; private set;}
```

以下是错误的用法:

```
public string PassWord { private get; private set; }
//同时设置了 private,没有意义

private string PassWord { public get; public set; }
//get 和 set 访问级别应该比属性访问级别更低
```

编程建议:一个类中的数据如果需要提供给类外部使用,定义为属性;如果仅内部使用,定义为私有字段。

3.4　方法

方法是为了完成某一特定功能(操作或计算)而将一系列语句组合在一起的一段代码,并且赋予这段代码一个名称,即方法名。方法可实现代码重用,使程序结构更加清晰,可读性高,也更容易维护。

在一个程序中,不是把所有的代码写在一个方法中,这种做法对大型的程序而言将变得难于阅读和维护,而是把实现不同功能的代码片段设计为一个个独立的方法,每个方法实现部分功能,在需要的地方通过方法名进行调用。如下面的代码片段可以很粗略地看出程序要实现的大概功能:打开数据库→读取数据→显示数据→关闭数据库。

```
bool sussess = OpenDatabase(string connString);
if(sussess)
{
    ReadData(string table);
    DisplayData();
    CloseDataBase();
}
```

3.4.1　方法设计

方法的基本结构如下:

```
[访问修饰符] 返回值类型 方法名(参数列表)
{
    方法体;
}
```

说明:

(1)方法必须在具体的类中定义,以下示例如果没有特别说明,方法都在窗体类中定义。访问修饰符指明了方法的作用范围,可以是 public、private 或 protected,默认为 private。

(2)参数列表中的参数为形式参数,用于保存实际数据的临时变量,而实际数据又叫实际参数。形式参数是局部变量,在方法调用时存在,方法执行完毕消亡。形式参数根据实际情况,可以没有,也可以有多个,多个参数用逗号分隔,每个形式参数都必须说明其类型。

(3)方法返回值是指方法体执行完毕后,向调用者通知方法处理的结果,该结果的类型就是方法的返回值类型。一般在退出方法体之前使用 return 语句返回具体结果。返回值最多只能有一个,也可以没有。如果没有返回值,则要明确指明方法的返回值类型为 void,在这种情况下,return 语句可以省略,或使用仅包含 return 关键字的语句。

(4)方法体表示完成所要求功能的一系列语句的组合。

设计一个方法的基本思路如下。

(1)根据条件,确定方法需要处理的数据,从而确定形式参数的个数和类型。

（2）根据结果,确定返回值,从而确定方法返回值类型。

（3）确定算法,即方法体的功能实现。

（4）根据功能来确定方法名,方法名需要符合标识符的命名规则,并能做到"望名知意"。

以下是两个简单的方法设计的例子。

（1）设计一个方法,实现计算任意两个整数的和。

条件：两个整数,确定参数为 int x 和 int y。

结果：整数和,确定方法返回值类型为 int。

算法：实现加法运算的功能。

```
int Sum(int x, int y) { return x + y; }
```

（2）设计一个方法,根据字符串内容,弹出信息对话框。

条件：字符串类型数据,确定参数为 string msg。

结果：仅执行动作,没有返回值,类型为 void。

功能：弹出信息对话框显示给定的字符串的数据。

```
void MsgBox(string msg){MessageBox.Show(msg);}    //没有返回值可以省略 return 语句
```

3.4.2　值传递与引用传递

传递是指在调用方法时,用实际参数为方法的形式参数赋值。按参数类型不同,可以分为值传递和引用传递。

值传递是指形式参数为值类型,在方法调用时,将同为值类型的实际参数的值复制给形式参数,在方法中如果改变了形式参数的值,实际参数将不受影响。

引用传递是指形式参数为引用类型,在方法调用时,将引用类型的实际参数(对对象的引用)复制给形式参数,由于两者都为引用类型,因此它们都指向同一对象。当形式参数改变对象的值时,实际参数所指向的对象的值也将随之改变。

用下面的实例来说明使用值传递和引用传递的区别。

（1）新建项目,为项目添加一个类文件,保存为 Person.cs。在类文件中输入如下代码。

代码片段-Person.cs

```
class Person
{
    public string Name { get; set; }          //姓名
    public int Age { get; set; }              //年龄
}
```

代码说明

定义了一个 Person 类,为简单起见,只包含姓名 Name 和年龄 Age 两个公共属性。

（2）在项目默认创建的窗体 Form1 中添加一个按钮 button1,将其 Text 属性修改为"确定",在窗体的代码文件中分别添加两个方法 ChangeStudent1 和 ChangeStudent2,并创建 button1 的事件处理过程,然后输入以下代码。

📑 **代码片段-Form1.cs**

```
//自定义方法
void ChangeStudent1(string name, int age)      //值类型参数
{
    name = "李四";
    age = 21;
}


//自定义方法
void ChangeStudent2(Person student)            //引用类型参数
{
    student.Name = "李四";
    student.Age = 21;
}


//按钮 button1 的事件处理过程
private void button1_Click(object sender, EventArgs e)
{
    Person std = new Person();
    std.Name = "张三";
    std.Age = 10;

    string str = "";
    str = string.Format("调用前,结果为: {0},{1}\r\n", std.Name, std.Age);

    ChangeStudent1(std.Name, std.Age);      //传递值
    str += string.Format("值传递调用后,结果为: {0},{1}\r\n", std.Name, std.Age);

    ChangeStudent2(std);                     //传递对象
    str += string.Format("引用传递调用后,结果为: {0},{1}\r\n", std.Name, std.Age);

    MessageBox.Show(str);
}
```

📑 **代码说明**

(1) ChangeStudent1(string name,int age)方法中包含两个值类型参数,在调用该方法时,如果将 Person 对象 std 的属性值作为实际参数传递给方法中对应位置的形式参数,并在方法体中改变形式参数的值,调用后,并不改变 Person 对象 std 原来的属性值。

(2) ChangeStudent2(Person student)方法中的参数是引用类型,在调用该方法时,如果将 Person 对象 std 作为实际参数传递给该方法的形式参数 student,此时 std 和 student 都指向同一个对象。在方法体内如果通过形式参数修改了对象的属性值,那么在方法执行完毕后实际参数 std 对象的属性值也会发生改变。

(3) 在 button1 的事件处理过程中,首先创建了 Person 对象并对 Name 和 Age 属性进行了赋值,然后将调用 ChangeStudent1 和 ChangeStudent2 方法前后的属性值进行比较,从

而得出结论：如果是值传递，不影响实际参数的值；如果是引用传递，在方法中如果改变了对象的属性，那么实际参数指向的对象的属性也将改变。

▶ **运行结果**

按 F5 键运行程序，单击窗体上的"确定"按钮时，运行结果如图 3.2 所示。

注意，无论是值传递，还是引用传递，实际参数都是复制它自身保存的值传递给形式参数，实际参数自身保存的值是不会在方法中改变的。可以通过以下的例子来证明。假定有试图交换两个引用类型的变量的方法 Swap，例如：

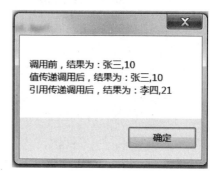

```
void Swap(Person p1, Person p2)
{
    Person tmp = p1;
    p1 = p2;
    p2 = tmp;
}
```

图 3.2　运行结果

那么，执行下面的代码后，p1 与 p2 并未实现交换。

```
Person p1 = new Person();
Person p2 = new Person();
p1.name = "A"; p1.age = 12;
p1.name = "B"; p1.age = 13;
Swap(p1,  p2);
```

3.4.3　值类型参数用作引用传递

一个方法最多只能有一个返回值，如果要在调用一个方法后得到多个结果，可以把对值类型参数的引用作为参数进行传递。

值类型参数也可以使用引用传递。如果将方法中的值类型参数用 ref 或 out 关键字进行修饰，那么，在调用方法时是把对实际参数的引用传递给方法中的形式参数，此时，两者都指向同一个值，相当于形式参数是实际参数的别名。如果在方法体内改变了形式参数的值，实际参数的值也随之改变。

ref 和 out 关键字的区别在于，ref 关键字要求在方法调用前，实际参数必须初始化为某一个值；而 out 关键字在方法调用前，不需要初始化，目的是在方法调用完毕后，通过该参数返回一个值给使用者，因此在退出方法体前，必须对 out 参数进行赋值。

如果把方法比作一个加工厂，ref 关键字相当于准备好的原材料，得到的就是加工后新的产品；而 out 关键字相当于给加工厂送包装盒，取回的包装盒已存放加工好的产品。如下面的示例。

（1）使用 ref 关键字，交换两个整型变量的值。

```
void Swap(ref int x, ref int y)
{
    int z = x;
```

```
        x = y;
        y = z;
}
//调用
int a = 10, b = 20;                         //必须先初始化
Swap(ref a, ref b);                         // 实际参数也必须加上 ref 关键字
MessageBox.Show("交换后,a = " + a + ",b = " + b);   //结果: a = 20, b = 10
```

（2）使用 out 关键字，返回一组数中的最大值和最小值。

```
void MaxMin(int[] arr, out int max, out int min)
{
        max = min = arr[0];
        for (int i = 0; i < arr.Length; i++)
        {
                if (arr[i] > max) max = arr[i];
                if (arr[i] < min) min = arr[i];
        }
}
//调用
int[] arr = new int[]{ 1, 2, 90, 12, 100 };
int max, min;                               //无须初始化
MaxMin(arr, out max, out min);              //实际参数也必须加 out 关键字
MessageBox.Show("最大值是: " + max + ",最小值是: " + min);
//结果显示: 最大值是: 100, 最小值是: 1
```

注意：属性不能作为引用参数，因为属性可能并没有对应的私有字段。

3.4.4　可变参数

一般方法的参数类型和个数都是确定的。如果一个方法要处理个数不确定但类型相同的参数，可以使用数组作为参数，并在数组前面加上 params 关键字，例如：

```
void Method(params int[] arr){ … };
```

如果一个方法包含可变参数，可变参数必须是参数列表中的最后一个参数。与不带 params 关键字的数组参数相比，主要是调用方式不一样。上面 Method 方法在调用时可以传递 0 个或 0 个以上类型相同的参数，并且不一定传递数组，它可以把多个参数按逗号分隔进行传递；而不带 params 关键字的方法，在调用时必须传递同类型的数组。

例如，下面的代码自定义了一个包含可变参数的方法 SearchFile，实现按指定的扩展名来搜索文件。

📋 **代码片段**

```
ArrayList SearchFile(params string[] extendsName)
{
        ArrayList files = new ArrayList();          //创建数组列表对象,准备保存数组
        foreach(string extend in extendsName)
        {
                string[] tmp = Directory.GetFiles(Application.StartupPath, extend, SearchOption
```

```
                .TopDirectoryOnly);
            //在程序启动位置中,根据给定的扩展名,不包含子文件夹,搜索文件
            //结果是包含找到文件的路径(文件位置和文件名)
            files.AddRange(tmp);                    //将 tmp 数组,一次性添加到数组列表对象 files 中
        }
        return files;
    }
```

📄 代码说明

（1）为了使用本例,需要引入两个命名空间:

```
using System.Collections;                        //ArrayList 存在该命名空间
using System.IO;                                 //Directory 和 SearchOption 存在该命名空间
```

（2）SearchFile 方法的调用方式可以是以下三种之一。

```
ArrayList list = SearchFile("*.exe","*.pdb");    //两个参数,查找扩展名为 exe 和 pdb 的文件
ArrayList list = SearchFile("*.exe");            //一个参数,仅查找扩展名为 exe 的文件
ArrayList list = SearchFile(new string[] {"*.cs","*.pdb"});    //传递数组
```

（3）可以使用下面的代码,将 list 包含的内容列举出来并保存到字符串 files 中。

```
string files = "";
foreach(string files in list)
{
    files += files + "\r\n";
}
```

由于方法体中涉及目前还没介绍过的类 Directory 和 ArrayList,因此对于本例只需了解如何在方法中定义可变参数以及方法的调用方式即可,在学习完相关类的使用之后再对该例进行回顾。

3.4.5 可选参数

方法中的形式参数可以有默认值,即在定义方法的时候,为形式参数赋予一个初始值。在调用该方法时,如果不为具有默认值的参数传递数据,则使用其默认值。

在方法的参数列表中,具有默认值的参数必须放在其他没有默认值的参数后面。

下面的示例中,AddStudent 方法的参数列表中包含一个学生的信息,分别为姓名 name、性别 sex 和党派 party。其中,sex 默认值为"男",party 默认值为"无"。

```
void AddStudent(string name, string sex = "男", string party = "无")
{
    MessageBox.Show(string.Format("{0},{1},{2}", name, sex, party));
}
```

该方法可以通过如下方式来调用:

```
AddStudent("张三");                               //结果: name →张三,sex→男,party→无
```

或:

```
AddStudent("李丽","女");                    //结果: name →李丽,sex→女,party→无
AddStudent("李小龙","男","民主党");          //结果: name →李小龙,sex→男,party→民主党
```

在调用方法时,如果一个具有默认值的参数不使用默认值,那么其前面具有默认值的参数必须赋值。例如,下面的调用是错误的:

```
AddStudent("李小龙","民主党");               //语法正确,结果为非期望值: "民主党"将赋给 sex
AddStudent("李小龙",  ,"民主党");           //编译出错,sex 参数没有赋值
```

如果一个方法有多个具有默认值的参数,而只想给其中一个参数传递数据,其他参数使用默认值,可以使用"命名参数"的调用方式,即在调用方法时,只对指定的参数赋值(无默认值的参数必须赋值),其他具有默认值的参数使用默认值,命名参数的用法如下:

> 方法名(参数名:参数值,参数名:参数值,…);

如上面示例中对 AddStudent 方法的调用,只指定对参数 name 和 party 赋值,参数 sex 使用默认值,可以使用如下方式:

```
AddStudent(name: "张三丰", party: "无党派");
```

3.4.6　方法重载

方法重载是指可以定义多个方法名相同而参数列表不同(参数个数或参数类型不同)的方法,这样,一个方法就具有了多个不同的使用形式,也可以说一个方法具有多个"版本"。

例如,定义两个名称相同的 MsgBox 方法,一个无参数,另一个具有一个字符串参数:

```
void MsgBox()  { MessageBox.Show("Hello!");}
void MsgBox(string name)  { MessageBox.Show("Hello!" + name);}
```

如果多个同名方法仅返回值相同,不能实现方法重载,如在上面基础上再定义一个方法:

```
string MsgBox(string className) { return"Hello!" + className; }   //编译错误
```

这个方法的签名仅返回值不同,参数个数和类型都与 void MsgBox(string Name)相同,因此无法实现重载。

而如果再添加以下方法,则可以实现方法重载:

```
string MsgBox(string name, int age) { return name + age; } //正确,参数个数不同
```

方法重载使得调用名称相同的方法可以得到不同的结果,这也是"多态性"的一种体现。

3.5　构造方法

3.5.1　构造方法与 this 关键字

构造方法主要的作用是在创建对象时初始化对象的数据。构造方法是一个特殊的方法,其可访问性通常为 public,方法名与类名相同,并且不能声明返回值类型,也不能使用

void 来说明没有返回值。如本章开始时创建的 Student 类,下面的代码为其添加构造方法。

```
class Student
{
    public string StdName { get; set; }
    public string ClassName { get; set; }
    public int StudentNo { get; set; }

    public Student(string stdName, string className, int studentNo)
    {
        StdName = stdName; ClassName = className; StudentNo = studentNo;
    }
}
```

说明:

(1) 构造方法是在创建对象时自动调用的,不能通过对象来显式调用,也不能在类内部作为语句直接调用。因此,在使用 new 关键字创建对象时,new 后面的类名必须带括号,表示创建对象时,自动调用构造方法来初始化对象。

(2) 如果定义了有参构造方法,那么创建对象时,必须指定构造方法中所要求的参数,如下面代码所示:

```
Student student = new Student("张三", "计算机 171", 1);    //参数传递给构造方法
```

(3) 如果没有定义构造方法,系统将自动为类创建一个无参数的、空的构造方法。空的构造方法将自动为类中所有的属性和字段赋予其类型的默认值。

(4) 构造方法也可以重载,比如再为 Student 类添加两个构造方法:

```
public Student(string stdName, string className)
{
    StdName = stdName;
    ClassName = className;
    //没有初始化 StudentNo,其将自动赋为 int 类型的默认值,即 0
}

public Student(string stdName)
{
    StdName = stdName;
    //没有初始化 className,其将自动赋为 string 类型的默认值,即 null
    //没有初始化 StudentNo ,其将自动赋为 int 类型的默认值,即 0
}
```

在 C# 中,如果一个构造方法具有多个重载形式,可以使用 this 关键字在一个构造方法被调用之前,让其先"转移"去执行另一个构造方法,这种方式称为"构造方法链",如上面三个构造方法,可以改写为:

```
class Student
{
    public string StdName { get; set; }
    public string ClassName { get; set; }
    public int StudentNo { get; set; }
```

```
public Student(string stdName, string className, int studentNo)
    : this(stdName, className)
{
    StudentNo = StudentNo;
}
public Student(string stdName, string className): this(stdName)
{
    ClassName = className;
}
public Student(string stdName)
{
    StdName = stdName;
}
}
```

说明：

（1）由于构造方法不能直接调用，而为了重用代码，C♯提供了"构造方法链"语法，通过this关键字转向重载的其他构造方法。this在这里代表创建这个类的具体实例，（）内包含其他构造方法的参数。

（2）冒号（:）可以理解为这个构造方法被调用前，先去执行冒号后满足构造方法签名的另一个构造方法，并将参数传递过去，然后才执行这个构造方法内的语句。

（3）使用"构造方法链"语法时，一般使用参数多的构造方法去"调用"参数少的构造方法，避免在构造方法中重复实现。

在类内部，this关键字代表类的实例，除了构成"构造方法链"语法外，另外一个使用场合是当方法中的参数与字段或属性同名时，为了避免歧义，可以用this引用类中的字段或属性，例如：

```
public Student(string StdName, string ClassName, int StudentNo)
{
    this.StdName = StdName;
    this.ClassName = ClassName;
    this.StudentNo = StudentNo;
}
```

即使类中的每个成员在类内部都可以使用this关键字引用，但如果没有歧义，不必特意加上this关键字。

3.5.2　类初始化器

在介绍类初始化器之前，如果我们在创建对象后要对属性进行赋值，都是通过"对象名.属性名＝值"的方式进行的，如有Student类：

```
public class Student                       //公共类
{
    public string Name { get; set; }
    public string Sex { get; set; }
    public float Score { get; set; }
}
```

则创建对象并对属性赋值的方式为：

```
Student std = new Student();
Std. Name = "张三"; std. Sex = "女"; std. Score = 120.5f;
```

类初始化器可以简化这种写法，在创建对象的同时可以对属性进行赋值，例如：

```
Student std = new Student() { Name = "张三", Sex = "女", Score = 120.5f };
```

在括号后面加一对大括号"{ }"，{ }内对指定的属性进行赋值，每个赋值表达式之间用逗号分隔，最后一个属性没有逗号。注意这是一条语句，最后要以分号结束。

3.5.3 析构方法

对象不再使用或超出作用域后，并不用我们手动释放对象所占用的内存，而是由. NET 运行时的"自动垃圾回收"机制进行自动清理。析构方法就是对象在被"垃圾回收"时，被自动调用的方法，在这个方法内一般可以进行对象内部资源清理工作，比如关闭数据库的连接、退出线程等，但极少使用，因为无法知道. NET 运行时何时进行垃圾回收。

析构方法语法格式为：

```
~类名()    //不能带任何修饰符,没有参数
{

}
```

说明：类名前面加一波浪线，不能带任何修饰符，也没有参数。如果不声明析构方法，系统将自动为类创建一个空的析构方法。

3.6 静态成员与静态类

1. 静态成员

前面介绍的类成员都是实例成员，也就是必须通过创建对象才能使用。如果在成员前面添加 static 关键字，那么这个成员就成了静态成员。静态成员可以是方法、属性、字段等。不能通过对象使用静态成员，而必须通过"类名. 成员名"的方式使用。一个类可以包含静态成员也可以包含非静态成员，非静态成员就是实例成员。

实例成员可以直接使用本类中的静态成员，但静态成员只能使用静态成员，例如，类中的一个静态方法，只能使用该类的静态字段或静态属性，如果在静态方法中要调用本类中的其他方法，这个方法也必须是静态的，而实例成员不受这个限制。

如在一个 MyMath 类中定义静态方法 Max，实现求两个数的最大值：

```
class MyMath
{
    public static int Max(int x, int y){return x > y?x:y;}
}
```

可以看出，与定义一般方法类似，只是方法签名前加了限定修饰符 static。限定修饰符一般在访问修饰符后面。当然，静态方法也可以重载。

下面是静态方法的使用：

```
//MyMath math = new MyMath();          //不能通过创建对象来使用其静态方法
int max = MyMath.Max(10,20);          //结果 max 的值为 20
```

什么时候定义为静态方法呢？一般如果类中不需要保存方法中的临时数据，也不需要使用到其他实例方法、实例属性，仅希望通过方法得到所需要的结果或操作，可以定义为静态方法。

非静态类中的公共静态字段或属性是所有实例共享的，利用这个特性，我们可以使用类的公共静态属性来对创建的对象个数或对象的属性进行计数。

下面是一个订单类 Order，实现在其他类中，每创建一份订单，让订单编号 ID 自动递增。

```
class Order
{
    static int id;
    public Order() { id++; }                  //创建对象时，在构造方法中自动递增

    public static int ID                       //只读属性
    {
        get { return id; }
    }
}
```

测试上面代码时，可以在窗体上放置一个按钮，并创建按钮事件处理过程来执行下面的代码：

```
Order Or1 = new Order();
Order Or2 = new Order();
Order Or3 = new Order();
MessageBox.Show( "当前订单编号: " + Order.ID);
```

结果将弹出信息对话框并显示内容为"当前订单编号为：3"。类似地，也可以实现对创建对象的个数进行计数。

2. 静态类

静态类是指在 class 关键字前面使用 static 限定修饰符的类，不能使用 new 关键字来创建这种类的实例。如果一个类全部由静态成员所组成，那么这个类就可以定义为静态类。静态类中所有的成员必须都是静态成员，也就是说每个成员都必须带 static 关键字，不能有任何实例成员。C# 中的 File、Math 类就是静态类。

C♯ 项目中的 Program 类也是一个静态类，在这里定义的所有成员都必须是静态的成员。如果该成员的作用域是 public，那么在项目中所有的类都可以通过"Program. 成员名"的方式来使用。在静态类中定义 public 作用域的数据成员，类似 C 语言中全局变量的概念。

另外,静态类中的常量自动成为静态常量,不能加上 static 关键字。

静态类没有实例构造方法,但可以有不带任何访问修饰符、没有参数的静态构造方法,静态构造方法用于对静态数据成员进行初始化。静态构造方法不是必需的。

如果 MyMath 作为一个静态类,那么静态类和静态构造方法可以定义为:

```
static class MyMath
{
    //int x,y;                          //错误声明,不带 static 关键字的是实例成员
    static MyMath() {}                  //与类名相同,但不能带任何访问修饰符,也不能有参数
    public static int Max(int x, int y){return x>y?x:y;}
}
```

静态构造方法在类中的任何一个成员(方法、属性或字段)被初次使用时自动被调用,这与实例构造方法在创建对象时才自动被调用不同。

3.7　继承

3.7.1　继承的概念

与现实世界中的基因继承、财产继承、文化继承等相似,一个类也可以从另外一个类继承,从而获得另外一个类的全部或部分特征和行为。被继承的类称为基类,继承其他类的类称为派生类。

继承的目的是避免重复编码,从而重用基类的功能,或改写基类部分功能,同时还可以扩展基类的功能。

一般作为基类的类都具有普遍性(共同特征和行为)或抽象性,而派生类更具体。比如一个学生类,无论中学生、大学生、研究生都具有姓名、班级和性别的共同特征;可以从学生类派生出更具体的中学生类,该类可能有“参加高考”的行为(扩展了学生类功能);也可以派生出大学生类,该类具有“参加毕业答辩”和“修满学分”的行为;而大学生类还可以派生出研究生类,两者也都具有“修满学分”和“参加毕业答辩”的行为,但研究生还具有“发表论文”的行为。

在这里,派生类与基类是一种“属于(是)”的关系,派生类也属于基类,正如,中学生和大学生都“是”学生,而研究生也必定“是”大学生,研究生也“是”学生,反之则不成立,不能说学生就是“大学生”或是“研究生”。

假如一个类 B 要继承类 A,基本的语法如下:

```
class A
{
    //A类主体
}
class B :A
{
    //B类主体;
}
```

说明：

（1）在类名后面的冒号表示继承，冒号后为基类，上面的结构表示 B 类继承 A 类。

（2）派生类将继承基类中除了构造方法和析构方法外的所有成员，但只有基类的公共成员或受保护成员（访问修饰符为 public 或 protected 的成员），在派生类中才可以直接使用，就像它们在派生中定义的一样。

（3）一个类只能实现"单继承"，也就是只能有一个基类，但是一个基类可以有多个派生类。

（4）一个类如果不声明从任何类继承，那么它默认是从 Object 类继承的。Object 类是所有类的间接基类，如上面的 A 类，可以省略 Object。

（5）任何有 public 访问修饰符的普通公共类都可以作为其他类的基类（密封类和静态类除外）。不带任何访问修饰符的类只能在当前程序集中作为基类（默认为 internal）。建议在 class 关键字前加上 public 修饰符。其他访问修饰符只用于在特殊的情况下，极少使用（在一个类中又包含子类的情况下才可能用到，如 private 和 protected）。

注意：派生类的访问级别不能高于基类。如上例中写成：

```
public class B:A {}                    //编译错误：B 类访问级别高于基类 A
```

下面通过一个简单的例子来说明继承的使用和其特点。

首先，在项目中添加一个类 A，在 A 类中定义三个不同作用域的 int 类型字段 x,y,z，并在其无参构造方法中，初始化三个字段的值，代码如下。

```
class A
{
    public int x;
    protected int y;
    private int z;
    public A()                         //构造方法
    {
        x = 1; y = 2; z = 3;
    }
}
```

为了说明问题，在同一个 A 类文件中，添加另外一个类 B，继承于 A 类。在下面的代码片段中可以看到，B 类继承了 A 的 public 和 protected 成员 x,y，但 private 成员的 z 不能在 B 类中使用。

```
class B : A
{
    public B()                         //构造方法
    {
        x = 10; y = 200;               //继承了基类的成员，可以直接使用
        //z = 30;错误,私有成员不能在派生类中使用
    }

    public string GetValue()
    {
        return x + "," + y;
```

```
        }
    }
```

在窗体 Form1 中添加一个按钮 button1,并在其 Click 事件过程中输入下面的测试代码:

```
B obj = new B();
obj.x = 100;                        //继承的公共成员
//obj.y = 200;                      //外部不能使用 protected 成员
string s = obj.GetValue();
MessageBox.Show(s);
```

说明:

(1) 在代码中,首先通过 new 关键字创建了 B 类型对象 obj。每一个类在创建对象时,首先会执行其直接基类的构造方法,然后再执行本类的构造方法。这里创建 B 类对象时,首先执行 A 类的构造方法,在 A 类构造方法中对 x,y,x 三个字段进行初始化,然后执行 B 类的构造方法,修改了 x,y 的值。其实,A 类构造方法被执行时,也会先执行其隐藏直接基类 Object 的构造方法。

(2) 可以直接访问从 A 类继承的 public 作用域的字段 x,如上面的语句 obj. x=100;而 obj. y 的使用是非法的,因为 protected 成员只能在类内部或其子类中使用,private 成员只能在本类中使用,比如 A 类中的私有字段 z。

(3) 通过调用 B 类的公共方法 GetValue 取得 x 和 y 的值,保存到字符串变量 s 中,在弹出的信息对话框中,将看到 x 的值为 100,而 y 的值为 200。

(4) 可以使用 obj. ToString()方法查看 B 类的信息,ToString()方法是 Object 类的公共方法,而 A 隐式继承了 Object 类,因此也继承了其所有的公共成员,而 A 类的派生类也会继承其所有的公共成员,因此,对象 obj 也间接继承了 Object 所有的公共成员。

(5) 因为派生类与基类是"属于"的关系,因此可以将一个派生类对象保存到基类变量中,如有 A obj2=obj;这是合法的,但此时,obj2 只能访问 A 类的成员,而不能访问 B 类的成员。如果要访问 B 类的成员,需要再将 obj2 强制转换为 B 类,例如:

```
obj2.GetValue();                    //错误,只能访问 A 类成员
((B)obj2).GetValue();               //正确,先强制转换为 B 类对象
```

上面的例子中基类 A 有一个无参数的构造方法,在派生类 B 创建对象时被隐式调用。如果一个基类没有无参构造方法,而是其所有的构造方法是带参数的,那么在派生类创建对象时,需要显式调用其构造方法。C#中使用代表基类对象的 base 关键字在派生类的构造方法中调用基类的有参构造方法。下面是完整的 A 类文件 A. cs 的代码。

📄 代码片段-A. cs

```
class A
{
    public int x;
    protected int y;
    private int z;
    public A(int x, int y)
```

```
    {
        this.x = x; this.y = y; this.z = 3;
    }
}

class B : A
{
    public B(int x, int y):base(x, y)
    {
        //其他初始化语句
    }

    public string GetValue()
    {
        return x + "," + y;
    }
}
```

代码说明

由于基类 A 中没有无参构造方法，而派生类在创建对象时必须首先调用基类的构造方法，构造方法是不能直接调用的，这里在派生类构造方法声明后面使用 base 关键字来实现将参数传递给基类对象的构造方法，实现初始化基类对象。

根据前面介绍的内容，试分析下面的代码。

代码片段

```
//1.形状类：Shape
class Shape
{
    protected float width;
    protected float height;
    public Shape(float w, float h) { width = w; height = h; }
    public void setWidth(float w) { width = w; }
    public void setHeight(float h) { height = h; }
}


//2.矩形类：Rectangle，继承 Shape
class Rectangle : Shape
{
    public Rectangle(float w, float h):base(w, h) { }
    public float GetArea()    {    return width * height;    }
}


//3.桌面类：Tabletop，继承 Rectangle
class Tabletop : Rectangle
{
    float cost;
```

```
public Tabletop(float w, float h, float c): base(w, h)  {  cost = c;  }
public float GetCost()  {  return cost * GetArea(); }
}
```

📖 代码分析

（1）在 Shape 类中定义了两个 protected 作用域字段 width、height，分别代表形状的宽度和高度，在派生类中可以直接使用；添加了带两个参数的构造方法，用于初始化 width、height；然后添加了两个 public 作用域的方法 setWidth()、setHeight()，用于改变宽度和高度。

（2）Rectangle 类继承 Shape 类，使用 base()方式，将参数传递给基类 Shape 的构造方法，用于初始化基类对象，然后添加 public 作用域的 GetArea()，通过继承的字段 width 和 height 来计算矩形的面积。

（3）Tabletop 类继承 Rectangle 类，并定义了代表每平方米桌面成本的私有字段 cost，然后使用 base()方式，将参数传递给基类 Rectangle 的构造方法，用于初始化其基类对象，最后添加了一个 GetCost()方法，通过其基类方法 GetArea()计算桌面的成本。Tabletop 类也同时继承了其直接基类 Rectangle 和间接基类 Shape 的所有 Public、Protected 作用域的成员。

（4）在窗体上添加一个按钮，并在其 Click 事件处理过程中添加以下测试代码。

```
Tabletop top = new Tabletop(10, 20, 12.5f);
string s = top.GetArea() + "," + top.GetCost();
top.setWidth(10);
top.setHeight(2);
s += "\r\n" + top.GetArea() + "," + top.GetCost();
MessageBox.Show(s);
```

结果将弹出信息对话框显示如下的内容：

```
200,2500
20,250
```

3.7.2 虚方法和改写、覆盖

1. 虚方法和改写

如果一个方法在派生类中可能有不同的实现，那么这个方法可以加上 virtual 限定修饰符，该方法就是虚方法，表示该方法可以在派生类进行改写。由于在派生类可以改写，因此它必然是可继承的方法（public 或 protected），派生类如果要改写该方法，需要用 override 关键字来修饰。

例如，任何类如果不指定基类，默认派生于 Object 类，Object 类定义了一个公共方法的虚方法 ToString()，其签名如下：

```
public virtual string ToString();
```

这个方法在派生类实例中调用时，实际是调用继承 Object 的方法。ToString 方法总是显示派生类的类名，并没有实际意义，因此每个派生类都应改写该方法，以提供实际有用的信息。如在前述的 Student 类中，添加一个对 ToString 改写的方法：

```
public override string ToString()
{
    return StudentName + "," + ClassName + "," + StudentNo;   //返回学生信息
}
```

说明：

（1）只要基类存在虚方法，派生类才可以改写该虚方法。改写的方法签名必须与虚方法签名一致，而且方法签名前必须使用 override 修饰符。

（2）如果基类变量保存的是派生类对象，而派生类重写了虚方法，那么基类对象调用的虚方法将是派生类改写后的方法。这句话可以用下面的例子来理解。

新建项目，在默认创建的 Form1 窗体中添加一个按钮 button1，修改其 Text 属性为"确定"，并在其代码文件中添加如下的代码。

📄 代码片段-Form1.c 文件

```
class A //默认基类: Object
{
    public override string ToString() { return "A 类"; }
}

class B : A //派生类 B
{
    public override string ToString() { return "B 类"; }
}

class C : B //派生类 C
{
    public override string ToString() { return "C 类"; }
}

//button1 事件处理过程
private void button1_Click(object sender, EventArgs e)
{
    string s = "";
    A objA = new A();
    B objB = new B();
    C objC = new C();

    object obj = new object();
    s += obj.ToString() + ",";
    obj = objA; s += obj.ToString() + ",";
    obj = objB; s += obj.ToString() + ",";
    obj = objC; s += obj.ToString();
```

```
        MessageBox.Show(s);
    }
```

📖 代码说明

（1）首先在代码文件中添加了三个类：A 类、B 类和 C 类，其中，B 类继承 A 类，C 类继承 B 类。然后为窗体的 button1 按钮添加了事件处理过程，用于测试类的方法。

（2）Obj 首先保存的是 Object 对象，调用 ToString()方法时，显示的是 object 类的类名信息。

（3）Obj＝objA；语句保存的是 A 类对象，A 类对象改写了基类的 ToString()方法，显示的是在派生类 A 中执行的结果。

图 3.3　运行结果

（4）Obj＝objB；语句保存的是 B 类对象，B 类对象改写了 A 类的 ToString()方法，显示的是在派生类 B 中执行的结果。

（5）Obj＝objC；语句保存的是 C 类对象，C 类对象改写了 B 类的 ToString()方法，显示的是在派生类 C 中执行的结果。

按 F5 键运行程序，单击窗体中的"确定"按钮时，将显示如图 3.3 所示的结果。通过图 3.3 可知，基类对象总是调用最后一个派生类改写的方法。

2. 覆盖

如果在派生类中改写了虚方法时，而没有添加 override 关键字，编译时将出现警告，此时派生类的同名方法将默认添加 new 关键字，相当于覆盖了基类同名方法。

所谓覆盖，就是派生类的方法与基类方法同名，但在派生类中当作是新的方法，而不是改写基类的虚方法，这样，基类对象无法直接调用派生类的这个方法。虽然编译不会出错，只是警告，但最好对覆盖的方法添加 new 关键字，明确表明它是覆盖基类同名方法，也就是对基类对象是"隐藏"的。

如上面代码中，假如将 C 类写成：

```
class C : B
{
    public new string ToString() { return "C类"; }
}
```

C 类的方法与其基类 B 中的方法同名，但在这里用 new 关键字明确声明是覆盖，此时再单击上例中的"确定"按钮，将显示如图 3.4 所示的结果。

一般如果派生类中存在与基类同样签名的方法时，也最好明确加上 new 关键字表示完全覆盖基类的方法。这种情况是恰好派生类中的方法跟基类方法同名，为避免版本冲突而使用的覆盖技术。

图 3.4　运行结果

如果要正确使用派生类方法，则需要将基类对象强制转换为派生类对象来使用。如上例中把 obj 作为 C 类对象使用：

```
C ObjC2 = (C)obj;                    //强制转换为 C 类
ObjC2.ToString();                    //调用的是派生类的方法
```

3.7.3　抽象方法与抽象类

抽象方法是指只有方法签名，而没有具体实现的方法（没有方法体），方法的实现需要派生类去实现。包含抽象方法的类必须声明为抽象类。如下面的 Shape 类包含抽象方法 Draw：

```
abstract class Shape
{
    public abstract void  Draw(int x,int y);
}
```

说明：

（1）只要一个类包含一个或多个抽象成员，无论方法或属性，那么这个类必须声明为抽象类。抽象类可以包含抽象或非抽象的方法、属性（不能包含抽象字段）等成员。

（2）抽象方法必须由派生类实现，因此其访问修饰符不能是 private，而只能是 public 或 protected 的，派生类必须使用 override 关键字实现抽象类所有的抽象成员。

（3）抽象类不能实例化，因为它有未实现的成员。但可以定义抽象类的变量，来保存其派生类创建的对象。

如果 Rectangle 类继承于 Shape 类，那么必须使用 override 限定修饰符，实现 Draw 方法：

```
class Rectangle:Shape
{
    public override void Draw(int x, int y)
    {
        //方法体
    }
}
```

说明：

（1）实现的方法签名前必须加上 override 关键字。

（2）实现方法 Draw 与抽象方法的签名必须一致，即返回值类型、参数类型及个数必须与抽象方法一致。

（3）如果派生类访问修饰符是 public，那么抽象类的访问修饰符必须是 public（类默认是 internal 访问级别，其作用域小于 public）；如果抽象类省略访问修饰符（internal），那么派生类就不能使用 public 修饰符。

下面代码中的错误用法在注释中已指出。

```
abstract class Shape
```

```
{
    public abstract string Name;                //错误：字段不能作为抽象成员
    abstract void   Draw( int x, int y);        //错误：抽象方法不能使用 private
}
public class Rectangle:Shape { ··· }            //出现编译错误：基类的访问级别低
Shape shp = new Shape();                        //错误：抽象类不能实例化
```

如果有：class Rectangle:Shape ﹛ ··· ﹜，那么下面的语句是正确的。

```
Shape shp = new Rectangle();                    //正确,抽象类变量可以保存其派生类对象
```

应用实例　新建项目 MyShape，创建一个包含抽象方法 Draw 的 Shape 类，然后分别创建一个矩形类和圆类来继承 Shape 类。为了方便介绍，将所有的类都放在创建的 Form1.cs 窗体文件中，并在窗体上放置一个名称为 button1 的按钮。

程序代码

```
//此处省略 using 命名空间
namespace MyShape
{
    public partial class Form1 : Form
    {
        public Form1()  ﹛  InitializeComponent();  ﹜       //窗体 Form1 类的构造方法

        //按钮 button1 的事件处理过程
        private void button1_Click(object sender, EventArgs e)
        {
            Rectangle rect = new Rectangle(10, 10, 100, 100);
            Circle cc = new Circle(20, 20, 10);
            Shape shp;
            shp = rect;
            shp.Draw();
            shp = cc;
            shp.Draw();

        }
    }//Form1 类结束
    //以上是窗体类

    //1. 抽象类 Shape
    public abstract class Shape
    {
        protected int x, y;                          //受保护成员,派生类可直接使用
        public abstract void Draw();                 //抽象方法,派生类必须实现
    }

    //2. 矩形类 Rectangle
    public class Rectangle : Shape //基类是 public ,因此这里可以加 public
    {
        int Width, Height;
        public Rectangle(int x, int y, int width, int height) //构造方法
```

```
    {
        base.x = x;base.y = y;
        Width = width; Height = height;
    }

    public override void Draw()                    //实现抽象方法 Draw
    {
        string rectInfo = string.Format("{0},{1},{2},{3}", x, y, Width, Height);
        MessageBox.Show("画矩形: " + rectInfo);
    }
}//Rectangle 类结束
```

//3.圆类 Circle
```
class Circle : Shape //基类是 public ,这里也可以不加 public,默认访问范围
{
    int Radius;
    public Circle(int x, int y, int radius)            //构造方法
    {
        this.x = x; this.y = y;
        Radius = radius;
    }

    public override void Draw()                    //实现抽象方法 Draw
    {
        string CircleInfo = string.Format("圆心:({0},{1},半径{2})", x, y, Radius);
        MessageBox.Show("画圆:" + CircleInfo);
    }
}//Circle 类结束
}//命名空间结束
```

📄 **代码说明**

(1) 画矩形和圆都有公共的特征：起始点,对矩形而言是左上角坐标,对圆而言是圆心,因此把它作为基类受保护成员,继承类可以直接使用。由于没有介绍过绘图方法,这里使用 MessageBox.Show()方法来模拟。

(2) 基类变量可以保存派生类对象,当基类对象调用抽象方法或虚方法时,实际是调用派生类重写的方法。

(3) 通过"base.成员名"方式,可以在派生类中使用基类 public 或 protected 作用域的数据成员或方法成员。如 Rectangle 类构造方法中的 base.x＝x; base.y＝y;语句。

(4) 在派生类中,也可以使用"this.基类成员名"方式,使用基类中包含 public 或 protected 作用域的数据成员和方法成员,就像在本类中定义的一样(继承),如 Circle 类构造方法中的 this.x＝x;语句。

(5) 其他内容可参看注释。

3.7.4 密封类

密封类是指不可继承的类,定义该类时,在 class 关键字前,访问修饰符后,用限定修饰

符 sealed 声明,表示该类已经密封,不能作为其他类的基类使用。例如:

```
public sealed class MyFile
{
    //类主体;
}
```

由于不可继承,密封类不能包含虚方法或抽象方法。

静态类属于不可继承的类,它默认为密封类,如静态类 File 和 Math 类。试图继承这些类将产生编译错误。

如果将一个方法修饰为密封方法,那么这个方法在派生类中不可改写。

典型案例 使用继承实现多态性

📖 案例分析

假定一个公司有三种类型的职员,分别为文员 Officer、销售员 Sales 和经理 Manager。每种类型的职员的月薪不一样,其中,文员只有基本工资,销售员的月薪计算公式为"基本工资＋销售量×提成比",而经理的月薪计算公式为"基本工资＋奖金"。

在这里,可以为每一类职员建立一个类,每个职员都有姓名和基本工资,可以抽象出来作一个基类 Employee 的属性,同时,每个职员都有工资的计算方法 GetSalary(),但是每类职员的计算方法都不一样,可以作为所有职员基类的抽象方法,具体计算方法由各个派生类实现。由于基类 Employee 包含抽象方法 GetSalary(),因此基类必须声明为 abstract。

由于基类 Employee 包含有参构造方法,因此每个派生类的构造方法都必须使用 base() 的方式来传递参数以初始化基类对象。

✹ 具体实现

新建名称为 Polymorphism 的项目。为了简化问题,在窗体 Form1 的代码文件中直接添加基类 Employee 和分别代表三种职员的类 Officer、Sales 和 Manager,并在窗体设计器中添加一个 button1 按钮,设置按钮的 Text 属性为"测试",在其 Click 事件处理过程中,创建对象来测试。下面是 Form1 代码文件的内容。

🖥 程序代码-Form1. cs

```
//此处省略 using 部分
namespace Polymorphism                          //命名空间名称,默认项目名称
{
    public partial class Form1 : Form
    {
        public Form1() { InitializeComponent(); }    //窗体类的构造方法
        //button1 的事件处理过程,用于测试类
        private void button1_Click(object sender, EventArgs e)
        {
            Employee[] eps = new Employee[3];              //创建数组
            eps[0] = new Officer("张三", 1000);            //保存具体对象
            eps[1] = new Sales("李四", 1200, 0.5F, 1000);
```

```
        eps[2] = new Manager("黄五", 2000, 1000);

        string s = "";
        foreach(Employee ep in eps)
        {
            s += ep.Name + "," + ep.GetSalary() + "\r\n";          //多态性体现
        }
        MessageBox.Show(s);
    }
}
```

//以上是窗体类 Form1 的代码
//在窗体类 Form1 后面添加以下各个类

//1.抽象基类 Employee
```
abstract class Employee
{
    public string Name { get; set; }                              //姓名
    protected float Salary { get; set; }                          //基本工资
    //有参构造方法
    public Employee(string name, float salary) { Name = name; Salary = salary; }
    public abstract float GetSalary();                            //抽象方法
}
```

//2.文员类 Officer
```
class Officer : Employee
{
    public Officer(string name, float salary): base(name, salary) { }   //构造方法
    public override float GetSalary() { return Salary; }                //实现方法
}
```

//3.销售员类 Sales
```
class Sales : Employee
{
    float percentage = 0.5f;                                      //提成比
    float salesNum;                                               //销售量
    public Sales(string name, float salary, float p, float n): base(name, salary)
    { percentage = p; salesNum = n; }                            //构造方法
    public override float GetSalary() { return Salary + percentage * salesNum; }//实现
                                                                 //方法
}
```

//4.经理类 Manager
```
class Manager : Employee
{
    float bonus;                                                  //奖金
    public Manager(string name, float salary, float bonus): base(name, salary)
    { this.bonus = bonus; }                                      //构造方法
    public override float GetSalary() { return Salary + bonus; }  //实现方法
}
}//命名空间结束
```

📑 **代码说明**

在按钮 button1 的事件处理过程中,创建了包含三个元素的 Employee 类型的数组 eps,

分别保存 Officer、Sales 和 Manager 类对象。不能创建抽象类的对象,但可以使用抽象类变量保存派生类的对象,这样,在列举循环中,由于每一个对象都具有 GetSalary()方法,统一使用基类的 ep. GetSalary()方法调用每一个不同派生类对象的方法,从而实现"一个接口(方法),不同结果",也即调用同一个方法,呈现出不同的结果,这就是"多态性"的体现。假如基类没有包含 GetSalasy()方法,则无法使用基类来统一调用。抽象方法也包含"每个派生类都一定具有,但基类不知如何去实现,或者不同派生类自己有不同实现"的含义。

▶ **运行结果**

按 F5 键运行程序,单击窗体上的"测试"按钮,运行结果如图 3.5 所示。

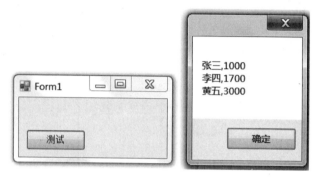

图 3.5　运行结果

3.8　认识接口

接口相当于一个具有完全抽象成员的类。接口中所有的成员只有定义,而没有具体的实现,因此,接口不能实例化,也没有构造方法和析构方法。接口成员只能包括属性、方法、事件和索引器的签名或它们之间的组合,不能包含常量、字段、静态方法和任何实例方法。

接口的含义包括接口的定义和接口的实现。定义的接口相当于制定一套技术规范或要求;接口的实现是指这些规范或要求由特定的对象去实现。接口的实现由继承该接口的类来实现,一个类如果实现了一个接口,就说明这个类具备了这个接口定义的所有功能。

例如,ISO9001 企业是指完全满足了 ISO9001 所有要求的企业。而 ISO9001 只是一套规范或要求(接口的定义),要成为 ISO9001 企业,必须一一实现所有的规范或要求(接口的实现)。这里 ISO9001 只是规范或要求,由具体企业去实现。满足了 ISO9001 规范的企业,就是具备 ISO9001 资质的企业(接口的实现)。

一个接口可以有不同的实现,但使用方式是一样的。例如,USB 接口规定了不同设备之间要实现通信,必须实现尺寸要求、数据读/写要求、供电/充电要求等,这些要求就相当于定义了接口,而具体设备的 USB 接口就是实现的 USB 技术规范的实际接口,每种设备内部的实现可能都不一样,如计算机、USB 存储设备、USB 鼠标、USB 打印机等。我们通过这些设备已实现的接口来使用这些设备。

C♯中的接口定义了某类对象具有的特征(属性)或行为(方法),只表述"能做什么",而"怎么做"则由实现该接口的类去完成,实现接口的类,具备了接口所描述的功能。

3.8.1　接口的定义

与类的定义类似,接口使用 interface 关键字来定义。

```
interface 接口名
{
    接口成员;
}
```

例如:

```
interface IMyinterface
{
    int Property { get; set;}
    void SomeMethod();
}
```

说明:

(1) 接口名称以大写字母 I 开头是一种规范的写法,代表这是一个接口。

(2) interface 关键字前面可以带除 private 之外的访问修饰符(类内部定义的接口是特例,但极少出现)。

(3) 接口成员不能带任何修饰符,如不能写上 public 或 abstract,即使它是抽象的、公共的。

(4) 接口不能实例化,不能用来创建对象,因为所有的成员都是没有实现的。因此,也没有构造方法和析构方法。但可以使用接口变量来保存实现该接口的对象。

(5) 不能包含常量、字段、静态方法以及实例方法(任何已实现的成员)。

(6) 接口中属性的语法类似自动属性,但在接口中定义自动属性是代表没有实现的属性。

以下是存在几种错误的写法。

```
interface IMyinterface
{
    const float PI = 3.24f;                    //错误:不能定义常量
    string info;                               //错误:不能定义字段
    int Property{get;set;}                     //正确:代表未实现的属性
    int OneMethod(int x) { return x + 10;}     //错误:不能有方法体(实现)
    public int OtherMethod(int x);             //错误:不能使用 public 关键字
    int Max(int x,int y);                      //正确
}
```

3.8.2　接口的实现

接口定义的功能是由继承该接口的类来实现的。

下面的代码定义了一个 IName 接口,包含一个抽象属性 Name(这是很多事物具有的共性,如人有姓名、书籍有书名、设备有设备名等),同时包含一个抽象方法 GetInformation,用

于取得实现该接口的对象的信息。

```
interface IName
{
    string Name{get;set;}
    string GetInformation();
}
```

为了实现 IName 接口,我们定义一个 Person 类,例如:

```
class Person:IName
{
    public string Name { get; set; }
    string Sex { get; set; }
    int Age { get; set; }
    public Person(string name,string sex,int age)
    {
        Name = name;Sex = sex;Age = age;
    }
    public string GetInformation()
    {
        return string.Format("我是:{0}-{1}-{2}",Name,Sex,Age);
    }
}
```

也可以定义一个 Book 类,实现 IName 接口,例如:

```
class Book:IName
{
    public string Name {get;set;}
    string Publisher { get; set; }
    float Price { get; set; }
    public Book(string name, string publisher, float price)
    {
        Name = name; Publisher = publisher; Price = price;
    }
    public string GetInformation()
    {
        return string.Format("书名:{0},出版社:{1},价格:{2}",Name, Publisher, Price);
    }
}
```

说明:

(1) 类名后面的冒号(:),表示继承或实现,后跟类名或接口名。如果要实现多个接口,则每个接口名用逗号分隔,接口名之间的顺序无关。

(2) 实现接口的类要实现接口中的每一个成员,并在实例成员前加上 public 关键字。

(3) 如果一个类要同时继承一个基类和接口,那么基类在前,接口在后。

3.8.3　接口的使用

可以通过类的实例来调用接口成员。实现接口的类也属于接口类,就像派生类也属于

基类一样。假如我们有了上面 Person 类和 Book 类的定义,那么可以这么使用:

```
Person person = new Person("张三","男",20);
Book book = new Book("C#程序设计","清华大学出版社",90.8F);
IName iName = person;                    //属于 IName 类,可以保存实现类的对象
iName.GetInformation();                  //取得 person 对象的信息
iName = book;                            //属于 IName 类,可以保存实现类的对象
iName.GetInformation();                  //取得 Book 对象的信息
```

也可以定义一个方法,将接口作为参数来调用:

```
Person person = new Person("张三","男",20);
Book book = new Book("C#程序设计"," 清华大学出版社",90.8F);
ListInfo(person);                        //结果:我是张三,男,20 岁
ListInfo(book);             //结果:书名:C#程序设计,出版社:清华大学出版社,价格:90.8
```

其中,ListInfo()方法定义如下。

```
void ListInfo(IName iName)
{
    string info = iName.GetInformation();
}
```

两个没有相互关联的类 Person 和 Book,只要实现了同一接口 IName,都可以通过调用同一个方法 ListInfo 来得到不同结果,这也是多态性的一种体现。其好处在于,假如以后继续增加了实现 IName 接口的其他类,如 Computer 类、StorageDevice 类等,则无须修改 ListInfo 方法,实现统一调用。

3.8.4 接口继承

一个接口可以继承另外一个或一个以上的接口,每个接口以逗号分隔。假如定义了以下接口:

```
interface IRead
{
    string ReadMethod(string path);      //读出内容
}
interface IWrite
{
    bool WriteMethod(string path,string info);   //写入内容
}
```

那么,可以定义一个读写接口,继承这两个接口:

```
interface IReadWite:IRead,IWrite
{
    string GetInformation(string path);  //取得文件信息
}
```

假如一个类要实现 IReadWrite 接口,除了必须实现 GetInformation 方法,也必须同时实现基接口的成员,如 ReadMethod 和 WriteMethod 方法。以下是一个实现文件读写接口

的完整示例代码(请读者参照注释自行分析)。

```
interface IRead                                    //接口 IRead
{
    string Read(string path);
}

interface IWrite                                   //接口 IWrite
{
    bool Write(string path, string content);
}

interface IReadWrite : IRead, IWrite               //接口 IReadWrite
{
    string GetInformation();
}

class MyIReadWrite : IReadWrite                     //实现 IReadWrite 接口
{
    public string Read(string path)                //实现 IRead 接口成员 Read
    {
        if (System.IO.File.Exists(path))  return System.IO.File.ReadAllText(path);
        else   return "文件不存在!";
    }

    public bool Write(string path, string content)    //实现 IWrite 接口成员 Write
    {
        System.IO.File.AppendAllText(path, content);
        return true;
    }

    public string GetInformation()                    //实现 IReadWrite 接口成员 GetInformation
    {
        return this.ToString();
    }
}
```

3.8.5　接口的应用实例

一个类只有实现了 IComparable 接口(或泛型 IComparable < T >接口),才能使用 Array 类的静态方法 Sort 对该类型的数组进行排序。如果要对包含自定义类型元素的数组进行排序,该元素的类型必须要实现 IComparable 接口,即让 Sort 方法知道如何比较两个元素的大小来最终实现排序。IComparable 接口非常简单,其接口定义如下:

```
public interface IComparable
{
    int CompareTo(object obj);
}
```

如果要实现 IComparable 接口,需要考虑以下几点。

(1) 被比较对象是否为 null。

(2) 被比较对象是否是同一个引用。

(3) 被比较对象类型是否一致,不一致则抛出异常。

(4) 根据对象的哪个属性进行比较,根据比较结果返回对象之间比较的结果。

为了实现两个 Student 对象的比较,Student 类必须实现 IComparable 接口。下面的例子演示了 Student 类如何实现 IComparable 接口。

新建项目 MyInterface。为了简化代码,将 Student 类放在窗体类 Form1 后面,同时,在窗体中添加一个名称为 button1 的按钮并为其创建 Click 事件处理过程。

程序代码-Form1.cs

```
//省略自动生成的 using 部分
namespace MyInterface
{
    public partial class Form1 : Form
    {
        public Form1() {    InitializeComponent();    } //自动生成的构造方法

        //按钮 button1 的事件处理过程
        private void button1_Click(object sender, EventArgs e)
        {
            Student std1 = new Student();
            std1.StuName = "张三";
            std1.Age = 112;
            Student std2 = new Student();
            std2.StuName = "李四";
            std2.Age = 35;
            int val = std1.CompareTo(std2);        //使用 IComparable 接口的方法进行比较
            MessageBox.Show(val.ToString());       //结果为 -1
        }
    }//上面为窗体类 Form1


    //Student 类,实现 IComparable 接口
    public class Student:IComparable
    {
        public string StuName { get; set; }
        public int Age { get; set; }

        public int CompareTo(object obj)
        {
            if (obj == null) return -1;
            if (obj as Student == null)              //将 obj 转换为 Student 类型
                { throw (new Exception("不是相同类型不能比较!")); }; //不是同一类型
            if (object.ReferenceEquals(this, obj)) return 0;  //相同引用
            Student std = obj as Student;
            return this.Age.CompareTo(std.Age);      //简单类型实现了比较的接口
```

```
            }
        }
    }//命名空间结束
```

📖 **代码说明**

（1）Student 类中，as 为类型转换运算符。如果指定的对象不能转换为 as 右边指定的类型，则结果为 null。

（2）接口方法 CompareTo 根据需要来自定义实现，可以是其中一个属性的比较，也可以是多个属性比较。这里使用 int 类型的 Age 属性来比较，由于所有的简单类型都实现了 IComparable 接口，所以这里直接使用 Age.CompareTo() 的比较结果作为返回值。

（3）如果以后创建了 Student 类型的数组，那么可以使用数组排序方法，对 Student 数组进行排序了。如果 Student 类没有实现 IComparable 接口，将无法进行排序。

创建接口的目的是把不同对象都要实现的功能抽象出来，这些功能可能在不同的类中有不同的实现，为了方便使用，外部调用这些功能都使用同一接口（比如各种压缩和解压缩算法不同，但是调用时使用一致的接口）；或者不同对象间要实现某种操作，约定双方必须实现的某个功能；另外，在需要借助其他对象实现某一个功能时，其他对象可能要求必须实现某些接口，才能协助完成，这个时候需要查看接口的定义来实现接口，如上例 IComparable 接口。

要自己设计一个有意义的接口对初学者来说是比较困难的。我们现阶段的主要任务是学会实现已存在的接口。

3.9 泛型与常用泛型集合类

3.9.1 泛型概述

首先考察下面几个方法。

两个整数交换：	两个实数交换：	两个字符串交换：
| ```
void Swap(ref int x, ref int
y)
{
    int tmp = x;
    x = y;
    y = tmp;
}
``` | ```
void Swap(ref float x, ref float
 y)
{
    float  tmp = x;
    x = y;
    y = tmp;
}
``` | ```
void Swap(ref string x. ref
string y)
{
    string tmp = x;
    x = y;
    y = tmp;
}
``` |

从上面三个方法可以看出，三个方法的实现算法都是一样的，不同的仅仅是参数类型。在上例中，如果能把 int、float、string 三种类型用模板类型 T 来代替，那么上面的方法似乎就可以统一用下面的模板来实现：

```
void Swap(ref T x, ref T y){…}
```
```

那么，在调用该方法的时候，只要给定具体类型 T，T 就代表这个具体类型，这是一种美妙的想法。而 C♯实现了这个类型模板的功能：泛型。正如上例中的 x 和 y 参数一样，给定对应类型的值，它就代表具体值，那么假如给定 T 是某种类型，那么 T 就是该种类型，这就相当于把类型 T 也当作方法的类型变量来使用。

正如变量在使用前需要说明类型，为了说明 T 代表某种类型的变量，在 C♯中提供一种语法，即在方法名后面使用<T>，用来说明 T 可以代表某种类型。例如：

```
void Swap<T>(ref T x, ref T y){…}
```

那么，在调用方法 Swap 时，根据实际传递给 T 参数的类型，得到 T 的具体类型。这种在方法声明中可以代表任意类型的类型变量，称为"泛型"。相当于把类型也作为参数来使用，即实现"类型参数化"。

泛型一般用 T 来表示，也可以使用任意标识符来表示，如 U、P、Tkey、T1、T2 等，泛指各种类型。使用泛型的目的是使具有相同模式和算法的方法，只需要实现一次，而不必为各种类型分别去实现，这样使用将非常方便，也大大减少了代码量。

泛型不仅可以用于方法，也可以用于类、结构和接口，本章主要关心泛型方法和泛型类。

3.9.2 泛型方法

在上面的例子中，可以把 int、float 和 string 用泛型 T 来代替，那么上面三个方法就可以写成一个：

```
void Swap<T>(ref T x, ref T y)
{
    T temp = x;
    x = y;
    y = temp;
}
```

说明：

（1）在方法名后加一对包含 T 的尖括号，用于声明 T 是一种类型参数，即泛型，以后在形式参数列表和方法体中，由调用时的实际类型代替泛型 T。

（2）方法名后用<T>声明了泛型类型的方法是泛型方法。这里 Swap 就是泛型方法。

（3）命名为 T 只是一种规范，也可以自己起一个恰当的名称，如 P、U、TEntry 等。

（4）如果参数为不同的类型，可以用不同的标识符代替不同的泛型，如 T1、T2 等。

调用泛型方法与调用普通方法一致。假如有：

```
int a = 10, b = 20;
string s1 = "abc", s2 = "123";
float x = 10, y = 2;
```

那么可以按如下方式使用 Swap 泛型方法：

```
Swap<int>(ref a, ref b);          //交换两个整数数据,结果:a = 20,b = 10
Swap<string>(ref s1, ref s2);     //交换两个字符串数据,结果:s1 = "123",s2 = "abc"
Swap<float>(ref x, ref y);        //交换两个实数类型数据,结果:x = 2,y = 10
```

C♯具有参数"类型推导"功能,可根据实际参数的类型,推导 T 所指的类型,因此在调用泛型方法时,可以省略<>部分内容,直接写成:

```
Swap(ref a, ref b);
Swap(ref s1, ref s2);
Swap(ref x, ref y);
```

这个例子只列出三种类型,其实该泛型方法也可以实现任意值类型的数据交换。

3.9.3　泛型类

泛型不但可以用于方法,也可以用于类、结构或接口。

下面的代码创建一个泛型类 MyArray,根据在构造方法中给定的长度 length 参数,在类内部动态创建一个数组 Values,通过 AddValue 方法添加 T 类型元素到数组,类的私有字段 index 记录当前数组的下标,通过 getValue 方法取得指定下标的 T 类型数组元素,同时提供只读属性,取得当前数组 Values 的长度。

新建项目,保存为 MyTemplate。为了简化问题,将 MyArray 类添加到默认窗体 Form1 的代码文件中,同时添加一个名称为 button1 的按钮到窗体界面,按钮的 Click 事件处理过程代码及 MyArray 类的代码如下。

🖳 **程序代码**

```
//省略自动生成的 using 部分
namespace MyTemplate
{
    public partial class Form1 : Form
    {
        public Form1()  { InitializeComponent();  }  //窗体类的构造方法
        //button1 事件处理过程
        private void button1_Click(object sender, EventArgs e)
        {
            MyArray<int> arr = new MyArray<int>(10);
            for (int i = 0; i<arr.Length; i++) arr.AddValue(i);

            string str = "";
            for (int i = 0; i<arr.Length; i++) str += arr.GetValue(i);
            MessageBox.Show(str);                      //显示 0~9 的数字
        }
    }//类结束
    //以上为窗体 Form1 类的代码,将 MyArray 类代码添加到其后面

    //MyArray 类
    class MyArray<T>                              //声明泛型 T
    {
        T[] Values;                               //定义泛型类型数组
        int index;                                //记录当前数组添加元素的位置

        //构造方法,虽然是泛型类的构造方法,但是不需要在方法名后加<T>,
```

```
        //因为类型名后面已经进行了声明
        public MyArray(int length)
        {
            Array.Resize(ref Values, length);        //动态创建长度为 length 的数组
            index = 0;
        }

        public int Length                            //只读属性,返回数组的长度
        {
            get { return Values.Length; }
        }

        public void AddValue(T value)                //这不是泛型方法,只是使用了泛型参数
        {
            //保存 T 类型的元素到数组单元,并移动位置指向下一个数组单元
            if (index < Length) Values[index++] = value;
        }

        public T GetValue(int index)
        {
            if (index < Length) return Values[index];   //返回 T 类型数组元素
            else throw (new Exception("超出范围"));      //超出数组下限时抛出异常
        }
    }类结束
}//命名空间结束
```

📖 **代码说明**

（1）按钮的事件处理过程中,创建泛型类型对象时,类型名后需要说明具体类型,如 MyArray < int > arr。在 for 循环中,通过 AddValue 和 GetValue 方法来保存元素以及取得元素,每个元素必须是 int 类型,最后在信息对话框中显示由每一个元素连接成的字符串 str。

（2）在 MyArray 泛型类中的构造方法名称后不需要加上< T >,所有方法成员共享类中声明为泛型类型 T,所有类中的方法名后都不需要加上< T >。

（3）Array.Resize()也是泛型方法,用于创建动态数组,它根据参数1自动推断出数组类型。

（4）MyArray 内部创建了一个泛型数组 Values,可以添加 T 类型的元素到数组,也可以取得指定位置的 T 类型的元素。在语句 if (index < Length)中通过给定的下标 index 与内部属性 Length 的比较来判断下标是否越界。

（5）AddValue 和 GetValue 不是泛型方法,只是使用了泛型参数 T。泛型方法是指在方法名后使用<泛型名>声明的方法。但泛型类的构造方法比较特殊,它是泛型方法,但不需要声明泛型 T。

3.9.4　常用泛型集合类

泛型的使用场景更多地体现在集合类中。集合类有泛型集合类和非泛型集合类,两者

大多数在 C♯ 中有一一对应关系,实现的功能一致。但是泛型集合性能更优、效率更高、类型更安全,一般在以后的编程中推荐优先使用。表 3.2 是常用的泛型集合类。

表 3.2 常用泛型集合类

选 项	泛型集合类	说 明
列表	List < T >	表示可通过索引访问的对象的强类型列表
字典	Dictionary < TKey,TValue >	表示键和值的集合
队列	Queue < T >	表示对象的先进先出(FIFO)集合
栈	Stack < T >类	表示相同对象后进先出(LIFO)集合

本节主要介绍泛型列表集合类 List < T >和字典集合类 Dictionary < TKey,TValue >的使用。

列表集合类 List 按位置检索,字典集合类 Dictionary 按关键字检索,两者都可以实现添加、修改、删除和查找元素的功能。

1. List 泛型集合类的使用

List 的主要方法包括:添加元素、列举元素、定位元素、移除元素、修改元素。可以添加任何类型的元素到集合。表 3.3 和表 3.4 列出了 List 泛型集合类常用的属性和方法。

表 3.3 List 常用属性

名 称	说 明
Capacity	获取或设置该内部数据结构在不调整大小的情况下能够容纳的元素总数
Count	获取 List < T >中实际包含的元素数
Item	获取或设置指定索引处的元素,通过索引器方式使用

表 3.4 List 常用方法

名 称	说 明
Add	将对象添加到 List < T >的结尾处
AddRange	将指定集合的元素添加到 List < T >的末尾
Clear	从 List < T >中移除所有元素
Contains	确定某元素是否在 List < T >中
Find	搜索与指定谓词所定义的条件相匹配的元素,并返回整个 List < T >中的第一个匹配元素(如果值类型就是其本身)
IndexOf(T)	搜索指定的对象,并返回整个 List < T >中第一个匹配项的从零开始的索引
Insert	将元素插入 List < T >的指定索引处
LastIndexOf(T)	搜索指定的对象,并返回整个 List < T >中最后一个匹配项的从零开始的索引
Remove	从 List < T >中移除特定对象的第一个匹配项
RemoveAt	移除 List < T >的指定索引处的元素
Reverse()	将整个 List < T >中元素的顺序反转
Sort()	使用默认比较器对整个 List < T >中的元素进行排序

下面的自定义方法 ListSample()演示了 List 泛型集合的常用方法,如果要测试该方法,可以在窗体的 Load 事件处理过程中或按钮的 Click 事件处理过程中查看调用的结果。

代码片段

```
void ListSample()
{
    //假定创建了整数类型的泛型集合 list
    List < int > list = new List < int >();

    //1. 添加 10 个整数到列表中
    for (int i = 0; i < 10; i++)      list.Add(i + 1);

    //2. 列举元素
    string str = "当前集合中的元素为：";
    foreach(int i in list)    str += i + ",";

    //3. 查找元素
    int pos = list.IndexOf(7);
    str += "\r\n 元素 7 位于：" + pos;

    //4. 定位元素
    int num = list.ElementAt(0);                        //或 list[0]
    str += "\r\n 第一个元素是：" + num;

    //5. 修改第一个元素
    list[0] = 100;
    str += "\r\n 第一个元素修改后：" + list.ElementAt(0);

    //6. 删除第一个元素
    list.RemoveAt(0);
    str += "\r\n 第一个元素删除后：" + list.ElementAt(0);

    //7. 求和
    int m = list.Sum();
    str += "\r\n 求和的结果是:" + m;

    //8.1. 每个元素运算后求和
    m = list.Sum(delegate(int x) { return x * 2; });
    str += "\r\n 运算后求和的结果是:" + m;

    //8.2. 查找满足条件的元素位置
    int p = list.FindIndex(x => x == 10);
    str += "\r\n10 所在位置：" + p;

    //8.3 查找所有满足条件的结果：结果仍然为集合
    str += "\r\n 大于 4 的元素为:";
    List < int > tmp = list.FindAll(x => x > 4);

    //列举查找结果
    string tmpStr = "";
    foreach(int pp in tmp) { tmpStr += pp; }
    str += tmpStr;
```

```
            MessageBox.Show(str);                        //显示每一步操作的结果
    }
```

说明：代码说明详见注释。其中，注释 8.1～8.3 使用了 3.10 节将要介绍的委托，可以学完 3.10 节内容后再去理解。

2. Dictionary 泛型集合类的使用

Dictionary<Tkey,TValue>的每个元素由"键值对"KeyValuePair<Tkey,TValue>类型所组成，其中，键 TKey 是唯一的，通过键 TKey 的值，可以检索到其对应的 TValue 值。表 3.5 和表 3.6 是 Dictionary 泛型集合类的主要属性和方法。

表 3.5　Dictionary 泛型集合类的主要属性

名　　称	说　　明
Count	获取包含在 Dictionary<TKey, TValue>中的键/值对的数目
Item	获取或设置与指定的键相关联的值
Keys	获取包含 Dictionary<TKey, TValue>中的键的集合
Values	获取包含 Dictionary<TKey, TValue>中的值的集合

表 3.6　Dictionary 泛型集合类的主要方法

名　　称	说　　明
Add	将指定的键和值添加到字典中
Clear	从 Dictionary<TKey, TValue>中移除所有的键和值
ContainsKey	确定 Dictionary<TKey, TValue>是否包含指定的键
ContainsValue	确定 Dictionary<TKey, TValue>是否包含特定值
Remove	从 Dictionary<TKey, TValue>中移除所指定的键的值

下面的自定义方法 DictionarySample 演示了 Dictionary 泛型集合的常用方法，如果要测试该方法，可以在窗体的 Load 事件处理过程中或按钮的 Click 事件处理过程中查看调用的结果。

首先创建一个 Student 类，用于保存一个学生的学号、姓名和性别。

```
class Student
{
    public int StdNo { get; set; }              //学号
    public string StdName { get; set; }         //姓名
    public string StdSex { get; set; }          //性别
}
```

📖 **代码片段**

```
void DictionarySample()
{
    //1.创建字典对象 dict
    Dictionary<int, Student> dict = new Dictionary<int, Student>();
```

```
//2.创建 Student 对象
Student std1 = new Student();
std1.StdNo = 1; std1.StdName = "刘德华"; std1.StdSex = "男";
Student std2 = new Student();
std2.StdNo = 2; std2.StdName = "张学友"; std2.StdSex = "男";
Student std3 = new Student();
std3.StdNo = 3; std3.StdName = "巩俐"; std3.StdSex = "女";

//3.添加到字典,注意关键字不能重复
dict.Add(std1.StdNo, std1);
dict.Add(std2.StdNo, std2);
dict.Add(std3.StdNo, std3);

//4.列举元素,每个元素都是键值对 KeyValuePair<int, Student>类型
string str = "修改前集合元素为:\r\n";
foreach(KeyValuePair<int, Student> pair in dict)
{
    str += string.Format("键:{0},姓名:{1},性别:{2}\r\n",
        pair.Key, pair.Value.StdName, pair.Value.StdSex);
}

//5.1 通过下标来修改元素值,修改了下标为 3 的元素
dict.ElementAt(2).Value.StdName = "龚亮";        //通过元素下标引用
//dict.ElementAt(2).Key = 2;                      //错误:不能修改关键字

//5.2 通过关键字修改元素,修改关键字为 3 的元素
dict[3].StdSex = "男";                           //通过关键字引用

//6.修改或添加元素:如果关键字 5 不存在,则创建;存在,则修改
Student std = new Student();
std.StdName = "新人";
dict[5] = std;
dict[5].StdSex = "女";

str += "修改后集合元素为:\r\n";
foreach(KeyValuePair<int, Student> pair in dict)
{
    str += string.Format("键:{0},姓名:{1},性别:{2}\r\n",
        pair.Key, pair.Value.StdName, pair.Value.StdSex);
}

//6.1 按关键字查找元素
if (dict.ContainsKey(1))
{
    str += string.Format("存在键为 1 的元素: 姓名 = {0},性别 = {1}\r\n",
        dict[1].StdName, dict[1].StdSex);
}
MessageBox.Show(str);
}
```

📄 代码说明

（1）"Dictionary < int，Student > dict;"语句指出了字典集合的关键字是 int 类型，值是 Student 类型。字典每一个元素都包含 Key 关键字和具体类型的值 Value。集合中每一个元素都是"键值对"KeyValuePair < TKey，TValue >类型，使用 KeyValuePair < int，Student >类型变量 pair 保存列举出来的元素。

（2）Add 为添加元素关键字和值的方法，注意关键字不能重复。

（3）取得具体值元素的方式可以有：①通过元素下标；②通过指定关键字。例如：

```
Student std = dict.ElementAt(2).Value;          //取得第 3 个元素
Student std = dict[1];                          //关键字为 1 的元素,如果不存在该关键字则出错
```

（4）修改元素值可以使用关键字方式，例如：

```
dict[5] = std;                                  //修改关键字为 5 的元素,如果关键字
                                                //不存在,则作为新元素添加到集合
```

（5）判断关键字是否存在，可参见注释 6.1。而判断值是否存在，可以使用方法 ContainsValue(元素值)；判断元素是否存在，可以使用 Contains(键值对)。注意这两种方法要求 Tvalues 对象必须实现了 IEquatable 接口，像上面的 Student 类，如果实现了 IEquatable 接口，才可以正确判断。下面的代码实现该接口。

```
class Student: IEquatable < Student >
{
    public int StdNo { get; set; }
    public string StdName { get; set; }
    public string StdSex { get; set; }

    public bool Equals(Student o)                 //实现接口的方法
    {
        return o.StdName == StdName; ;
    }
}
```

那么可以使用"键值对"方式查找元素，例如：

```
//如果按键值对查找元素,Student 类必须实现 IEquatable 接口
Student tmp = new Student();
tmp.StdName = "新人";
tmp.StdSex = "女";
KeyValuePair < int, Student > kvp = new KeyValuePair < int, Student >(5, tmp);
bool bol = dict.Contains(kvp);

//如果按值查找元素,Student 类必须实现 IEquatable 接口
Student tmp = new Student();
tmp.StdName = "新人";
tmp.StdSex = "女";
bool bol = dict.ContainsValue(tmp);
```

（6）简单类型都实现了比较接口，所以可以直接判断是否存在值和元素，例如：

```
Dictionary<int, string> t = new Dictionary<int, string>();
t.Add(1, "A");
KeyValuePair<int, string>  x = new KeyValuePair<int, string>(1, "A");
bool bol = t.Contains(x);                       //结果为 true
```

3.9.5　集合初始化器

与类初始化器类似，在创建集合对象的同时可以为集合添加初始化的元素。集合初始化器是一种简化的初始化集合元素的语法。

如创建一个 List 类型的泛型集合对象 aList，保存三个字符串类型数据，如果不使用集合初始化器，需要按照以下方式添加数据。

```
List<string> alist = new List<string>();
alist.Add("A");
alist.Add("B");
alist.Add("C");
```

而使用集合初始化器，可以在创建对象的同时为其添加元素，例如：

```
List<string> alist = new List<string>() { "A", "B", "C" };
```

在括号后面加一对大括号"{ }"，{ }内为元素值，每个元素之间用逗号分隔，最后一个属性没有逗号。注意这是一条语句，以分号结束。

对于具有"键值对"类型元素的 Dictionary 泛型集合类，由于每个元素都是成对的，因此，在创建对象时如果要使用类初始化器添加元素，可以将每一对值包含在大括号"{ }"中作为一个元素，例如：

```
Dictionary<int, string> dict = new Dictionary<int, string>()
{
    { 1, "A" },
    { 2, "B" },
    { 3, "C" }
};
```

3.10　委托

3.10.1　委托的定义

首先来看结构体类型和类类型的定义。
如果定义一个结构体类型，可以使用 struct 关键字：

```
struct  MyStruct {  …  }
```

这里 MyStruct 就是自定义的结构体类型，可以使用 MyStruct 来定义变量。

如果定义一个类类型，可以使用 class 关键字：

```
class MyClass { ··· }
```

这里 MyClass 就是自定义类类型，可以使用 MyClass 来定义变量。

正如 struct 关键字用来定义结构体类型，class 用来定义类类型一样，关键字 delegate 也是一种类型说明符，它用来声明一种方法的类型。方法的类型是一种只具有方法签名而没有方法体的结构。

要声明一种方法类型，可以使用 delegate 关键字，后面仅跟方法的签名，例如：

```
delegate 方法签名;
```

在 delegate 后面，像定义方法一样，需要说明方法的返回值和参数列表，不同之处在于将方法签名后面的实现部分，即包含大括号"{ }"的方法体部分，用分号";"代替。如声明一个具有一个字符串参数和无返回值的方法类型：

```
delegate void MyDelegate(string s);
```

该语句声明了一个方法类型，类型名为 MyDelegate。类型名的命名方式与标识符命名规则相同。MyDelegate 代表一个具有一个字符串参数和无返回值的方法类型。在这里，我们把用 delegate 关键字修饰、仅有方法签名部分而没有方法体的 MyDelegate 称为"委托类型"。

delegate 关键字用于声明一种方法类型，可以使用这个方法类型定义一个变量，这个变量就是委托变量。与任何其他类型一样，声明了类型就可以使用该类型来定义变量并进行赋值。假如有：

```
MyDelegate dele;
```

这里 dele 就是委托类型 MyDelegate 定义的变量，可以把所有与 MyDelegate 签名一致的方法赋值给 dele 变量，从而自动创建委托对象。假如定义了方法：

```
void Msg(string info)
{
    MessageBox.Show(info);
}
```

那么可以使用方法 Msg 对 dele 变量进行赋值：

```
dele = Msg; //赋值将会自动创建委托对象 dele
```

方法名代表方法的首地址，就像数组名指向数组的首地址一样。此时，dele 就代表了对方法 Msg 的引用。对委托变量赋值后，就可以进行委托调用了。所谓调用委托，就是把委托对象当作方法来使用。可以像调用 Msg 的方式一样使用 dele，例如：

```
dele("hello delegate!");
```

执行该语句等价于执行语句"Msg("hello delegate");"。

同样，可以把任意与 dele 签名一致的方法对其进行赋值并进行调用，无论是静态方法还是实例方法。

委托变量实质保存的是对一个方法的引用。在 C♯ 中，可以将满足委托类型的任意方法给委托变量赋值，赋值的同时都将自动创建委托对象。通过这个委托对象来调用对应的方法，就像其他方法"委托"给该对象去使用一样。

对委托相关的概念，可以简单理解如下。

委托类型：一种方法的类型。使用 delegate 关键字声明的方法签名部分，该方法名就是委托类型名。

委托变量：使用委托类型名声明的变量，委托变量类似 C 语言中的函数指针变量。

委托对象：已赋值的委托变量。

委托的含义包括：声明委托类型、定义委托类型变量、创建委托对象，以及像调用方法一样使用委托对象。委托类型、委托变量、委托对象，统称"委托"。

也可以使用 C♯ 2.0 之前的语法，使用 new 关键字来创建委托对象：

dele = new MyDelegate(Msg);　//括号内为方法实例

C♯ 2.0 之后的语法可以直接将方法名赋给委托变量，自动创建委托对象。

应用实例　使用委托实现中英文问好。

创建项目，添加一个按钮 button1 到窗体，并创建其 Click 事件处理过程，在窗体代码文件中添加下面的代码。

代码片段

```
delegate void MyDelegate(string str);                   //在类的数据部分声明委托类型

void MsgEN(string Name)   { MessageBox.Show ("HELLO," + Name); }   //方法1
void MsgCH(string Name)   { MessageBox.Show ("你好," + Name); }     //方法2

private void button1_Click(object sender, EventArgs e)
{
    MyDelegate dele;                                    //定义委托变量 dele
    dele = MsgEN                                        //赋值
    dele("JOHN");                                       //调用

    dele = MsgCH;
    dele("张三");
}
```

注意对委托变量进行赋值的方法，其签名必须与声明的委托类型一致，即返回值、参数个数和类型一致。针对上例，下面是错误的赋值。

```
void Msg3(string info,string Name) {MessageBox.Show(info + Name);}
dele = Msg3;                                            //错误：参数个数不一致
string Msg4(string Name) { return Name;}
dele = Msg4;                                            //错误：返回值不一致
```

应用实例 使用委托类型参数。

在 C# 中,委托用得最多的地方是把一个方法作为另外一个方法的参数(比如回调方法和事件),在另外的方法中进行调用。下面的代码演示了如何定义方法接收委托类型参数,并进行调用。

在下面的代码中,声明了一个 deleCalculate 委托类型,具有两个 int 类型参数和一个 int 类型返回值。方法 Calculate 的参数为 deleCalculate 类型的参数。

要测试该例,先创建项目,添加一个按钮 button1 到窗体 Form1,并创建其 Click 事件处理过程,在窗体代码文件中添加下面的代码。

代码片段

```
delegate int deleCalculate(int x, int y);              //声明委托类型

int Sum(int x, int y) { return x + y; }                //求和方法
int Max(int a, int b) { return a > b ? a : b; }        //求最大值方法

void  Calculate(deleCalculate Method)                  //委托类型参数 Method
{
    int result = Method(100, 30);                      //调用委托
    return result;
}

private void button1_Click(object sender, EventArgs e)
{
    int x = Calculate(Sum);          //方法 Sum 作为实际参数,传递给形式参数 Method
    int y = Calculate(Max);          //方法 Max 作为实际参数,传递给形式参数 Method
    MessageBox.Show(x + "," + y);
}
```

代码说明

(1) 首先声明了一个委托类型 deleCalculate:具有两个 int 类型参数并返回 int 类型结果,接着定义了与 deleCalculate 类型一致的两个方法 Sum()和 Max(),分别实现对两个整数求和和求最大值。

(2) Calculate()方法以委托类型的变量 Method 作为参数,保存调用该方法时传递过来的方法参数,根据委托对象调用不同的方法,从而得到不同的计算结果。

(3) 在 button1_Click 事件处理过程中,用不同的方法作为参数调用 Calculate()方法,并保存调用后的结果。

运行结果

按 F5 键运行程序,单击窗体上的 button1 按钮,运行结果如图 3.6 所示。

也许读者会存在一个疑问,为何不直接调用 Sum 和 Max 方法,却把其作为参数传递给 Calculate 方法调用? 其实,更多的时候,委托是在类外部把一个方法作为参数传递到另外一个类内部的方法中,从而使这个类内部的方法可以调用其外部的方法。一个类内部的方法在执行过程中,通过委托调用类外部的方法,相当于告知类外部当前方法执行的状态,类

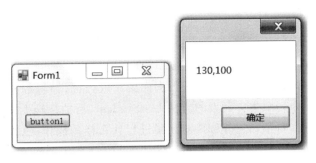

图 3.6　运行结果

外部方法在接收到状态信息之后,由其决定执行什么样的操作,这也是"一个对象发出消息,另外一个对象响应消息"的 C♯ 事件机制实现的基础。

通过下面典型案例的内容可以更好地理解委托的使用。

典型案例　委托的使用

📖 案例分析

设计一个学生管理类 StudentManage,保存一组学生类 Student 的对象(姓名、性别和考试分数),并提供一个方法用来列举每个已创建的学生类对象,在其他类中,通过调用该方法,实现对每一个学生类对象进行不同的处理,比如统计及格人数、显示所有学生信息等,学生管理类内部并不知道具体如何处理,这由其类外部的具体方法实现。

由于不知道类外部如何处理每一个列举的数据,因此,要求在类外部调用该方法时传递一个与其声明的委托类型一致的方法作为参数,通过参数来调用外部不同的方法来实现各种操作。

根据分析,首先要设计一个学生类 Student,包含姓名、性别和考试分数三个属性,在项目的任何其他类中都可以使用学生类 Student 来创建对象并保存数据。

然后设计一个学生管理类 StudentManage,定义一个泛型集合类型的私有字段 StdList,来保存一组作为测试数据的 Student 对象。再为类添加一个方法,以委托类型变量作为参数,实现通过使用委托类型参数来处理列举的 StdList 每一个元素。

最后,在窗体类中设计两个与委托类型一致的方法,并创建学生管理类对象,通过使用不同的方法作为参数,依次调用学生管理类对象的方法,实现对数据不同的处理。

💣 具体实现

新建项目,保存为 MyDelegate,保留默认创建的窗体 Form1,然后按照以下的步骤添加代码。

(1) 在项目中添加一个新类,保存为 Student。

📑 Student. cs 文件

```csharp
class Student
{
    public string Name { get; set; }        //姓名
    public string Sex { get; set; }         //性别
```

```
        public float Score { get; set; }              //分数
    }
```

（2）在项目中添加一个新类，保存为 StudentManage。

StudentManage 类的构造方法模拟从数据库中读取数据，并将数据保存到内部的集合中。它同时提供了一个列举集合元素的方法 ListStudent，目的是给类外部对集合中的每一个元素进行处理。它本身不知道外部要对元素进行什么样的操作，也无须了解外部如何操作，只需要类外部提供一个方法，那么就可以调用外部传入的方法对元素进行处理。

在类外部要传递一个方法给一个类内部，这个类内部必须有接收方法的变量，来保存传递过来的方法，这可以通过委托作为方法参数来实现。即传递什么方法，则执行该方法的操作。

📖 **StudentManage.cs 代码文件**

```
//学生管理类
class StudentManage
{
    public delegate void deleStudent(Student method);   //定义委托类型 deleStudent
    List < Student > StdList;                      //泛型集合类型 StdList,保存 Student 类型数据

    public StudentManage()
    {
        //模拟从数据库读出信息,使用集合初始化器,将学生信息添加到集合对象
        StdList = new List < Student > listStd
        {
            new Student(){ Name = "张三",Score = 80, Sex = "男"},
            new Student(){ Name = "李四",Score = 45,Sex = "女"},
            new Student(){ Name = "王五",Score = 76,Sex = "男"}
        };
    }

    //接收委托类型的方法: 列举类中的集合,由外部方法决定如何处理
    public void ListStudent(deleStudent stdMethod)
    {
        foreach(Student std in StdList)
            stdMethod(std);                        //由方法参数处理每一个列举出来的学生对象
    }
}
```

（3）在窗体 Form1 中添加一个名称为 button1 的按钮，修改其 Text 属性为"测试"，并创建其 Click 事件处理过程，输入如下代码。

📖 **Form1.cs 代码文件**

```
//这里省略了自动生成的部分
public partial class Form1 : Form
{
```

```
public Form1( )  {   InitializeComponent( ); }    //构造方法

string info = "";                       //保存方法中取得的信息
void DisplayStudent(Student std)        //满足委托类型 deleStudent 的方法 DisplayStudent
{
    info += "姓名: " + std.Name + ",分数: " + std.Score + "\r\n";
}

int count = 0;                          //计数
void GetPassCount(Student std)          //满足委托类型 deleStudent 的方法 GetPassCount
{
    if (std.Score >= 60) count++;
}
//按钮 button1 的事件处理过程
private void button1_Click(object sender, EventArgs e)
{
    info = "学生信息\r\n"; count = 0;        //初始化变量
    StudentManage user = new StudentManage();
    user.ListStudent(DisplayStudent);        //传递满足 deleStudent 委托类型的方法参数
    user.ListStudent(GetPassCount);          //传递满足 deleStudent 委托类型的方法参数

    MessageBox.Show( info + "通过人数:" +  count);  //显示结果
}
}
```

▷ **运行结果**

按 F5 键运行程序,单击窗体上的"测试"按钮,运行结果如图 3.7 所示。

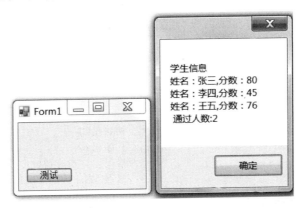

图 3.7 运行结果

3.10.2 多播委托

类似网络软件中的组播功能:多个客户端可以同时接收同一服务器发来的消息。可以把多个委托合并在一起依次调用,也可以在需要时移除某个委托。

所有 delegate 关键字声明的委托都派生于一个抽象类 System.MulticastDelegate(多播委托),而 MulticastDelegate 又继承于抽象类 System.Delegate。我们无法直接创建一个类继承这两个类中的任何一个,也无法实例化这两个类。delegate 只是一个用于声明委托的关键字,系统在编译的时候,才会自动创建对应的具体类。

所以,delegate 声明的类型实质就是一个多播委托,除了可以使用赋值符(=)对委托进行赋值,还可以使用复合赋值符(+=)合并多个委托,在委托调用时,将依次调用包含的每个委托。使用复合赋值符(-=)则可以将存在的委托移除。

应用实例　使用中英文播报列车到站消息。

在窗体代码文件中定义一个没有参数和没有返回值的委托 dele,并添加与 dele 类型一致的两个方法 EN 和 CH,分别实现弹出信息对话框显示英文和中文信息,然后在窗体上添加一个 button1 按钮,在 button1 的 Click 事件处理过程中,测试委托的合并和移除。

📖 **代码片段**

```
public delegate void dele ();                      //无参、无返回值委托类型
void EN() { MessageBox.Show("Arrival Guangzhou Station"); }  //显示英文信息
void CH() { MessageBox.Show("到达广州站"); }  //显示中文信息

private void button1_Click(object sender, EventArgs e)
{
    dele d1, d2, d3;
    d1 = EN;                        //初始化 d1
    d2 = CH;                        //初始化 d2
    d3 = d1;                        //初始化 d3
    d3 += d2;                       //合并 d2 委托
    d3();          //依次调用 msg1、msg2,结果分别弹出 MSG1 和 MSG2 两个对话框
    d3 -= d1;                       //移除 d1
    d3();                           //调用 msg2();弹出 MSG2 对话框
}
```

注意不能将两个方法直接相加,再赋值给委托变量;委托变量必须首先初始化,初始化之后才能合并其他委托。例如:

```
stdDele d1, d2, d3;
d1 = EN;                        //初始化 d1
d2 = CH;                        //初始化 d2
//d3 += d2;                     //错误: d3 没有初始化,不能使用合并运算 +=
//d3 = CN + EN;                 //错误: 两个方法无法使用 + 运算符
```

如果委托包含返回值的多个方法,直接调用后的结果将是最后一个被调用方法的返回值,而不是每个方法返回值的合并。

3.10.3　匿名方法

如果一个方法的代码比较简短,而且只在一个委托中使用,可以直接使用内联方式创建委托对象,不需要单独设计方法再将方法名赋值给委托变量。匿名方法的语法结构:

```
delegate(参数列表){方法体;}
```

括号"( )"内的参数列表中每个参数必须指明参数类型,多个参数以逗号分隔。如果没有参数,括号也可以省略。

例如,可以将下面的语句:

```
delegate void DeleMsg(string s);
void Msg(string s) { MessageBox.Show(s); }
DeleMsg   d = Msg;
```

使用匿名方法简化为:

```
delegate void DeleMsg(string s);
DeleMsg d = delegate(string s) { MessageBox.Show(s); };
```

这样就无须单独设计 Msg 方法了。注意 delegate 后面没有方法名,所以称为匿名方法。匿名方法只能通过委托调用,在其他地方无法使用。(没有方法名,怎么使用呢?)

在 3.10.1 节的"应用实例使用委托类型参数"中,定义了委托类型 deleCalculate:

```
delegate int deleCalculate(int x, int y);
```

调用下面的方法时:

```
int Calculate(deleCalculate Method)          //委托类型参数 Method
{
    int result = Method(100, 30);
    return result;
}
```

可以直接使用匿名方法调用:

```
int a = Calculate(delegate(int x, int y){return x + y;});
int b = Calculate(delegate(int x, int y){return x > y?x:y;});
```

这样,可以不需要像 3.10.1 节的应用实例中那样单独定义 Sum 和 Max 两个方法,从而简化了代码的编写。

3.10.4 Lambda 表达式

匿名方法和 Lambda 表达式都可以用于简化委托对象的创建,而 Lambda 表达式的目的是用于取代匿名方法。

Lambda 表达式基本语法如下:

(参数列表) => {语句体}; //相当于方法中的形式:参数部分 =>{方法体}

"=>"读作"goes to",可以理解为"用于"。例如:

```
delegate void DeleMsg(string s);
DeleMsg d = (string s) => {MessageBox.Show(s);};
```

上面的语句首先声明了委托类型 DeleMsg,然后使用 DeleMsg 在定义委托变量 d 的同时使用 Lambda 表达式构建匿名方法为其赋值。这样仅创建了委托对象,如果要调用委托

d,使用方式不变,例如:

```
d("A");                        //调用委托 d,将字符串"A"传递给参数 s,执行方法体语句
d("hello world!");             //调用委托 d,将字符串"hello world!"传递给参数 s,执行方法体语句
```

Lambda 表达式可以不需要指定参数类型,系统根据委托声明自动推断参数类型;而匿名方法参数必须指定类型。在 Lambda 表达式中,如果只有一个参数,()可以省略,如果没有参数或有一个以上的参数,()不能省略,有多个参数时,每个参数以逗号分隔。

上例使用 Lambda 表达式可以写成:

```
DeleMsg d = (s) = >{MessageBox.Show(s);};
```

或:

```
DeleMsg d = s = >{MessageBox.Show(s);};
```

下列的 Lambda 表达式是合法的。

```
delegate void SomeDelegate1();
SomeDelegate1 d1 = () = >{ … };                              //不带参数,括号不能省略

delegate void SomeDelegate2(string s, int a);
SomeDelegate2 d2 = (string x , int a) = > { … };            //带两个不同的参数

delegate void SomeDelegate3(string s, int a);
SomeDelegate3 d2 = (x,a) = >{ … };                          //可以不指明参数类型
```

匿名方法和 Lambda 表达式可以有返回值,也可以没有返回值,例如,比较两个数的大小并返回较大数:

```
delegate int MyDelegate(int a, int b);
MyDelegate d1 = delegate(int x, int y) { return x > y ? x : y; };    //匿名方法
MyDelegate d2 = (x,y) = >{ return x > y ? x : y;};                   //Lambda 表达式
```

匿名方法和 Lambda 表达式都不能作为单独语句使用,只能在对委托变量的赋值中使用。建议使用 Lambda 表达式来代替匿名方法。

同样,在 3.10.1 节的"应用实例 使用委托类型参数"中,定义的委托类型 delegate int deleCalculate(int x, int y);,在调用下面的方法时:

```
int Calculate(deleCalculate Method)                         //委托类型参数 Method
{
    int result = Method(100, 30);
    return result;
}
```

可以直接使用 Lambda 表达式,使代码更加简洁,例如:

```
int a = Calculate((x, y)  = > { return x + y; });
int b = Calculate((x, y)  = > { return x > y ? x : y; });
```

3.11　事件

3.11.1　事件概述

站在类的角度来看,一个类内部可以向类外部发送消息,以告知当前类内部的状态(属性)或行为(方法执行过程)发生了改变。消息的发送是通过类内部的方法在执行过程中,使用类内部的委托(引用类外部的方法)来实现的;消息的处理是通过类外部的方法代码被执行来实现的。

在3.10.1节的典型案例中,StudentManage 类中定义了一个具有 deleStudent 委托参数(stdMethod)的方法:ListStudent(deleStudent stdMethod)。当在类外部(Form1 类中)创建 StudentManage 对象 user,并通过传递实际方法参数 DisplayStudent 执行调用 user.ListStudent(DisplayStudent)时,该方法将执行一个列举循环,每循环一次,都执行一次委托调用,如方法中的语句 stdMethod(std);此时,stdMethod 引用的是外部方法 DisplayStudent。

StudentManage 类内部的委托调用语句 stdMethod(std);,实际是调用外部传入的方法 DisplayStudent,这就相当于向类外部(Form1 类)发出"查找到元素"的消息,而 DisplayStudent 就相当于是响应该消息的处理过程。由于 ListStudent 方法执行的是列举循环,因此,每循环一次,都将发出一次消息。

在 C♯中,消息就是事件。发出消息,就是一个类内部的方法在被调用过程中(也可以在属性改变时),调用了类外部的方法,对类外部而言,就是触发了事件;这个被调用的外部方法,就是事件处理过程。比如按钮类 Button,当添加到窗体时,自动创建了按钮对象。当按钮对象内部捕捉到鼠标单击的动作时,向按钮所在的窗体对象发出 Click 的消息,这个 Click 就是在 Button 类中定义的委托变量,如果用一个满足这个委托类型的方法为其赋值,方法名是任意的,不一定是"按钮名_Click"的名称(这是系统自动创建的方法名),那么在单击按钮时,将会执行这个方法中的语句。

至此,我们知道了事件其实就是一个委托对象。触发事件就是在某个时刻调用了该委托,执行了委托所引用的方法中的代码也就是响应了事件。

在 C♯中,标准的事件是一个带 event 关键字的特殊委托变量,一般作为类的公共字段存在。这样,可以通过创建对象来对其赋值,同时在类内部所有的方法或属性中,在某个需要的时刻去调用委托,相当于调用类外部方法,从而像"通知"了类外部对象。调用该委托的时刻,就是触发了该事件的时刻。

通过创建这个类的对象,对其委托字段(或属性)赋值,称为注册事件,或叫订阅事件。在类内部调用这个委托,称为发送事件或触发事件。

比如,某个类内部有一个方法,用于不断地比较当前的时间是否到达了设定的时间,假如到达了设定的时间,那么调用类外部方法,相当于向类外部发出"消息"(触发事件);对类外部而言,相当于得到了"消息",类外部方法就是响应这个"消息"的(事件处理)。

3.11.2　事件的定义和使用

声明事件的语法如下：

```
public delegate void EventDelegate(string info);   //首先声明委托
public event EventDelegate EventHandle;            //声明委托类型变量: EventHandle (事件名)
```

与一般声明委托变量不同之处在于前面多了 event 关键字，该关键字约束了该委托只能使用复合赋值符（＋＝或－＝），而不能使用赋值符（＝）进行赋值；并且类外部不能直接调用该委托。例如，不能使用"对象名.事件名()"方式调用，即使前面使用 public 关键字修饰，否则会出现编译错误。这也是称事件是特殊的委托的原因。

应用实例　模拟显示在网上下载文件的进度。

设计一个 DownLoad 类模拟从网上下载文件的过程。在下载过程中，通过触发 Progress 事件向外部发出下载进度的消息。其中，消息包含当前下载的进度，下载过程通过在一个循环过程中延时来模拟。

程序代码-DownLoad.cs

```
//添加一个新类,保存为独立的 DownLoad.cs 文件
class DownLoad
{
    public delegate void deleProgress(int pos);          //1.声明委托类型 deleProgress
    public event deleProgress Progress;                   //2.声明事件 Progress

    public void StartDownLoad()
    {
        for (int i = 0; i < 100; i++)
        {
            System.Windows.Forms.Application.DoEvents();   //3.防止界面假死
            System.Threading.Thread.Sleep(500);            //4.延时: 模拟下载
            Progress(i + 1);                               //5.通知下载进度: 当前位置
        }
    }
}
```

代码说明

（1）注释1：声明了一个无返回值、int 类型参数的 deleProgress 委托类型，参数 pos 用于调用外部方法时，传递给外部方法的参数，这里代表进度。

（2）注释2：通过 event 关键字修饰的委托变量 Progress，代表事件名。在类外部，只能通过复合赋值符（＋＝）对其赋值。

（3）注释3：Application.DoEvents()方法主要避免循环一直独占 CPU 的时间片段，造成循环过程中，界面无响应的"假死"现象（如果注释掉该句，则 label1 上无法显示代表进度的信息）。该方法存在于命名空间 System.Windows.Forms 中，由于在该类中没有使用 using 引用该命名空间，那么需要使用全路径方式调用。

（4）注释 4：使用 sleep 方法实现延时，单位为 ms。全路径方式调用原因同注释 3。

（5）注释 5：调用委托 Progress，相当于触发了 Progress 事件，并传递代表进度的参数 "i＋1"，类外部可以取得该信息显示到界面控件中。

程序代码-Form1.cs

```
//添加一个按钮 button1 和一个标签控件 label1 到窗体 Form1，用于测试 DownLoad 类

//按钮 button1 的事件处理过程
private void button1_Click(object sender, EventArgs e)
{
    DownLoad dl = new DownLoad();                        // 6.创建对象
    dl.Progress += dl_Progress;                         //7.为委托变量赋值
    dl.StartDownLoad();                                 //8.开始模拟,执行一个延时循环
}

void dl_Progress(int pos)                               //9.Progress 事件处理过程
{
    label1.Text = pos.ToString();                       //10.显示进度
}
```

代码说明

（1）注释 6：创建了 DownLoad 对象 dl。

（2）注释 7：为 dl 对象的委托变量 Progress 注册事件。dl_Progress 是 Form1 中自定义的方法，与 DownLoad 类的委托类型 deleProgress 的签名一致。

（3）注释 8：通过 dl 对象调用方法 StartDownLoad，执行模拟下载的循环。

（4）注释 9：dl_Progress(int pos)方法是 Progress 事件处理过程，在该过程中实现将参数显示在 label1 中。

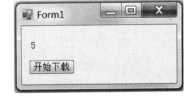

运行结果

按 F5 键运行程序，单击窗体上的"开始下载"按钮，运行结果如图 3.8 所示。

图 3.8　运行结果

典型案例　闹钟事件

设计一个 Clock 闹钟类，使用定时器进行计时，每隔 2s 发出倒计时消息（触发代表"剩余秒数"的 CurSecond 事件）；如果当前时间到达了设定的时间，发出时间到的消息（触发代表"时间到"的 ArrivalTime 事件）。

1. 案例分析

要实现计时，可以使用类库中的定时器类 Timer，该类包含设定时间间隔的属性 Interval 和启动 Start、停止 Stop 计时器的方法，以及到达设定的时间间隔触发的事件 Tick。

Clock 类应包含两个事件，一个用于倒计时，一个用于到达设定时间时触发的事件，两个事件都在定时器 Tick 事件中触发。可以通过声明两个带不同参数的委托类型并定义对应的事件来实现。

2. 具体实现

新建项目，保存为 MyClock。在项目中添加新类保存为 Clock，以下是在 Clock 类中添加的代码。

📖 **程序代码**

```csharp
using System.Windows.Forms;                             //1. Timer 所在的命名空间
namespace MyClock
{
  class Clock
  {
      Timer timer1;                                      //2. 定时器
      DateTime EndTime;                                  //3. 结束时间

      public delegate void deleArrivalTime();            //4. 委托类型 deleArrivalTime
      public event deleArrivalTime ArrivalTime;          //5. 事件 ArrivalTime, 委托变量

      public delegate void deleCurSecond(string  s);     //6. 委托类型 deleCurSecond
      public event deleCurSecond CurSecond;              //7. 事件 CurSecond

      public Clock()
      {
          timer1 = new Timer();                          //8. 创建定时器
          timer1.Interval = 2000;                        //9. 设定时间间隔 2s
          timer1.Tick += timer1_Tick;                    //10. 为定时器注册事件
      }

      void timer1_Tick(object sender, EventArgs e)       //11. 定时器的事件处理过程
      {
          TimeSpan ts = EndTime - DateTime.Now;          //12. 时间间隔
          CurSecond(ts.Seconds.ToString());             //13. 取的秒数

          if (DateTime.Now >= EndTime)                   //14. 如果达到设定时间
          {
              timer1.Stop();                             //15. 停止计时器
              ArrivalTime();                             //16. 触发事件
          }
      }

      //17. 设定时间的方法, 一旦设定, 就启动计时器
      public void SetTime(DateTime dt)
      {
          EndTime = dt;
          timer1.Start();
      }
```

```
    }
  }
```

📋 代码说明

（1）注释 1：为了在代码中直接使用 Timer 类，引入命名空间 System. Windows . Forms。

（2）注释 2 和注释 3：定义一个 Timer 类型的变量 timer1，准备在构造方法中创建该对象；然后定义一个 DateTime 类型的变量 EndTime，用于保存闹钟的响铃时间。

（3）注释 4 和注释 5：声明委托类型 deleArrivalTime，并定义委托变量 ArrivalTime，该变量名代表事件名，调用该对象就代表触发"设定时间到"事件。由于类外部类需要订阅该事件，必须声明为 public。

（4）注释 6 和注释 7：声明委托类型 deleCurSecond，并定义委托变量 CurSecond，该变量名代表事件名，调用该对象就代表触发"时间间隔到"事件。

（5）注释 8、注释 9 和注释 10：创建定时器 Timer 对象 timer1，设定 Interval 属性为 2s，如果定时器已启动，则每隔 Interval 秒，就触发其 Tick 事件一次，直到定时器停止；最后为定时器的 Tick 注册事件处理过程 timer1_Tick，此时定时器处于未启动状态，不会触发其事件。Tick 委托类型和定义如下：

```
public delegate void EventHandler(object sender, EventArgs e);
public event EventHandler Tick;
```

（6）注释 11：定时器的 Tick 事件处理过程。

（7）注释 12：取得设定的闹铃时间与当前时间的差值，代表距离多少秒结束，两个时间之差的结果 ts 属于 TimeSpan 类型，可以通过其属性取得时、分、秒等信息。

（8）注释 13：触发时间间隔到的事件 CurSecond。这里是每 2s 触发一次。

（9）注释 14、注释 15 和注释 16：判断是否到达了设定的时间，如果是，那么停止定时器，触发"时间到"事件，否则继续计时。

（10）注释 17：由类外部创建对象后调用的方法，一旦调用就设置闹钟时间，并启动定时器。

在项目默认创建的窗体中，添加一个标签控件 label1 和一个按钮 button1，修改 button1 的 Text 属性为"设定闹钟"。然后为按钮 button1 的事件处理过程添加两个满足 Clock 类中委托类型的方法，代码如下。

📇 代码片段

```
//1.按钮 button1 的事件处理过程
private void button1_Click(object sender, EventArgs e)
{
    Clock ck = new Clock();
    ck.ArrivalTime += ck_ArrivalTime;          //2.注册"设定时间到"事件
    ck.CurSecond += ck_CurSecond;              //3.注册"倒计时"事件,直接使用方法名赋值
    ck.SetTime(DateTime.Now.AddSeconds(10));   //4.启动计时
}
```

```
//5.倒计时事件处理过程
void ck_CurSecond(string s)
{
    label1.Text = s;
}

//6.时间到的时间处理过程
void ck_ArrivalTime()
{
    label1.Text += " - 时间到";
}
```

代码说明

(1) 注释1、注释2和注释3：按钮button1的事件处理过程。创建Clock类对象,并注册两个事件,直接将满足委托类型的方法名为其赋值。

(2) 注释4：调用Clock类的方法,设定10s后闹铃。DateTime. Now. AddSeconds()方法是取得在当前时间值上加上多少秒后的时间。

(3) 注释5："倒计时"事件处理过程,将事件参数显示到标签中。

(4) 注释6："设定时间到"事件处理过程,显示"时间到"信息。

运行结果

按F5键运行程序,单击窗体上的"设定闹钟"按钮,运行结果如图3.9所示。

如果使用Lambda表达式,上面窗体中的代码片段可以全部写在button1的事件处理过程中,更为简洁,例如：

图3.9   运行结果

```
private void button1_Click(object sender, EventArgs e)
{
    Clock ck = new Clock();
    ck.ArrivalTime += () =>{ label1.Text += " - 时间到"; };
    ck.CurSecond += (s) => { label1.Text = s; };
    ck.SetTime(DateTime.Now.AddSeconds(10));    //启动计时
}
```

小结

本章前半部分重点介绍了与面向对象程序设计相关的基础内容,包括类的定义和使用；类及类成员的作用域；字段和属性定义和使用；一般方法设计和方法重载；构造方法和this关键字的使用；此外,还介绍了静态类和静态成员的使用特点。这部分内容需要读者能够熟练掌握；而从3.7节开始介绍与面向对象程序设计相关的高级内容,对于初学者而言,主要掌握继承和接口的基本概念,而继承和接口的实现可稍作了解。

掌握常用泛型集合类的使用可以更灵活地选择数据结构并更高效地处理数据。

委托是事件的基础,事件是一种特殊类型的委托。本章最后介绍了事件的本质及其实现,请读者尝试在自定义类中定义事件和触发事件,以及实现如何处理事件,掌握这些内容有助于我们对控件常用事件的认识和使用。Lambda 表达式使用比较简单,掌握 Lambda 表达式可以更好地使用泛型集合类以及使用更简洁的代码实现事件处理过程。

上机实践

练习 3.1　新建项目,保存为 Ex3_1。为项目添加一个学生类 Student,并添加三个自动属性:姓名,出生日期,性别。在默认创建的 Form1 窗体中,添加一个按钮,为其 Click 事件处理过程编写代码,实现创建 Student 类对象并对其各个属性赋值,最后弹出信息对话框显示其所有属性值。

练习 3.2　在练习 3.1 的基础上,为 Student 类添加一个有参构造方法,实现对该类所有属性的初始化;改写 ToString() 方法,用于取得姓名和性别;添加一个 GetAge() 方法,根据出生日期,取得年龄。

练习 3.3　设计一个 MenuItem 类,保存一份餐厅点餐的菜单信息:菜名编号、菜名、价格,在窗体类 Form_Load 事件处理过程的代码中,使用类初始化器和集合初始化器,将下列一组 MenuItem 类型的数据保存到 List 泛型集合中。

菜品编号	菜名	价格
1	番茄炒蛋	24.8
2	红烧肉	42
3	肉末茄子	14.8

然后,在窗体上添加 5 个按钮:"添加""修改""显示""查询"和"统计",完成下面的操作:①单击"添加"按钮时,在 List 集合中添加一项"菜名编号、菜名、价格"为"4 蛋炒饭 12"的内容;②单击"修改"按钮时,将菜名为"蛋炒饭"的项修改为"扬州炒饭",价格改为"24";③单击"显示"按钮时,列举出所有的 MenuItem 项的信息;④单击"查询"按钮时,显示菜名包含"肉"字的 MenuItem 项所有信息;⑤单击"统计"按钮时,显示菜品金额。所有的内容通过信息对话框显示。

练习 3.4　设计一个模拟烧水器的类,当水开了触发"水开了"事件(提示:在一个循环中,如 20～100,通过延时模拟水温变化,当循环结束触发事件),在窗体单击按钮时开始烧水过程,并在事件处理过程中显示水已烧开的信息提示。

第4章
Windows窗体应用程序设计

本章导读

控件是构建应用程序界面的基本元素。本章主要介绍常用控件的使用,如 Label 标签、Button 按钮、TextBox 文本框、CheckBox 复选框、RadioButton 单选按钮、ListBox 列表框、CheckedListBox 复选列表框和 ComboBox 组合框等。每个控件都具有常用属性、常用事件和常用方法,读者应主要从这三方面来掌握这些控件的使用。

菜单是一个应用程序所有功能的体现,也是与用户交互的接口,工具栏是菜单功能的快捷操作。每个实用的应用程序都应具有菜单和工具栏。有些应用程序还有状态栏,用于显示应用程序在运行时的状态。为进一步丰富应用程序的功能,本章在最后介绍了如何使用系统对话框。

4.1 常用控件的布局属性与外观属性

各个 Windows 公共控件都有部分相同的属性,掌握这些通用的属性,将使我们在后面学习控件使用的过程中取到事半功倍的效果。因此,我们把这些内容独立成一节来介绍,而从 4.2 节开始将专注于介绍控件各自的常用属性。此外,Name 是每一个控件最重要的属性,是窗体中各个对象唯一的标识,也是对象访问属性和调用方法的依据。

4.1.1 与布局有关的主要属性

本节以放置在窗体上的按钮控件为例,详细讲解控件通用属性的含义和使用。这些属性可以在控件的“属性”窗口中设置(设计阶段),如图 4.1 所示为按钮的“属性”窗口;也可以通过编写代码在运行时动态设置(运行阶段)。

1. Anchor 属性

Anchor 属性用于设置控件的边距在父容器控件的尺寸发生变化时如何改变。容器控件是指可以在其内部添加其他控件作为子控件的控件,窗体可以认为是顶层的容器控件。Anchor 属性使控件可以根据其父控件(控件所在的容

图 4.1 布局属性

器)的尺寸变化,而自动调整位置和大小。控件的边距如图4.2所示,其可选项如图4.3
所示。

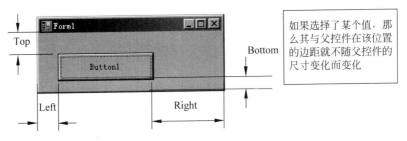

图 4.2 控件边距

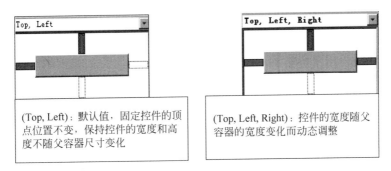

图 4.3 Anchor 属性选择

Anchor 的属性值含义如下。

(1) Top:控件离父控件的顶端距离不变。

(2) Left:控件离父控件的左边距离不变。

(3) Right:控件离父控件的右边距离不变。

(4) Bottom:控件离父控件的底部距离不变。

2. AutoSize 与 AutoSizeMode 属性

AutoSize 属性为 bool 类型,表示是否自动调整控件的尺寸以适应文本的内容。
AutoSizeMode 一般与 AutoSize 属性配合使用,并在 AutoSize 属性为 true 时有效。
AutoSizeMode 属性的设置效果如图4.4所示,其包含如下两个取值。

(1) GrowOnly(只增长):表示只随文本长度的增
加而增加控件的尺寸来适应文本内容;而当控件文本
的长度小于控件原始尺寸时,保持原始尺寸。

(2) GrowAndShrink(缩放):表示控件的尺寸完
全适应文本的内容。

注意:标签控件的 AutoSize 属性默认值为 true。

图 4.4 AutoSizeMode 属性

3. Dock 属性

Dock 属性可以使控件停靠在其父控件的上、下、左、右位置以及填充在父控件内部,类似可以停靠的工具栏。其可选项如图 4.5 所示。

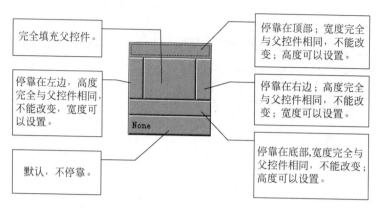

图 4.5　Dock 属性选择

如图 4.6 所示为按钮在窗体中设置了不同的 Dock 属性值时的效果。拖放按钮到窗体中的顺序将影响到按钮是否完全贴边。

图 4.6　Dock 属性设置效果

4. Enabled 和 Visible 属性

Enabled 和 Visible 属性都属于 bool 类型,取值为 true 或 false。Enabled 表示在程序运行时,控件是否可用,也即表示用户是否可以通过键盘或鼠标对控件进行操作;Visible 表示在程序运行时,控件在界面中是否可见。

应用实例 4.1　设计一个标签时钟。

功能要求:单击界面上的"开始"按钮时,启动定时器,让标签可见,并在标签上显示当前时间;单击"停止"按钮时,停止定时器,并隐藏标签。"开始"与"停止"按钮实现相斥的逻辑操作。

界面布局

新建项目,在项目中添加一个名为 MyLabelTimer 的窗体,并设置为启动窗体。在窗体中添加一个标签和两个按钮,保持控件默认的名称。修改 button1 按钮的 Text 属性为"开始";修改 button2 按钮的 Text 属性为"停止",界面布局如图 4.7 所示。

在工具箱的"所有 Windows 窗体"组中找到 Timer 定时器组件并拖放到窗体,由于该组件在运行时不可见,因此出现在窗体设计区的下部。

图 4.7　界面布局

代码片段

```
//1.窗体 Load 事件处理过程,初始化控件状态
private void MyLabelTimer_Load(object sender, EventArgs e)
{
    label1.Visible = false;
    button2.Enabled = false;
    timer1.Interval = 1000;
}
//2."开始"按钮 button1 的事件处理过程
private void button1_Click(object sender, EventArgs e)
{
    timer1.Start();
    label1.Visible = true;
    button2.Enabled = true;
    button1.Enabled = false;
}
//3."停止"按钮 button2 的事件处理过程
private void button2_Click(object sender, EventArgs e)
{
    timer1.Stop();
    label1.Visible = false;
    button2.Enabled = false;
    button1.Enabled = true;
}
//4.定时器组件 timer1 的事件处理过程
private void timer1_Tick(object sender, EventArgs e)
{
    label1.Text = DateTime.Now.ToString();
}
```

代码说明

(1) Timer 组件的主要作用是在到达预设的时间间隔值时重复触发 Tick 事件。Interval 属性用于设置触发 Tick 事件的时间间隔,单位为 ms;主要的方法有启动定时器的 Star()和停止定时器的 Stop(),这两个方法也可以使用定时器的属性 Enabled 设置为 true 或 false 来代替。

(2) 注释 1:双击窗体时自动创建的事件处理过程,在这里初始化控件状态。标签设置为不可见,即此时不显示当前时间;"停止"按钮设置为不可用,定时器的时间间隔设置为 1s。

(3) 注释 2:双击"开始"按钮时自动创建的事件处理过程,实现准备显示当前时间。这时让标签可见,"停止"按钮可用,以便可以随时停止,而"开始"按钮不可用,避免重复启动定时器,符合操作逻辑。

(4) 注释 3:双击"停止"按钮时自动创建的事件处理过程,与"开始"按钮的事件处理过程的实现不同,这里实现恢复控件初始状态,为下一次启动做准备。

(5) 注释 4:双击定时器时自动创建的事件处理过程,在定时器启动后,每到设定的时

间间隔都会执行该事件处理过程的代码。DateTime 类的静态属性 Now 表示取得当前的日期和时间。

▶ **运行结果**

　　按 F5 键启动程序。单击窗体上的"开始"按钮后,每隔 1s,在标签中将自动显示当前的日期和时间,运行结果如图 4.8 所示。

图 4.8　运行结果

5. Location 属性

　　Location 属性用于控件在父容器中的定位,包含代表控件左上角位置的(X,Y)值,如图 4.9 所示。注意如果控件设置了 Dock 属性,再设置其 Location 属性可能无效。

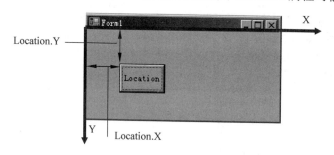

图 4.9　Location 属性

　　Location 属于 Point 类型的结构体类型。Location.X 和 Location.Y 是只读属性,不能单独赋值,但可以通过使用 Point 类型数据对 Location 属性赋值。假定窗体上放置了名称为 button1 的按钮,下面的代码将使 button1 位于窗体左上角坐标(X=100,Y=10)的位置:

```
button1.Location = new Point(100,10);
```

　　也可以使用控件的可读写的属性 Left 和 Top 来分别代替只读属性 Location.X 和 Location.Y,如上面的语句也可以写为:

```
button1.Left = 100;
button1.Top = 10;
```

6. Size 属性

　　Size 属性用于设置控件的宽度和高度。Size 是结构体类型,包含 Width 和 Height 只读属性。注意如果控件设置了 Dock 属性,再设置其 Size 属性可能无效。

　　调整控件尺寸的最方便的做法就是直接拖动控件的边界来操作，而不是通过"属性"窗口来设置，如图 4.10 所示。

　　可以通过代码来设置控件的 Size 属性，例如：

```
button1.Size = new Size(100, 100);
```

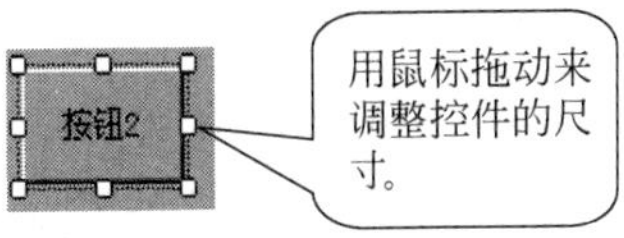

　　如果需要读写控件的宽度和高度属性，可以直接使用控件本身的 Width 和 Height 属性。

图 4.10　改变控件 Size 属性

　　应用实例 4.2　会跑动的按钮。

　　功能要求：单击界面上的按钮时，让按钮由左到右移动；当超过窗体宽度时，重新出现在窗体的左边继续移动，直到再次单击按钮，停止移动。

界面布局

　　新建项目，在项目中添加一个名为 MyRunButton 的窗体，并设置为启动窗体。在窗体中添加一个按钮，保持按钮默认的名称。将按钮的 Text 属性修改为"跑动的按钮"。

　　在工具箱的"所有 Windows 窗体"组中找到 Timer 定时器组件并拖放到窗体，设置定时器的 Interval 属性为 1000(1s)。定时器属性设置和界面布局如图 4.11 所示。

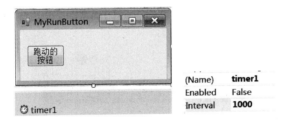

图 4.11　界面布局和定时器的属性设置

代码片段

```
//1.按钮 button1 的 Click 事件处理过程
private void button1_Click(object sender, EventArgs e)
{
    timer1.Enabled = !timer1.Enabled;
}
//2.定时器 timer1 的 Tick 事件处理过程
private void timer1_Tick(object sender, EventArgs e)
{
    button1.Left++;
    if (button1.Left > this.Width)
    {
        button1.Left = - button1.Width;
    }
}
```

代码说明

　　(1) 注释 1：双击 button1 按钮时自动创建的 Click 事件处理过程。在这里使用

Enabled 属性来控制定时器的启动和停止。由于 Enabled 属性是 bool 类型,因此,单击按钮时,如果其初始值为 false,那么经过取反运算符(!)取反后其值变为 true。因此,反复单击按钮就相当于在定时器的启动和停止之间进行切换操作。

(2) 注释 2:双击定时器组件时自动创建的 Tick 事件处理过程。在这里首先让按钮的 Left 属性值累加,相当于按钮不断往右边移动一个像素,然后判断按钮的位置是否超过了窗体的宽度,如果是,则执行"button1. Left =－button1. Width"语句,让按钮回到窗体最左边。Left 取值为负数,将超出窗体的可见范围,相当于按钮有部分暂时不可见。

▶ **运行结果**

按 F5 键启动程序。首次单击界面上的按钮时,按钮将从左到右移动,当到达窗体最右边的边界时,将自动恢复到最左边继续移动,直到再次单击按钮时停止移动。

7. Margin 属性和 Padding 属性

在窗体上精确定位控件对于许多应用程序都非常重要。System. Windows. Forms 命名空间提供了许多布局功能来实现此目的。其中最重要的两个分别是代表控件四周与其他控件之间的距离的边距属性 Margin 和控件内部与四周的距离的空白属性 Padding,如图 4.12 所示。

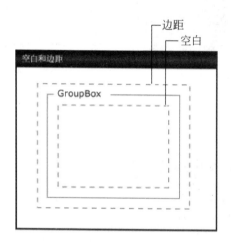

图 4.12　边界和空白属性

可以在"属性"窗口中设置 Margin 和 Padding 属性;也可以在运行阶段,使用 Padding 结构体类型的数据为这两个属性动态赋值。如以下代码统一设置了标签 label1 的各个边距为 10 个像素:

```
label1.Margin = new Padding(10);
```

或单独设置各个边距值:

```
label1.Margin = new Padding(10,6,10,6);
//参数的顺序为"左上右下",这里左右边距为 10,上下边距为 6
```

4.1.2 与外观有关的主要属性

1. 背景色 BackColor

BackColor 属性用于设置控件的背景色。在设计阶段，可以从控件的"属性"窗口中选择系统的各种基本颜色、Web 设计中常用的颜色以及自定义颜色；在运行阶段，也可以通过结构体类型 Color 枚举成员来选择颜色，如图 4.13 所示为在代码窗体中显示的 Color 枚举成员。

图 4.13 Color 枚举成员

Color 的静态方法 FromArgb 用于根据参数值来组合成各种颜色值，包括透明度。该方法的语法格式如下：

```
Color.FromArgb(A,R,G,B)或 Color.FromArgb(R,G,B)
```

所有的参数都是 int 类型，取值范围均为 0～255。其中，R、G、B 分别代表红色、绿色和蓝色的取值范围；A 代表透明度。下面的代码实现将按钮 button1 的背景色设置为红色、半透明：

```
button1.BackColor = Color.FromArgb(127, 255, 0, 0);
```

下面的代码将随机改变窗体的背景色：

```
Random rd = new Random();
this.BackColor = Color.FromArgb(rd.Next (0,255),rd.Next
                                 0,255),rd.Next(0,255));
```

注意：窗体的背景色不支持 Color.FromArgb 方法中的透明度参数，但可以使用窗体的 Opacity 属性让窗体实现半透明。

2. 背景图 BackGroundImage 和布局方式 BackGroundImageLayout

BackGroundImage 属性用于设置控件的背景图片；BackGroundImageLayout 属性用于设置控件背景图片的布局方式，其取值可以有：无（None）、拉伸（Stretch）、平铺（Tile）、缩放（Zoom）以及居中（Center）等方式。

图 4.14 为使用图片作为窗体的背景图,并设置 BackGroundImageLayout 值为 Tile 的效果。

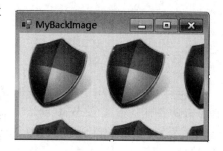

图 4.14　设置为 Tile 方式的效果

3. 平面效果 FlatStyle 与 FlatAppearance

这两个属性多用于设置按钮和标签的外观。FlatStyle 属性是指控件的平面样式,其取值和效果如图 4.15 所示,其中,Standard 和 System 样式效果基本一样,而 Popup 样式是当鼠标移动到其表面时才出现的浮动效果。FlatAppearance 是指控件的平面外观。只有 FlatStyle 属性值为 Flat 时,才允许设置按钮呈现的外观。FlatAppearance 属性有 4 个选项值,如图 4.16 所示。

图 4.15　FlatStyle 属性

图 4.16　FlatAppearance 属性

其中,FlatAppearance 属性中的各选项含义如下。

(1) BorderColor:边框颜色。

(2) BorderSize:边框粗细。

(3) MouseDownBackColor:按下鼠标键时呈现的背景颜色。

(4) MouseOverBackColor:鼠标移过按钮时的背景颜色。

4. 字体 Font

Font 属性用于设置或取得控件文本的字体。可以在"属性"窗体中选择字体,如字体名、字体大小、是否粗体、斜体或加下画线等字体样式;也可以通过创建字体对象来动态改变字体。

创建字体对象常用的构造方法如下:

```
Font ft = new Font("字体名",字体大小,字体样式);
```

或:

```
Font ft = new Font("字体名",字体大小);            //使用默认的字体样式
```

如下面的代码设置按钮 button1 的字体为仿宋_GB2312,大小为 20,样式为倾斜和加粗:

```
Font ft = new Font("仿宋_GB2312",20,FontStyle.Bold | FontStyle.Italic);
button1.Font = ft;
```

其中,字体样式是 FontStyle 的枚举值,可以使用"|"运算符来同时创建多种样式。

5. 图像 Image、图像对齐方式 ImageAlign 和文字对齐方式 TextAlign

Image 属性表示在控件中显示的图像,ImageAlign 属性表示图像的对齐方式,TextAlign 属性表示文本的对齐方式,两者可能的取值和效果如图 4.17 所示。

图 4.17　ImageAlign 和 TextAlign 属性

ImageAlign 和 TextAlign 是枚举类型,取值均为 ContentAlignment 的枚举值之一,这两个属性可以通过代码来动态设置,例如:

```
button1.ImageAlign = ContentAlignment.TopCenter;     //顶端居中对齐
button1.TextAlign = ContentAlignment.BottomCenter;    //底部居中对齐
```

注意:各种属性的枚举类型名不需要去记,在编写代码时,将鼠标移动到属性名部分,将会自动出现类型名提示,如图 4.18 所示。

图 4.18　类型名的智能提示

Image 类提供从文件读取图片并返回 Image 类型对象的静态方法 FromFile,其用法如下:

Image.FromFile(string fileName); //fileName 为图片文件路径

下面的语句读取 C:\a.jpg 文件并设置为按钮 button1 的图像:

button1.Image = Image.FromFie("C:\\a.jpg ");

6. 前景色 ForeColor

ForeColor 属性设置或取得控件文本的颜色。其用法与 BackColor 属性一致。

4.2　常用控件

4.2.1　Label 标签控件与 FlowLayoutPanel 流式布局面板控件

Label 标签控件一般用于显示说明性的文字,常用的属性如表 4.1 所示。

表 4.1　Label 属性

属　性　名	说　明
Name	控件的名称
Text	显示在标签上的文本
AutoSize	标签的尺寸是否自动适应文本的变化
Enabled	是否有效,如果 Enabled 属性为 false,则不响应任何事件
Visible	是否可见

例如,在窗体上放置一个 Label 控件,保留默认的名称为 label1,可以在"属性"窗口中静态设置其 Text 属性为 ABC,也可以使用代码动态改变其属性,如 label1.Text＝"ABC"。

FlowLayoutPanel 流式布局面板控件是容器控件,所有容器控件都可以包含其他控件,窗体也可以认为是所有控件的顶层容器控件。FlowLayoutPanel 控件的主要作用是将其包含的子控件按设定的方向进行自动排列,在其宽度和高度发生变化时,子控件的位置也将自动调整,不需要编写代码来实现定位。FlowLayoutPanel 控件常用的属性如表 4.2 所示。

表 4.2　FlowLayoutPanel 控件属性

属　性　名	说　明
Name	控件的名称
AutoScroll	内容超过可见区域时是否出现滚动条
AutoSize	尺寸是否自动适应内容的变化
FlowDirection	子控件自动排列的方向

每个容器控件都可以添加工具箱中的任何其他控件,而且都有一个代表其所有子控件的集合属性 Controls,该属性可以使用列表循环结构列出每个子控件,也可以通过其 Add 方法,动态添加其他控件。如动态创建一个标签并添加到 FlowLayoutPanel 控件的代码如下:

```
Label lb = new Label();              //创建标签对象 lb
lb.Text = "测试";                     //设置 lb 对象的文本
//作为子控件,添加 lb 到 flowLayoutPanel1 控件中
flowLayoutPanel1.Controls.Add(lb);
```

应用实例 4.3　以图文形式,设计一个顾客点餐界面。

本例既是 4.1 节与属性相关内容的综合应用,也是第 7 章"网络点餐管理系统"项目中使用的顾客点餐主界面的实现。

本例将使用标签控件以列表方式在界面上显示每一份菜品的图片和名称,图片对齐方

式为顶部居中,文字的对齐方式为底部居中。一般餐厅的菜品数量可能随时调整而不是固定不变的,因此,显示菜品信息的标签控件的数量也不是固定的,不能在设计阶段添加固定数量的标签控件到界面,而是根据菜品数量进行动态创建,这模拟了从数据库动态读出的菜品数据。为了将标签动态添加到界面上,并使其位置实现自动排列对齐,在这里我们使用流式布局面板控件作为标签控件的容器。

为了简化编程,我们假定有 4 份菜品,使用一个字符串数组来保存菜品名称,并且让菜品名称对应菜品图片文件名。

界面布局

新建项目,保存为 MyLabel。从工具箱的"容器"组中拖放一个 FlowLayoutPanel 控件到默认生成的 Form1 窗体中,界面布局如图 4.19 所示。

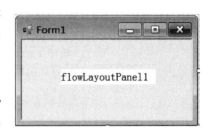

图 4.19 界面布局

程序代码

```
//省略自动生成的 using 声明部分
namespace MyLabel
{
    public partial class Form1 : Form
    {
        public Form1()  {   InitializeComponent(); }   //构造方法
        //1.保存菜品名称的数组
        string[] images = {"百合番茄炒鸡蛋","菠萝虾串","脆瓜虾仁","剁椒白玉菇"};
        void LoadImage()                        //2.自定义方法
        {
            for (int i = 0; i < images.Length; i++)
            {
                Label lb = new Label();         //3.创建标签对象
                lb.Name = "item" + i;           //4.设置控件名
                lb.Text = images[i];            //5.显示的文本

                //6.设置为 false,宽度高度设置才有效
                lb.AutoSize = false;

                //7.设置合适尺寸
                lb.Width = 150;
                lb.Height = 120;
                //8.文字与图像对齐方式
                lb.TextAlign = ContentAlignment.BottomCenter;
                lb.ImageAlign = ContentAlignment.TopCenter;

                //9.显示图片
                lb.Image = Image.FromFile("Images\\" + images[i] + ".jpg");

                //10.前景色、背景色
                lb.ForeColor = Color.Black;
                lb.BackColor = Color.White;
```

```
                    //11.设置合适边距
                    lb.Margin = new  Padding(2);              //统一设置间距
                    lb.Cursor = Cursors.Hand;                 //12.手状光标

                    //13.注册标签的 Click 事件
                    lb.Click += new EventHandler(lb_Click);

                    //14.添加标签对象到容器控件 flowLayoutPanel1
                    flowLayoutPanel1.Controls.Add(lb);
                }//for 循环结束
            }//LoadImage 方法结束
```

//15.标签控件的 Click 事件处理过程
```
            void lb_Click(object sender, EventArgs e)
            {
            Label lb = (Label)sender;                 //强制转换
            MessageBox.Show("Name: " + lb.Name + ",Text: " + lb.Text);
            }
```

//16.窗体 Load 事件处理过程
```
            private void Form1_Load(object sender, EventArgs e)
            {
                this.BackColor = Color.Black;             //设置窗体背景色
                LoadImage();                             //调用方法,显示菜品数据
            }
        }//Form1 类结束
    }//命名空间结束
```

📖 代码说明

（1）注释 1：定义一个字符串数组 images 用来保存菜品名称。菜品名称与图片文件名一致,目的是方便后面在循环过程中取得图片文件信息。

（2）注释 2：自定义无参数、无返回值的方法 LoadImage,实现根据菜品数量动态创建 Label 对象,并添加到 flowLayoutPanel1 控件中。

（3）注释 3、注释 4 和注释 5：创建 Label 对象 lb(任何控件本质都是类,都可以使用代码来创建对象),并设置其主要属性 Name 和 Text,可以在后面的代码中通过唯一的 Name 属性或 Text 属性判断鼠标单击的具体对象。

（4）注释 6、注释 7：设置标签尺寸可以调整,并根据图片文件实际尺寸来设置标签对象的尺寸,在运行时可以根据实际效果进行调整。

（5）注释 8：文本和图像对齐方式的属性都是 ContentAlignment 的枚举类型。

（6）注释 9：Image.FromFile 方法实现从指定位置装载图片文件。注意 FromFile 方法的参数使用的是文件的相对位置,即相对于当前应用程序的启动位置。因此在当前应用程序的启动位置中,必须存在 Images 文件夹,而且必须存在指定名称的图片文件,否则在运行时将出现"找不到文件"的错误。当前应用程序的启动位置可以通过 Application 的静态属性 StartupPath 来动态获取。如果 FromFile 方法的参数使用文件的绝对位置,可以写为：

```
Image.FromFile(Application.StartupPath + "\\Images\\" + images[i] + ".jpg");
```

（7）注释10：设置前景色和背景色，目的是为了显示更好的效果。

（8）注释11：由于无法在窗体属性中设置对象属性，可采用创建 padding 对象的方式，指定该控件与其他控件的边距为2，单位为像素，让控件之间有一定的间隔。

（9）注释12：Cursor 属性是枚举类型，表示当鼠标移动到对象时显示的光标形状。

（10）注释13：为每个标签对象注册的同一个 Click 事件处理过程（第2章介绍的事件组），这样就可以在单击任何标签时，都可以共享同一个事件处理过程。事件过程结构可以自动创建，方法是在输入 lb.Click＋＝后，按两次 Tab 键，将会产生注释15位置后的 Click 事件处理过程。在注释15位置，参数 sender 就代表被单击的标签对象，将其强制转换为 Label 类型后，通过 Name 或 Text 属性可以获得具体的标签对象。

（11）注释14：将创建的标签对象 lb 添加到 flowLayoutPanel1 容器控件中，每个标签控件默认从左到右自动排列。

（12）注释15：取得当前被单击的具体标签对象，在信息对话框中显示其 Name 和 Text 属性。由于事件参数 sender 为 object 类型，代表触发事件的对象，object 类型没有 Name 和 Text 属性，因此需要强制转换为 Label 类型。

（13）注释16：双击窗体自动创建的 Load 事件处理过程。为了显示效果，将窗体的背景色设置为黑色，并调用 LoadImage 方法，实现图文效果的点餐界面。

▶ **运行结果**

按 F5 键运行程序，并单击界面中任何一个标签，都将弹出信息对话框，显示被单击标签的 Name 和 Text 属性，结果如图 4.20 所示。

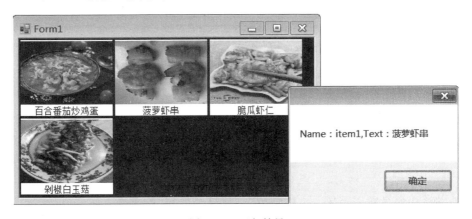

图 4.20　运行结果

4.2.2　Button 按钮控件

按钮常用的属性包括 Name、Text、Enabled 和 Visible 等。按钮一般用来响应用户单击操作，因此我们通常只关心按钮的 Click 事件。

应用实例 4.4　实现单击不同按钮，改变标签控件中文本的字体。

▦ **窗体布局**

新建项目，保存为 MyButton。从工具箱的"公共控件"组中添加三个按钮到 Form1 窗体,保留默认的名称,Text 属性分别设置为"粗体(&B)""斜体(&I)"和"正常(&N)"。其中,& 代表为其后面的第一个字母添加下画线,同时让该字母起到快捷键的作用,在程序运行时,如果按住 Alt＋B 组合键,则相当于单击了"粗体(&B)"按钮;然后添加一个标签控件,保留默认的名称,Text 属性设置为"文字演示",Font 属性设置为"宋体,20pt",界面布局如图 4.21 所示。

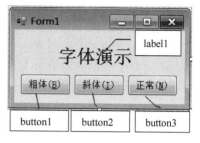

图 4.21　界面布局

📑 代码片段

为每个按钮添加事件处理过程并输入如下代码。

```
//1. button1 的事件处理过程
private void button1_Click(object sender, EventArgs e)
{
    label1.Font = new Font(label1.Font, FontStyle.Bold);        //1
}
//2. button2 的事件处理过程
private void button2_Click(object sender, EventArgs e)
{
    label1.Font = new Font("宋体", 20, FontStyle.Italic);        //2
}
//3. button3 的事件处理过程
private void button3_Click(object sender, EventArgs e)
{
    label1.Font = new Font("宋体", 20, FontStyle.Regular);       //3
}
```

📄 代码说明

(1) 注释 1:在原来的字体样式基础上,添加粗体样式。由于 Font 中的各个属性都是只读属性,如果要改变控件的 Font 属性,必须创建一个新的字体对象,例如:

label1.Font = new Font(label1.Font, FontStyle.Bold)

构造方法中的参数表示以 label1 的 Font 属性为参照,只改变 FontStyle 属性,其他属性如字体名称、大小等不变。

(2) 注释 2:构造方法中的参数 1 为字体名称,参数 2 为字体大小,参数 3 为字体样式。字体样式也可以使用|运算符组合,如下面的表达式同时设置样式为加粗、斜体和加下画线:

FontStyle.Bold|FontStyle.Italic|FontStyle.Underline

(3) 注释 3:恢复文本为正常样式。

为了让代码书写更加简洁,可以使所有按钮共享同一事件处理过程。下面的例子改写了应用实例 4.4 的实现。

新建窗体,界面控件及属性、布局采用与图 4.21 完全一致。同时选中三个按钮,在"属性"窗口的事件列表中,找到 Click 事件并双击,在自动产生的事件处理过程中,输入以下代码。

📋 **代码片段**

```
//根据选择按钮的顺序,事件处理过程名可能是 button1~button3 中的任何一个
private void button3_Click(object sender, EventArgs e)
{
    Button bt = (Button)sender;                       //取得当前单击的按钮
    Font ft = label1.Font;                            //对象原字体
    switch (bt.Name)                                  //根据按钮名判断
    {
      case "button1": ft = new Font(label1.Font, FontStyle.Bold); break;
      case "button2": ft = new Font("宋体", 20, FontStyle.Italic); break;
      case "button3": ft = new Font("宋体",20, FontStyle.Regular); break;
    }
    label1.Font = ft;
}
```

▶ **运行结果**

　　按 F5 键启动程序,单击"斜体"按钮或按下 Alt＋I 组合键,将看到如图 4.22 所示的运行结果。

4.2.3　TextBox 文本框控件

　　文本框控件 TextBox 用于接收有限长度的数据输入,或以只读形式显示信息。

图 4.22　运行结果

1. 常用属性和方法

　　文本框的常用属性和常用方法分别如表 4.3 和表 4.4 所示。

表 4.3　TextBox 常用属性

属　性　名	说　　明
Name	控件的名称
Text	文本框中的文本内容
Multiline	是否为多行文本框
ScrollBars	显示滚动条方式
PasswordChar	该字符用于屏蔽单行文本框的密码字符
MaxLength	可在文本框控件中输入或粘贴的最大字符数
ReadOnly	是否为只读
Enabled	是否可用
Lines	文本行数组
SelectedText	控件中当前选定的文本
SelectionLength	文本框中选定的字符数
SelectionStart	文本框中选定的文本起始点
TextLength	获取控件中文本的长度
Visible	是否可见

表 4.4　TextBox 常用方法

方 法 名	说　明
SelectedText()	当前选择的文本
Cut()	剪切选择的文本到剪切板
Copy()	复制选择的文本到剪切板
Paste()	将剪切板文本内容粘贴到文本框
Undo()	取消文本框的内容变化操作

2. 常用事件

（1）KeyDown 和 KeyPress 事件：都在键盘按下按键时触发。KeyDown 几乎在按下任何键时都会触发，并可通过事件参数 e 获取按键值；而 KeyPress 只在按下字符键时触发，不包含功能键，可以通过事件参数取得按键的字符值，常用于在文本框中判断输入的字符是否是大小写字母或数字等，还可以通过将其事件参数 e 的属性 Handle 设置为 true，从而取消显示在文本框中按下的字符。如果一直按住键盘键，将持续触发这两个事件。

下面的代码实现了只允许在 textBox1 中输入数字：

```
private void textBox1_KeyPress(object sender, KeyPressEventArgs e)
{
    if(!char.IsDigit(e.KeyChar)) e.Handled = true;              //如果满足条件,取消输入
}
```

说明：char 类型包含一些常用的静态方法，如判断字符是否是数字、是否是大小写、是否是符号等。参数 e 的属性 KeyChar 代表按下的字符，代码中的语句表示如果按下的不是数字键，则使用将 e.Handled 设置为 true，不接收在文本框中输入的字符。

（2）KeyUp 事件：只在键盘按键松开时触发。在该事件中常用于检测是否按下了功能键或组合键。如下面的代码判断在 textBox1 中是否同时按下了 Shift＋Ctrl＋Alt 组合键，并显示最后一个字符的按键代码和值。

```
private void textBox1_KeyUp(object sender, KeyEventArgs e)
{
    if (e.Control && e.Alt && e.Shift)
    {
        MessageBox.Show(e.KeyCode + "," + e.KeyValue);
    }
}
```

应用实例 4.5　实现多行文本框，并显示水平和垂直滚动条，类似在记事本中输入内容的文本框。

要使文本框可以显示多行，并显示滚动条，需要设置文本框的如下三个属性。

（1）属性 Multiline 设置为 True。//多行文本框

（2）属性 ScrollBars 设置为 ScrollBars.Both。//同时显示水平和垂直滚动条

（3）属性 WordWrap 设置为 False。//取消自动折行显示，从而使水平滚动条自动出现

注意：如果 WordWrap 设置为 True，当输入内容超过文本框的宽度时将自动折行显

示,不会出现水平滚动条;ScrollBars 属性可以设置滚动条的 4 种状态:不出现滚动条(None);只有水平滚动条(Horizontal);只有垂直滚动条(Vertical);同时具有水平和垂直滚动条(Both)。

应用实例 4.6　使文本框显示输入的字符为 * 号,类似 QQ 登录的密码文本框。

将文本框属性 PasswordChar 值设置为 * 即可,则无论输入什么内容,都显示 * 号,而其 Text 属性的内容还是实际输入的内容。

无论是单行文本框、多行文本框还是密码文本框,其输入的内容都可以通过 Text 属性取得。

应用实例 4.7　模拟剪贴板操作,将在一个文本框中选择的内容,通过复制或剪切操作,粘贴到另外一个文本框。

界面布局

新建项目,保存为 MyTextBox。在 Form1 窗体上添加两个标签控件、两个文本框和 4个按钮到窗体,保留控件默认的名称,界面布局如图 4.23 所示。

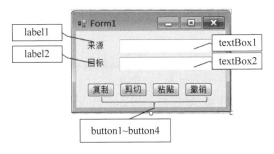

图 4.23　界面布局

代码片段

```
//将 textBox1 选中的文本复制到剪贴板
private void button1_Click(object sender, EventArgs e)
{
    if (textBox1.SelectedText != "") textBox1.Copy();
}
//将 textBox1 选中的文本剪切到剪贴板
private void button2_Click(object sender, EventArgs e)
{
    if (textBox1.SelectedText != "") textBox1.Cut();
}
private void button3_Click(object sender, EventArgs e)
{
    textBox2.Paste();                        //将剪贴板的内容粘贴到 textBox2
}

private void button4_Click(object sender, EventArgs e)
{
    textBox2.Undo();                         //撤销上一步操作
}
```

📋 **代码说明**

（1）SelectedText 属性表示在文本框中选中的文本。

（2）如果要清空剪贴板的内容，可以调用 ClipBoard 类的静态方法 Clear 来实现。

▶ **运行结果**

按 F5 键启动程序，在"来源"文本框中输入文字，并选中部分文字，单击"复制"按钮后，再单击"粘贴"按钮，将看到如图 4.24 所示的运行结果。

图 4.24　运行结果

典型案例　登录功能设计

很多商业软件在使用时都需要用户登录验证，以确认用户使用的权限。比如即时通信软件 QQ，在启动后都会出现登录界面，以确认用户身份。本案例设计两个窗体，一个作为登录验证的窗体 Login，用于实现对用户名和密码的验证；一个作为登录后显示的主窗体 MainFrm，在该窗体中仅显示用户名。

1. 案例分析

在前面的例子中，一个项目仅有一个窗体。如果要顺序启动不同的窗体，或在一个窗体中打开另外一个窗体，如何实现呢？另外，如果要将一个窗体的数据，例如登录窗体中的用户名，传递到另外一个窗体去处理，又如何实现呢？这是本例需要解决的问题。

首先要认识到，添加到项目中的任何窗体都属于窗体类。项目默认创建名称为"Form1"的窗体类，开发环境 VS 2010 帮我们自动在 Main 方法中创建了 Form1 类对象，然后通过执行"Application. Run(new Form1());"语句将窗体显示在屏幕中。我们可以在 Main 方法中，通过创建窗体类对象，并调用显示窗体的方法来替换该语句。

假如在项目中添加了一个窗体 Login，那么，我们可以创建 Login 窗体对象，并调用其 ShowDialog 方法将窗体显示到屏幕，例如：

```
Login frm = new Login();          //创建窗体对象 frm
frm.ShowDialog();                 //将窗体显示到屏幕
```

这两条语句执行的结果，与"Application. Run(new Login ());"语句执行的结果一致。

窗体对象还有一个 Show 方法，也是将窗体显示到屏幕，但 Show 方法显示的窗体是"非模式窗体"，而 ShowDialog 方法显示的窗体是"模式窗体"。两者的区别是，模式窗体必须在关闭后，才能执行下一步的操作，例如信息对话框，在其关闭后才能返回主界面执行其他操作；而非模式窗体，不需要等待关闭就可以执行其他操作，例如 QQ 的聊天窗体，该窗体不需要关闭，就可以继续打开下一个聊天窗口。

在上面的代码中，frm. ShowDialog()之后的语句必须等待窗体关闭后才能被执行，而如果修改为 frm. Show()，无须等窗体关闭即可执行其后面的语句。

每个窗体都有一个 DialogResult 枚举类型属性，代表窗体在关闭时的返回值。如下面的语句在信息对话框中显示"是"和"否"两个按钮，如果单击了"是"按钮，则信息对话框返回枚举值 DialogResult. Yes，否则返回 DialogResult. No，并自动关闭对话框。

```
DialogResult Dr = MessageBox.Show ("继续吗?", "确认",
MessageBoxButtons.YesNo,MessageBoxIcon.Question);
```

同样,如果我们在单击某个按钮时,设置窗体的 DialogResult 属性为 DialogResult 类型的枚举值之一,那么,窗体将自动关闭,可以在窗体关闭后通过判断窗体的 DialogResult 属性值来执行不同的操作。例如在登录窗体中,如果通过验证可以设置窗体的 DialogResult 属性为 DialogResult.Ok,在得到该返回值后打开主窗体。只有模式窗体在设置 DialogResult 属性时才会自动关闭。

上面就是实现登录功能的基本思路,即在 Main 方法中,首先创建登录窗体 Login 的对象并显示为模式窗体,根据窗体的返回值,来决定是打开主窗体还是结束程序运行。当然,主窗体也需要创建对象并调用其 ShowDialog 方法来显示。

如果要取得登录窗体中的数据,例如用户名,与普通类提供数据给类外部对象使用的思路一样,可以在登录窗体中定义一个公共字段或公共属性,其他对象可以通过"对象名.属性名"或"对象名.字段名"方式使用。

2. 具体实现

新建项目,保存为 MyLogin。在"属性"窗口中将默认创建的窗体 Form1 重命名为 Login,然后添加一个新窗体,保存为 MainFrm。

界面布局

在 Login 窗体界面中添加两个标签、两个文本框和两个按钮控件,界面布局如图 4.25(a) 所示;在 MainFrm 窗体界面中,添加一个标签控件,用于显示登录成功后的用户名,界面布局如图 4.25(b)所示。

(a) Login窗体　　　　　　(b) MainFrm窗体

图 4.25　界面布局

设置 Login 窗体的属性为屏幕居中、"最大化"按钮无效,标题为"登录系统",窗体尺寸设置为不可调整。将第一个文本框重新命名为 txtUser,第二个文本框重新名为 txtPwd。各个控件的 Text 属性内容参见界面布局图 4.25 中的显示。

设置 MainFrm 窗体的属性使其运行时最大化。

1) 登录窗体 Login 的实现代码

程序代码-Login.cs

//省略自动生成的 using 部分
namespace MyLogin

```
    {
        public partial class Login : Form
        {
            public Login()  {   InitializeComponent();  }          //构造方法
            public string UserName;                                //1.公共字段,保存用户名

            //2."登录"按钮 button1 的事件处理过程
            private void button1_Click(object sender, EventArgs e)
            {
                if (txtUser.Text == "ABC" && txtPwd.Text == "123")
                {
                    UserName = txtUser.Text;                       //3.保存用户名
                    this.DialogResult = DialogResult.OK;           //4.窗体返回值
                }
                else
                {
                    MessageBox.Show("账号错误", "提示");
                }
            }

            //5."取消"按钮 button2 的事件处理过程
            private void button2_Click(object sender, EventArgs e)
            {
                this.Close();                                      //6.关闭窗体
            }
        }//Login 类结束
    }//命名空间结束
```

📄 **代码说明**

（1）注释 1：定义一个公共字段 UserName，用于保存用户名，在本窗体关闭后，MainFrm 窗体对象需要获取该值。

（2）注释 2：双击 button1 按钮自动创建的事件处理过程。该过程用于判断用户输入的用户名和密码是否和设定的一致。这里假定用户名和密码分别为 ABC 和 123。

（3）注释 4：为窗体的 DialogResult 属性赋值，窗体将自动关闭。这里假定账号正确时，返回值为 DialogResult.OK。如果单击标题栏的"关闭"按钮，或者使用 Close 方法关闭窗体，那么窗体的返回值将是 DialogResult.Cancel。

（4）注释 5 和注释 6：双击 button2 按钮自动创建的事件处理过程，实现关闭窗体。这里也可以通过对窗体的 DialogResult 属性赋值来自动关闭窗体，只要选择 DialogResult 枚举值中的除 OK 之外的任意值即可，如 NO、Cancel 等。

2）主窗体 MainFrm 的实现代码

📄 **代码片段-MainFrm.cs**

```
public string userName = "";
private void MainFrm_Load(object sender, EventArgs e)
```

```
    {
        label1.Text = "欢迎你," + userName;
    }
```

代码说明

由于 MainFrm 窗体比较简单,只是在窗体准备显示在屏幕时(Load 事件),将取得的用户名显示在标签控件 label1 中。在代码中定义的公共字段 userName,目的是在类外部(Main 方法中)将 Login 窗体中的用户名保存起来。

3)程序启动入口 Program 类代码

程序代码-Program.cs

```
//省略自动生成的 using 部分
namespace MyLogin
{
    static class Program
    {
        /// < summary >
        /// 应用程序的主入口点。
        /// </ summary >
        [STAThread]
        static void Main()
        {
            Application.EnableVisualStyles();
            Application.SetCompatibleTextRenderingDefault(false);
            //Application.Run(new Form1());          //1.注释自动产生的该条语句
            //在这里改写窗体启动代码
            Login frm = new Login();                 //2.创建 Login 窗体对象
            //3.显示窗体,等待关闭并取得窗体关闭时窗体的返回值
            DialogResult dr = frm.ShowDialog();
            //4.如果返回值不是 OK 枚举值,则直接退出 Main 方法,程序结束.
            if (dr!= DialogResult.OK) return;

            MainFrm mainFrm = new MainFrm();         //5.创建 MainFrm 窗体对象
            //6.通过 frm 对象获取用户名,并保存到 mainFrm 对象的公共字段中
            mainFrm.userName = frm.UserName;
            mainFrm.ShowDialog();                    //7.显示为模式窗体
        }//Main()结束
    }//类结束
}//命名空间结束
```

代码说明

(1)斜体字为系统自动生成的代码。

(2)注释 1:系统自动生成的语句,需要注释掉,由后面的代码来代替。

(3)注释 2:创建 Login 窗体对象 frm,准备显示该窗体。

(4)注释 3 和注释 4:调用 frm.ShowDialog()显示登录窗体,由于作为模式窗体显示,后面的语句不会立即执行,而是等待用户在登录窗体上进行操作,直到关闭窗体后将窗体返

回值保存到变量 dr 中。如果 dr 的值不是设定的 OK 枚举值,说明用户没有通过验证,那么通过 return 语句终止程序运行,否则继续执行后面的语句。

(5)注释 5、注释 6 和注释 7:创建主窗体对象 mainFrm,将登录窗体中的公共字段值 UserName 保存到主窗体公共字段 userName 中,以便在其 Load 事件中显示该值。主窗体在这里使用 ShowDialog 方法显示为模式窗体,如果使用 Show 方法显示为非模式窗体,那么主窗体刚一显示程序就将结束运行。

▶ 运行结果

按 F5 键启动程序,在登录界面中输入用户名和密码分别为 ABC 和 123,将看到如图 4.26 所示的结果。

图 4.26　运行结果

4.2.4　CheckBox 复选框与 Panel 容器控件

复选框的作用是在提供的多个选项中选择一个或多个,或者不选;而 Panel 是容器控件,其主要起到控件分组或美化界面的作用,同时在使用单选按钮或复选框控件时,容器控件使检测用户选择的代码更简洁。Panel 控件位于工具箱的"容器"组中,与其他容器控件一样,包含 Controls 集合属性,使用该集合的相关方法可以动态添加或删除控件。当其子控件超出其可视范围时,可以设置 AutoScroll 属性让其出现滚动条,Panel 控件与流式布局面板控件的区别在于,Panel 控件包含的子控件不是自动排列的,需要编写代码实现定位。

1. CheckBox 常用属性

(1) Text 属性:复选框文本。
(2) Checked 属性:如果复选框被选中,值为 true,否则为 false。

2. CheckBox 常用事件

CheckedChanged 事件:用户选择或取消选择复选框时触发的事件。

应用实例 4.8　获取用户在用户调查表中选择的项。
新建项目,保存为 MyCheckBox。

▣ 界面布局

从工具箱的"容器"组中找到 Panel 控件并添加到 Form1 窗体,保留默认名称为 panel1;从"公共控件"组中,添加一个标签和一个按钮控件到窗体,然后添加 4 个 CheckBox 控件到 panel1 控件中,各个控件保留默认名称。设置各个控件的 Text 属性如图 4.27 所示。

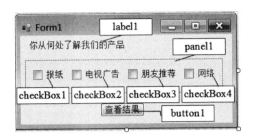

图 4.27　界面布局

代码片段

```
//双击界面上的 button1,在其自动创建的事件处理过程中输入以下代码
private void button1_Click(object sender, EventArgs e)
{
    string result = "";                                    //1.保存选择结果的字符串变量
    if (checkBox1.Checked) result += checkBox1.Text + ","; //2.连接选中控件的 Text 属性
    if (checkBox2.Checked) result += checkBox2.Text + ",";
    if (checkBox3.Checked) result += checkBox3.Text + ",";
    if (checkBox4.Checked) result += checkBox4.Text + ",";

    //3.使用字符串处理方法,去掉最后一个逗号
    if (result != "") result = result.Substring(0, result.Length - 1);
    MessageBox.Show(result);
}
```

代码说明

通过依次判断各个 CheckBox 控件的 Checked 属性值,将选中的复选框的文本作为结果连接成字符串并使用信息对话框来显示。这是判断复选框是否被选中的一般方法。

注释 3 后使用取子串的 SubString 方法,目的是将字符串中的最后一个逗号去掉。

▷ 运行结果

按 F5 键启动程序,做出选择后单击"查看结果"按钮,将看到如图 4.28 所示的结果。

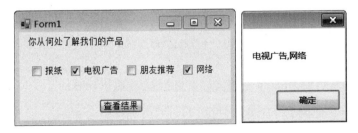

图 4.28　运行结果

如果界面复选框比较多,逐个对复选框进行判断会使得代码过于冗长。在这种情况下,可以将所有的复选框添加到容器控件中,通过列举容器控件的子控件的方式对子控件进行判断。这样,无论有多少个复选框,代码量都可以保持不变。如将应用实例 5.8 中按钮的事

件处理过程中的代码,用以下代码片段来代替,运行结果不变。

代码片段

```
private void button1_Click(object sender, EventArgs e)
{
    string result = "";
    foreach (Control ctl in panel1.Controls)          //1.列举循环
    {
        if (ctl is CheckBox)                          //2.判断控件类型
        {
            CheckBox ckb = (CheckBox)ctl;             //3.强制转换
            if (ckb.Checked == true) result += ckb.Text + ",";  //4.连接结果
        }
    }
    if (result != "") result = result.Substring(0, result.Length - 1);
    MessageBox.Show(result);
}
```

代码说明

(1) 注释 1:由于容器控件的 Controls 是集合属性,可以使用列举循环取得集合属性中的每一个元素。Controls 集合中每个元素都属于 Control 类型。

(2) 注释 2:判断列举出来的控件的基础类型是否属于 CheckBox 类型。is 是类型比较关键字,用于判断一个对象是否属于某种类型。如果在一个容器控件中能确保所有的子控件都是同一种类型,那么可以无须判断而直接强制转换为该类型,但如果在容器控件中添加了不同类型控件,如标签和按钮,就必须进行判断,否则强制转换会出现错误。

(3) 注释 3:前面的 if 语句确保了子控件的基础类型是 CheckBox 类型,因此在这里可以将 ctl 强制转换为 CheckBox 类型,目的是要取得 CheckBox 控件的 Checked 和 Text 属性。

注意,如果确保 panel1 容器中都是 CheckBox 类型的子控件,那么整个列举循环结构可以改写为:

```
foreach (CheckBox ckb in panel1.Controls)
{
    if (ckb.Checked == true) result += ckb.Text + ",";
}
```

这样,无须判断对象类型,也无须执行强制转换,代码更加简洁。

应用实例 4.9　使用事件取得用户在 CheckBox 控件中的选择。

如果在选择 CheckBox 控件时需要程序做出即时响应而不需要单击按钮后才得到结果,可以在 CheckBox 控件的 CheckedChanged 事件中实现。

界面布局

在应用实例 4.8 的基础上,添加一个 Form2 窗体并设置为启动窗体。参照图 4.27 界面布局来完成图 4.29 的界面设计。与图 4.27 界面布局相比较,去掉了 button1 按钮,同时

添加了两个标签控件 label2 和 label3,其中,label2 的文本修改为"选择结果",界面布局如图 4.29 所示。

选中 4 个 CheckBox 控件,在"属性"窗口的"事件"列表中,找到 CheckedChanged 事件并双击,在自动创建的事件组处理过程中添加下列代码。

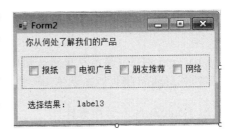

图 4.29　界面布局

代码片段

```
string result = "";
private void checkBox1_CheckedChanged(object sender, EventArgs e)
{
    CheckBox chk = (CheckBox)sender;                              //1.强制转换
    if (chk.Checked)
      result += chk.Text + ",";                                  //2.将选中的文本添加到字符串变量中
    else
      result = result.Replace(chk.Text + ","  , "");             //3.将取消选中的文本从字符串中删除
      label3.Text = result.Substring(0, result.Length - 1);      //4.去掉最后一个连接符
}
```

代码说明

(1) CheckedChanged 事件是复选框的状态在选中和未选中之间切换时触发。由于使用事件组,因此无论哪个复选框状态改变,都调用同一事件处理过程,这里可以通过 sender 参数得到触发事件的具体对象。

(2) 注释 2：将选中的复选框的文本通过逗号连接起来。

(3) 注释 3：如果单击的复选框的状态由原来的选中变为未选中,那么要从字符串 result 中移除该复选框的文本。Replace()是在字符串中的替换子串的方法,在这里使用该方法来实现删除子串,要在字符串中移除子串,只要将需要移除的子串替换为空字符串即可。

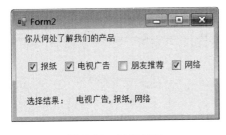

图 4.30　运行结果

(4) 注释 4：Substring 方法是取子串的方法,在这里用来实现取最后一个字符之外的所有字符,相当于移除了最后一个连接字符。

运行结果

按 F5 键启动程序,运行结果如图 4.30 所示。

4.2.5　RadioButton 单选按钮与 GroupBox 容器控件

单选按钮控件 RadioButton 是在提供的多个选项中选择其中一项;如果有多个单选按钮组,必须将不同的单选按钮组包含在不同的容器控件中;GroupBox 容器控件作用类似 Panel 容器控件,都有 Controls 集合属性,使用该集合的相关方法可以动态添加和删除子控件。不同的是 GroupBox 容器控件有标题栏,即 Text 属性,而 Panel 容器控件没有。此外,GroupBox 控件没有滚动条。

1. RadioButton 常用属性

（1）Text 属性：显示在单选按钮中的文本。

（2）Checked 属性：如果单选按钮被选中，值为 true，否则为 false。

2. RadioButton 常用事件

CheckedChanged 事件：用户在单选按钮上选择或取消选择时触发的事件。

注意：如果有多个不同组的单选按钮，必须将各自属于同一组的单选按钮分别放在不同的容器控件中。

应用实例 4.10 检测用户的选择。

新建项目，保存为 MyRadioButton。

界面布局

向 Form1 窗体添加两个 GroupBox 控件：groupBox1 和 groupBox2。向 groupBox1 添加两个单选按钮；向 groupBox2 添加三个单选按钮，各个控件的 Name 和 Text 属性如图 4.31 所示。其中，"男"和"党员"的单选按钮为选中的初始状态。

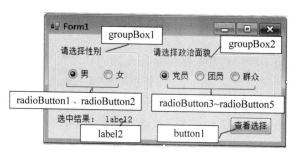

图 4.31　界面布局

代码片段

```
//button1 事件处理过程
private void button1_Click(object sender, EventArgs e)
{
    string xb = "", zzmm = "";
    if (radioButton1.Checked) xb += radioButton1.Text;
    else xb += radioButton2.Text;

    if (radioButton3.Checked) zzmm += radioButton3.Text;
    else if  (radioButton4.Checked) zzmm += radioButton4.Text;
    else zzmm += radioButton1.Text;

    label2.Text = "性别:" + xb + ",政治面貌:" + zzmm;
}
```

代码说明

首先定义两个变量分别用于保存每一组单选按钮选中的结果。由于第一组单选按钮只有两个选项,因此可以使用两分支结构来判断选择;第二组单选按钮有三个选项,因此使用多分支结构来处理。

▶ **运行结果**

按 F5 键启动程序,运行结果如图 4.32 所示。

图 4.32　运行结果

如果在选择单选按钮时需要做出即时响应,可以通过在 CheckedChanged 事件中编写代码来实现,类似前面复选框的应用实例,这里只给出代码,请读者自己分析。程序代码如下。

📋 **代码片段**

```
string xb = "",zzmm = "";
//性别事件组处理过程
private void radioButton1_CheckedChanged(object sender, EventArgs e)
{
    RadioButton rbt = (RadioButton)sender;
    xb = "性别:"+ rbt.Text;
    label1.Text = xb +","+ ZZMM;
}
//政治面貌事件组处理过程
private void radioButton3_CheckedChanged(object sender, EventArgs e)
{
    RadioButton rbt = (RadioButton)sender;
    zzmm = "政治面貌:" + rbt.Text;
    label1.Text = xb + "," + zzmm;
}
```

如果选项太多,为避免代码冗长,可以参照 4.2.4 节复选框使用实例,通过列举子控件的方式来取得选中项。

4.2.6　ListBox 列表框控件

列表框控件 ListBox 的主要作用是提供给用户从多个列表项中选择一项或多项,作用类似单选按钮控件,但其占用界面空间更小。虽然 ListBox 控件也可以实现类似复选框的多选功能,但多选功能推荐选择使用 4.2.7 节介绍的 CheckListBox 控件来实现。ListBox 的常用属性和常用方法见表 4.5 和表 4.6。

1. 常用属性

ListBox 的常用属性如表 4.5 所示。

表 4.5　ListBox 常用属性

属　性　名		功　　能
SelectedIndex		选中项的下标,从 0 开始,如果没有选择,则该值为 −1
SelectedItem		列表框被选中的项目的文本
Items 集合		所有项的集合,可以在"属性"窗口中设置,也可以动态添加
Items	Item[N]	列表框中的下标为 N 的项内容
	Count	列表框中的项目数

2. 常用事件

SelectedIndexChanged 事件:当在列表框中选择项发生改变时触发的事件。

3. Items 集合常用方法

ListBox 控件常用的方法是其集合属性 Items 的相关方法,这些方法几乎实现了对列表项所有的操作,如表 4.6 所示。

表 4.6　ListBox 集合属性 Items 常用方法

方　法　名	功　　能
Add	向列表添加项目
RemovAt	删除指定下标的项目
Clear	清空列表框内容
Insert	在指定位置插入项目
Remove	删除指定文本的项目

应用实例 4.11　在列表框中实现添加项、修改项、删除项、查看项和清空所有项的功能。

新建项目,保存为 MyListBox。

📑 **界面布局**

向 Form1 窗体添加一个 Lable、一个 TextBox、一个 ListBox 和 5 个 Button 控件,按钮名称从上到下依次为 button1～button5,各个控件名称和文本如图 4.33 所示。

依次双击窗体中的每一个按钮,为每一个按钮创建 Click 事件处理过程,然后选中文本框 textBox1,在"属性"窗口中,找到"事件"列表中的 KeyCode 事件并双击,为其自动创建 KeyCode 事件处理过程,用于检测在文本框中是否按下 Enter 键。

图 4.33　界面布局

📖 代码片段

```csharp
//"添加"按钮的事件处理过程
private void button1_Click(object sender, EventArgs e)
{
    if (textBox1.Text.Length == 0) return;       //1.没有输入则退出
    listBox1.Items.Add(textBox1.Text);           //2.添加到列表框
    textBox1.Text = "";                          //3.清空文本框,准备下一次输入
    textBox1.Focus();                            //4.让文本框重新取得输入焦点
}

//"查看"按钮的事件处理过程
private void button2_Click(object sender, EventArgs e)
{
    if (listBox1.Items.Count == 0)               //5.如果列表框没有数据项
    {
        MessageBox.Show("没有内容!"); return;
    }

    int index = listBox1.SelectedIndex;          //6.取得选中项的下标
    if (index < 0) { MessageBox.Show("没有内容!"); return; }

    string selVal = listBox1.SelectedItem.ToString();     //7.取得选中项内容
    //string selVal = listBox1.Items[index].ToString();   //8.取得指定项内容
    MessageBox.Show("下标:" + index + ",内容:" + selVal);
}

//"修改"按钮的事件处理过程
private void button3_Click(object sender, EventArgs e)
{
    int index = listBox1.SelectedIndex;
    if (index < 0) return;
    listBox1.Items[index] = "新值";              //9.给选中项重新赋值
}
//"删除"按钮的事件处理过程
private void button4_Click(object sender, EventArgs e)
{
    int index = listBox1.SelectedIndex;
    if (index < 0) return;
    listBox1.Items.RemoveAt(index);
}
//"清空"按钮的事件处理过程
private void button5_Click(object sender, EventArgs e)
{
    listBox1.Items.Clear();
}
//文本框按键的事件处理过程
private void textBox1_KeyDown(object sender, KeyEventArgs e)
{
    //如果在文本框中按下 Enter 键,执行 button1 的 Click 操作
    if (e.KeyCode == Keys.Enter) button1.PerformClick();
}
```

📖 **代码说明**

（1）"添加"按钮 button1 的事件处理过程。

① 注释 1：如果文本框没有输入，则其内容长度为 0。

② 注释 2：将文本框的内容添加到 listBox1 中。

③ 注释 3：清空文本框的内容，为下一次输入做准备。

④ 注释 4：可以取得输入焦点的控件，如按钮、文本框、列表框等可输入或可选择的控件都有 Focus 的方法，该方法让输入光标自动停留在控件上，方便操作。

（2）"查看"按钮 button2 的事件处理过程。

该事件处理过程实现取得并显示在列表框中选中项的下标和文本。如果列表框没有数据项，不需要继续判断选中项；如果有数据项，通过属性 ListIndex 可以得到选中项的下标，通过属性 ListItem 或 Items[下标]取得选中项的内容。如果 ListIndex 为 -1，则表示没有选中任何项。

（3）"修改"按钮 button3 的事件处理过程。

在修改列表框的项时，必须判断当前是否有选中项，如果有选中项，通过 listBox1. Items[index] = "新值"语句给选中项赋新值，相当于修改了该项内容。

（4）"删除"按钮 button4 的事件处理过程。

与修改项相似，在删除之前也必须判断是否有选中项，可以通过参数为下标的方法 RemoveAt 删除指定项，也可以通过参数为内容的方法 Remove 删除指定项。

（5）"清空"按钮 button5 的事件处理过程。

通过集合属性 Items 的 Clear 方法将列表框所有的内容删除。

（6）文本框按键的事件处理过程。

为了实现快速输入，在文本输入内容后，可以直接按 Enter 键，将内容添加到列表框。文本框的 KeyDown 事件是在文本框有任何按键时触发，参数 e 包含按键的信息，可以通过 e. KeyCode 判断是哪一个按键，而枚举类型 Keys 包含各种按键对应的枚举值，可以通过预定义的键名很方便地查看对应的按键代码。按钮的 PerformClick 方法用于触发按钮 Click 事件，从而执行按钮的事件处理过程，相当于自动单击了该按钮。

▶ **运行结果**

按 F5 键运行程序，并在文本框中输入内容，按 Enter 键或单击"添加"按钮，向列表框添加数据项，然后在选中项后单击"查看"按钮，运行结果如图 4.34 所示。

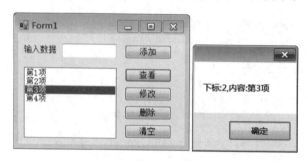

图 4.34　运行结果

4.2.7 CheckListBox 复选列表框控件

复选列表框控件 CheckListBox 相当于复选框与列表框的组合,让用户可以在给出的多个数据项中选择任意多项。

1. 常用属性

CheckListBox 控件常用属性如表 4.7 所示。

表 4.7 CheckListBox 常用属性

属 性		说 明
CheckedIndices		复选列表框中被选中的项下标的集合
CheckedItems		复选列表框中被选中项的集合
Items		复选列表框中所有项的集合
Items	Count	复选列表框中的项数
	Item[N]	复选列表框中下标为 N 的项

2. 常用方法

(1) GetItemChecked(i):获取下标为 i 的项是否被选中。

(2) SetItemChecked(i,checked):设置下标为 i 的项是否被选中。

其中,集合属性 Items 常用方法见表 4.8。

表 4.8 CheckListBox 的集合属性 Items 常用方法

方 法 名	说 明
Add	向列表框添加一个项
RemovAt	按指定下标删除项
Clear	清空列表框内容
Insert	在指定位置插入项
Remove	按指定文本(内容)删除项

应用实例 4.12 将一个复选列表框中被选中的数据项,添加到另一个复选列表框。

新建项目,保存为 MyCheckListBox。

▤ **界面布局**

向 Form1 窗体添加两个 CheckedListBox 控件,保持控件默认的名称,添加 4 个 Button 控件,名称为 button1～button4,依次修改其 Text 属性为:>、>>、<和<<。其中:

(1)>表示将左边选中的项添加到右边,然后删除左边选中的项。

(2)>>表示将左边全部项添加到右边,无论选中与否,最后清空左边的复选列表框。

(3)<表示将右边选中的项添加到左边,然后删除右边选中的项。

(4)<<表示将右边全部项添加到左边,无论选中与否,最后清空右边的复选列表框。

界面布局如图 4.35 所示。

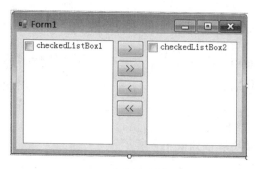

图 4.35　界面布局

添加初始数据项到复选列表框的方法如下。

（1）在设计阶段，选中 checkedListBox1 控件，单击其右上角的智能三角标记，然后选中"编辑项"；或者选中 checkedListBox1 控件后，在"属性"窗体中找到 Items 属性，单击属性值"（集合）"，都将打开"字符串集合编辑器"窗体。输入的一行数据就是一个数据项，如图 4.36 所示。

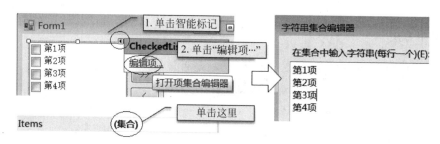

图 4.36　集合编辑器

（2）在运行阶段，可以在窗体的 Load 事件处理过程中，使用复选列表框的 Items.Add 方法，动态添加所需的数据项。本例采用该方法。

程序代码

```
//省略自动生成的 using 部分
namespace MyCheckListBox
{
    public partial class Form1 : Form
    {
    public Form1()  {  InitializeComponent();  }       //构造方法
    //在窗体的 Load 事件处理过程中，向左边复选列表框添加初始项
    private void Form1_Load(object sender, EventArgs e)
    {
        for (int i = 1; i <= 4; i++)
            checkedListBox1.Items.Add("第" + i + "项");
    }
    //">"按钮 button1 的事件处理过程
    private void button1_Click(object sender, EventArgs e)
    {
        while (checkedListBox1.CheckedItems.Count > 0)
```

```
        {
            string selVal = checkedListBox1.CheckedItems[0].ToString();
            checkedListBox2.Items.Add(selVal);
            checkedListBox1.Items.Remove(selVal);
        }
    }

    //">>" 按钮 button2 的事件处理过程
    private void button2_Click(object sender, EventArgs e)
    {
        for (int i = 0; i < checkedListBox1.Items.Count; i++)
        {
            string selVal = checkedListBox1.Items[i].ToString();
            checkedListBox2.Items.Add(selVal);
        }
        checkedListBox1.Items.Clear();
    }
    //"<" 按钮 button3 的事件处理过程
    private void button3_Click(object sender, EventArgs e)
    {
        while (checkedListBox2.CheckedIndices.Count > 0)
        {
            int index = checkedListBox2.CheckedIndices[0];
            string selVal = checkedListBox2.Items[index].ToString();
            checkedListBox1.Items.Add(selVal);

            checkedListBox2.Items.RemoveAt(index);
        }
    }
    //"<<" 按钮 button4 的事件处理过程
    private void button4_Click(object sender, EventArgs e)
    {
        for (int i = 0; i < checkedListBox2.Items.Count; i++)
        {
            string selVal = checkedListBox2.Items[i].ToString();
            checkedListBox1.Items.Add(selVal);
        }
        checkedListBox2.Items.Clear();
    }
}//Form1 类结束
}//命名空间结束
```

📖 **代码说明**

（1）button1 的事件处理过程代码说明。

实现将在左边 checkedListBox1 控件中选中的项，添加到右边的 checkedListBox2 控件中。CheckedItems 是集合属性，代表一组被选中的项；Count 属性代表被选中项的数量，在这里使用循环结构，首先取得集合中第一个被选中的项，添加到右边列表框；然后删除第一项，此时，Count 属性将减 1，那么原来本是第二项的数据项，在第一项被删除后，变为了集

合中的第一项了。CheckedItems 集合中数据项是动态变化的,当最后一项被删除后,其
Count 属性变为 0。注意,这里采用指定项内容的 Remove 方法来删除项,而 RemoveAt 方
法是删除指定下标的项。

（2）button2 的事件处理过程代码说明。

实现将左边复选列表框所有的项,依次添加到右边复选列表框中。通过 Items.Count
属性取得项目数。然后通过 Items[i]取得每一项的内容,由于其值是对象类型,需要将其转
换为字符串后保存到字符串变量中。如果将项直接作为 Add 方法参数,可以不需要转换,
如可以写为:

```
checkedListBox2.Items.Add(checkedListBox1.Items[i])
```

最后,使用 Items.Clear 方法,清空左边列表框。

（3）button3 的事件处理过程代码说明。

实现将在右边复选列表框选中的项添加到左边复选列表框。可以采用与 button1 事件
处理过程一样的方法实现。这里使用另外一个集合属性 CheckedIndices 来实现,这个属性
代表一组被选中项的下标。首先在循环过程中,取得每个保存的下标,根据下标可以通过
Items[index]属性找到项内容,然后把内容添加到另外的列表框中。最后,使用通过指定下
标的方法 RemoveAt 从列表中删除该项。实现思路与在 button1 事件处理过程的代码说明
中指出的相同。

（4）button4 的事件处理过程代码说明。

实现将右边复选列表框所有项添加到左边复选列表框。

▶ 运行结果

按 F5 键运行程序,选中第 1 和第 4 项,单击"＞"按钮,将出现如图 4.37 所示的运行
结果。

图 4.37　运行结果

如果使用 for 循环来实现将选中的项添加到另外一个复选列表框,可以使用如下代码。

```
for (int i = 0; i < checkedListBox1.Items.Count;i++)
{
    if (checkedListBox1.GetItemChecked(i))
    {
      checkedListBox2.Items.Add(checkedListBox1.Items[i]);
      //删除一项之后,项目数少了,下一项将作为当前项
```

```
        checkedListBox1.Items.RemoveAt(i);
        i--;
    }
}
```

这里需要特别注意的是,复选列表框的项数是动态变化的。如果删除了选中项,for 循环中的 checkedListBox1.Items.Count 的值将发生变化。如果删除一项而又缺少循环体中的最后一条语句(i--;),将出现下标越界的错误。

4.2.8 ComboBox 组合框控件

组合框控件 ComboBox 提供与列表框控件 ListBox 类似的功能,都是让用户在提供的多个数据项中选择其中一个,只是 ComboBox 控件占用界面空间更小,两者提供的属性和方法也相似,因此掌握了 ListBox 控件的使用,也就掌握了 ComboBox 控件的使用。

ComboBox 控件常用属性和常用方法见表 4.9 和表 4.10。

表 4.9 ComboBox 常用属性

属　　性		说　　明
SelectedIndex		组合框中被选中的项下标,从 0 开始,如果没有选择,则该值为 -1
SelectedItem		组合框被选中的项的文本
Items		组合框中所有项的集合
Items	Count	组合框中的项目数
	Item[N]	组合框中下标为 N 的项
DropDownStyle		组合框的下拉样式:包含 DropDown(可选择,可以编辑)、DropDownList(只可以选择,不可以编辑)和 Simple(可以选择,可以编辑,外观相当于文本框与下拉框组合)

表 4.10 ComboBox 集合属性 Items 常用方法

方　法　名	说　　明
Add	向组合框添加项目
RemovAt	按指定下标删除项目
Clear	清空组合框内容
Insert	在指定位置插入项目
Remove	按指定文本删除项目

应用实例 4.13 使用 ComboBox 控件的三种外观样式,将选中的内容添加到列表框。新建项目,保存为 MyComboBox。

▣ **界面布局**

为美化界面,向 Form1 窗体添加两个 GroupBox 控件进行分组;添加三个 ComboBox 控件作为 groupBox1 子控件,分别设置组合框的 DropDownStyle 属性为:DropDown、DropDownList 和 Simple;添加一个 ListBox 控件(用来显示选择结果)到 groupBox2、一个 Button 控件到窗体,均保留默认的控件名。界面布局如图 4.38 所示。

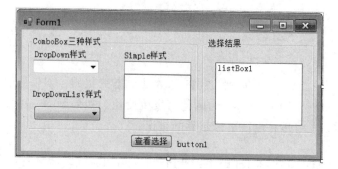

图 4.38 界面布局

📖 程序代码

```
//省略自动生成的 using 部分
namespace MyComboBox
{
    public partial class Form1 : Form
    {
        public Form1() {  InitializeComponent();  }          //构造方法
        private void Form1_Load(object sender, EventArgs e)
        {
            for (int i = 1; i < 4; i++)
            {
                comboBox1.Items.Add("第" + i + "项");
                comboBox2.Items.Add("第" + i + "项");
                comboBox3.Items.Add("第" + i + "项");
            }
            comboBox1.SelectedIndex = 0;                      //1.指定选中项
            comboBox2.SelectedIndex = 0;                      //2.指定选项
            comboBox3.SelectedItem = "第 1 项";                //3.指定选中项
        }

        private void button1_Click(object sender, EventArgs e)
        {
            listBox1.Items.Clear();                           //4.清空列表框
            foreach (Control ctl in groupBox1.Controls)
            {
                ComboBox cmb = ctl as ComboBox;               //5.类型转换
                if (cmb != null)                              //6.类型转换成功
                {
                    string s = (cmb.Name + ": " + cmb.SelectedIndex + "," +
cmb.SelectedItem;                                            //7.取得名称、下标和项内容
                    listBox1.Items.Add(s);                    //8.添加到列表框
                }
            }
        }
    }//Form1 类结束
}//命名空间结束
```

📑 **代码说明**

(1) 在窗体的 Load 事件处理过程中,语句 ComboBox1.SelectedIndex＝0 表示指定下标为 0 的项作为组合框的初始选中项;语句 ComboBox2.SelectedItem="第 1 项"表示内容为"第 1 项"的数据项作为组合框的初始选中项,这两种方法都可以用来设置组合框的选中项。

(2) 在 button1 的事件处理过程中,语句 ComboBox cmb ＝ ctl as ComboBox 表示将 Control 类型的 ctl 通过 as 类型转换操作符转换为 ComboBox 类型,如果转换不成功,则其值为 null。由于 groupBox1 容器控件中包含三个 Label 控件,因此整个循环过程将有三次转换不成功。as 类型转换操作符在类型转换不成功时不会出现错误,而仅将 null 赋值给目标变量。这与使用"(类型)变量"方式进行强制转换不同,使用强制转换方式在转换不成功时将导致程序的异常终止。在 4.2.4 节复选框的应用实例中,使用列举控件的方式是使用 is 操作符先判断是否为某种类型,如果确实是某种类型才使用强制转换,从而避免异常。

▶ **运行结果**

按 F5 键运行程序,选中界面中任意组合框控件的项,单击"查看选择"按钮,将出现如图 4.39 所示的运行结果。

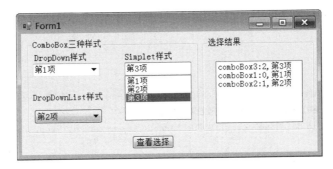

图 4.39　运行结果

4.2.9　日期控件

在工具箱的"公共控件"组中有两个可视化的日期选择控件 DateTimePicker 和 MonthCalendar。DateTimePicker 控件提供给用户选择日期和时间,并可以以指定的格式显示。MonthCalendar 控件允许用户选择日期范围。如果仅选择单一的日期,建议使用 DateTimePicker 控件。

1. DateTimePicker 控件常用属性和常用事件

(1) Value 属性:DateTime 类型,表示选择的日期和时间。

(2) ValueChanged 事件:用户选择日期时触发的事件。

2. MonthCalendar 控件常用属性和常用事件

(1) SelectionRange 属性:SelectionRange 类型,表示选择的日期的范围,其包含两个

DateTime 类型的属性 Start 和 End,分别表示选择的起始日期和结束日期。如果只选择了一个日期,那么 Start 和 End 属性的值是相同的。也可以通过 SelectionStart 和 SelectionEnd 属性直接取得用户选择的开始日期和结束日期值。

（2）DateChanged 事件：用户选择日期时触发的事件。

应用实例 4.14　分别使用 DateTimePicker 和 MonthCalendar 控件取得用户选择的日期。

新建项目,保存为 MyDateTime。

界面布局

向 Form1 窗体添加一个 DateTimePicker 控件和一个 MonthCalendar 控件,以及 6 个 Label 控件,保留默认的控件名,界面布局如图 4.40 所示。

图 4.40　界面布局

程序代码

```
//省略自动生成的using部分
namespace MyDateTime
{
    public partial class Form1 : Form
    {
    public Form1()    {    InitializeComponent();    }      //构造方法
//在 dateTimePicker1 控件中,选择日期时触发的事件
        private void dateTimePicker1_ValueChanged(object sender, EventArgs e)
        {
            label2.Text = dateTimePicker1.Value.ToString("yyyy/M/d hh:mm:ss");
        }
//在 monthCalendar1 控件中,选择日期时触发的事件
        private void monthCalendar1_DateChanged(object sender, DateRangeEventArgs e)
        {
            label4.Text = monthCalendar1.SelectionStart.ToString("yyyy-MM-dd");
            label6.Text = monthCalendar1.SelectionEnd.ToString("yyyy年M月d日");
        }
    }//Form1 类结束
}//命名空间结束
```

代码说明

（1）dateTimePicker1.Value 属性取得选中的日期和时间,可以使用 ToString 方法的参数对日期时间字符串进行格式化,格式化参数含义见表 4.11。

（2）monthCalendar1.SelectionStart 是取得控件中选中的日期范围的开始日期,monthCalendar1.SelectionEnd 是取得控件中选中的日期范围的结束日期。两者都是 DateTime 日期时间类型,可以在转换为字符串的同时进行日期格式化,格式化参数见表 4.11。

表 4.11　日期时间类型的格式化参数及含义

格 式 模 式	说　明
d	月中的某一天。一位数的日期没有前导零
dd	月中的某一天。一位数的日期有一个前导零
M	月份数字。一位数的月份没有前导零
MM	月份数字。一位数的月份有一个前导零
yy	不包含纪元的年份。如果不包含纪元的年份小于10,则显示具有前导零的年份
yyyy	包括纪元的4位数的年份
h	12小时制的小时。一位数的小时数没有前导零
hh	12小时制的小时。一位数的小时数有前导零
H	24小时制的小时。一位数的小时数没有前导零
HH	24小时制的小时。一位数的小时数有前导零
m	分钟。一位数的分钟数没有前导零
mm	分钟。一位数的分钟数有前导零
s	秒。一位数的秒数没有前导零
ss	秒。一位数的秒数有前导零

其中,yyyy-MM-dd 表示按4位的年份、两位月份和两位的某一天来显示日期格式,其他不在表4.11中的字符将按原样显示,如-、/、年、月、日等。

▶ **运行结果**

按 F5 键运行程序,运行结果如图 4.41 所示。

图 4.41　运行结果

典型案例　信息录入与编辑功能实现

使用控件的目的之一是构建应用程序界面,以取得用户在界面上选择或输入的数据。本例是一个简单的考生报名信息的采集系统,可以实现对考生信息的录入、查看、修改和删除等操作,运行界面如图 4.42 所示。在本例中,读者将学会如何从一个窗体打开另外一个窗体,如何保存采集的众多数据,并在窗体之间传递这些数据。

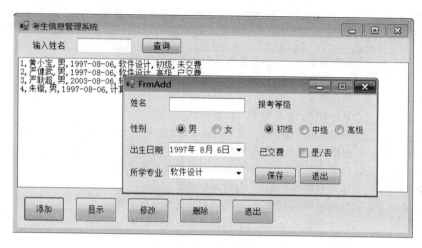

图 4.42　运行界面

1. 案例分析

首先,本例需要处理的基本数据是考生信息,包含姓名、性别、出生日期、专业、报考等级和是否已交费,是各种控件的综合使用。由于每个考生都要保存这些信息,最好的做法是定义一个考生类来保存。由于添加考生的数量不定,而且这些信息可能要作为方法的参数或传递到另外一个窗体去处理,因此,定义数组或单个变量来保存不太合适,为此,可以把每个考生的信息作为对象保存到一个集合中,从集合中可以列举每一个考生信息并将其显示到界面,或者传递到另一个窗体。

系统主窗体一般用于显示主要数据,并提供实现各种功能操作的接口,如按钮组面板、菜单、工具栏等,由于没有介绍更多的内容,本例仅使用包含一组按钮的操作面板,而具体的功能在其他窗体实现。

下面是系统基本功能的介绍。

(1)数据的添加:在添加窗体中,将采集的数据保存到集合,并传递到主窗体去显示。

(2)数据的显示:将保存在集合中数据按一定格式显示到主窗体的列表框中。

(3)数据的修改:将在主窗体列表框中选中的数据项,传递到修改窗体去实现。

(4)数据的删除:从主窗体的列表框中获取选中项,在集合中查找并删除,然后从列表框中移除。

为此,在项目中创建三个窗体,一个主窗体,实现数据显示、查找和提供操作的按钮组,从主窗体通过操作按钮打开其他窗体;另外两个窗体分别是添加数据的窗体和修改数据的窗体。而显示、删除和查找的功能都是在主窗体实现。

由于案例相对复杂,将按以下的设计步骤来分别介绍具体实现。

(1)设计主界面。

(2)设计添加数据界面。

(3)设计保存数据的 Student 学生类。

(4)实现数据添加的功能。

(5)实现在主界面中显示数据的功能。

（6）实现查询的功能。

（7）实现删除的功能。

（8）实现修改数据的功能。

2. 具体实现

新建项目,保存为 MyInfoSys。

（1）设计主界面。

将默认创建的窗体 Form1 重命名为 FrmMain。

界面布局

① 添加一个 Panel 控件到 FrmMain 窗体,保留默认名称 panel1 不变,设置 Dock 属性为 Top,填充到窗体顶部;添加一个标签,一个文本框和一个按钮到 panel1 控件中,修改文本框的 Name 属性为 txtName,修改按钮 Name 属性为 btFind。

② 添加一个 Panel 控件到 FrmMain 窗体,保留默认名称 panel2 不变,设置 Dock 属性为 Bottom,填充到窗体底部;添加 5 个按钮到 panel2,分别修改 Name 属性为:btAdd、btShow、btUpdate、btDel 和 btClose,分别修改 Text 属性为:添加、显示、修改、删除和关闭。

③ 添加一个 ListBox 控件到 FrmMain 窗体,保留默认名称 listBox1 不变,设置 Dock 属性为 Fill,填充窗体剩余空间。注意 listBox1 最后添加,否则会被后面添加的控件遮挡。

完成的界面布局如图 4.43 所示。

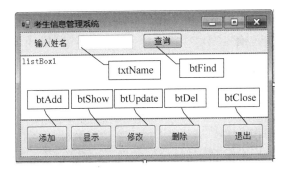

图 4.43　MainFrm 窗体界面布局

（2）设计添加数据窗体。

新建窗体,保存为 FrmAdd。

界面布局

① 添加 6 个 Label 控件,保留控件默认名称,Text 属性依次修改为:姓名、性别、出生日期、所学专业、报考等级和已交费。

② 添加一个 TextBox 文本框控件,修改 Name 属性为 txtName,对齐"姓名"标签。

③ 添加一个 Panel 控件,在其中添加两个单选按钮控件,依次修改 Name 属性为:rdBoy、rdGirl,依次修改 Tex 属性为:男、女,对齐"性别"标签。

④ 添加一个 DateTimePicker 控件,修改 Name 属性为 dtpBirth,对齐"出生日期"标签。

⑤ 添加一个 ComboxBox 控件,修改 Name 属性为 cmbMajor,对齐"所学专业"标签。

⑥ 添加一个 Panel 控件,在其中添加三个单选按钮控件,依次修改 Name 属性为:rd1、

rd2、rd3,依次修改 Text 属性为:初级、中级、高级,对齐"报考等级"标签。

⑦ 添加一个 CheckBox 控件,修改 Name 属性为 chkPayment,对齐"已交费"标签。

⑧ 添加两个按钮控件,依次修改 Name 属性为:btSave、btClose,依次修改 Text 属性为:保存、退出。

完成的界面布局如图 4.44 所示。

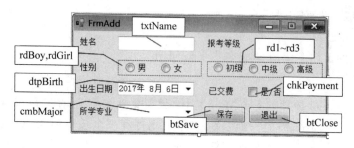

图 4.44 FrmAdd 窗体界面布局

(3)设计保存数据类 Student。

添加新类,保存为 Student。该类主要用于保存一个考生的信息。

📄 **代码片段-Student. cs**

```
public class Student
{
    static int id;                              //在构造方法中自动生成唯一的标识
    public static int ID {get{return id;}}      //只读属性,取得 ID

    public int StdID { get; set; }              //考生 ID
    public string StdName { get; set; }         //姓名
    public string StdSex { get; set; }          //性别
    public DateTime StdBirth { get; set; }      //出生日期
    public string StdMajor { get; set; }        //专业
    public string Level { get; set; }           //报考等级
    public bool IsPayment { get; set; }         //是否已交费

    //构造方法:每创建一个 Student 对象,自动递增 id
    public Student() { id++;   }
}
```

📖 **代码说明**

为了使数据项有唯一的标识,在类中定义了一个只读静态属性 ID,对应私有静态字段 id。在构造方法中,每创建一个 Student 类对象,id 自动加 1,目的是使 id 不会重复。在集合中查找数据项的代码中,ID 属性将作为唯一确定一个数据项的标识字段来使用。

(4)主窗体"添加"按钮的功能与添加数据窗体 FrmAdd 保存数据功能的实现。

在主窗体类 FrmMain 中,定义并创建一个集合对象 StdList,准备用来保存在窗体 FrmAdd 界面中添加的所有考生数据。当单击"添加"按钮时,将 StdList 传递给 FrmAdd 窗体类,FrmAdd 类为保存传递过来的对象,也必须定义一个公共集合类型变量,在这里变量名为 StdList。

代码片段-FrmMain. cs

```
List < Student > StdList = new List < Student >(); //创建保存 Student 类型元素的 List 集合对象
//"添加"按钮 btAdd 事件处理过程
private void btAdd_Click(object sender, EventArgs e)
{
    FrmAdd frm = new FrmAdd();              //创建 FrmAdd 窗体对象 frm
    frm.StdList = StdList;                  //传递主窗体集合对象给 FrmAdd
    frm.ShowDialog();                       //作为模式窗体打开
}
```

代码说明

如果在一个窗体中打开另外一个窗体,本身窗体并不退出,应在事件处理过程中创建窗体类对象,并调用其 ShowDialog 方法打开。如果要传递参数到该窗体,必须在窗体打开之前对该窗体对象的公共属性赋值。这种实现方法与打开登录窗体的代码位置不同。如果窗体是顺序打开,在打开下一个窗体之后不需要继续存在,那么将代码写在 Main() 方法中,正如登录窗体,它在打开主窗体后在整个程序运行过程中都不需要继续存在。

程序代码-FrmAdd. cs

```
//省略自动生成的 using 部分
namespace MyInfoSys
{
    public partial class FrmAdd : Form
    {
        public FrmAdd()  {  InitializeComponent();  } //构造方法

        public List < Student > StdList;            //1.保存主窗体传递过来的集合对象
        void Init()                                 //2.自定义方法,初始化界面中控件的值
        {
            txtName.Text = "";
            rdBoy.Checked = true;
            dtpBirth.Value = DateTime.Now.AddYears( - 20);   //3.20 年前
            chkPayment.Checked = false;
            rd1.Checked = true;
            cmbMajor.SelectedIndex = 0;             //4.默认选中第 1 项
            txtName.Focus();                        //5.文本框取得焦点
        }
//6.窗体的 Load 事件处理过程
        private void FrmAdd_Load(object sender, EventArgs e)
        {
            Init();
        }
//7. "保存"按钮 btSave 的事件处理过程
        private void btSave_Click(object sender, EventArgs e)
        {
```

```
            Student std = new Student();
            std.StdID = Student.ID;                    //8.静态只读属性,类内部自动递增
            std.StdName = txtName.Text;
            std.StdSex = rdBoy.Checked ? rdBoy.Text : rdGirl.Text;   //9.取得性别
            std.StdBirth = dtpBirth.Value;
            std.IsPayment = chkPayment.Checked;
            std.Level = rd1.Checked ? rd1.Text : rd2.Checked ? rd2.Text : rd3.Text;
            std.StdMajor = cmbMajor.Text;
            StdList.Add(std);                          //10.添加到集合对象
        }
        //11. "关闭"按钮 btClose 的事件处理过程
        private void button2_Click(object sender, EventArgs e)
        {
            Close();
        }
    }//FrmAdd 类结束
}//命名空间结束
```

📖 **代码说明**

① 注释 1：定义集合类型变量 StdList,保存从主窗传递过来的 StdList 对象。两者指向同一个对象。

② 注释 3：DateTime.Now.AddYears(-20)语句实现将当天的日期减去 20 年,初始化出生日期为 20 年前的日期。而如果 AddYears 方法的参数是正整数,则表示多少年后的日期。

③ 注释 7：实现将在界面控件中输入或选择的值保存到 Student 对象中,最后添加到集合对象。这里为了简化代码,不对控件的属性值进行有效性判断。

④ 注释 9：使用问号表达式来代替 if 语句,实现对两个单选按钮的选择判断,使代码更加简洁。

（5）实现在主界面显示数据与功能。

在主窗类中,为"显示"按钮 btShow 的事件处理过程添加如下的代码。

📑 **代码片段-FrmMain.cs**

```
private void btShow_Click(object sender, EventArgs e)
{
    listBox1.Items.Clear();
    ListElment(StdList);
}
```

📖 **代码说明**

这里代码比较简单,为了可以刷新显示来自集合对象的数据,在每次显示数据前,先清空列表框,然后使用集合对象 StdList 作为参数调用自定义方法 ListElment,实现将数据显示到列表框。

由于在"查找"按钮的事件处理过程中,也要将查找到的结果显示到列表框,因此把显示集合对象元素的方法单独设计为一个方法,以便代码重用。下面是在主窗体中添加的自定

义方法 ListElment 的代码。

📄 代码片段-FrmMain. cs

```
void ListElment(List < Student > list)
{
    foreach (Student std in list)
    {
        string s = std.StdID + "," + std.StdName + ",";
        s += std.StdSex + ",";
        s += std.StdBirth.ToString("yyyy - MM - dd") + ",";
        s += std.StdMajor + ",";
        s += std.Level + ",";
        s += std.IsPayment ? "已交费" : "未交费";
        listBox1.Items.Add(s);
    }
}
```

📋 代码说明

以集合对象为参数,在列举循环中,把每个元素的内容连接成字符串,最后添加到列表框。

（6）实现查询功能。

在 FrmMain 主界面的文本框 txtName 中,输入要查找考生的姓名,单击"查询"按钮 btFind,实现模糊匹配查询,将匹配结果显示到列表框中。查询的方法使用集合对象的 FindAll 方法,结果是集合类型对象,可能有一个以上的结果（例如同名）,也可能没有。

📄 代码片段-FrmMain. cs

```
private void btFind_Click(object sender, EventArgs e)
{
    listBox1.Items.Clear();
    List < Student > list = StdList.FindAll((std) => std.StdName.IndexOf(txtName.Text) >= 0);
    ListElment(list);
}
```

📋 代码说明

① StdList.FindAll()方法是泛型方法,参数为 Predicate 委托类型。FindAll()方法的原型为:public List < T > FindAll(Predicate < T > match)。其中,Predicate 是系统预定义委托类型,其定义为返回 bool 类型、包含集合元素类型的参数,原型为 public delegate bool Predicate < in T >(T obj)。即在使用 FindAll 方法时,需要定义与 Predicate 类型一致的方法作为参数,该方法需要返回一个 bool 类型值,参数为 Student 类型,如下面定义的方法与 Predicate 委托类型一致:

```
bool checkName(student std){return std.StdName.IndexOf(txtName.Text) >= 0;}
```

checkName 方法是根据文本框输入的考生姓名,以模糊匹配的方式在集合对象 Std 中查找满足条件的元素。只要集合元素的 StdName 属性包含文本框中输入的内容,则返回值为 true;如果要精确匹配查找,使用比较运算符(==)。如果返回值是 true,调用 FindAll(checkName)方法将返回匹配的元素。

② 在第 3 章已经介绍过创建委托对象可以使用 Lambda 表达式,而不需要创建一个自定义方法作为参数,因此,在这里调用 FindAll 方法使用了 Lambda 表达式的写法:

```
StdList.FindAll((std) => std.StdName.IndexOf(txtName.Text) >= 0);
```

(7) 实现删除功能。

实现删除功能的基本思路是:首先判断列表框中的项是否被选中,如果选中,则通过字符串的 Split 方法来拆分选择项字符串,从而取得考生的标识属性 StdID,根据 StdID 可以在集合对象中找到该考生所在的位置,然后在集合对象中通过指定下标的方式移除该元素,同时移除列表框中的对应项目,下面是具体实现代码。

📟 **代码片段-FrmMain. cs**

```
private void btDel_Click(object sender, EventArgs e)
{
    if (listBox1.SelectedIndex < 0) return;
    string s = listBox1.SelectedItem.ToString();    //取得选中项
    string stdID = s.Split(',')[0];                 //取得拆分后字符串数组中的第一个元素
    int index = StdList.FindIndex((std) => std.StdID.ToString() == stdID);  //查找元素的
                                                                            //下标
    StdList.RemoveAt(index);                         //删除集合对象中的元素
    listBox1.Items.RemoveAt(listBox1.SelectedIndex); //删除列表框中的选中项
}
```

📋 **代码说明**

注意列表框中数据项的下标,不一定是集合元素的下标,因此需要先从列表框中取得代表 StdID 的值,再在集合中进行查找需要删除的元素。在 string stdID = s. Split(',')[0]语句中,首先使用 Split 方法,将字符串项 s 按照逗号拆分,得到字符串数组,下标为 0 的元素就是 StdID;StdList. FindIndex 方法是根据委托对象,查找满足条件的元素的下标,如果没有找到,返回-1。

(8) 实现修改数据功能。

如果要修改列表框选中项,需要在集合对象中找到该元素,作为参数传递到修改窗体。在修改窗体中,根据传递过来的元素值,将元素值显示在界面上,然后执行修改操作。由于修改窗体界面与添加数据界面完全一样,这里只给出代码,请读者自行分析。

📟 **代码片段-FrmMain. cs**

```
private void btUpdate_Click(object sender, EventArgs e)
{

    if (listBox1.SelectedIndex < 0) return;
```

```
string s = listBox1.SelectedItem.ToString();
string stdID = s.Split(',')[0];
Student std = StdList.Find((t) => t.StdID == int.Parse(stdID));   //查找元素

FrmUpdate frm = new FrmUpdate();
frm.std = std;                                        //传递到修改窗体
frm.ShowDialog();
}
```

程序代码-FrmUpdate.cs

```
//省略自动生成的 using 部分
namespace MyInfoSys
{
    public partial class FrmUpdate : Form
    {
        public FrmUpdate()  {   InitializeComponent();   }

        public Student std = null;                      //保存主窗体传递过来的对象
        //自定义方法
        void Init()                          //自定义方法,根据主窗体传递过来数据 std,初始化界面控件
        {
            txtName.Text = std.StdName;
            bool bol = std.StdSex == "男" ? rdBoy.Checked = true : rdGirl.Checked = true;
            dtpBirth.Value = std.StdBirth;
            chkPayment.Checked = std.IsPayment;
            cmbMajor.SelectedItem = std.StdMajor;

            if (std.Level == "初级") rd1.Checked = true;
            else if (std.Level == "中级") rd2.Checked = true;
            else rd3.Checked = true;
            txtName.Focus();
        }
        //Load 事件处理过程
        private void FrmAdd_Load(object sender, EventArgs e)
        {
            Init();                                  //调用方法
        }

        //"保存"按钮 btSave 的事件处理过程: 修改数据并保存,然后关闭窗体
        private void button1_Click(object sender, EventArgs e)
        {
            std.StdID = Student.ID;
            std.StdName = txtName.Text;
            std.StdSex = rdBoy.Checked ? rdBoy.Text : rdGirl.Text;
            std.StdBirth = dtpBirth.Value;
            std.IsPayment = chkPayment.Checked;
            std.Level = rd1.Checked ? rd1.Text : rd2.Checked ? rd2.Text : rd3.Text;
            std.StdMajor = cmbMajor.Text;
```

```
        Close();                                    //修改完毕退出
    }
```

//"退出"按钮 btClose 的事件处理过程

```
    private void button2_Click(object sender, EventArgs e)
    {
        Close();
    }
}//FrmUpdate 类结束
}//命名空间结束
```

▶ **运行结果**

按 F5 键启动程序,单击主窗体上的"添加"按钮,在弹出的窗体中输入数据并单击"保存"按钮后,可以看到如图 4.42 所示的运行结果。

4.2.10 ScrollBar 滚动条控件与 ProgressBar 进度条控件

有些控件在内容超出其可视范围时,可以使用滚动条将不可见内容显示在可视范围内,例如 TextBox、Panel 和 FlowLayoutPanel 控件等。滚动条控件 ScrollBar 的滑块其可移动区域可以限制在某个数值范围,在该范围内,通过滑块位置指示当前值,拖动滑块或单击滚动条不同区域可以改变当前值。根据滑块移动方向可以分为水平滚动条 HScrollBar 和垂直滚动条 VScrollBar。

进度条控件 ProgressBar 与滚动条控件类似,都有设置数值范围和指示当前值的属性。但不同的是,用户无法改变进度条的位置,而是通过代码来控制。一般用于在需要长时间执行的任务中,通过进度条位置告知用户执行过程的进度,例如在下载过程中显示当前下载的进度。

掌握了 ScrollBar 控件的使用也就掌握了 ProgressBar 控件的使用,因此本节以 ScrollBar 控件的使用为例进行介绍。

(1) ScrollBar 和 ProgressBar 控件的常用属性。

① Minimum 属性:滚动条的最小值。

② Maximum 属性:滚动条的最大值。

③ Value 属性:滚动条当前值。

(2) ScrollBar 控件的常用事件。

① Scroll 事件:滚动条控件使用 Scroll 事件来监视滑块沿着滚动条的移动情况。使用 Scroll 事件,可以在拖动滚动条时访问滚动条值。

② ValueChanged 事件:当滚动条当前值发生改变时触发。

(3) ProgressBar 控件常用属性与 ScrollBar 控件常用属性相同。ProgressBar 控件事件很少使用。

应用实例 4.15 使用三个水平滚动条控件模拟调色板功能。

各种颜色都可由 R、G、B(红、绿、蓝)三色合成,而且三种颜色的数值范围都是 0～255。可以通过 Color 的 FromArgb 静态方法合成任意颜色,这里由三个水平滚动条代表三种颜色值,通过取得的值合成一种颜色作为 Panel 控件背景色。

新建项目,保存为 MyScrollBar。

界面布局

在 Form1 窗体中添加一个 Panel 控件,用于动态改变其背景色;添加三个水平滚动条控件,它们的当前值分别用来表示红 R、绿 G、蓝 B 三种颜色选取值;添加一个文本框,用来显示每个水平滚动条的当前值,添加 4 个标签控件用来描述其他控件的用途,界面布局如图 4.45 所示。

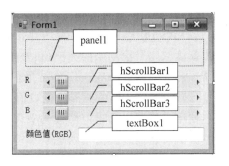

图 4.45　界面布局

程序代码

```
//省略自动生成的 using 部分
namespace MyScrollBar
{
    public partial class Form1 : Form
    {
        public Form1()  {  InitializeComponent();  }  //构造方法

        int r, g, b;
        void Init(HScrollBar bar)
        {
            bar.Maximum = 255;                    //最大值
            bar.Minimum = 0;                      //最小值
            bar.Value = 0;                        //当前值
        }
        //Load 事件处理过程: 初始化水平滚动条取值范围和当前值
        private void Form1_Load(object sender, EventArgs e)
        {
            Init(hScrollBar1);
            Init(hScrollBar2);
            Init(hScrollBar3);
        }
        //水平滚动条 Scroll 事件组的处理过程
        private void hScrollBar1_Scroll(object sender, ScrollEventArgs e)
        {
            r = hScrollBar1.Value;                //取得 hScrollBar1 当前值并保存
            g = hScrollBar2.Value;                //取得 hScrollBar2 当前值并保存
            b = hScrollBar3.Value;                //取得 hScrollBar3 当前值并保存
            Color c = Color.FromArgb(r, g, b);    //转换为颜色
            panel1.BackColor = c;                 //设置背景色
            textBox1.Text = string.Format("RGB({0},{1},{2})", r, g, b);
        }
    }//Form1 类结束
}//命名空间结束
```

代码说明

(1) Init 是自定义方法,以水平滚动条对象为参数,统一设置相同的取值范围和当前

值,这样就不需要重复为每个滚动条单独设置属性了。

(2) hScrollBar1_Scroll 是三个滚动条控件的事件组名,任何一个滚动条发生滚动时,都将重新读取每个滚动条的当前值,并作为 Color.FromArgb 方法的参数转换为颜色值,通过将该颜色值 c 设置为 panel1 的背景色显示出来。

(3) 任何一个颜色值都是整数值,如果将该整数转换为十六进制,可以作为网页元素的颜色使用。如可以通过上面代码中代表颜色的变量 c,调用其 ToArgb 方法,可以取得颜色的整数值后将其转换为十六进制字符串,如下面的实现:

```
int x = c.ToArgb();
string s = Convert.ToString(x,16);                    //将整数转换为十六进制字符串
```

由于 s 的结果包含透明度 A,如上面的结果格式可能为 FF0A0B0C,其中前两位 FF 代表透明度,而 R＝0A,G＝0B,B＝0C。网页标记的颜色值不包含透明度值,因此,只需取第三位开始的后面的子串,如 s＝s.SubString(2),得到的结果就是十六进制表示的字符串0A0B0C,这个值可以作为网页元素的颜色值使用。

▶ **运行结果**

按 F5 键启动程序,拖动界面上各个滚动条中的滑块,将看到如图 4.46 所示的运行结果。

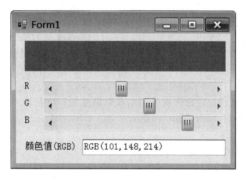

图 4.46 运行结果

4.2.11 PictureBox 图片控件

图片控件 PictureBox 用于显示图片,图片来自于内存、资源文件或本地图片文件。其主要的属性为 Image,代表要显示的图片。常用的属性还包括 SizeMode,取值为PictureBoxSizeMode 枚举值之一,如图 4.47 所示,其中,Normal 值代表在 PictureBox 中显示正常图片的大小,超出控件可视区域的部分将不可见;StrechImage 值以拉伸方式显示完整的图片;AutoSize 值根据图片的尺寸自动调整控件的尺寸;CenterImage 值表示居中显示图片;Zoom 值表示按比例缩放图片。

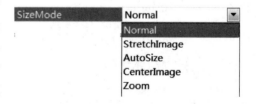

图 4.47 SizeMode 属性枚举值

应用实例 4.16 制作图片查看器。

使用 PictureBox 控件显示一张正常大小且完整的图片,如果图片超出可视范围,使用滚动条查看非可视图片部分。

由于 PictureBox 控件无滚动条,如果要实现在父容器中查看图片不可见部分,可以借助带滚动条的容器控件,如 Panel。在本例子中,将 PictureBox 控件添加到 Panel 控件,并设置 PictureBox 控件的 SizeMode 方式为 AutoSize,使 PictureBox 控件的尺寸自适应图片的大小;为使 Panel 控件自动显示滚动条,设置 Panel 控件的 AutoScroll 属性为 true,并设置其 Dock 属性为 Fill,填充整个窗体。这样就实现了当 PictureBox 的尺寸超出了父容器的可视范围时,通过滚动条查看图片的不可见区域。属性可以在"属性"窗体中设置,也可以通过代码动态设置,这里使用后者。

界面布局

新建项目,保存为 MyPictureBox。在 Form1 窗体中添加一个 Panel 控件,再将一个 PictureBox 控件添加到 Panel 控件中,界面布局如图 4.48 所示。

在 Form1 的 Load 事件处理过程中,输入以下的代码。

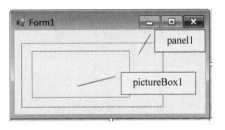

图 4.48 界面布局

代码片段

```
private void Form1_Load(object sender, EventArgs e)
{
    panel1.Dock = DockStyle.Fill;                        //填充窗体
    panel1.AutoScroll = true;                            //自动出现滚动条

    pictureBox1.Left = 0;pictureBox1.Top = 0;            //让图片控件位于容器控件左上角
    pictureBox1.SizeMode = PictureBoxSizeMode.AutoSize;  //设置控件随图片大小变化
    pictureBox1.Image = Image.FromFile(@"c:\1.jpg");     //装载图片文件并显示
}
```

代码说明

要正确运行本例,图片文件 C:\1.jpg 必须存在。

运行结果

按 F5 键运行程序,即可看到如图 4.49 所示的运行结果。

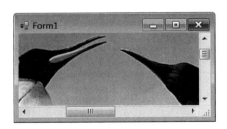

图 4.49 运行结果

4.2.12 TreeView 树视图控件

树视图控件 TreeView 用于实现类似 Windows 操作系统中"Windows 资源管理器"左窗格中显示目录的效果,即按树状结构来显示节点之间的层次关系,如图 4.50 所示。本节主要解决以下问题。

(1) 如何建立树节点?

（2）如何插入、删除和修改节点？

（3）如何取得选择的节点？

TreeView 控件中的节点之间的关系就像一棵倒立的"树"，"树"中所有的项都是树的节点，如图 4.50 中的桌面文件夹的树状结构。其中，"桌面"节点是树中的顶层节点，即根节点，顶层节点可以有一个，也可以有多个，也是其下层节点的父节点；凡是位于父节点中的节点，均为子节点，而没有下一层的子节点，称为叶子节点。

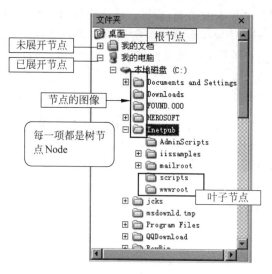

图 4.50　节点描述

树视图控件 TreeView 常用属性、常用方法和常用事件分别如表 4.12～表 4.14 所示。

表 4.12　TreeView 控件常用属性

名　　称	说　　明
Nodes	获取分配给树视图控件的树节点集合
SelectedNode	获取或设置当前在树视图控件中选定的树节点

表 4.13　TreeView 控件常用方法

名　　称	说　　明
CollapseAll	折叠所有树节点
ExpandAll	展开所有树节点
GetNodeCount	取得树中的节点数

表 4.14　TreeView 常用事件

名　　称	说　　明
AfterSelect	在选定树节点后发生

其中，每一个节点都属于 TreeNode 类型的对象；每一个 TreeNode 对象都有 Nodes 集合属性。集合属性一般都具有添加、修改、删除元素等方法。TreeNode 主要属性和 Nodes 主要方法如表 4.15 和表 4.16 所示。

表 4.15　TreeNode 主要属性

名　　称	说　　明
Nodes	该节点的子节点集合
Name/key	节点名称/关键字
Text	获取或设置在树节点标签中显示的文本
Parent	当前树节点的父树节点
ImageIndex	当树节点处于未选定状态时所显示图像的图像列表索引值
SelectedImageIndex	当树节点处于选定状态时所显示的图像的图像列表索引值
FullPath	从根树节点到当前树节点的路径
Index	树节点在树节点集合中的位置
Tag	获取或设置包含树节点有关数据的对象

表 4.16　Nodes 方法

名　　称	说　　明
Add	添加节点
Remove	从树视图控件中移除当前树节点
Collapse	折叠树节点
Expand	展开树节点
ExpandAll	展开所有子树节点
GetNodeCount	返回子树节点的数目

1. 节点的创建

可以使用 TreeNode 类的不同构造方法来创建单个节点。在构造方法中,可以指定节点文本、节点图像和选中节点时的图像,也可以指定已经创建好的节点数组。常用的构造方法如下。

```
public TreeNode();                              //创建空节点,可以在创建好后设置节点对象的其他属性
public TreeNode(string text);                            //创建带文本的节点
public TreeNode(string text, TreeNode[] children);
//创建带文本的节点的同时为其添加一组子节点
public TreeNode(string text, int imageIndex, int selectedImageIndex);
//创建带文本的节点,并指定节点图像的下标和选中时图像的下标,这种构造方法需要和 ImageList
//控件配合使用
```

如果要创建一个带文本的节点 tn,可以使用下面的语句:

```
TreeNode tn = new TreeNode("我的好友");
```

单独使用 TreeNode 类创建的节点对象,可以添加到 TreeView 控件中作为根节点,也可以作为其他节点对象的子节点。如使用下面的语句将 tn 作为根节点添加到 TreeView 控件中:

```
treeView1.Nodes.Add(tn);
```

Nodes 是每个节点对象具有的集合属性,可以使用其 Add 方法添加创建好的节点对象,或者直接创建子节点,如上面两条语句,可以使用下面的语句来代替:

```
treeView1.Nodes.Add("A1", "我的好友");                              //创建根节点同时添加关键字 A1
```

这里"A1"代表节点的关键字。对节点的引用可以通过下标,也可以通过关键字或节点名称(Name 属性),如 treeView1. Nodes[0]和 treeView1. Nodes["A1"]都代表节点文本为"我的好友"的节点 A1。如果一个节点没有设置关键字和名称,只能使用下标来引用。

可以使用下标或关键字的方式为 A1 节点添加子节点,例如:

```
treeView1.Nodes.Add("A1", "我的好友");
treeView1.Nodes[0].Nodes.Add("A11","严耿超");
treeView1.Nodes["A1"].Nodes.Add("A12","朱楷");
```

也可以写为:

```
TreeNode tn = new TreeNode("我的好友");
tn.Name = "A1";
treeView1.Nodes.Add(tn);
treeView1.Nodes[0].Nodes.Add("A11","严耿超");
treeView1.Nodes["A1"].Nodes.Add("A12","朱楷");
```

两段代码都实现为树 treeView1 添加根节点 A1,并为 A1 添加两个子节点 A11 和 A12。代码中的 Name 属性也是节点的关键字,单独创建节点时注意添加 Name 属性,以方便引用。通过 Add 方法直接创建节点时建议设置其关键字。

2. 节点的属性

节点常用的属性如下。

(1) Name:节点的名称,也作为节点的关键字使用。

(2) Text:节点的文本。

(3) ImageIndex:节点默认的图像下标。该属性要配合 ImageList 控件使用,表示非选中状态下,节点显示 ImageList 控件中图像的下标。

(4) SelectedImageIndex:当节点被选中时,显示 ImageList 中图像的下标。

(5) Tag:由于节点对象的 Name 或 Key 属性值可以重复,Tag 可以用于保存节点的附加信息,通过判断该属性来确定用户选择的节点。

ImageList 控件在工具箱的"所有 Windows 窗体"组中,运行时不可见。它包含两个常用属性,分别为 Images 和 ImageSize。Images 属性用于添加一组图片文件,一般是扩展名为 ico 的图标类型文件。ImageList 控件通常用作其他控件的图片来源,如 Button 按钮、Label 标签、RadioButton 单选按钮和 CheckBox 复选框控件等这些都有 ImageList 属性的控件,通过指定 ImageIndex 属性,可以显示来自 ImageList 控件中的图片;ImageSize 属性控制图片的宽度 Width 和高度 Height 属性,注意宽度和高度的取值范围只能介于 $1 \sim 256$ 之间。

应用实例 4.17　取得用户在 TreeView 控件中选择的节点并实现编辑操作。

本例演示带图像节点的建立过程,并对选择的节点实现添加子节点、删除和修改选中的节点以及查找节点的功能。为了建立带图像的节点,我们为窗体添加一个 ImageList 控件。

在实现对节点的操作之前,必须取得用户选择的节点。用户在 TreeView 控件上选择

节点后,会触发 AfterSelect 事件:

```
private void treeView1_AfterSelect(object sender, TreeViewEventArgs e){}
```

其中,参数 e 包含属性 TreeNode 类型的属性 Node,代表被选中的节点,可以定义一个字段保存该属性,以便在其他过程中进行处理。

另外,也可以直接使用 TreeView 的 SelectedNode 属性得到当前选中的节点,本例使用该属性取得当前选中的节点。

1. 具体实现

新建项目,保存为 MyTreeView。

界面布局

(1) 添加 ImageList 控件。

为项目中的 Form1 窗体添加一个 ImageList 控件,选中该控件,在"属性"窗口中,单击 Images 属性中的 ⋯ 按钮,如图 4.51 所示,将打开如图 4.52 所示的图像集合编辑器。在图 4.52 中,为 ImageList 控件添加三个 ico 类型图标文件。

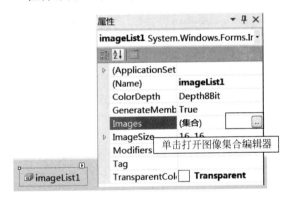

图 4.51　打开 ImageList 图像集合编辑器

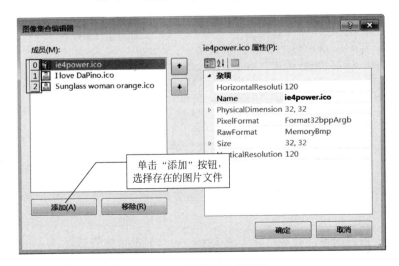

图 4.52　图像集合编辑器

（2）TreeView 控件和 ImageList 控件的关联。

完成为 ImageList 控件添加图片后，在 Form1 窗体中添加一个 TreeView 控件，4 个按钮控件，按钮的名称（文本）依次为：button1（创建节点）、button2（删除节点）、button3（修改节点）、button4（添加节点）。界面布局如图 4.53 所示。

为使 treeView1 控件的节点显示来自 ImageList 控件的图像，选中 treeView1 控件，在"属性"窗口中找到 ImageList 属性，选择 imageList1，如图 4.53 所示。

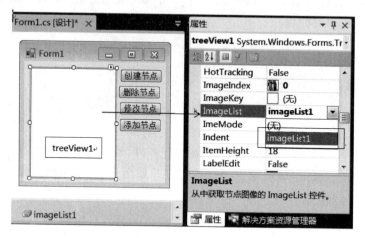

图 4.53　属性设置与界面布局

当 TreeView 控件在建立节点时，节点在选中状态和非选中状态的图像，可以通过设置节点的 ImageIndex 和 SelectedImageIndex 属性，从 ImageList 控件中找到对应下标的图像来显示。

Form1 窗体上各个按钮的事件处理过程如下。

🖳 "创建节点"按钮 button1 的事件处理过程

```
private void button1_Click(object sender, EventArgs e)
{
    treeView1.Nodes.Clear();                      //清空节点,每次单击按钮时重新创建
    treeView1.ImageList = imageList1;             //关联图像列表控件
    treeView1.Nodes.Add("MyFriend", "我的好友", 0, 0);
    treeView1.Nodes["MyFriend"].Nodes.Add("A1000", "柳青", 1, 1);
    treeView1.Nodes["MyFriend"].Nodes.Add("A1001", "周文科", 1, 1);
    treeView1.Nodes["MyFriend"].Nodes.Add("A1002", "严健武", 1, 1);
    treeView1.Nodes["MyFriend"].Nodes.Add("A1003", "李丽", 1, 1);

    treeView1.Nodes.Add("user", "最近联系人", 0);//再添加一个树的根节点
    treeView1.ExpandAll();                        //展开所有节点,显示每一个节点及其子节点
}
```

📄 代码说明

① button1 按钮的事件处理过程实现为 treeView1 建立初始节点。

② Nodes 集合中的 Clear 方法的作用是清空 treeView1 的所有节点。

③ treeView1. ImageList ＝ imageList1 语句用于设置 treeView1 的图像来源，如果在"属性"窗口中已设置 treeView1 的 ImageList 属性，则该语句可省略。

④ Nodes 集合中的 Add 方法中的参数 3 是未选中节点时显示的图像的下标；参数 4 是选中节点时图像的下标，这个下标是指节点显示的图像在 ImageList 控件中的下标。如果参数 3 和 4 的值一样，则选中该节点时，图像不变，这种情况下也可以省略参数 4。

⑤ ExpandAll 方法实现展开树控件的所有节点和子节点。每个节点也有该方法，表示展开该节点的所有子节点。如果只展开当前节点，则使用 Expand 方法；如果要折叠当前子节点，使用 Collapse 方法。

"删除节点"按钮 button2 的事件处理过程

```
private void button2_Click(object sender, EventArgs e)
{
    if (treeView1.SelectedNode != null)
    {
        treeView1.Nodes.Remove(treeView1.SelectedNode);
    }
}
```

代码说明

① button2 按钮的事件处理过程实现删除当前选中的节点。

② SelectedNode 属性表示当前选中的节点，如果没有选择任何节点，其值为 null。

③ Remove 方法用于删除指定的节点，包括其子节点。Nodes 集合属性还提供了根据下标或关键字删除节点的方法：RemoveAt(下标)和 RemoveByKey("Key")。RemoveByKey 方法只能删除属于它的直接子节点(第一级子节点)，Remove 和 RemoveAt 方法可以删除整个指定的节点，包括该节点中所有的子节点。如下面的方法将无法实现删除关键字为 A1003 的节点：

```
treeView1.Nodes.RemoveByKey("A1003");          //A1003 非根节点的直接子节点
```

"修改节点"按钮 button3 的事件处理过程

```
private void button3_Click(object sender, EventArgs e)
{
  if (treeView1.SelectedNode != null)
  {
      FrmNode frm = new FrmNode();
      if (frm.ShowDialog() == DialogResult.OK)
      {
          treeView1.SelectedNode.Text = frm.nodeText;
      }
  }
}
```

📋 代码说明

① button3 按钮的事件处理过程实现通过打开新窗体来取得用户输入的内容来替换当前选中节点的文本。

② FrmNode 是添加到项目中用于输入节点文本的窗体。

③ FrmNode frm = new FrmNode();语句表示建立 FrmNode 窗体对象 frm。

④ if(frm. ShowDialog() == DialogResult. OK) {}结构用于显示模式窗体,并在窗体关闭后取得窗体返回值。如果窗体返回值是 DialogResult. OK,则取得该窗体的公共字段 nodeText 的值,作为选中节点新的文本。

FrmNode 窗体是在项目中添加的新的窗体,用于接受用户输入的内容,把该内容作为选中或新增节点的文本。其界面布局如图 4.54 所示。

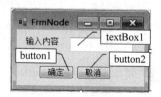

图 4.54 FrmNode 界面布局

📋 FrmNode 窗体类代码片段

```
public string nodeText = "";                         //公共字段
//"确定"按钮 button1 事件处理过程
private void button1_Click(object sender, EventArgs e)
{
    if (textBox1. Text != "")
    {
      nodeText = textBox1. Text;
      this. DialogResult = DialogResult. OK;
    }
}
//"取消"按钮 button2 事件处理过程
private void button2_Click(object sender, EventArgs e)
{
    this. DialogResult = DialogResult. Cancel;
}
```

📋 代码说明

① 定义公共字段 nodeText 的目的是保存用户在文本框中输入的内容,并让类外部可以读取该值。

② button1 按钮的事件处理过程实现在文本框中有输入时将文本框的值保存在公共字段 nodeText 中,然后将 DialogResult. OK 设置为窗体的返回值,同时自动关闭窗体。

③ button2 按钮的事件处理过程实现让窗体返回 DialogResult. Cancel 值并自动关闭窗体。

📋 "插入节点"按钮 button4 的事件处理过程

```
private void button4_Click(object sender, EventArgs e)
{
```

```
    if (treeView1.SelectedNode != null)
    {
      FrmNode frm = new FrmNode();
      if (frm.ShowDialog() == DialogResult.OK)
      {
          treeView1.SelectedNode.Nodes.Add(frm.nodeText, frm.nodeText);
      }
      treeView1.SelectedNode.ExpandAll();
    }
}
```

代码说明

① button4 按钮的事件处理过程实现为选中的节点添加子节点。子节点的文本通过打开 FrmNode 窗体来获取。

② 通过选中节点的 Add 方法,添加新的子节点并设置节点的关键字。添加节点后,调用 ExpandAll 方法展开选中节点的所有子节点。

运行结果

按 F5 键运行程序,选中"最近联系人"节点,单击"添加节点"按钮,可以看到如图 4.55 所示的运行结果。

图 4.55 运行结果

注意,在 TreeView 控件中对节点右击是无法选中节点的,如果要通过右击来选中节点,可以在 treeView1_MouseDown 事件处理过程中,添加以下的代码。

```
private void treeView1_MouseDown(object sender, MouseEventArgs e)
{
    TreeNode tn = treeView1.GetNodeAt(e.X, e.Y);
    treeView1.SelectedNode = tn;
}
```

说明:GetNodeAt 方法用于取得鼠标按键位置(e.X,e.Y)在节点矩形区域范围内的节点,把该节点设置为 TreeView 控件的 SelectedNode 属性值,从而使之成为当前选中的节点。

4.3　菜单、工具栏与状态栏

菜单一般包含一个应用程序所有功能的操作,而工具栏包含应用程序的常用功能,是菜单中常用功能的快捷操作;状态栏显示当前操作状态或与应用程序相关的信息。在 C♯中,这些功能都是通过工具箱的"菜单和工具栏"组中的控件来实现的。

4.3.1　MenuStrip 菜单控件的使用

在 C♯中,应用程序的菜单使用 MenuStrip 控件来实现。下面介绍如何通过该控件来为窗体添加菜单项;如何建立多级菜单;如何为菜单添加分隔线;如何添加菜单项图标;如何为菜单项添加快捷键。菜单建立后,可以为菜单项添加所需要的事件响应代码。

1. 创建菜单并添加菜单项

在需要创建菜单的窗体上,将工具箱的"菜单和工具栏"组中的 MenuStrip 菜单控件拖放到窗体上,然后选中菜单控件,将自动进入菜单编辑状态,如图 4.56 所示。依次输入所需的菜单文本,输入每一项后,控件都将自动产生下一项的输入位置,如图 4.57 所示,完成菜单的编辑后,在菜单控件外任意位置单击,将退出菜单编辑状态。

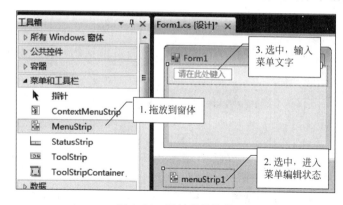

图 4.56　添加菜单控件

图 4.57　添加菜单项

2. 编辑菜单文本

如果需要编辑菜单项文本,可以单击窗体上已生成的菜单,或选中窗体下方菜单控件,都将使菜单进入编辑状态。在菜单项中慢速单击两次,可以对选中的菜单项的文本进行编辑;或选中菜单项,通过"属性"窗口对其 Text 属性进行修改。

3. 为菜单项添加快捷键

快捷键分为两种,一种是需要把菜单展开后,使用 Alt＋字母组合键执行菜单项的操作,我们称之为下拉快捷键;一种无须展开菜单,直接按功能键或组合键实现菜单项的操作,我们称之为直接快捷键,简称快捷键。

选中需要添加下拉快捷键的菜单项,在"属性"窗口中找到其 Text 属性,在字母前输入

"&",可以实现自动对其后的字母加下画线,表示该字母为下拉快捷键;如果要为菜单项添加直接快捷键,需要找到该菜单项的ShortcutKeys属性,选中需要的组合的修饰符和字母键即可,如图4.58所示。

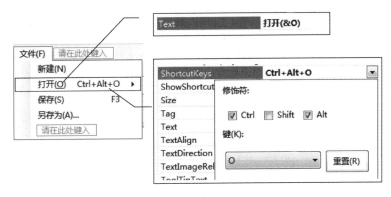

图4.58 添加快捷键

4. 为菜单添加图标

可以把每一菜单项当成Button控件来使用,要为菜单项添加图标,在其"属性"窗体中设置其Image属性即可。一般菜单的图标是扩展名为ico的图标文件。

5. 添加分隔线

分隔线的主要作用把功能相关的菜单项进行分组。在需要分隔线的菜单位置右击,选择"插入"→Separator,或直接输入字符"-",如图4.59所示。

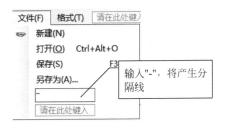

6. 创建多级菜单

选中需要添加多级子菜单的菜单项,在其右边显示的"请在此处输入"位置,与建立一般菜单项的操作方式相同,建立下一级菜单项,如图4.60所示。

图4.59 添加分隔线

7. 菜单项其他属性

菜单项左边显示的符号(√)表示当前该项功能正在使用,如图4.61所示。要在菜单项中显示或取消该符号,可以通过设置菜单项的Checked属性值为True(显示)或False(取消)来实现;如果设置了菜单项的CheckOnClick属性为True,则每次单击该菜单项时将自动在显示和取消之间切换,可以通过菜单项的Checked属性来判断该菜单项的当前状态。

图4.60 创建多级菜单　　　　　　图4.61 设置菜单项的状态

8. 为菜单项添加 Click 事件处理过程

可以把菜单项当成按钮来使用,为菜单项添加响应鼠标单击时的事件处理过程,与为按钮添加 Click 事件处理过程的方法一样。

例如,要为图 4.59 中的"文件"菜单中包含的"打开"子菜单项添加 Click 事件的响应代码,可以双击"打开"菜单项,将自动创建该菜单项默认的事件处理过程;也可以选中"打开"菜单项,在"属性"窗口的"事件"列表中找到 Click 事件双击,完成 Click 事件处理过程的创建。

在"打开"菜单项生成的事件处理过程中,添加如下代码。

```
private void 打开 OToolStripMenuItem_Click(object sender, EventArgs e)
{
        MessageBox.Show("你单击了打开菜单项");
}
```

当程序运行时,单击"打开"菜单项,将弹出信息对话框。其中,事件处理过程名中的"打开 OtoolStripMenuItem"是创建菜单项时默认的名称(Name 属性),由于名称太长,可以改为其他合适的名称。

9. 快捷菜单控件 ContextMenuStrip

ContextMenuStrip 是快捷菜单控件,也叫右键菜单,运行时默认不出现在界面中,当在其他控件位置右击时才会出现。快捷菜单控件的使用与 MenuStrip 控件类似,将 ContextMenuStrip 控件添加到窗体,创建菜单项并添加事件响应代码。由于快捷菜单只在对界面上的控件右击时才出现,因此,对界面上需要弹出该快捷菜单的控件设置 ContextMenuStrip 属性(例如窗体、按钮、容器控件等,都有该属性)为创建好的快捷菜单对象,这样,当程序运行时,右击该控件,将自动弹出快捷菜单。

4.3.2 工具栏与状态栏控件的使用

工具栏和状态栏相当于特别的容器控件,在控件中可以添加特定的子控件。拖放到窗体时,工具栏默认停靠在窗体顶部,如图 4.62 所示;而状态栏默认停靠在窗体的底部,如图 4.63 所示。在 C#中,可以添加到工具栏和状态栏的控件如图 4.64 所示。

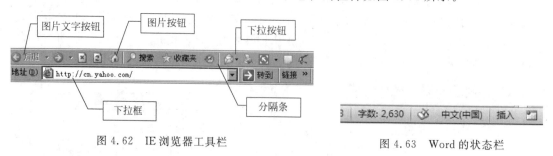

图 4.62 IE 浏览器工具栏   图 4.63 Word 的状态栏

工具栏、状态栏和菜单都位于工具箱的"菜单和工具栏"组中。当将工具栏控件 ToolStrip 添加到窗体时,它将停靠在窗体顶部。选中工具栏,单击出现带黑色下三角的图

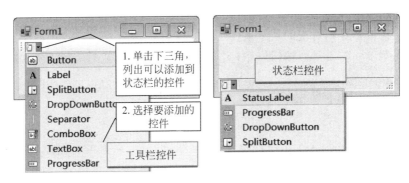

图 4.64 可以添加到工具栏和状态栏的控件

标时,将列出可以添加到工具栏的控件列表;当将状态栏控件 StatusStrip 添加到窗体时,它将停靠在窗体的底部。添加到工具栏和状态栏的所有控件与对应的普通控件使用方法基本一致,包括常用属性、方法和事件。

工具栏常用的控件包括按钮、标签、分隔线和文本框;状态栏常用的控件包括静态标签和进度条。除了工具栏的按钮控件可以有多种样式,其他控件因为使用方法与普通控件一致,不再单独介绍。这里只介绍出现在工具栏上的按钮的样式属性。除了具有普通按钮属性,其还可以在"属性"窗口中设置以下属性。

(1) Image:显示在工具栏控件上的图像。

(2) Text:显示的文本。

(3) DisplayStyle:按钮样式。用于设置按钮是否仅显示图像或仅显示文本,或者两者都显示,有以下取值。

① None:显示空白,相当于占位符。

② Text:仅显示文本,不显示图像。

③ Image:不显示文本,仅显示图像。

④ ImageAndText:同时显示文本和图像。

(4) TextImageRelation:文本与图像的相对位置,只有在 DisplayStyle 属性为 ImageAndText 时设置有效。包含以下几个 TextImageRelation 枚举值。

① ImageAboveText:图像在文本上部。

② ImageBeforeText:图像在文本前面。

③ TextAboveImage:文本在图像上面。

④ TextBeforeImage:文本在图像前面。

(5) ImageScaling:设置按钮中的图像是否为实际尺寸,包含以下两个 ToolStripItemImageScaling 枚举值。

① None:按钮适应按图像大小,即按图像原始大小显示在按钮上。

② SizeToFit:缩小图像,适应按钮的尺寸。

另外,按钮的文本对齐方式 TextAlign、图像对齐方式 ImageAlign 和 Size 属性只有在 AutoSize 属性为 False 时有效。当在"属性"窗口中改变工具栏按钮的 Size 属性时,可以看到文本和图像的对齐方式的设置效果。在默认情况下,这三个属性无效。

应用实例 4.18 使用菜单和工具栏,控制状态栏中进度条的进度显示。

在一个应用程序中,工具栏中的按钮代表菜单项的快捷操作,在工具栏上出现的按钮,一般都应该在菜单中找到对应的菜单项。

本例使用菜单项与工具栏按钮协作,实现无论单击菜单项或对应的工具栏按钮,都实现同一操作。

新建项目,保存为 MyMenu。

界面布局

在 Form1 窗体中添加一个定时器控件、一个菜单控件、一个工具栏控件和一个状态栏控件,保留各个控件默认的名称。在菜单控件中,添加"操作"主菜单,并为其添加 4 个子菜单项,子菜单项的 Text 属性分别为"开始""停止""分隔线"和"退出"。为工具栏添加两个按钮,按钮的 Text 属性分别为"开始"和"停止";为状态栏添加一个标签和进度条控件。表 4.17～表 4.19 是界面各个控件包含的子项的属性,界面布局如图 4.65(a)和图 4.65(b)所示。

(1)菜单项的属性(见表 4.17)。

表 4.17　"开始"和"停止"菜单项属性

"开始"菜单项属性	"停止"菜单项属性
Name:开始 SToolStripMenuItem Text:开始(&S) ShortcutKeys:Ctrl+S 为 Image 属性选择存在的图标文件	Name:停止 KToolStripMenuItem Text:停止(&K) ShortcutKeys:Ctrl+K 为 Image 属性选择存在的图标文件

(2)工具栏中控件的属性(见表 4.18)。

表 4.18　"开始"和"停止"按钮属性

"开始"按钮属性	"停止"按钮属性
Name:toolStripButton1 Text:开始 DisplayStyle:ImageAndText 为 Image 属性选择存在的图标文件	Name:toolStripButton2 Text:停止 DisplayStyle:ImageAndText 为 Image 属性选择存在的图标文件

(3)状态栏中的控件属性(见表 4.19)。

表 4.19　StatusLabel 标签和 ProgressBar 进度条控件属性

标签控件属性	进度条控件属性
类型:ToolStripStatusLabel Name:toolStripStatusLabel1 Text:当前进度	类型:ToolStripProgressBar Name:toolStripProgressBar1

代码片段

```
//自定义方法,初始化控件状态
void init()
{
```

(a) 窗体界面   (b) 主菜单

图 4.65 界面布局

```
toolStripProgressBar1.Maximum = 100;        //设置最大值
toolStripProgressBar1.Minimum = 0;          //设置最小值
toolStripProgressBar1.Value = 0;            //当前值
SetStatus(true, false, true, false);
}
```

//自定义方法,设置控件的状态
```
void SetStatus(bool b1, bool b2, bool b3, bool b4)
{
    开始 SToolStripMenuItem.Enabled = b1;      // "开始"菜单项
    停止 KToolStripMenuItem.Enabled = b2;      // "停止"菜单项
    toolStripButton1.Enabled = b3;             // "开始"按钮
    toolStripButton2.Enabled = b4 ;            // "停止"按钮
}
```

//窗体 Load 事件处理过程
```
private void myMenu_Load(object sender, EventArgs e)
{
    init();
}
```

//单击"开始"菜单项和工具栏"开始"按钮时,执行相同的事件处理过程代码
```
private void 开始 SToolStripMenuItem_Click(object sender, EventArgs e)
{
    timer1.Start();
    SetStatus(false, true, false, true);
}
```

//单击"停止"菜单项和工具栏"停止"按钮时,执行相同的事件处理过程代码
```
private void 停止 KToolStripMenuItem_Click(object sender, EventArgs e)
{
    timer1.Stop();
    SetStatus(true, false, true, false);
}
```

//定时器模拟进度
```
private void timer1_Tick(object sender, EventArgs e)
{
    if (toolStripProgressBar1.Value < toolStripProgressBar1.Maximum)
```

```
            toolStripProgressBar1.Value++;        //进度条当前值＋1
        else
        {
            timer1.Stop();
            init();
        }
    }
```

📄 代码说明

（1）自定义方法 Init 用于初始化界面控件的状态，SetStatus 方法实现菜单项和按钮的操作逻辑，即程序启动时，"开始"菜单和"开始"按钮可用，而"停止"菜单和"停止"按钮不可用；在单击了"开始"菜单或按钮后，"停止"菜单和按钮可用，两者操作状态相反；在单击"停止"菜单或按钮以及计时器停止时，恢复初始状态。

（2）"开始"菜单项和"开始"按钮均调用同一事件处理过程，即为它们创建了事件组。要使用事件组，首先要为"开始"菜单项创建 Click 事件处理过程，再为"开始"按钮的 Click 事件选择该事件处理过程。实现步骤如图 4.66 所示。

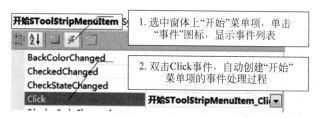

图 4.66　事件组操作

（3）定时器的 Tick 事件处理过程实现了进度条控件的步进显示，在达到进度条最大值时停止定时器，然后恢复界面控件的初始状态。

▶ 运行结果

按 F5 键运行程序，单击菜单项或工具栏上的"开始"按钮，可以看到如图 4.67 所示的运行结果。

图 4.67　运行结果

4.4 系统对话框

工具箱中的"对话框"组中有 5 个常用的系统对话框控件,分别为颜色对话框、文件夹浏览对话框、字体对话框、打开文件对话框和保存文件对话框,如图 4.68 所示。系统对话框控件使得我们的应用程序可以调用系统内置、具有统一风格的对话框。

图 4.68 对话框控件

4.4.1 颜色对话框

颜色对话框控件 ColorDialog 的主要作用是为用户提供选择系统的基本颜色或从调色板获取自定义颜色,从而可以在程序运行时,将取得的颜色值用于设置其他控件的前景色或背景色。

颜色对话框控件主要的属性是 Color,表示用户在对话框中选中的颜色;主要的方法是 ShowDialog 方法,该方法的作用是打开颜色对话框。

ShowDialog 方法也是打开其他系统对话框的基本方法。

应用实例 4.19 使用颜色对话框,设置容器控件 panel 中的背景色。

新建项目,保存为 MyColor。

界面布局

在 Form1 窗体中添加一个 Panel 容器控件和一个按钮控件,再添加一个颜色对话框控件 ColorDialog,保留各个控件默认名称。界面布局如图 4.69 所示。

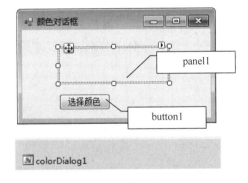

图 4.69 界面布局

代码片段

```
//创建"选择颜色"按钮 button1 的事件处理过程并添加以下代码
private void button1_Click(object sender, EventArgs e)
{
    if (colorDialog1.ShowDialog() == DialogResult.OK)
        panel1.BackColor = colorDialog1.Color;
}
```

代码说明

（1）ShowDialog 方法实现打开颜色对话框，如前所述，每个对话框都有返回值，返回值的类型为 DialogResult 枚举类型，如果在对话框中单击了"确定"按钮，则返回值为 DialogResult.OK，否则说明单击了其他非"确定"按钮或用户取消了选择。

（2）Color 属性为在颜色对话框中选择的颜色值，属于结构体类型。

▶ 运行结果

按 F5 键启动程序，单击界面上的"选择颜色"按钮，则可以看到如图 4.70 所示的效果。

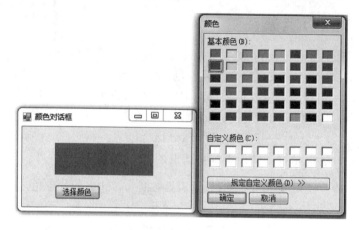

图 4.70　运行结果

4.4.2　"字体"对话框

"字体"对话框控件 FontDialog 用于为用户提供系统已安装字体的选择，另外还提供了字体颜色的选择。用户可以根据选择的字体和字体颜色，来设置其他控件文本的字体和颜色。

1. FontDialog 常用属性

（1）Font：表示在"字体"对话框中选择的字体，包括字体名、字型、字号等。

（2）Color：表示在"字体"对话框中选择的颜色值。

（3）ShowEffects：表示在"字体"对话框中是否预览字体效果，其值为 True 或 False。

（4）ShowColor：表示在"字体"对话框中是否提供颜色选择，其值为 True 或 False。

（5）ShowApply：表示"字体"对话框中是否显示"应用"按钮，其值为 True 或 False。各个属性的含义如图 4.71 所示。

2. FontDialog 常用方法

ShowDialog 方法：用于打开"字体"对话框。

3. FontDialog 常用事件

Apply 事件：在用户单击"字体"对话框中的"应用"按钮时触发的事件。

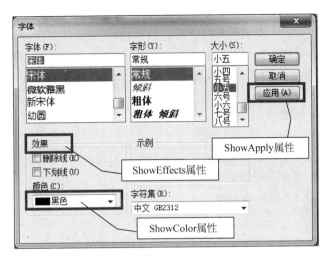

图 4.71 "字体"对话框

应用实例 4.20 使用"字体"对话框，设置 Label 控件的背景色和字体。

新建项目，保存为 MyFont。

界面布局

在 Form1 窗体中添加一个标签控件和一个按钮控件并保留默认的名称，界面布局如图 4.72 所示。

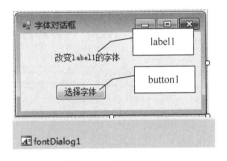

图 4.72 界面布局

代码片段

```
//创建"选择字体"按钮 button1 的事件处理过程并添加以下代码
private void button1_Click(object sender, EventArgs e)
{
    fontDialog1.ShowApply = true;          //显示对话框的"应用"按钮
    fontDialog1.ShowColor = true;          //显示对话框颜色选择
    fontDialog1.ShowEffects = true;        //显示对话框的字体效果
    //上面三个属性也可以在"属性"窗口中设置

    if (fontDialog1.ShowDialog() == DialogResult.OK)
    {
        label1.Font = fontDialog1.Font;
        label1.ForeColor = fontDialog1.Color;
    }
}
```

代码说明

(1) 属性值可以使用代码动态设置，如事件过程中的 ShowColor、ShowEffects 和 ShowApply，也可以在"属性"窗口中设置。

(2) fontDialog1.Font 表示在"字体"对话框中选择的字体，包括字体名称、字型和字号。

（3）fontDialog1.Color 表示在"字体"对话框中选择的颜色。

在不关闭"字体"对话框的情况下也可以获取和应用用户选择的字体属性，方法是设置字体对话框的 ShowApply 属性值为 true，表示单击"字体"对话框中的"应用"按钮时，同步设置控件文本的字体效果。要实现该效果，还必须为"字体"对话框控件添加 Apply 事件处理过程并添加如下代码。

```
private void fontDialog1_Apply(object sender, EventArgs e)
{
    label1.Font  = fontDialog1.Font;
    label1.ForeColor = fontDialog1.Color;

}
```

▷ **运行结果**

按 F5 键启动程序，单击界面上的"选择字体"按钮，可以看到如图 4.73 所示的效果。

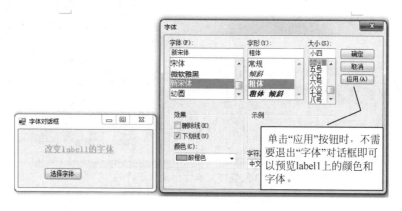

图 4.73　运行结果

4.4.3　文件夹浏览对话框

文件夹浏览对话框控件 FolderBrowserDialog 用于浏览和选择本地文件夹的绝对路径。

FolderBrowserDialog 控件的常用属性如下。

（1）RootFolder：指定出现在文件夹对话框中的起始文件夹（系统文件夹）的位置，其可以选择的值如图 4.74 所示。

其中比较常见的属性值如 Desktop 表示桌面；MyComputer 表示我的电脑；System 表示系统文件夹；Programs 表示系统程序安装文件夹等。如果要在代码中动态设置，则需要写为：

图 4.74　RootFolder 属性

```
folderBrowserDialog1.RootFolder = Environment.SpecialFolder.Desktop;
```

系统特殊文件夹的描述在 Environment.SpecialFolder 的枚举值中。

（2）ShowNewFolderButton：表示是否在对话框中显示"新建文件夹"按钮。如果该属性值为 True，那么在打开的对话框中单击"新建文件夹"按钮时将自动在当前位置创建新的文件夹。

（3）SelectedPath：在文件夹对话框中选择的文件夹路径。

与其他系统对话框常用的方法一样，其常用的方法是 ShowDialog，表示打开对话框。

应用实例 4.21 将选择的文件夹路径显示在文本框中。

创建项目，保存为 MyFolderDialog。

📇 **界面布局**

在 Form1 窗口中添加一个标签控件、一个文本框控件、一个按钮控件和一个文件夹浏览对话框控件，保留各个控件默认的名称，界面布局如图 4.75 所示。

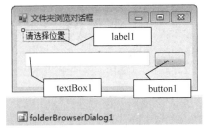

图 4.75　界面布局

🖳 **代码片段**

```
//创建"…"按钮 button1 的事件处理过程并添加以下代码
private void button1_Click(object sender, EventArgs e)
{
    folderBrowserDialog1.RootFolder = Environment.SpecialFolder.Desktop;    //1
    folderBrowserDialog1.ShowNewFolderButton = true;                        //2
    if (folderBrowserDialog1.ShowDialog() == DialogResult.OK)
        textBox1.Text = folderBrowserDialog1.SelectedPath;                  //3
}
```

📋 **代码说明**

（1）注释 1：设置打开对话框时显示的初始目录为桌面文件夹所在位置。

（2）注释 2：设置在对话框中显示"新建文件夹"按钮，使得打开对话框时可以在当前位置创建新的文件夹。

（3）注释 3：SelectedPath 表示在对话框中当前选择的文件夹的绝对路径。

▶ **运行结果**

按 F5 键运行程序，单击界面中的"…"按钮时，将弹出如图 4.76 所示的选择文件夹的界面。

4.4.4　打开文件对话框

打开文件对话框控件 OpenFileDialog 用于选择系统中存在的文件，得到文件的绝对路径。

图 4.76　运行结果

OpenFileDialog 控件常用的属性如下。

（1）Filter：指定要筛选的文件类型，即出现在对话框界面中的文件类型，其格式如下：

文件类型说明 | 文件扩展名 | 文件类型说明 | 文件扩展名 …

如要同时选择 bmp 格式文件和 jpg 格式文件，可以写为：

Bmp 文件 | ＊.bmp | Jpg 文件 | ＊.jpg

（2）Title：对话框标题栏的标题文字。

（3）InitialDirectory：对话框显示时的初始文件夹位置，其值为字符串类型。

（4）Multiselect：表示是否允许同时选择多个文件，默认为 False。

（5）FileName：字符串，表示用户在对话框中选择的文件的绝对路径。

（6）FileNames：字符串数组，表示用户在对话框中选择的多个文件。当 Multiselect 属性设置为 True 时，表示用户可以选择多个文件，此时需要检测该属性，依次取得文件名；当 Multiselect 属性设置为 False 时，检测 FileName 属性以取得用户选择的单一文件。

与其他系统对话框常用的方法相同，其常用的方法是 ShowDialog，表示打开对话框。

应用实例 4.22　选择本地图片文件，并显示在 PictureBox 图片控件中。

创建项目，保存为 MyOpenDialog。

🔲 **界面布局**

在 Form1 窗体中添加一个 PictureBox 控件、一个 Button 控件和一个 OpenFileDialog 控件，保留各个控件默认名称，界面布局如图 4.77 所示。

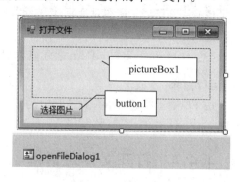

图 4.77　界面布局

代码片段

```
//创建"选择图片"按钮 button1 的事件处理过程并添加以下代码
private void button1_Click(object sender, EventArgs e)
{
    openFileDialog1.InitialDirectory = "C:\\PIC";
    openFileDialog1.Title = "请选择图片文件";
    openFileDialog1.Filter = "BMP 文件|*.bmp|JPG 文件|*.jpg";
    openFileDialog1.FileName = "";

    if (openFileDialog1.ShowDialog() == DialogResult.OK)
    {
        if (openFileDialog1.FileName != "")
        {
            pictureBox1.Image = Image.FromFile(openFileDialog1.FileName);
        }
    }
}
```

代码说明

（1）InitialDirectory 属性设置了打开对话框时，初始显示文件的目录为 C:\PIC，其必须是完整的路径，而且必须是实际存在的路径。

（2）Filter 属性限制了只筛选出 bmp 和 jpg 类型文件，其他类型文件不显示在对话框中。

（3）FileName 属性初始值设置为空，在用户单击了"确定"按钮时，如果不为空则表示选择了存在的文件，该值代表用户选择的文件的绝对路径。

（4）Image.FromFile 方法用于装载指定的图片文件，返回 Image 对象作为其他控件显示的图片。

运行结果

按 F5 键运行程序，单击界面中的"选择图片"按钮时，将弹出如图 4.78 所示的打开文件对话框，如图 4.79 所示为选择文件后的最终运行结果。

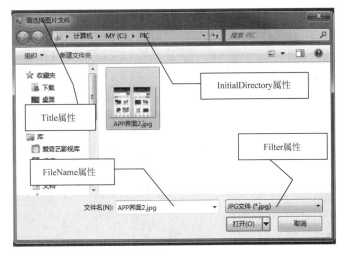

图 4.78 文件选择对话框

图 4.79 运行结果

4.4.5 保存文件对话框

保存文件对话框控件 SaveFileDialog 用于提供给用户选择保存文件时的文件名和位置。其使用方法与打开文件对话框控件类似,不同之处在于保存文件对话框可以在指定位置选择存在的文件或输入不存在的文件,同时可以通过设置相应的属性,提示用户是否覆盖已存在的文件,或提示是否创建新文件。主要属性与打开文件对话框控件相同,其他常用属性如下。

(1) OverwritePrompt:表示是否在选择的文件已存在时出现覆盖文件的提示。

(2) CreatePrompt:表示在输入的文件名不存在时是否出现创建新文件的提示。

(3) DefaultExt:如果输入文件名没有扩展名,自动加上该属性设置的扩展名。

与其他系统对话框常用的方法一样,其常用的方法是 ShowDialog,表示打开对话框。

应用实例 4.23 在文本框控件中显示用户选择的文件及位置。如果选择的文件已存在,提示是否覆盖;如果输入的文件名不存在,提示是否创建;如果输入的文件名没有扩展名,自动加上.txt 作为文件扩展名。

创建项目,保存为 MySaveDialog。

📖 **界面布局**

在 Form1 窗体中添加一个标签、一个文本框和一个按钮控件,保留各个控件默认的名称。界面布局如图 4.80 所示。

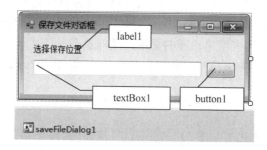

图 4.80 界面布局

📖 **代码片段**

```
//"…"按钮 button1 的事件处理过程
private void button1_Click(object sender, EventArgs e)
{
    saveFileDialog1.CreatePrompt = true;                    //1.创建新文件时提示
    saveFileDialog1.OverwritePrompt = true;                 //2.覆盖同名文件时提示
    saveFileDialog1.DefaultExt = ".txt";                    //3.默认文件扩展名
    saveFileDialog1.Filter = " * . * | * . * ";             //4.文件类型过滤器:所有文件
    saveFileDialog1.InitialDirectory = "c:\\";              //5.初始目录

    if (saveFileDialog1.ShowDialog() == DialogResult.OK )   //6.判断返回值
    {
        textBox1.Text = saveFileDialog1.FileName;           //取得文件名
    }
}
```

代码说明

（1）注释1：实现在打开的对话框中输入当前位置不存在的文件名时，出现是否创建新文件的提示，大多数情况下保存文件时不需要这样的提示。

（2）注释2：实现在对话框中选择或输入已存在的文件名时，出现是否覆盖的提示。

（3）注释3：当在对话框中输入的文件没有扩展名时，自动为文件名添加扩展名，默认情况下不会自动添加。

（4）注释4：文件类型过滤器，设置可选择的指定类型的文件。＊.＊代表任意类型文件。

（5）注释5：设置对话框保存文件的初始位置，这里是C:\。

（6）注释6：如果对话框返回值是枚举值DialogResult.OK，代表用户在对话框中选择了或输入了文件名。

运行结果

按F5键运行程序，单击图4.81界面中的"…"按钮时，将弹出如图4.82所示的选择文件来保存的界面。在图4.82中输入当前位置不存在的文件名aa，并单击"确定"按钮后，界面中的文本框将显示c:\aa.txt，如图4.81所示。

图4.81　运行结果

图4.82　在对话框中输入不存在文件时的提示

小结

本章介绍了Windows窗体应用程序开发中常用的界面设计元素和协助实现程序功能的控件。读者首先应了解各个控件的作用，掌握控件常用属性、方法和事件。熟悉控件的使用可以帮助我们在界面设计时有更多、更灵活的选择。对每个控件的使用基本都提供了应用实例,每个实例都需要通过上机实践来加深理解,从实例中学会程序设计的基本思路,提高编写代码的能力。

为控件创建所需的事件处理过程是开发项目过程中必备的技能。控件的默认事件处理过程可以通过双击控件自动创建,非默认事件处理过程可以在"属性"窗口中的"事件"列表中通过选择来创建,而通过代码来为对象关联事件处理过程需要对第 3 章中介绍的委托和事件的内容有较深入的理解。

每个实用的应用程序都不会只有一个窗体。读者需要掌握窗体顺序启动的方法,例如登录窗体和主窗体;以及根据需要打开特定窗体的方法,例如在主窗体中,打开数据录入窗体和编辑窗体。此外,在窗体之间如何传递数据也是必须掌握的内容。

系统对话框控件的使用方式都相似,窗体也是对话框,都可通过 ShowDialog 方法作为模式窗体打开,都具有 DialogResult 枚举类型的返回值。系统对话框控件通过返回值是否是 DialogResult. OK 枚举值来判断用户的选择。对于使用 ShowDialog 方法打开的自定义窗体,可以通过为其 DialogResult 属性赋值来自动关闭并返回设置值。

上机实践

练习 4.1　新建项目,保存为 Ex4_1。在程序运行时,动态创建 10 个按钮控件作为子控件添加到流式布局面板控件 FlowLayoutPanel 中,设置 FlowLayoutPanel 控件填充窗体并自动显示滚动条;设置合适的按钮尺寸,使按钮显示图片和文字;其中自行选择两个图片分别代表电脑的在线与离线状态,奇数位置按钮显示在线,偶数位置按钮显示离线,单击任意一个按钮时,使用信息对话框显示按钮的文本,运行效果如图 4.83 所示。

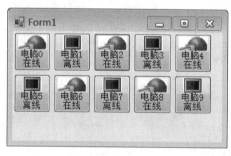

图 4.83　练习 4.1 运行界面

练习 4.2　新建项目,保存为 Ex4_2。实现在程序运行时,单击按钮,将一个多行文本框的内容,添加行号后显示在另外一个文本框中,运行效果如图 4.84 所示。

练习 4.3　新建项目,保存为 Ex4_3。设计如图 4.85 所示的运行界面,当单击界面中的"查看选择"按钮时,将用户选择的结果显示在标签控件中。

练习 4.4　新建项目,保存为 Ex4_4。为项目添加两个窗体 Form1 和 Form2。在 Form1 中保存用户在界面上输入的代表菜品项的信息:菜名、价格和是否推荐,以及保存选择的菜品图片文件,如图 4.86(a)所示;新建一个 FoodItem 类用来保存一个菜品项信息,当单击"显示"按钮时,打开 Form2 窗体,并将所有录入的菜品项信息显示在 Form2 窗体的列表框控件中;当在 Form2 窗体选中列表框项时,在标签控件中显示选中项的具体信息,如图 4.86(b)所示。

图 4.84 练习 4.2 运行界面

图 4.85 练习 4.3 运行界面

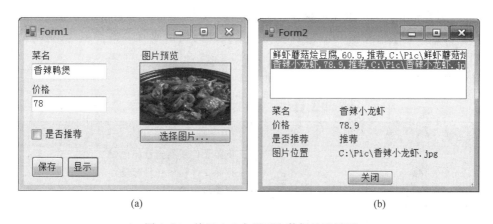

(a)   (b)

图 4.86 练习 4.4 主界面和数据显示界面

练习 4.5 新建项目,保存为 Ex4_5。模仿 Windows 记事本应用程序的运行界面,在 Form1 窗体中添加与记事本中"文件"操作菜单一致的菜单,并用多行文本框填充窗体。

第5章

文件操作

本章导读

文件操作是应用程序必不可少的功能。与文件相关的典型操作包括对文件的创建、复制、移动、删除以及对文件内容的读写；目录的创建、移动和枚举目录内容等,这些典型的操作可以使用 System.IO 命名空间的 File 和 Directory 静态类来实现,而非静态类 FileInfo 和 DirectoryInfo 用于取得特定文件和目录的相关属性。此外,在 C# 中主要使用 FileStream 类对各种类型的文件的内容以字节为单位进行随机读写,而 StreamReader 和 StreamWriter 类用于简化对文本文件的读写。

5.1 File 类

File 类用于完成对文件典型的操作,如复制、移动、创建、打开、删除以及对文件内容的读、写和追加操作。也可使用 File 类获取和设置文件的属性或有关文件创建、访问及写入操作的日期等信息。

File 是静态类,包含主要的静态方法,如表 5.1 所示。

表 5.1　File 类主要的静态方法

方　法　名	说　　明
Copy	将源文件复制到目标位置
Move	将源文件移动到目标位置
Delete	删除指定的文件
Exist	判断给定的文件是否存在
Create	创建文件,返回 FileStream 对象
OpenRead	以只读方式打开文件,返回 FileStream 对象
OpenWrite	以只写方式打开文件,返回 FileStream 对象
ReadAllText	读出指定文本文件内容,返回字符串
WriteAllText	以覆盖方式将文本写入文件
AppendAllText	以追加方式将文本写入文件

注:所有的 File 方法都要求指定操作所需要的文件路径。

一个典型的文件路径包含若干部分,如文件名、扩展名、根目录、子目录和父目录等。如有文件路径信息为:

```
C:\Windows\System32\config\news.png
```

则该路径信息包含以下几个概念。

（1）文件绝对路径：C:\Windows\System32\config\news.png。

（2）文件目录：C:\Windows\System32\config。

（3）文件名：news.png。

（4）文件扩展名：png。

（5）根目录：C:\。

（6）config 是 C:\Windows\System32 的子目录，而 C:\Windows\System32 是 config 的父目录。

目录有时又称路径、文件或文件夹的位置等，如上面文件的绝对路径，又叫文件的全路径、文件及其位置或文件及其所在的文件夹等，为描述方便，在不会产生歧义的情况下，本章对这些概念的多种叫法不做严格的区分。

注意，本章所有与文件操作相关的类都包含在 System.IO 命名空间中。因此，直接使用这些类时，需要声明对该命名空间的引用。

File 类是静态类，常用的静态方法如下。

（1）Exists 方法。

① 方法签名：bool Exists(string path)。

② 功能：判断指定的文件是否存在。

③ 参数：path 代表指定的文件。

④ 返回值：布尔类型，true 表示文件存在，false 表示文件不存在。

（2）Copy 方法。

① 方法签名：void Copy（string sourceFileName，string destFileName[，bool overwrite]）。

② 功能：将源文件复制为目标文件。

③ 参数：第一个参数 sourceFileName 代表源文件，第二个参数 destFileName 代表目标文件，第三个参数 Overwrite 参数表示是否覆盖目标文件，可选，如果取值为 true，则覆盖存在的目标文件；如果取值为 false，在目标文件已存在时将抛出异常，默认值为 false。

返回值：无。

（3）Delete 方法。

① 方法签名：void Delete(string path)。

② 功能：删除指定的文件。

③ 参数：参数 path 代表要删除的文件。如果要删除的文件不存在，不会抛出异常。

④ 返回值：无。

（4）Move 方法。

① 方法签名：void Move(string sourceFileName，string destFileName)。

② 功能：将源文件移动到目标位置。

③ 参数：第一个参数 sourceFileName 代表要复制的源文件，第二个参数 destFileName 代表目标文件。如果源文件不存在，则抛出异常。

④ 返回值：无。

（5）ReadAllText 方法。

① 方法签名：string ReadAllText(string path[，Encoding encoding])。

② 功能：读取文本文件的内容，然后关闭文件。

③ 参数：第一个参数 path 表示要读取的文本文件，第二个参数 encoding 表示文本文件的编码方式，可选。如果指定了第二个参数，则按指定的编码读取文本文件内容，否则，按默认的编码读取文本文件内容。Encoding 类在命名空间 System. Text 中。

④ 返回值：字符串类型数据，代表读取的文本文件的内容。

（6）WriteAllText 方法。

① 方法签名：void WriteAllText(string path, string contents[，Encoding encoding])。

② 功能：将字符串数据写入到指定的文件中。

③ 参数：第一个参数代表文件名及其位置，第二个参数表示要写入文本文件的字符串数据，第三个参数表示保存文件时的编码方式，可选。如果指定了第三个参数，则按指定编码保存，否则按系统默认编码保存。

④ 返回值：无。

（7）ReadAllLines 方法。

① 方法签名：string[] ReadAllLines(string path[，Encoding encoding])。

② 功能：按默认或指定的编码，从指定的文本文件中读取所有的行数据。

③ 参数：含义同 ReadAllText 方法中的描述。

④ 返回值：字符串数组。

（8）AppendAllText 方法。

① 方法签名：void AppendAllText(string path, string contents[，Encoding encoding])。

② 功能：将字符串数据添加到文本文件末尾。可以指定编码或默认编码。如果指定的文件不存在，则自动创建该文件。

③ 参数：含义同 ReadAllText 方法中的描述。

④ 返回值：无。

应用实例 5.1　将 c:\a. txt 复制到 d:\b. txt，如果目标文件存在则覆盖。

新建项目，保存为 MyFile。在 Form1 窗体中添加一个名称为 button1 的按钮，并在其事件处理过程中添加以下的代码。

📄 **代码片段**

```
if (File. Exists("c:\\a. txt"))
{
    File. Copy("C:\\a. txt", "D:\\b. txt", true);
}
else
{
    MessageBox. Show("源文件文件不存在!","提示");
}
```

代码说明

（1）首先判断源文件 a.txt 是否存在，如果存在，则以覆盖方式复制到 D 盘根目录。

（2）Copy 方法的功能是将源文件复制到目标位置。其第一个参数表示源文件，第二个参数表示目标位置（可以与源文件同名，或重新命名保存），第三个参数为 true，表示如果目标位置已经存在同名文件，则覆盖；false 表示如果存在同名文件，则抛出异常。

注意：

（1）复制文件之前必须判断源文件是否存在，否则会出现"未找到文件"的错误。

（2）移动文件前必须判断目标文件是否存在，否则会出现"文件已经存在"的错误。

（3）字符串中的"\\"是转义字符，如果要使用原义字符串，则在字符串前加 @。

（4）如果要重命名文件，可以使用 Move 方法将文件移动到同一位置。

应用实例 5.2　使用文件保存对话框控件将在文本框中输入的内容保存为文本文件；使用打开文件对话框控件将选择的文本文件的内容显示在文本框中。

新建项目，保存为 MyText。

界面布局

在 Form1 窗体上添加两个 Button 和两个 TextBox 控件，添加一个 SaveFileDialog 控件和一个 OpenFileDialog 控件，保留各个控件默认的名称。分别设置两个文本框的 Multiline 属性为 True；ScrollBars 属性为 Both；WordWrap 属性为 False，让其成为带滚动条的多行文本框。界面布局如图 5.1 所示。

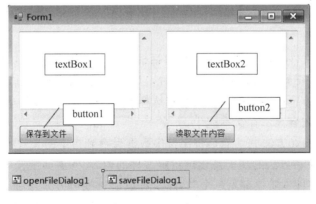

图 5.1　界面布局

程序代码

```
//省略自动生成的using部分
using System.IO;                                    //声明对命名空间的引用
namespace MyText
{
    public partial class Form1 : Form
    {
        public Form1() {   InitializeComponent(); }
        //"保存到文件"按钮 button1 的事件处理过程
        private void button1_Click(object sender, EventArgs e)
```

```
        {
            saveFileDialog1.Filter = "文本文件| * .txt";        //仅选择文本文件
            saveFileDialog1.Title = "保存文件";                //对话框标题
            saveFileDialog1.InitialDirectory = @"c:\";         //初始保存目录
            if (saveFileDialog1.ShowDialog() == DialogResult.OK) //选择了文件
            {
                //保存文本框输入的内容到选择的文件
                File.WriteAllText(saveFileDialog1.FileName, textBox1.Text);
            }
        }
        //"读取文件内容"按钮 button2 的事件处理过程
        private void button2_Click(object sender, EventArgs e)
        {
            openFileDialog1.Filter = "文本文件| * .txt";        //仅选择文本文件
            openFileDialog1.Title = "打开文件";                //对话框标题
            openFileDialog1.InitialDirectory = @"c:\";         //初始目录
            if (openFileDialog1.ShowDialog() == DialogResult.OK) //选择了文件
            {
                //读取文件的内容
                textBox2.Text = File.ReadAllText(openFileDialog1.FileName);
            }
        }
    }//Form1 类结束
}//命名空间结束
```

📄 代码说明

（1）有关保存文件对话框和打开文件对话框控件的使用已在第 4 章介绍，这里设置了其初始目录属性，并得到选择的文件绝对位置，以便进行读写文件操作。button1 的事件响应代码实现将在文本框中输入的内容保存到选择的文件中，buton2 的事件响应代码实现打开选择的文件并将内容显示在文本框中。

（2）WriteAllText 方法的功能是将字符串数据保存到指定的文件中。

（3）ReadAllText 方法的功能是读出指定文件的内容，并返回字符串数据。

另外，所有的控件本质上都是一个类，除了可以通过拖放方式添加到窗体，也可以通过代码方法来创建。上面例子中的保存文件对话框控件，可以通过以下代码来创建而不需要直接拖放到窗体，例如：

```
SaveFileDialog sfd = new  SaveFileDialog();      //创建保存文件对话框对象 sfd
sfd.Filter = "文本文件| * .txt";                  //设置属性：仅选择文本文件
sfd.Title = "保存文件";                           //设置属性：对话框标题
sfd.InitialDirectory = @"c:\";                    //设置属性：初始保存的位置
sfd.ShowDialog();                                 //显示对话框
```

▶ 运行结果

按 F5 键运行程序，单击界面中的不同按钮将弹出不同对话框，运行结果如图 5.2 所示。

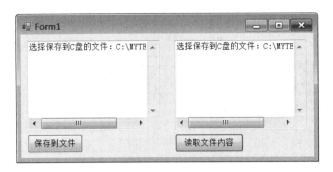

图 5.2　运行结果

典型案例　模仿并实现 Windows 记事本基本功能

本例需要读者先熟练使用 Windows 记事本中的"文件"菜单包含的功能,注意观察在当前编辑的内容修改前后,分别执行记事本应用程序菜单中的"新建""打开""保存""另存为"和"退出"操作时出现的不同提示。

1. 案例分析

1) 系统框架图

本例模仿 Windows 的记事本应用程序的功能,实现了对文本文件内容的基本操作,包括新建文件、打开文本文件并将文件的内容显示在界面的多行文本框中、保存修改后的文件内容,并可以将当前编辑的文件另存到指定的位置。其实现的功能框架如图5.3所示。

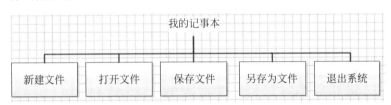

图 5.3　系统框架图

2) 操作逻辑

根据对 Windows 的记事本应用程序的操作过程分析,保存文件和另存文件的操作逻辑如图 5.4 所示。

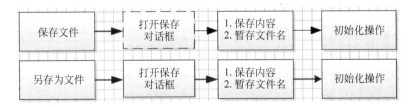

图 5.4　保存和另存功能的操作逻辑示意图

新建文件、打开文件和退出系统操作逻辑类似,如图 5.5 所示。

从图 5.4 和图 5.5 可知,除了"另存为文件"功能之外,执行其他所有操作之前,都必须

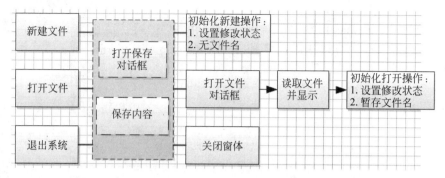

图 5.5 新建文件、打开文件和退出系统功能操作逻辑示意图

注：图中的虚线表示根据实际情况来决定是否需要执行。

判断文本框中已存在的内容是否被修改，如果被修改，则需要提示用户保存。为了代码重用，将每个步骤都可能用到的"保存内容"功能单独设计为 SaveFile 方法。另外，只有两种情况下才需要弹出保存对话框，一种是使用"保存文件"功能时文件位置未指定，一种是使用了"另存为文件"功能，根据这两个条件来决定是否弹出保存文件对话框。

而判断内容是否被修改，可以定义一个 bool 类型的状态变量 isChange，并在文本框中的 TextChanged 事件中进行检测，该事件在文本框的内容发生改变时触发，在该事件中，将状态变量 isChange 设置为 true，调用 SaveFile 方法后将该变量恢复为 false。

此外，执行图 5.5 中"新建文件""打开文件"和"退出系统"操作前，都要先判断当前编辑的内容是否已保存，然后再执行各自的具体操作。

2．功能模块分析

（1）新建文件：如果当前编辑的内容被修改，提示用户保存，然后执行"新建文件"功能的初始化操作，包括：①清空文本框；②设置当前状态为非修改状态；③初始化保存位置。

（2）打开文件：如果当前编辑的内容被修改，提示用户保存，然后再打开在文件对话框中选择的文件，并将文件的内容显示到文本框中，最后执行"打开文件"功能的初始化操作，包括：①保存选择位置，便于下次直接执行保存功能；②设置当前状态为非修改状态。

（3）退出系统：如果当前编辑的内容被修改，提示用户保存，然后关闭窗体。

"新建文件""打开文件"和"退出系统"功能的执行流程都是相同的，如图 5.6 所示。

（4）保存文件：判断当前文件位置是否已指定，如果已经指定，将当前编辑的内容写入到指定的文件中，也就是直接保存；如果当前无文件位置，打开保存文件对话框，让用户选择保存文件的位置并向选择的文件写入内容。

（5）另存为文件：直接打开保存文件对话框，让用户重新选择保存位置并执行写入文件的操作，该操作无须判断内容是否修改。

"保存文件"与"另存为文件"功能的执行流程如图 5.7 所示。

3．具体实现

新建项目，保存为 MyFile。

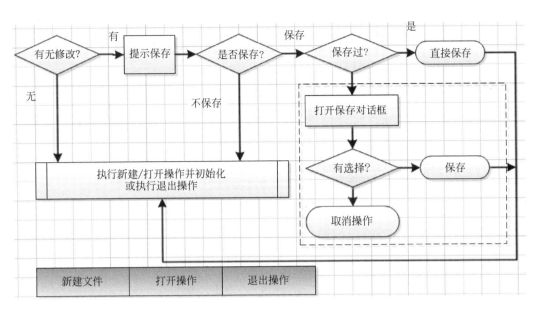

图 5.6　新建文件、打开文件和退出系统的流程图

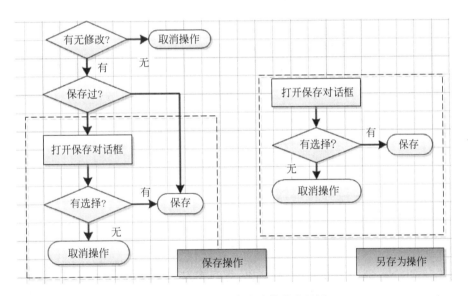

图 5.7　保存与另存为功能的流程图

界面布局

在 Form1 窗体中添加一个 Panel 控件，并将 5 个按钮控件作为子控件添加到其中，修改各个按钮的名称和文本如图 5.8 所示，最后添加一个带滚动条的多行文本框，填充窗体剩下的空间。理解本例功能实现后，请读者自行设计菜单来代替各个按钮的功能。

为了对代码有个整体了解，下面先给出如图 5.9 所示的代码清单。

代码清单说明如下。

（1）窗体类中定义的 isChange 和 fileName 两个字段，分别代表当前文本框内容是否发生改变，以及文件当前的保存位置。

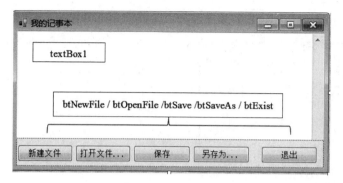

图 5.8　界面布局

```
using System.IO;
namespace MyFile
{
    public partial class Form1: Form
    {
        public Form1()[...]
        public bool isChange = false;//是否修改了内容
        public string fileName = "";//当前文件保存位置
        //新建、打开和退出操作之前，都要判断是否修改了上一次编辑的内容
        void SaveChange()[...]
        //执行实际的保存操作
        void SaveFile(bool isSaveAs=false)[...]
        //新建文件按钮 btNewFile事件处理过程
        private void btNewFile_Click(object sender, EventArgs e)[...]
        //打开文件按钮btOpenFile事件处理过程
        private void btOpenFile_Click(object sender, EventArgs e)[...]
        //退出按钮btExist事件处理过程
        private void btExist_Click(object sender, EventArgs e)[...]
        //保存按钮btSave事件处理过程
        private void btSave_Click(object sender, EventArgs e)[...]
        //另存为按钮btSaveAs事件处理过程
        private void btSaveAs_Click(object sender, EventArgs e)[...]
        //文本框内容有修改时触发的事件
        private void textBox1_TextChanged(object sender, EventArgs e)[...]
    }
}
```

图 5.9　代码清单

（2）SaveChange 是自定义方法，在新建、打开和退出操作之前，都需要执行的过程，即如果内容有修改，提示用户是否保存，只有需要保存时才调用保存的方法。

（3）SaveFile 为自定义方法，真正实现将当前编辑的内容保存到指定的文件中。

其余为事件处理过程，其中：

（1）textBox1_ TextChanged 事件处理过程，用于检测当前文本框内容是否发生了改变。

（2）btNewFile_Click 为"新建文件"按钮的事件处理过程。

（3）btOpenFile_Click 为"打开文件"按钮的事件处理过程。

（4）btSaveAs_Click 为"另存为…"按钮的事件处理过程。

（5）btSave_Click 为"保存"按钮的事件处理过程。

（6）btExist_Click 为"退出"按钮的事件处理过程。

程序代码

```csharp
//省略自动生成的 using 部分
using System.IO;                                      //File 所在命名空间
namespace MyFile
{
    public partial class Form1 : Form
    {
        public Form1() {    InitializeComponent();    }   //构造方法
        public bool isChange = false;                    //1.是否修改了内容
        public string fileName = "";                     //2.当前文件保存位置
        //3.自定义方法
        //新建、打开和退出操作之前,都要判断是否修改了上一次编辑的内容
        void SaveChange()
        {
            if (!isChange) return;                       //没有修改则无须保存
            if (MessageBox.Show("文件已经修改,是否保存?", "确认",
                MessageBoxButtons.YesNo, MessageBoxIcon.Question) == DialogResult.Yes)
            {
                SaveFile();                              //4.保存操作
            }
        }

        //5.自定义方法: 保存内容到文件
        void SaveFile(bool isSaveAs = false)
        {
            if (fileName == "" || isSaveAs)              //6.两种情况下需要打开保存对话框
            {
                SaveFileDialog sfd = new  SaveFileDialog();//创建保存对话框对象
                sfd.FileName = "";                       //初始化
                if (sfd.ShowDialog() == DialogResult.OK) //选择了文件
                    fileName = sfd.FileName;
                else                                     //取消了选择文件
                    return;
            }
            File.WriteAllText(fileName, textBox1.Text);  //7.保存文件
            isChange = false;                            //初始化为未修改状态
        }
        //8. "新建文件"按钮 btNewFile 事件处理过程
        private void btNewFile_Click(object sender, EventArgs e)
        {
            SaveChange();
            //初始化
            textBox1.Text = "";
            fileName = "";                               //9.清空文件名,新建的文件没有文件名
            isChange = false;                            //10.处于非修改状态
        }
        //11. "打开文件"按钮 btOpenFile 的事件处理过程
        private void btOpenFile_Click(object sender, EventArgs e)
        {
            SaveChange();
```

```
                    //12.选择文件并将读取内容显示到文本框
                    OpenFileDialog ofd = new OpenFileDialog();
                    ofd.FileName = "";
                    if (ofd.ShowDialog() == DialogResult.OK)
                    {
                        fileName = ofd.FileName;                    //13.保存当前编辑的文件名
                        //14.读取文件内容并显示到文本框
                        textBox1.Text = File.ReadAllText(fileName);
                    }
                    isChange = false;                               //处于无修改状态
                }
```

//15. "退出"按钮 btExist 的事件处理过程

```
        private void btExist_Click(object sender, EventArgs e)
        {
            SaveChange();
            Close();
        }
```

//16. "保存"按钮 btSave 的事件处理过程

```
        private void btSave_Click(object sender, EventArgs e)
        {
            if (isChange) SaveFile();                               //如有修改,则保存
        }
```

//17. "另存为…"按钮 btSaveAs 的事件处理过程

```
        private void btSaveAs_Click(object sender, EventArgs e)
        {
            SaveFile(true);                                        //这里将直接保存,并初始化状态
        }
```

//18.文本框内容改变时触发的事件

```
        private void textBox1_TextChanged(object sender, EventArgs e)
        {
            isChange = true;
        }


    }//Form1 类文件结束
}//命名空间结束
```

📖 代码说明

(1) 注释 1、注释 2：两个自定义字段 isChange 和 fileName。isChange 用于指示文本框内容是否有改变。isChange 的值在文本框的 TextChanged 事件中改变,触发了该事件,则代表文本框的内容已改变；fileName 代表当前保存的文件名及位置,初始值为空,表示当前文件未保存过。

(2) 注释 3：自定义方法 SaveChange。实现在文本框的内容改变时,让用户确认是否保存修改的内容。如果确认修改,则调用 SaveFile 方法实现文件的保存。执行"新建文件""打开文件"和"退出"操作之前都会调用这段代码,因此设计为方法。

(3) 注释 5：自定义方法 SaveFile。isSaveAs 为可选参数,只有在"另存为"操作时才需要设置为 true,表示必须打开保存文件对话框来选择保存文件的位置,其他操作可以省略该参数,表示仅根据文件名来决定是否打开保存文件对话框。

(4) 注释 6：表示在执行"保存"操作时,如果当前文件位置没有指定,或者在执行"另存为"操作时(isSaveAs 为 true),需要打开保存文件对话框的。其中:

① 语句"SaveFileDialog sfd = new SaveFileDialog()"表示动态创建保存文件对话框对象 sfd,当然也可以直接使用保存文件对话框控件来实现。

② 语句"if(dlg.ShowDialog() == DialogResult.OK)"表示如果在保存文件对话框中选择了文件,则必定返回 DialogResult.OK 枚举值;否则表示没有选择文件,此时应当中断代码执行,直接退出该方法。

③ 语句"fileName = dlg.FileName;"表示将选择的文件名保存到变量 fileName 中,更新文件保存的位置。如果用户在保存文件对话框中没有选择文件,则通过 return 语句取消操作,不再执行 if 结构中的语句。注释 7 中的 WriteAllText 方法实现将文本框的内容写入到新文件,同时恢复 isSave 的值为 false。

(5) 注释 8:"新建文件"按钮 btNewFile 的事件处理过程。通过 SaveChange 方法实现在该操作之前,判断内容有无修改,提示用户保存文件并实现文件的保存,然后为"新建文件"功能设置初始状态。

(6) 注释 11:"打开文件"按钮 btOpenFile 的事件处理过程,通过 SaveChange 方法实现在该操作之前,判断内容有无修改,提示用户保存文件并实现文件的保存,然后动态创建打开文件对话框对象,让用户选择要文件,并通过 ReadAllText 方法实现将文件内容显示在文本框中。

(7) 注释 15:"退出"按钮 btExit 的事件处理过程。通过 SaveChange 方法实现在退出操作之前,判断内容有无修改,提示用户保存文件并实现文件的保存,然后关闭窗体,退出程序。

(8) 注释 16:"保存"按钮 btSave 的事件处理过程。在文本框内容有修改的情况下,调用 SaveFile 方法来实现保存功能。由于方法参数是可选参数,使用其默认值 false,在该方法中,仅需通过文件位置来决定是否打开保存文件对话框。

(9) 注释 17:"另存为…"按钮 btSaveAs 的事件处理过程。调用 SaveFile 方法来实现保存功能,必须将参数 isSaveAs 设置为 true,强制打开保存文件对话框,并用新的文件位置代替当前的文件位置。

(10) 注释 18:文本框的 TextChanged 事件处理过程。将文件当前状态 isChange 设置为 true,表示文件当前编辑的内容已被修改。

▶ 运行结果

按 F5 键运行程序,在文本框中输入内容,如果单击"新建文件"按钮,将会看到如图 5.10 所示的运行结果。

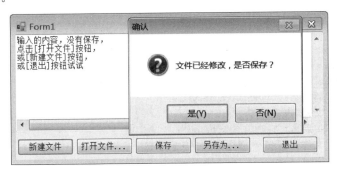

图 5.10 运行结果

5.2 FileInfo 类

FileInfo 类具有与静态类 File 部分相同的功能，它也提供了对指定文件创建、复制、删除、移动和协助创建文件流对象的功能，但 FileInfo 是非静态类，必须创建实例使用其方法和属性。如果需要检测文件的某些信息，例如文件名、扩展名、文件目录名、文件大小等，对于这些 File 类没有的属性，可以使用 FileInfo 类来取得。在使用上也可以把 FileInfo 类当作 File 类的一个补充，FileInfo 类常用的属性如表 5.2 所示。

表 5.2　FileInfo 常用属性

属 性 名 称	说　　明
FullName	获取目录或文件的完整目录
DirectoryName	获取表示目录的完整路径的字符串
Name	获取文件名
Extension	获取表示文件扩展名部分的字符串
Length	获取当前文件的大小(字节)
IsReadOnly	获取或设置确定当前文件是否为只读的值
LastAccessTime	获取或设置上次访问当前文件或目录的时间
LastWriteTime	获取或设置上次写入当前文件或目录的时间

应用实例 5.3　取得指定文件的相关信息。

新建项目，保存为 MyFileInfo。

界面布局

在 Form1 窗体上添加三个标签，一个文本框和一个按钮，保留默认的名称，修改各个控件文本如图 5.11 所示。

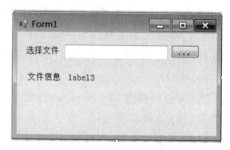

图 5.11　界面布局

代码片段

```
//为button1按钮添加以下事件处理代码
private void button1_Click(object sender, EventArgs e)
{
    OpenFileDialog dlg = new OpenFileDialog();              //创建对话框对象
    if (dlg.ShowDialog() == DialogResult.OK)
    {
        textBox1.Text = dlg.FileName;                      //在文本框中显示文件名
        FileInfo fi = new FileInfo(dlg.FileName);          //创建 FileInfo 对象
        string s = "文件绝对位置:" + fi.FullName + "\r\n";   //将属性连接成字符串
        s += "路径名:" + fi.DirectoryName + "\r\n";
        s += "文件名:" + fi.Name + "\r\n";
        s += "扩展名:" + fi.Extension + "\r\n";
        s += "文件大小:" + fi.Length + "字节";
        label3.Text = s;
    }
}
```

📄 代码说明

首先动态创建了打开文件对话框对象 dlg,将在对话框中选择的文件名显示在文本框中,并以文件名(全路径)作为参数,创建 FileInfo 对象 fi,将所需的 fi 的各种属性连接成字符串后显示在标签 label3 中。由于 FileInfo 类是非静态类,使用时需要创建类的实例(对象),并以文件的路径作为构造方法的参数。

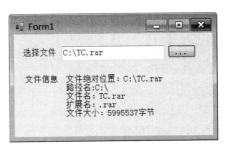

▶ 运行结果

按 F5 键运行程序,单击"[…]"按钮选择任意文件,将看到类似如图 5.12 所示的运行结果。

图 5.12　运行结果

5.3　Directory 类

Directory 类提供了用于创建、移动和枚举目录和子目录的静态方法。主要方法见表 5.3。

表 5.3　Directory 主要方法

方 法 名 称	说　　明
CreateDirectory	创建指定路径中的所有目录
Delete	删除指定的目录
Exists	确定给定路径是否引用磁盘上的现有目录
Move	将文件或目录及其内容移到新位置
GetCreationTime	获取目录的创建日期和时间
GetCurrentDirectory	获取应用程序的当前工作目录
GetDirectories	获取指定目录中子目录的名称
GetFiles	返回指定目录中的文件的名称
GetDirectoryRoot	取得根目录
GetFileSystemEntries	返回指定目录中所有文件和子目录的名称
GetLastAccessTime	返回上次访问指定文件或目录的日期和时间
GetLastWriteTime	返回上次写入指定文件或目录的日期和时间
GetLogicalDrives	检索此计算机上格式为"<驱动器号>:\"的逻辑驱动器的名称
SetCreationTime	为指定的文件或目录设置创建日期和时间
SetCurrentDirectory	将应用程序的当前工作目录设置为指定的目录
SetLastAccessTime	设置上次访问指定文件或目录的日期和时间
SetLastWriteTime	设置上次写入目录的日期和时间

以下是 Directory 类常用的方法。

(1) CreateDirectory 方法。

① 方法签名:DirectoryInfo CreateDirectory(string path)。

② 功能:创建指定的目录。如果目录已存在,则不执行任何操作。

③ 参数:参数 path 表示要创建的目录。可以包含多级子目录。

④ 返回值：DirectoryInfo 类型结果，该类型将在 5.4 节介绍，一般可忽略该返回值。

（2）Delete 方法。

① 方法签名：void Delete(string path[,bool recursive])。

② 功能：删除指定的目录。

③ 参数：第一个参数表示要删除的目录。第二个参数表示是否删除子目录或目录下所有文件，可选，如果值为 true，所有的子目录和文件都将被删除，否则只能删除空目录，默认值为 false。

④ 返回值：无。

（3）Exist 方法。

① 方法签名：bool Exists(string path)。

② 功能：判断指定的目录是否存在。

③ 参数：需要判断的目录。

④ 返回值：bool 类型，如果目录存在，返回 true，否则返回 false。

（4）GetCurrentDirectory 方法。

① 方法签名：string GetCurrentDirectory()。

② 功能：获取应用程序当前所在的目录。

③ 参数：无。

④ 返回值：string 类型，当前应用程序所在的目录。

（5）GetDirectories 方法。

① 方法签名：string[] GetDirectories(string path)。

② 功能：获取指定目录中的子目录（全路径）。

③ 参数：指定的目录。

④ 返回值：string 类型数组，包含指定目录下当前子目录的字符串数组。

（6）GetFiles 方法。

① 方法签名：string[] GetFiles(string path)。

② 功能：返回指定目录中所有文件（全路径）。

③ 参数：指定的目录。

④ 返回值：string 类型数组，包含指定目录下当前所有文件的字符串数组。

（7）GetDirectoryRoot 方法。

① 方法签名：string GetDirectoryRoot(string path)。

② 功能：取得指定目录中的根目录。

③ 参数：指定的目录。

④ 返回值：string 类型，表示根目录的字符串。

应用实例 5.4　创建多级文件夹。

```
Directory.CreateDirectory ("c:\\AAA\\BBB\\CCC");
```

说明：CreateDirectory 方法功能是建立指定的文件夹。参数 1 必须指定文件夹的路径。如果文件夹已经存在，则忽略，不会重复创建；否则将自动建立多级文件夹。

应用实例 5.5　取得应用程序当前运行位置。

```
string s = Directory.GetCurrentDirectory();
```

说明：GetCurrentDirectory 方法的功能是取得应用程序当前的运行位置，其结果与 Application.StartupPath 属性值一致。

应用实例 5.6　列出指定文件夹中所有的子文件夹。

```
string[] paths = Directory.GetDirectories("c:\\MYOAA", "A * ",
SearchOption.AllDirectories);
```

说明：这是 GetDirectories 方法重载形式之一，使用该重载形式可以取得指定文件夹中所有的子文件夹。

（1）参数 1：指定文件夹的位置，该文件夹必须存在，否则将出现异常。

（2）参数 2：指定查找文件夹的通配符，这里是指取得名称以"A"为首字母的所有文件夹，类似于我们在 Windows 中查找文件时使用的通配符，如"＊A＊"表示取得名称包含 A 的文件夹。"＊"通配符代表任意个字符，而"?"通配符代表一个字符。

（3）参数 3：枚举类型 SearchOption 的选项，有两个取值。取值为 AllDirectories 时，表示取得指定文件夹下所有子文件夹，包括子文件夹的下一级文件夹；另外一个取值为 TopDirectoryOnly，表示仅取得指定文件夹中当前的子文件夹，不包含下一级子文件夹。

（4）注意：参数 2、参数 3 可以省略。同时省略代表只获取指定目录中的当前所有子文件夹，不包含子文件夹的下一级文件夹；只省略参数 3，表示只获取指定目录中符合搜索条件的文件夹，也不包含子文件夹的下一级文件夹。

GetFiles 方法也有不同的三种重载方式，使用方法与 GetDirectories 方法相似。不同的是 GetFiles 方法是根据搜索条件取得目录中包含的文件。两者的返回值都是字符串数组，包含文件的绝对位置。另外，移动目录方法 Move 只能在同一根目录下进行。

应用实例 5.7　设计一个 CopyTo 方法，实现文件夹的复制功能。

代码片段

```
//实现将源文件夹所有内容,复制到目标文件夹。
//1.将源文件夹 source 的内容,复制到目标位置 dest
void CopyTo(string source, string dest)
{
    string[] paths                              //2.保存源文件夹所有子文件夹
    = Directory.GetDirectories(source, " * ", SearchOption.AllDirectories);
    string[] curFiles = Directory.GetFiles(source);   //3.取得文件列表

    Directory.CreateDirectory(dest);                  //4.建立 dest 目录

    //先复制当前目录下的文件
    foreach (string file in curFiles)
    {
        FileInfo fi = new FileInfo(file);             //5.仅为取得文件名创建 FileInfo 对象
        File.Copy(file, dest + "\\" + fi.Name, true); //6.以覆盖方式复制到目标位置
```

```
    }
    //依次在目标位置创建同名子文件夹，并复制文件到创建的目标位置
    foreach (string path in paths)
    {
        //7. 组合路径
        string pathName = dest + "\\" + path. Replace(source + "\\", "");
        Directory. CreateDirectory(pathName);         //8. 创建目标位置文件夹

        string[] files = Directory. GetFiles(path);   //9. 取得当前文件夹中的文件
        foreach (string file in files)
        {
            FileInfo fi = new FileInfo(file);         //10. 取得文件名
            //以覆盖方式复制到目标位置
            File. Copy(file, pathName + "\\" + fi. Name, true);   //11. 复制文件
        }
    }
}
```

📖 代码说明

（1）注释 1：在 CopyTo 方法的签名中，参数 source 代表来源文件夹，参数 dest 代表目标文件夹。该方法实现将 source 位置的所有内容，包括文件和子文件夹，复制到位置 dest 中。结果两者包含的内容完全一致。

（2）注释 2：GetDirectories 方法实现取得源文件夹中所有的子文件夹并保存到数组 paths 中。"*"代表任意名称的文件夹，SearchOption. AllDirectories 参数表示要取得所有子文件夹。

（3）注释 3：为了将源文件夹中的当前文件复制到目标位置中，使用仅一个参数的 GetFiles 方法取得源文件中当前包含的文件，保存到字符串数组 curFiles 中。

（4）注释 4：CreateDirectory 方法可以重复调用，会自动判断文件夹是否存在，存在则不创建新文件夹。

（5）注释 5：创建 FileInfo 对象的目的，是为了方便通过其 Name 属性取得给定路径中的文件名部分，以同样的名称将其复制到目标位置。

（6）注释 6：Copy 方法中的参数 3 设置为 true，这样当目标位置文件存在时，则覆盖；否则将出现"文件已存在"的异常。

（7）注释 7：Replace 方法将源文件夹位置部分 source 去掉，仅取得其下一级文件夹的相对位置，目的是在目标位置建立与其同名的子文件夹。如源文件夹 source 为 c:\test，当前路径 path 的值为 c:\test\A\B，执行 path. Replace(source + "\\", "")语句后，path 的结果为 A\B。这样，可以在目标位置也建立同样相对位置的子文件夹。

（8）本例在测试时，需确保源文件夹 source 存在。

5.4 DirectoryInfo 类与 Path 类

DirectoryInfo 类提供了与 Directory 类相似的功能，主要针对指定的路径，提供用于创建、移动和枚举目录和子目录的实例方法。Directory 是静态类，而 DirectoryInfo 是非静态

类,需要创建实例来使用其属性和方法。如果要取得与目录相关的信息,可以用 DirectoryInfo 来补充,如取得文件夹的名称、根目录、父目录等。DirectoryInfo 常用的属性和方法分别见表 5.4 和表 5.5。

表 5.4 DirectoryInfo 常用的属性

属 性 名 称	说 明
FullName	获取目录或文件的完整目录
Name	获取此 DirectoryInfo 实例的名称
Parent	获取指定子目录的父目录
Root	获取路径的根部分
Exists	获取指示目录是否存在的值
LastAccessTime	获取或设置上次访问当前文件或目录的时间
LastWriteTime	获取或设置上次写入当前文件或目录的时间

表 5.5 DirectoryInfo 常用的方法

方 法 名 称	说 明
Create	创建目录
CreateSubdirectory	在指定路径中创建一个或多个子目录
Delete	指定是否删除子目录和文件
GetDirectories	返回当前目录的子目录
GetFiles	返回当前目录的文件列表
MoveTo	将当前文件夹内容移动到新位置

应用实例 5.8 使用 DirectoryInfo 类创建指定目录和其多级子目录,并将新创建的目录的各个部分属性显示到标签控件中,最后删除创建的目录(包括子目录和文件)。

新建项目,保存为 MyDirectoryInfo。

界面布局

在 Form1 窗体添加一个标签和一个按钮,保留默认名称,界面布局如图 5.13 所示。

图 5.13 界面布局

代码片段

```
//为"查看按钮"button1 添加事件处理过程,并添加如下代码
private void button1_Click(object sender, EventArgs e)
{
    string s = "";
    string path = "c:\\abc\\12345";
    DirectoryInfo di = new DirectoryInfo(path);        //1.创建对象
    di.Create();                        //2.如果目录不存在,创建该目录;否则,自动忽略创建操作
    s = "文件夹是否存在:" + di.Exists + "," + Directory.Exists(path) + "\r\n";  //3.
    di.CreateSubdirectory("A1\\A2\\A3");            //4.使用相对位置,创建子目录
    s += "文件夹是否存在:" + di.Exists + "," + Directory.Exists(path) + "\r\n";
    s += "完整路径:" + di.FullName + "\r\n";
    s += "根目录:" + di.Root + "\r\n";
```

```
s += "父目录:" + di.Parent + "\r\n";              //5. DirectoryInfo类型值
s += "文件夹名:" + di.Name + "\r\n";
di.Delete(true);                                      //6.删除目录,包括子目录和文件
s += "文件夹是否存在:" + di.Exists + "," + Directory.Exists(path);
label1.Text = s;
}
```

📖 代码说明

(1)注释1:创建 DirectoryInfo 对象时指定要创建的目录 path。

(2)注释2和注释4:Create 方法用于创建在构造方法参数中指定的目录,而如果在该目录中创建子目录,则使用 CreateSubdirectory 方法。

(3)注释3:DirectoryInfo 对象通过属性 Exists 来判断目录是否存在,而 Directory 对象是通过静态方法 Exists 来判断目录是否存在,两者结果相同。一般对目录的操作使用 Directory 静态方法,而要取得目录相关信息,则使用 DirectoryInfo 对象的属性来获取。

(4)注释5:父目录属性 Parent 的值是 DirectoryInfo 类型,可以取得目录的相关信息。

(5)注释6:对象 di 对应的目录为 c:\abc\12345,调用 Delete 方法后,文件夹 12345 及其子文件夹将被删除。

▶ 运行结果

按 F5 键启动程序,单击"查看结果"按钮,将看到如图 5.14 所示的运行结果。

Path 类是静态类,其作用是对满足路径格式的字符串进行操作,比如取得给定路径的路径名、文件名、文件扩展名、根目录和父目录,以及可以合并多个字符串为路径等常见的操作。Path 类的大多数成员不与文件系统进行交互,且不验证路径字符串所指定的目录是否存在。由于使用方法比较简单,这里仅列出常用的方法(见表 5.6)供读者参考和自行上机实践,读者也可以借助 MSDN 了解更多的细节。

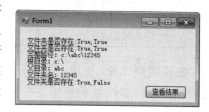

图 5.14   运行结果

表 5.6   Path 常用静态方法

方法名称	说明
Combine	将多个字符串组合成一个路径
GetDirectoryName(path)	返回指定路径字符串 path 的目录信息,如果 path 表示根目录或为 null,则该目录信息为 null
GetExtension	返回指定的路径字符串的扩展名
GetFileName	返回指定路径字符串的文件名和扩展名
GetFullPath	返回指定路径字符串的绝对路径
GetPathRoot	获取指定路径的根目录信息
HasExtension	确定路径是否包括文件扩展名

典型案例   一个文件选择对话框的设计

设计一个简单的文件选择对话框,类似 OpenFileDialog 控件的功能。当选择根目录时,在一个列表框显示当前根目录下的子目录,并在另一个列表框列出该目录下的文件;当

双击子目录时,显示其下一级的子目录,同时将该子目录的文件显示到另外的列表框。此外,还可以从当前目录返回到上一级目录,运行界面如图5.15所示。

图5.15 自定义选择文件对话框

1. 案例分析

根目录是指计算机中存在的逻辑驱动器盘符,包括硬盘、移动磁盘、光驱等盘符,例如 C:\、D:\等。要取得逻辑驱动器盘符信息,可以使用 Directory 类的静态方法 GetLogicalDrives 获取,它返回的是一个代表盘符的字符串数组。

获取盘符后,使用 Directory 类的静态方法 GetDirectories,得到给定目录的子目录;使用 Directory 类的静态方法 GetFiles 得到给定目录下的文件,将这些得到的字符串数组信息显示到对应的列表框中。

只要保存了当前目录,在列表框双击该目录时,将选中的目录名和当前目录通过 Path 的静态方法 Combine 连接起来,作为新的当前目录,这样就实现了列举新当前目录的子目录和文件的功能。

当需要返回上一级目录时,取得当前目录的父目录,将其作为当前目录,这样,通过实现列举新当前目录的方法,从而更新列表框的显示。

2. 设计思路和步骤

参照图5.15和图5.16,本案例设计思路和步骤如下。

(1) 设计一个 GetDriver 方法,用于取得逻辑驱动器信息,显示在组合框中。

(2) 设计一个 ListDirectory 方法,根据给定目录,取得该目录下的当前子目录,显示在列表框 listBox1 中。

(3) 设计一个 ListFile 方法,根据给定目录,在列表框 listBox2 中显示该目录下的文件。

(4) 在列表框 listBox1 触发选择下标改变事件时,取得选中项目录下的所有文件,显示在列表框 listBox2 中。

(5) 在列表框 listBox1 触发双击事件时,取得选中项目录的子目录,更新列表框 listBox1 的显示。

（6）在列表框项 listBox1 中双击"［…上一级文件夹］"项时，显示上一级目录的子目录。

（7）在列表框 listBox2 触发选择下标改变事件时，取得选中的文件，显示在文本框中。

（8）运行时，取得逻辑驱动器信息填充组合框，并默认选择第一项。

3. 具体实现

新建项目，保存为 MyOpenFileDialog。

📠 **界面布局**

在 From1 窗体中添加一个组合框，用于显示根目录，样式设置为 DropDownList；添加两个列表框，一个用于显示目录名，一个用于显示文件名；添加一个文本框，用于显示在列表框中选中的文件，最后添加两个操作按钮。保留控件默认的名称，界面布局如图 5.16所示。

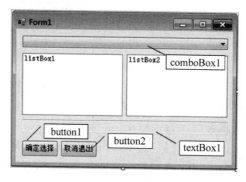

图 5.16　界面布局

🖥 **代码片段**

```
//在窗体类中添加以下两个字段:
string CurDirectory = "";                    //记录当前文件夹位置
string CurFile = "";                         //当前选择文件的路径
```

📑 **代码说明**

由于对选择的文件，或者文件夹，只显示名称，而不显示路径，因此需要定义变量来暂存其路径。

（1）GetDriver 方法设计。

```
void GetDriver()
{
comboBox1.Items.Clear();
string[] driverName = Directory.GetLogicalDrives();
foreach (string s in driverName)
{
    comboBox1.Items.Add(s);
}
comboBox1.SelectedIndex = 0;
}
```

📋 代码说明

先初始化组合框,通过 GetLogicalDrives 方法取得代表驱动器盘符信息的字符串数组,包括硬盘、光盘和移动磁盘的盘符,在列举循环中将数组元素添加到组合框。最后设置当前选中项的下标为 0,此时将触发组合框的 SelectedIndexChanged 事件,在该事件中实现列举当前根目录下的子目录。

(2) ListDirectory 方法设计。

```
void ListDirectory(string path)
{
    //每次列出目录,初始化列表框
    listBox1.Items.Clear();
    listBox1.Items.Add("[…上一级文件夹]");
    textBox1.Text = "";
    string[] subPath = Directory.GetDirectories(path);
    foreach (string s in subPath)                     //只显示文件夹名,不显示路径
    {
        DirectoryInfo di = new DirectoryInfo(s);
        listBox1.Items.Add(di.Name);                  //取得文件夹名,不包含路径名
    }
}
```

📋 代码说明

① ListDirectory 方法的功能是以给定的目录(包括根目录)作为参数,取得其子目录并显示在列表框中。

② 在 ListDirectory 方法中首先初始化列表框,用于重复调用该方法时刷新列表项。添加"[…上一级文件夹]"项作为列表框的第一项,用于执行返回到上一级目录的操作项。

③ 在列举子目录数组的代码中,创建 DirectoryInfo 对象的目的是为了使用其 Name 属性来取得目录名。完整目录在调用该方法的代码中,已保存到 CurDictionary 变量。

(3) ListFile 方法设计。

```
void ListFile(string path)
{
    listBox2.Items.Clear();
    string[] files = Directory.GetFiles(path);
    foreach (string s in files)
    {
        FileInfo fi = new FileInfo(s);
        listBox2.Items.Add(fi.Name);                  //只显示文件名
    }
}
```

📋 代码说明

① ListFile 方法实现根据给定的目录,列出该目录下的文件,不包含子目录的文件。

② 同样,为了刷新显示列表框的项,在 ListFile 方法中,先初始化列表框,再通过 GetFiles 方法取得给定目录下包含文件路径的字符串数组。为了在列表框中仅显示文件

名,创建 FileInfo 对象 fi,使用其 Name 属性来取得路径中的文件名。

（4）窗体 Load 事件处理过程。

创建窗体 Load 事件处理过程,并添加以下代码。

```
private void SelectFileDialog_Load(object sender, EventArgs e)
{
    GetDriver();
}
```

📄 代码说明

在这里仅包含自定义方法 GetDriver,实现程序启动时,取得逻辑驱动器信息添加到组合框中。

（5）组合框的 SelectedIndexChanged 事件处理过程。

创建组合框 comboBox1 的 SelectedIndexChanged 事件处理过程,并添加以下代码。

```
private void comboBox1_SelectedIndexChanged(object sender, EventArgs e)
{
    //选择了驱动器,得到根目录,如 C:\
    CurDictionary = comboBox1.SelectedItem.ToString();
    ListDirectory(CurDirectory);
}
```

📄 代码说明

在组合框的选择项发生改变时将触发 SelectedIndexChanged 事件。在该事件中取得代表根目录的选择项,作为 ListDirectory 方法的参数,更新列表框的显示。

（6）listBox1 的 SelectedIndexChanged 的事件处理过程。

双击界面中的列表框 listBox1,在创建的事件处理过程中添加如下代码。

```
private void listBox1_SelectedIndexChanged(object sender, EventArgs e)
{
    if (listBox1.SelectedIndex < 0) return;
    CurFile = CurDirectory;                              //默认第一项
    if (listBox1.SelectedIndex != 0)                     //如果不是第一项
    {
        CurFile = Path.Combine(CurDirectory, listBox1.SelectedItem.ToString());
    }
    ListFile(CurFile);
}
```

📄 代码说明

① 在列表框的选择项发生改变时触发该事件,该过程实现在列表框 listBox1 选中某项时,将该目录下的所有文件显示到列表框 listBox2 中。

② 由于第一项代表的是返回上一级目录,而 CurDirectory 变量保存的是当前显示目录的父目录,因此,如果选择的不是第一项,就将 CurDirectory 与选中项组合成新的目录 CurFile,列举该目录下的所有文件;否则就显示 CurDirectory 下的文件。CurFile 表示要显示文件的当前目录。

③ Path 的静态方法 Combine 实现将两个字符串组合成满足路径格式的新字符串。

(7) ListBox1 的 DoubleClick 事件处理过程。

添加 listBox1 列表框的 DoubleClick 事件,在该事件处理过程中添加如下代码。

```
private void listBox1_DoubleClick(object sender, EventArgs e)
{
    if (listBox1.SelectedIndex < 0) return;

    if (listBox1.SelectedIndex != 0)                        //双击代表准备进入下一级目录的项
    {
        CurDirectory = Path.Combine(CurDirectory,
                    listBox1.SelectedItem.ToString());
        //保存当前选择的文件夹,准备列出其子文件夹
    }
    else //如果双击了"[…上一级文件夹]"表示退回到上一级文件夹
    {
        if (!IsRoot(CurDirectory))                          //如果不是根目录,取得父路径
            CurDirectory = Path.GetDirectoryName(CurDirectory);
        //取得父路径,这个文件夹的路径,不包含这个文件夹
    }
    //刷新显示当前选择的文件夹下的子文件夹
    ListDirectory(CurDirectory);
}
```

📋 **代码说明**

① 该事件过程实现在列表框中双击列表项时,显示选中项的子目录,并刷新该列表框显示。

② "listBox1.SelectedIndex != 0;"语句表示如果选中的不是第一项,则表示选中项是准备用来作为当前目录的项。Combine 方法将当前保存在 CurDirectory 变量中的目录,与选中项组合成新的目录,并更新 CurDirectory 的值,此时,CurDirectory 就是双击后准备显示其子目录的当前路径,通过 ListDirectory 方法列出其子目录,更新列表框的显示。

③ 如果选中的项是列表栏的第一项,该项表示返回上一级目录,上一级目录也就是保存在变量 CurDictionary 当前值中的父目录,可以通过 Path 类的 GetDirectoryName 方法取得其父目录。如果一个目录是根目录,那它没有父目录,这时当前目录就是根目录。

④ 使用 Directory 对象的 GetDirectoryRoot 方法取得根目录,如果一个目录的根目录是它本身,那么这个目录就是根目录。判断一个目录是否是根目录的功能可用自定义方法 IsRoot 来实现,IsRoot 方法代码如下。

```
bool IsRoot(string path)
{
    string root = Directory.GetDirectoryRoot(path);
    if (root.ToUpper() == path.ToUpper()) return true;      //满足条件是根目录
    else return false;                                      //否则不是根目录
}
```

（8）ListBox2 的 SelectedIndexChanged 事件处理过程。

双击界面中的列表框 listBox2，创建事件处理过程并添加如下代码。

```
private void listBox2_SelectedIndexChanged(object sender, EventArgs e)
{
    if (listBox2.SelectedIndex < 0) return;
    textBox1.Text = Path.Combine(CurFile, listBox2.SelectedItem.ToString());
}
```

📋 代码说明

本过程实现将在列表框 listBox2 中选择的文件名，与当前文件路径组合成绝对路径，显示在文本框中。

▶ 运行结果

依次按上述步骤在窗体类文件中添加代码后，按 F5 键运行程序，并在列表框执行相应操作后，将看到类似如图 5.15 所示的运行结果。

如何让打开该窗体的其他窗体取得选中的文件呢？即在图 5.15 中单击"确定选择"按钮时，实现让窗体返回 DialogResult.OK 枚举值并自动关闭窗体，其他窗体根据该返回值，读取选择的文件；单击"取消选择"按钮时，让窗体返回 DialogResult.Cancel 枚举值并自动关闭窗体。这部分内容前面第 4 章已有介绍，这里留给读者自己实现。

5.5 FileStream 类

FileStream 类用于以字节为单位读写任何类型文件。FileStream 类支持对本地文件进行打开、读取、写入和关闭操作，并对其他与文件相关的操作系统句柄进行操作，如管道、标准输入和标准输出。读写操作可以指定为同步或异步操作。

FileStream 对象支持使用 Seek 方法对文件进行随机访问。Seek 允许将读取/写入位置移动到文件中的任意位置，这是通过字节偏移量来完成的，而字节偏移量是相对于查找参考点而言的，该参考点可以是基础文件的开始、当前位置或结尾，分别由 SeekOrigin 类的三个属性表示。

FileStream 只支持最基本的操作，把数据写入字节数组或者从字节数组写入文件中。FileStream 常用的属性和常用的方法分别见表 5.7 和表 5.8。

表 5.7 FileStream 类的常用属性

名　　称	含　　义
CanSeek	获取一个值，该值指示当前流是否支持查找
CanRead	获取一个值，该值指示当前流是否支持读取
CanWrite	获取一个值，该值指示当前流是否支持写入
Length	获取用字节表示的流长度
Position	获取或设置此流的当前位置

表 5.8 FileStream 类的常用方法

名　　称	含　　义
Read	从流中读取字节块并将该数据写入给定缓冲区中
ReadByte	从文件中读取一个字节,并将读取位置提升一个字节
Write	将一个字节写入文件流的当前位置
WriteByte	使用从缓冲区读取的数据将字节块写入该流
Close	关闭当前流并释放与之关联的所有资源(如套接字和文件句柄)
Seek	将该流的当前位置设置为给定值

1. 创建 FileStream 对象常用的三种方法

(1) 使用其构造方法。

```
FileStream fs = new FileStream(Path, FileMode, FileAccess)
```

其中,构造方法的参数说明如下。

① Path:文件路径。

② FileMode:枚举类型 FileMode 的成员之一,见表 5.9。

表 5.9 FileMode 枚举值

Append	打开现有文件并移动指针到文件尾,如果文件不存在则创建新文件
Create	指定操作系统应创建新文件。如果文件已存在,它将被改写
CreateNew	指定操作系统应创建新文件。文件存在则出现异常
Open	指定操作系统应打开现有文件。文件必须存在
OpenOrCreate	指定操作系统应打开文件(如果文件存在);否则,应创建新文件
Truncate	指定操作系统应打开现有文件。文件一旦打开,就将被截断为零字节大小

③ FileAccess:枚举类型 FileAccess 的成员之一,见表 5.10。

表 5.10 FileAccess 枚举值

Read	对文件的只读访问。可从文件中读取数据
Write	文件的只写访问。可将数据写入文件
ReadWrite	对文件的读访问和写访问。可从文件读取数据和将数据写入文件

(2) 使用 File 静态类的方法。

```
FileStream fs = File.OpenRead(string Path);
```

以只读方式打开文件并返回 FileStream 对象。Path 为文件路径,文件必须存在。

```
FileStream fs = File.OpeWrite(string Path);
```

以只写方式创建文件并返回 FileStream 对象。Path 为文件路径,若文件已存在则覆盖。

（3）使用文件对话框。

另外一种方式是使用 OpenFileDialog 和 SaveFileDialog 控件的 OpenFile 方法。不需要指定任何参数。

① OpenFileDialog 的 OpenFile 方法，以只读方式打开文件并返回 FileStream 对象。

② SaveFileDialog 的 OpenFile 方法，以读写方式打开文件并返回 FileStream 对象。

由于 OpenFile 方法返回的是 Stream 对象，因此需要强制转换为 FileStream 类型使用。使用 OpenFile 方法获取 FileStream 对象的方式比较少用。

2. FileStream 对象的常用方法

以写方式创建 FileStream 对象后，可以使用 WriteByte 方法写一个字节数据到文件中，也可以使用 Write 方法将一个字节数组数据写入文件中。Write 方法的常用用法如下。

```
fs.Write(byte[] buffer, int offset, int count);
```

① buffer：写入文件的字节数组名。

② offset：写入文件的偏移量。一般为 0，表示从数组 buffer 的第一个元素开始读取。

③ count：写入文件的字节数。一般为字节数组 buffer 的长度，表示写入数组的全部内容。

与之相似，以读方式创建 FileStream 对象后，可以使用 ReadByte 方法从文件中读出一个字节数据，也可以使用 Read 方法读出字节数据保存到字节数组，并返回实际读取的字节数。Read 方法的常用用法如下：

```
int num = fs.Read(byte[] buffer, int offset, int count);
```

表示从文件中读取 count 长度字节，保存到字节数组 buffer 中，从 buffer 数组下标为 offset 的位置开始存放。返回值 num 表示实际读取的字节数，如果返回值为 0，表示文件数据读取完毕，或者是空文件。一般 offset 取值为 0，表示读取的字节从数组的第一个元素位置开始存放，而 count 取值为 buffer 数组的长度。

应用实例 5.9　使用 FileStream 对象进行文件读写。使用字节方式读取 C:\A.bmp 图片文件内容，保存为 C:\B.bmp。

📖 代码片段

```
FileStream fr = new FileStream("c:\\A.BMP", FileMode.Open , FileAccess.Read);
FileStream fw = new FileStream("c:\\B.BMP", FileMode.Create, FileAccess.Write);

long len = fr.Length;
for (int i = 0; i < len; i++)
{
    fw.WriteByte((byte)fr.ReadByte());
}

fr.Close();
```

```
fw.Close();
```

📄 代码说明

（1）首先需要确保 A.bmp 文件存在，否则创建 fr 对象时将引发"未找到文件"的异常。

（2）以只读方式创建对象 fr，以新建文件方式创建对象 fw。

（3）通过 fr 对象的属性 Length 取得文件的长度，即文件的字节数。在循环体中逐个字节读出 A.bmp 文件的内容，写入到文件 B.bmp 中。注意 ReadByte 方法返回的 int 类型数据，而 WriteByte 方法需要 byte 类型参数，因此需要将 int 类型强制转换为 byte 类型。

（4）文件读写完毕，必须关闭文件。

注意：如果文件读取完毕，则 ReadByte 方法将返回 -1。因此也可以通过判断该返回值是否是 -1 使用 while 循环结构来实现文件的读取。

应用实例 5.10 使用 FileStream 对象进行文件读写。使用字节数组方式读取 C:\A.bmp 图片文件的内容，保存为 C:\B.bmp。

📄 代码片段

```
FileStream fr = new FileStream("c:\\A.BMP", FileMode.Open, FileAccess.Read);
FileStream fw = new FileStream("c:\\B.BMP", FileMode.Create, FileAccess.Write);
byte[] by = new byte[1024];
int num = fr.Read(by, 0, by.Length);
while (num > 0)
{
    fw.Write(by, 0, num);
    num = fr.Read(by,0, by.Length);
}
fr.Close();
fw.Close();
```

📄 代码说明

（1）与应用实例 5.9 的不同之处是将文件内容先读取到字节数组，然后将字节数组写入到文件。

（2）"byte[] by = new byte[1024];"语句创建了长度为 1024B 的数组 by。数组的长度是任意的，数值越大循环次数越小，一般采用 1K 的倍数，如 2048、4096 等。

（3）"int num = fr.Read(by，0，by.Length);"语句是将读取的字节保存到字节数组 by，指定从数组下标为 0 的位置开始存放；by.Length 是 Read 方法每次从文件读取字节的长度；Read 方法的返回值 num 代表实际读取的字节数，如果返回值为 0，表示文件读取完毕或者指定的文件是空文件。

（4）需要注意的是，使用 Read 方法读取文件的字节数据时，读取的实际数据长度可能比要求读取的数据长度小（这种情况一般出现在第一次读取和最后一次读取时），因此，每次写入文件的长度是实际读取的长度。

应用实例 5.11 将文本数据写入文件后读取出来。

FileStream 只支持最基本的操作，把数据写入字节数组或者从字节数组写入文件中。

如果是用 FileStream 把数据保存在文件中，首先要把数据转换为 Byte 数组，然后调用 FileStream 的 Write 方法。同样，FileStream 的 Read 方法，返回的也是字节数组。

　　FileStream 类可以读写任何类型的文件，当然包括文本文件。但文本文件内容是字符串类型的数据，而 FileStream 对象的方法是对字节数据进行读写，这就需要将输入的字符串数据转换为字节数据保存，并且在读取数据时，将读取的字节数据转换为字符串显示。下面是读写文本文件的具体实现。

界面布局

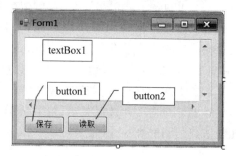

　　新建项目，保存为 MyFileStream。在窗体 Form1 中添加一个带滚动条的多行文本框和两个按钮，保留默认的名称，界面布局如图 5.17 所示。

图 5.17　界面布局

代码片段

```
//1."保存"按钮 button1 的事件处理过程
private void button1_Click(object sender, EventArgs e)
{
    byte[] buffer = Encoding.Unicode.GetBytes(textBox1.Text);   //2.转换为字节数组
    FileStream fw = new FileStream("C:\\test.txt", FileMode.Create, FileAccess.Write);
    fw.Write(buffer, 0, buffer.Length);
    fw.Close();
}


//3."读取"按钮 button2 的事件处理过程
private void button2_Click(object sender, EventArgs e)
{
    FileStream fr = new FileStream("C:\\test.txt", FileMode.Open, FileAccess.Read);
    int len = (int)fr.Length;                    //4.强制转换
    byte[] buffer = new byte[len];               //5.定义字节数组长度
    fr.Read(buffer, 0, buffer.Length);           //6.读取内容保存到数组中
    fr.Close();

    string s = Encoding.Unicode.GetString(buffer);    //7.转换为字符串
    textBox1.Text = s;
}
```

代码说明

　　(1) 注释 1：button1 的 Click 事件处理过程，实现将文本框中录入的内容转换为字节数组，然后将字节数组内容写入指定的文件。

　　(2) 注释 2 和注释 7：Encoding 类位于命名空间 System.Text，包含 Unicode 类的静态方法 GetBytes，可以将 Unicode 编码的字符串转换为字节数组；Unicode 类的静态方法 GetString 可以将字节数组转换为 Unicode 编码的字符串。字符串和字节数组之间的转换可以通过这两个方法来实现。如果要使用其他编码，如 UTF8，可以使用 Encoding.UTF8

类的静态方法实现字节数组与字符串之间的转换,注意字节数组与字符串之间的相互转换都要使用同一编码方式,否则会出现乱码。

(3) 注释 3:button2 的 Click 事件处理过程,实现将文件的内容读取出来显示到文本框。

(4) 注释 4、注释 5:由于文件长度属性 Length 是 long 类型,因此需要转换为 int 类型,然后作为创建 buffer 字节数组的长度。

(5) 注释 6:由于文本文件的内容比较少,可以使用文件长度作为创建字节数组的长度,然后一次性将文件内容读取到字节数组。

▶ **运行结果**

按 F5 键运行程序,在文本框中输入内容并单击"保存"按钮,将在 C 盘根目录下看到创建的文本文件 Test.txt;单击"读取"按钮,文件内容将显示到文本框中。运行结果如图 5.18 所示。

图 5.18　运行结果

典型案例　文件合并与拆分

本案例实现将任意多个文件合并成一个新的文件,新的文件同时保存各个被合并文件的名称和大小信息,在需要拆分时,根据读取出的文件信息,将文件重新拆分成各个独立的文件。

1. 案例分析

合并文件的基本思路是,先依次读出各个需要合并的文件的基本信息:文件名和大小,按一定格式连接成"文件信息"字符串,它也是拆分文件的依据。然后使用 FileStream 对象创建一个新文件,该文件的结构如图 5.19 所示,其中,前 8 个字节保存的是代表"文件信息长度"的内容,后面紧跟每个文件的内容,文件尾保存的是"文件信息"的内容。

文件信息长度	文件内容	文件信息

图 5.19　合并后文件结构示意图

文件信息的自定义格式为:

文件名|文件大小|文件名|文件大小|…

而"文件信息长度"是指文件信息字符串转换为字节数组后,字节数组的长度。因为保存到文件的数据都是字节类型,该长度也将转换为字节类型保存在文件头。

拆分文件的基本思路是,首先取得文件头前 8 个字节中代表"文件信息长度"的内容,根据该长度移动文件指针从文件尾部开始取得代表"文件信息"的字节内容,转换为字符串后再进行拆分,从而得到合并前各个文件的名称和大小,最后从文件内容部分取得各个文件的数据并保存为独立的文件。

将"文件信息"保存到合并文件的末尾的好处是改善性能,在以后要添加新的文件到这个合并文件时,不需要再创建新文件,直接从其原文件的"文件信息"位置开始添加新文件内容,再更新"文件信息长度"以及附加新的"文件信息"。而如果将"文件信息"放在"文件信息长度"字节后,在添加新文件时,由于"文件信息"内容会增加,写到该文件时,将覆盖合并文件原有内容,那样就必须重新创建新文件来保存合并后的文件。

2. 具体实现

新建项目,保存为 MyCombineFile。

界面布局

在 Form1 窗体中添加两个按钮,一个用于将给定的一组文件合并成一个新文件,一个用于将合并后的文件拆分成合并前的文件。界面布局如图 5.20 所示。

1) 文件合并的功能实现

在 Form1 中添加一个自定义方法 CombineToFile,实现将一组文件合并成新的文件。

图 5.20　界面布局

代码片段

```csharp
//自定义方法,合并到指定的文件
private void CombineToFile(string[] files, string newFile)
{
    string fileInfoStr = "";

    //1.取得文件信息并连接成字符串,格式: 文件名|大小|文件名|大小…文件名|大小
    foreach (string s in files)
    {
        FileInfo fi = new FileInfo(s);
        fileInfoStr += fi.Name + "|" + fi.Length + "|";
    }
    //2.去掉最后一个字符|
    fileInfoStr = fileInfoStr.Substring(0, fileInfoStr.Length - 1);
    //3.字符串转换为字节数组
    byte[] fileInfoBytes = Encoding.Unicode.GetBytes(fileInfoStr);
    long fileInfoStrLen = fileInfoBytes.LongLength;        //4.文件信息的字节长度

    //5.创建文件类对象,准备写入数据
    FileStream fs = new FileStream(newFile, FileMode.Create, FileAccess.Write);
    //6.二进制读写器对象,将简单类型数据作为字节写入到文件头
    BinaryWriter bw = new BinaryWriter(fs);
    bw.Write(fileInfoStrLen);                            //头部写入 long 类型长度字节

    //7.写入文件内容数据
    foreach (string s in files)
    {
        FileStream fsRead = new FileStream(s, FileMode.Open, FileAccess.Read);
        byte[] fileByte = new byte[fsRead.Length];
```

```
        int realLen = fsRead.Read(fileByte, 0, fileByte.Length);
        fs.Write(fileByte, 0, realLen);
        fsRead.Close();
    }

    //8.文件尾部写入文件信息
    fs.Write(fileInfoBytes, 0, fileInfoBytes.Length);
    fs.Flush();                                  //9.确保写入剩余字节并关闭文件
    fs.Close();
}
```

📄 代码说明

（1）自定义方法 CombineToFile 实现将一组文件 files 合并成新文件 newFile。

（2）注释1、注释2：取得 files 中的文件名和文件大小，组合成自定义格式：文件名|大小|文件名|大小|…，保存到 fileInfoStr 字符串中。注意在注释2中，去掉最后一个多余的"|"。

（3）注释3、注释4：将字符串 fileInfoStr 转换为字节数组，并将其 long 类型的长度属性保存到 fileInfoStrLen 变量中。数组的 LongLength 属性表示 long 类型的长度，而 Length 属性表示 int 类型的长度。

（4）注释5：创建 FileStream 对象 fs，准备将数据以二进制方式写入文件。

（5）注释6：以 fs 为参数，创建 BinaryWriter 对象，该对象也是以二进制方式写入数据到文件，但 fs 对象只能写入字节类型的数据，而 BinaryWriter 简化了 FileStream 写入简单类型数据的方法，它提供将简单类型，例如整型、实型和字符等类型，以字节方式写入到文件。如果不使用 BinaryWriter 对象的方法，那么写入整型数据到文件，要经过复杂的转换，将整数转换为字节后，才能使用 fs 对象写入。二进制读/写器（BinaryReader/BinaryWriter）提供一组为简化 FileStream 对象读写简单类型的方法，从而避免简单类型和字节类型之间的烦琐转换。

（6）注释7：创建文件读取对象 fsRead，将读取的文件数据使用 fs 对象写入文件 newFile。

（7）注释8、注释9：将转换为字节数组的文件信息写入到文件尾，使用 Flush 将内存中可能没有写入到文件的内容全部写入，最后关闭文件。

2）文件拆分的功能实现

在 Form1 中添加一个自定义方法 SplitCombineFile，实现将合并后的文件，按原来的文件名，拆分成各自独立的文件，保存到指定的文件夹中。

📑 代码片段

```
//自定义方法：拆分文件
private void SplitCombineFile(string combineFile, string savePath)
{
    FileStream fs = new FileStream(combineFile, FileMode.Open, FileAccess.Read);
    BinaryReader br = new BinaryReader(fs);           //1.方便读写基本类型数据
    long len = br.ReadInt64();               //2.读取长整型数据,它保存的是文件信息长度

    fs.Seek(-len, SeekOrigin.End);                    //3.移到文件信息位置
```

```
        byte[] FileInfo = new byte[len];                    //4.定义保存文件信息长度的数组
        fs.Read(FileInfo, 0, FileInfo.Length);              //5.读取文件信息
        string FileList = Encoding.Unicode.GetString(FileInfo); //6.文件信息字符串
        string[] FileNameArr = FileList.Split('|');         //7.按分隔符拆分字符串

        //8.移动到真实数据的开始,前面8个字节(long数组)为长度信息
        fs.Seek(8, SeekOrigin.Begin);                       //移动文件开始,不包含长度信息

        //9.按照文件名和信息长度,读取数据保存为文件
        for (int i = 0; i < FileNameArr.Length; i += 2)     //10.文件名,大小
        {
            FileStream tmpWrite = new FileStream(savePath + "\\" + FileNameArr[i],
            FileMode.Create, FileAccess.Write);

            byte[] tmpByte = new byte[long.Parse(FileNameArr[i + 1])];
            int tmplen = fs.Read(tmpByte, 0, tmpByte.Length);  //读出全部数据

            tmpWrite.Write(tmpByte, 0, tmplen);             //写入文件
            tmpWrite.Flush();
            tmpWrite.Close();
        }

        fs.Close();
        br.Close();
    }
```

📑 代码说明

（1）自定义方法 SplitCombineFile 实现将合并后的文件,按原来的文件名拆分成独立文件,即还原合并前的文件。

（2）注释1、注释2:以 fs 为参数,创建 BinaryReader 对象,目的是读取文件头中代表合并文件信息长度的长整型 len 的数据,这个长度是在合并文件时写入的。

（3）注释3:根据 len 长度信息,将文件位置从文件尾移动 −len 字节,负数代表往文件后移动的字节数,正数代表往前移动的字节数。枚举类型参数 SeekOrigin 有三个值,分别代表移动到文件位置时,是相对当前位置 Current、文件尾 End 还是文件头 Begin。这里代表从文件尾位置,往后移动 len 字节,从这个位置开始是文件信息内容。

（4）注释4、注释5和注释6:根据文件信息长度,读取文件尾中代表合并后的文件信息的字节数据,保存到字节数组 FileInfo 中,然后转换为字符串数据保存到 FileList。

（5）注释7:将 FileList 字符串按字符"|"拆分成字符串数组,该数组的元素依次是:文件名,文件大小,文件名,文件大小……。

（6）注释8:跳过文件头的8个字节,该字节是保存文件长度的字节数据,真正的文件内容是该字节之后的数据。

（7）注释9:从指定的文件位置开始,读取每个文件长度的字节数,保存为原来的文件名。可以从字符串数组 FileNameArr 中得到文件名和长度。

3）测试文件合并与拆分

为窗体的按钮分别添加事件处理过程。

代码片段

```
//"合并文件"按钮 button1 的事件处理过程
private void button1_Click(object sender, EventArgs e)
{
    string[] files = Directory.GetFiles("c:\\files");
    CombineToFile(files, "c:\\tmp.cmb");          //合并后的新文件,扩展名任意指定
}
//"拆分文件"按钮 button2 的事件处理过程
private void button2_Click(object sender, EventArgs e)
{
    SplitCombineFile("c:\\tmp.cmb", "c:\\splitFiles");
}
```

代码说明

要正确测试该事件过程,必须在 C:\ 下建立文件夹 files,并添加任意多个不同类型的文件。在图 5.20 中,单击 button1 按钮时,合并后的文件将保存为:C:\tmp.cmb 文件。同时,必须在 C:\ 建立 splitFiles 文件夹;单击 button2 按钮时,将合并后的文件拆分到该文件夹中。

5.6 StreamReader 类和 StreamWriter 类

对于文本文件的读写,为了避免在字节与字符串之间的烦琐转换,可以采用 StreamReader 类和 StreamWriter 类来简化文本文件的读写,StreamReader/StreamWriter 用一种特定的编码输入和输出字符,而 FileStream 则用于字节的输入和输出。除非另外指定,其默认编码为 UTF-8,而不是当前系统的 ANSI 代码页。UTF-8 可以正确处理 Unicode 字符并在操作系统的本地化版本上提供一致的结果。

(1) StreamReader 类常用属性,见表 5.11。

表 5.11 StreamReader 类常用属性

属　　性	说　　明
CurrentEncoding	获取当前 StreamReader 对象正在使用的当前字符编码
EndOfStream	是否到了文件结尾

(2) StreamReader 类常用方法,见表 5.12。

表 5.12 StreamReader 常用方法

方　　法	说　　明
Read	读取输入流中的下一个字符或下一组字符
ReadLine	从当前流中读取一行字符并将数据作为字符串返回
ReadToEnd	读取文件全部内容
Close	关闭当前的 StreamReader 对象和基础流

（3）StreamWriter 类常用方法，见表 5.13。

表 5.13　StreamWriter 类常用方法

方　　法	说　　明
Write	写入基类型数据到文件，后不跟行结束符
WriteLine	写入一行数据，后跟行结束符
Close	关闭当前的 StreamWriter 对象和基础流

应用实例 5.12　将文本框的内容保存到文件 C:\mytxt.txt，如果文件不存在，则创建，否则将输入的内容添加到文件尾；读取 C:\mytxt.txt 文件的内容，并为每一行添加行号后显示到信息对话框中。

新建项目，保存为 MyStreamRW。

界面布局

在 Form1 窗体中添加一个带滚动条的多行文本框和两个按钮，保留默认的名称，界面布局如图 5.21 所示。

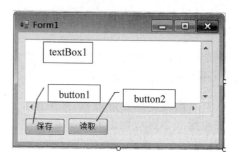

图 5.21　界面布局

代码片段

```
//为"保存"按钮 button1 添加以下的事件处理过程
private void button1_Click(object sender, EventArgs e)
{
    FileStream fs = new FileStream("C:\\mytxt.txt", FileMode.Append,
                FileAccess.Write);              //1.创建 FileStream 对象
    StreamWriter sw = new StreamWriter(fs);     //2.创建 StreamWriter 对象
    sw.WriteLine(textBox1.Text);                //3.把文本框内容作为一行保存到文件
    sw.Close();                                 //4.关闭文件
}
```

代码说明

（1）注释 1：以写方式创建 FileStream 对象 fs，准备对文件 C:\mytxt.txt 进行写入操作。参数 FileMode.Append 表示如果文件存在，将内容以添加方式写入，如果文件不存在，自动创建新文件。

（2）注释 2：以 FileStream 对象 fs 为参数创建 StreamWriter 对象 sw，也可以直接使用文件名创建 StreamWriter 对象，如 StreamWriter sw = new StreamWriter("C:\\mytxt.txt");。

（3）注释 3、注释 4：WriteLine 方法实现将文本框中输入的内容作为一行写入到文件中，如果该方法不带参数，则写入空行；最后关闭文件。

实质上，WriteLine 方法和 Write 方法都是将基本类型（如 int、long、float 和 double 等）参数转换为字符串后写入文件的，只是 Write 方法不会写入行结束符。

代码片段

```
//为"读取"按钮 button2 添加以下的事件处理过程
//读出文件内容,并添加行号信息
private void button2_Click(object sender, EventArgs e)
{
    FileStream fs = new FileStream("C:\\mytxt.txt", FileMode.Open, FileAccess.Read);
    StreamReader sr = new StreamReader(fs);
    string s = "";                              //保存读出的内容
    int lineNo = 1;                             //初始行号

    while (!sr.EndOfStream)                      //判断是否读到文件结束
    {
        s += "行" + lineNo + ". " + sr.ReadLine() + "\r\n";  //读取一行,添加行号信息
        lineNo++;                               //行号递增
    }
    sr.Close();                                 //关闭对象
    MessageBox.Show(s);
}
```

代码说明

首先以只读的方式创建 FileStream 对象 fs,准备对 c:\mytxt.txt 文件进行读操作。然后以 fs 为参数创建 StreamReader 对象 sr,使用 ReadLine 方法读取文件中的每一行,并添加行号。按行读取时,属性 EndOfStream 用于判断是否到达了文件尾,已到达文件尾则为 true,否则为 false。另外,使用 StreamReader 对象的 ReadToEnd 方法可以一次性读取文本文件的全部内容,而 Read 方法每次读取文本文件中的一个字符。

▶ 运行结果

按 F5 键运行程序,在文本框中输入内容后单击"保存"按钮,然后单击"读取"按钮,运行结果如图 5.22 所示。

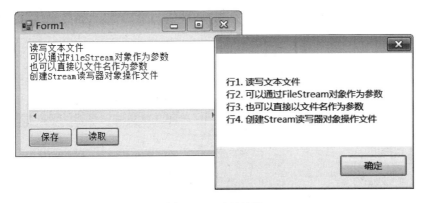

图 5.22 运行结果

小结

本章主要介绍对文件或目录的基本操作,包括创建、复制、移动、删除或重命名,File 类实现对文件的基本操作以及提供了对文本文件的快速读写方法,而要取得具体文件相关信息,可以借助 FileInfo 类;Directory 实现对目录的基本操作,要取得目录相关信息,可以借助 DirectoryInfo 类。FileStream 类提供以字节为单位的二进制方式读写任何类型文件,也可以指定文件位置实现随机读写。BinaryReader/BinaryWriter 是二进制读写器,简化了以二进制方式对基类型数据的读写,而 StreamReader/StreamWriter 简化了对文本文件的读写。

上机实践

练习 5.1   新建项目,保存为 Ex5_1。使用 File 类提供的相关方法,将在文本框中输入的内容,使用 UTF8 编码,保存到使用 SaveFileDialog 控件选择的位置;然后使用 OpenFileDialog 控件选择该文件,将内容读取出来显示到另一个文本框中,界面布局如图 5.1 所示。

练习 5.2   新建项目,保存为 Ex5_2。使用文件夹浏览对话框选择任意文件夹,取得该文件夹中的当前文件并将文件名显示到列表框中,运行界面参考图 5.23。

练习 5.3   新建项目,保存为 Ex5_3。设计一个方法 CopyFile,复制指定文件夹中的所有的内容到指定的目标位置,并测试该方法。

练习 5.4   新建项目,保存为 Ex5_4。使用 FileStream 类提供的方法,将任意类型的文件,拆分成大小相等的两部分,分别保存为 1. tmp 和 2. tmp,然后实现将两部分文件合并成一个完整的文件 allFile. file,运行界面如图 5.24 所示。合并后的文件扩展名请自行修改为与原始文件扩展名一致,并核对合并前后的文件字节数是否一致。

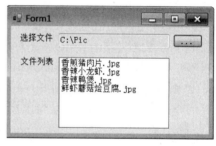

图 5.23   练习 5.2 运行界面

图 5.24   练习 5.4 运行界面

第6章

使用ADO.NET进行
数据库编程开发

本章导读

本章首先简单介绍了关系型数据库的相关概念,并以一个在实际项目"网络点餐管理系统"中使用的数据库 Restaurant 为例,从需求分析到物理设计介绍数据库设计的一般过程。全章以实例数据库 Restaurant 为基础,在简单介绍 SQL 查询命令的基本用法后,重点介绍在 C♯ 中使用 ADO. NET 类库访问 SQL Server 数据库的核心对象及其在实际开发中的应用,并辅以大量实例提升读者基于 ADO. NET 技术进行数据库项目开发的技能。除此之外,本章最后还介绍了用于快速开发数据库项目的数据控件,以及如何为数据库项目设计报表等内容。

6.1 数据库设计基础及 SQL 语句演练

6.1.1 数据库和数据库管理系统的概念

1. 数据库

数据库是存储在计算机系统内的一个通用化的、综合性的、有结构的、可共享的数据集合,具有较小的数据冗余和较高的数据独立性、安全性和完整性。数据库的创建、运行和维护是在数据库系统的控制下实现的,并可以为各种用户共享。

数据库是一个应用的数据存储和处理的系统,存储一个应用领域有关数据的集合,它独立于开发平台,处于应用系统的后台,能共享提供给各种应用或用户使用,并能提供数据完整性控制、安全性控制和并发控制功能。数据库通常由专门的系统进行管理,管理数据库的系统称为数据库管理系统。

数据库用户通常可以分为两类:一类是批处理用户,又称应用程序用户,这类用户使用程序设计语言编写应用程序,对数据进行检索、插入、删除和修改等操作,并产生数据输出;另一类是联机用户,或称为终端用户。终端用户使用终端命令或查询语言直接对数据库进行操作。

2. 数据库管理系统

数据库管理系统是一个数据库管理软件,简称 DBMS(DataBase Management System)。

数据库管理系统是数据库系统的核心。DBMS为用户提供方便的用户接口,帮助和控制每个用户对数据库进行各种操作,并提供数据库的定义和管理功能。整个数据库的创建、运行和维护,都是在数据库管理系统的控制下实现的。

3. 数据库应用系统的概念

数据库应用系统是在数据库管理系统支持下运行的一类计算机应用(软件)系统,简称DBAS(DataBase Application System)。一个数据库应用系统通常由三部分组成,即数据库、应用程序和数据库管理系统。一般的数据库应用系统中,使用通用的数据库管理系统,而数据库和应用程序需要由用户(开发人员)开发。

在批处理用户使用的数据库应用系统中,应用程序处于最终用户端(前端),用户直接操纵和使用的是应用程序;而数据库和数据库管理系统则处于系统的后端,它对用户是透明的。所以这一类数据库应用系统的用户是通过应用程序操作、管理和维护数据库的。

4. 数据库系统的模型

在数据库中的数据是高度结构化的,数据系统的模型用于描述数据库中的数据的结构形式。主要有三种数据库系统模型,即层次模型、网状模型和关系模型。目前最常用的数据库都是关系型的。

1)层次型

层次型数据库是以记录为节点构成的树,它把客观事物抽象为一个严格的、自上而下的层次关系。在层次关系中,只存在一对多的实体关系,每一个节点表示一个记录类型,节点之间的连线表示记录之间的联系(只能是父子关系)。

层次模型的特点:有且仅有一个根节点无双亲;其他节点有且仅有一个双亲。

2)网状模型

网状数据模型是以记录为数据的存储单元,允许多个节点没有双亲节点,允许节点有多个双亲节点。如图6.1所示是一个典型的网状数据模型。

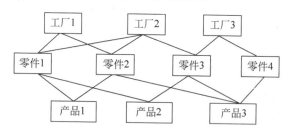

图6.1　网状数据模型实例

3)关系模型

关系数据模型以集合论中的关系(Relation)概念为基础发展起来,是用二维表格结构表示的数据模型。

5. 关系型数据库

在关系数据模型中,字段称为属性(Attribute),字段的值即属性值,由属性的集合描述记录,记录称为元组(Tuple),元组的集合称为关系(Relation)或实例(Instance)。从二维表格直观地看,表格的行为元组,表格的列为属性。

不同的数据通过不同的二维表格存储,各表之间通过关键字段相关联,构成一定的关系。关系模型既能反映属性之间的一对一关系,也能反映属性之间的一对多和多对多关系,如图 6.2 所示是一个典型的关系模型。

供应厂表 S

厂编号	厂名	地址
S01	A 厂	广州市
S02	B 厂	长春市
S03	C 厂	上海市

零件表 P

零件号	零件名	规格	存放位置
P01	螺丝钉	φ 30	广州
P02	螺帽	φ 22	长春
P03	螺帽	φ 40	上海
P04	螺帽	φ 60	长春

仓库表 SP

厂编号	零件号	仓储量
S01	P01	200
S01	P02	200
S02	P03	300
S02	P01	100
S02	P02	200
S03	P02	400

图 6.2 关系模型实例

6.1.2 数据库程序设计基础

1. 客户端/服务器(Client/Server)数据库应用系统

客户端/服务器(Client/Server)是一种分布式数据库管理系统,应用于网络环境。在这种结构的应用系统中,"前端"是应用程序的操作界面,处于用户端(客户端),往往是比较直观和友好的操作界面;"后端"是存放应用系统数据的数据库,处于服务器端。

分布式数据库管理系统与桌面数据库管理系统有很大不同,最主要的区别是所有由前端应用程序发出的查询都在服务器端执行,只将查询的结果传送到前端,而在传统的共享式桌面系统中,应用程序发出的查询命令是在客户端执行的,即将服务器端的数据库文件在客户端打开,然后进行查询。

2. Web 方式的数据库应用系统

Web 方式的数据库访问方式与 Client/Server 方式又有很大的不同,其中间件实际是应用程序(CGI 程序),前端(用户端)是浏览器,后端是存放应用系统数据的数据库,这种应用程序在升级时,只需要将服务器端的中间件升级即可。由于前端是通用软件(浏览器),一般不要升级,对于大量用户的应用系统升级非常方便。

3. 关系数据库和表

目前使用的大部分数据库都是关系型数据库。一个关系型数据库通过若干个表(Table)存储数据,并且通过关系将这些表联系在一起。

表以二维表格形式来表示。表是由行和列组成的数据集合,表中一行为一个记录

(Record)，一列为记录中的一个字段(Field)。例如，如表 6.1 所示的学籍表中，学号、姓名、性别、出生年月等都是字段，一个学生的字段数据构成了该学生的一条记录。

表 6.1　学籍表

学　　号	姓　　名	性　　别	出 生 年 月
D001	王涛	男	1982/5/4
D002	李冰	女	1982/1/3
D003	张红	女	1980/9/17
D004	郑洁	女	1980/10/15
D005	袁明	男	1981/2/10
D006	张萍	女	1980/11/2
D007	张骏	男	1980/12/23
D008	罗娟	女	1981/5/24

可以将表看成是一种用户自定义类型，表中的每一条记录是一个这种用户自定义类型的变量，字段是这种用户自定义类型的各个分量。例如，若将表 10.1 称为"学籍表"，则该表可以看作是以下用户自定义类型：

```
class 学籍表
{
    public string 学号;
    public string 姓名;
    public string 性别;
    public DateTime 出生年月;
}
```

其中，"学号""姓名""性别"和"出生年月"是组成用户自定义类型"学籍表"的 4 个变量，正好与表中的 4 个字段对应。表中的所有记录相当于一组被声明为用户自定义类型"学籍表"的变量。

4. 记录和字段

在二维表格中，每一行数据构成一条记录，记录是数据库管理中操作的基本数据。每一列数据构成了一个字段，每个字段都有相应的字段名、数据类型和数据宽度等结构描述信息。

5. 查询、视图和存储过程

由数据库中按照关系组合而成的具有实际使用意义的表，称为查询(Query)。查询不是数据库中存储的表，而是按照各种规则和要求"查"出来的表。

查询可通过 SQL(Structured Query Language，结构化查询语言)创建。SQL 是一种标准的查询语言，几乎所有的关系数据库系统都支持这种语言。各种关系型数据库中的 SQL 有所不同，但最基本的语句和使用方法是一样的。

存储在数据库中的查询，称为视图(View)。存储在客户/服务器数据库中的、用 SQL 语句编写的程序段，称为存储过程(Stored Procedure)。

6. SQL

SQL 的主要功能由 8 个动词来表达，用户只需要写出做什么，即可得到查询的结果。

(1) 数据查询功能。查询是 SQL 的核心，SQL 的查询操作可以从一个或多个表中找出满足条件的元组。SQL 中用动词 Select 实现查询，用 Select 可以实现数据库的选择、投影和连接等操作。

例如，用以下 Select 语句即可从数据库中列出满足查询条件的指定字段值：

Select <字段列表> From <表列表> Where <查询条件>

该语句可从<表列表>所指定的表中取出"字段列表"所指定的字段，并通过"查询条件"进行筛选，只有满足条件的记录才可被选出，从而创建了一个查询。

(2) 数据定义功能。SQL 的数据定义功能包括定义数据库、定义基本表、定义视图和定义索引等。SQL 的数据定义可用相应的动词实现，如 Create 等。

(3) 数据更新功能。SQL 中用动词 Insert、Delete 和 Update 实现数据更新。

(4) 数据控制功能。SQL 中用动词 Grant、Revote 实现数据控制。

由于不同的数据库管理系统在实现 SQL 时各有差别，并且一般都做了某种扩充，因此，用户在使用时应参阅系统提供的有关手册。

6.1.3 网络点餐管理系统数据库设计

数据库设计(Database Design)是指对于一个给定的应用环境，构造最优的数据库模式，建立数据库及其应用系统，使之能够有效地存储数据，满足各种用户的应用需求(信息要求和处理要求)。在数据库领域内，常常把使用数据库的各类系统统称为数据库应用系统。

数据库设计的设计内容包括：需求分析、概念设计、逻辑设计、物理设计、数据库的实施和数据库的运行和维护等。

1. 需求分析

假定一个餐厅的每张餐台都配备了一台无线联网的触屏式终端，需要开发一个具有网络点餐功能的管理系统，将顾客在终端点餐的数据自动传送到服务器。在结账时，收银台可以通过该系统自动计算出每张餐台顾客的消费金额并打印消费清单，整个系统构成的示意图如图 6.3 所示。

根据系统功能需求，从顾客的角度来分析可知，顾客要点餐，必须有菜单(菜品列表)，考虑到餐厅菜品的多样性，人为地将菜品按照菜系分类，从而得到菜系和菜品两个实体。

而顾客是流动的，一般餐厅不关心具体顾客的信息，而是根据哪张餐台、点了哪些菜品项进行结账，因此引入餐台和餐台对应的点菜单两个实体。一张餐台的点菜单有多个菜品项，为了避免数据冗余，可以建立顾客点菜的明细表(消费清单)。

服务员根据餐台进行结账，这里建立了餐台、餐台点菜单和点菜明细之间的关系，从而得出结账单。

站在餐厅商家的角度分析，老板可能要在某个时间段进行菜品分析，统计得到最受欢迎菜品，或进行营业额统计，通过结账单，可以检索到餐台点餐单及明细等信息。

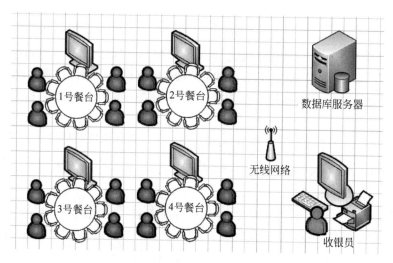

图 6.3　网络点餐管理系统示意图

　　有了上面的分析,我们可以从实体着手,找出每个实体及其属性,再根据实体间的联系,作出局部 E-R 图,最后组合成整体 E-R 图。E-R 图有助于理清实体之间的关系,进行合理的逻辑设计,最终得到系统所需建立的数据表。

2. 概念设计

　　根据需求分析,画出每个实体及其属性图,找出实体间的联系,并得出其关系模式。图 6.4～图 6.9 为各个实体及其属性以及局部 E-R 图,图 6.10 为整体 E-R 图。注意,E-R 图并非一次成型的,而是根据对需求的理解,经过反复修改最终得到的。

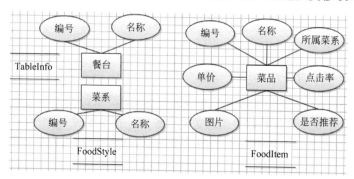

图 6.4　餐台(TableInfo)、菜系(FoodStyle)和菜品(FoodItem)实体图

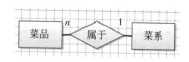

图 6.5　菜系与菜品的局部 E-R 图

3. 逻辑设计

　　根据 E-R 图得到数据库的关系模型如下。
　　(1) 基础信息:餐台、操作员。
　　① 餐台信息(餐台编号,类型)。
　　② 操作员(操作员编号,用户名,密码,性别,联系电话)。

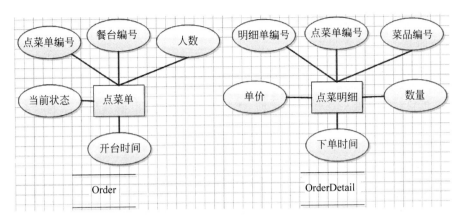

图 6.6　点菜单(Order)、点菜明细(OrderDetail)的实体图

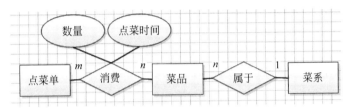

图 6.7　点菜单(Order)、菜品(FoodStyle)和菜系(FoodItem)的局部 E-R 图

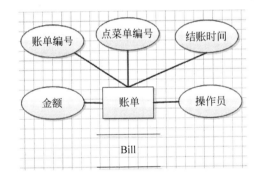

图 6.8　账单实体图

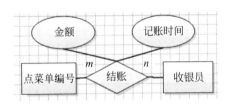

图 6.9　餐台与收银员的局部 E-R 图

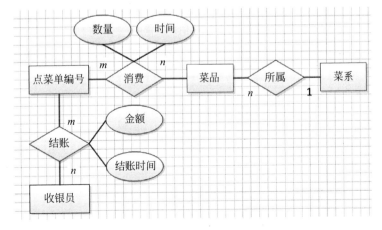

图 6.10　整体 E-R 图

（2）菜品与菜系的关系不需要单独建立一个表，而是将菜系编号作为菜品的外键，得到其关系模型如下。

① 菜系(<u>菜系编号</u>,菜系名称)。

② 菜品(<u>菜品编号</u>,<u>菜系编号</u>,菜品名称,单价,图片位置,推荐,单击率)。

（3）每张餐台都有唯一一张消费单据，作为结账的依据，根据其与菜品的联系，得到消费明细单的关系模型如下。

① 消费单(<u>点餐单编号</u>,餐台编号,人数,开台时间,当前状态)。

② 消费明细单(<u>消费单编号</u>,<u>点餐单编号</u>,菜品编号,单价,数量,下单时间)。

（4）对于账单的局部 E-R 图，账单与餐台、操作员之间的联系，不需要单独建立表，直接将这些实体的主键作为账单的外键，从而得到账单的关系模型如下。

账单(<u>账单编号</u>,<u>点菜单编号</u>,操作员编号,消费金额,结账时间)。

注意：这里的双下画线表示主表中的外键。

4．物理设计

数据库的物理结构设计是指根据数据库的逻辑结构来选定 RDBMS(如 Oracle、Sybase 等)，并设计和实施数据库的存储结构、存取方式等。

根据建立的关系模型，在 SQL Server 2005 数据库管理系统中，创建 Restaurant 数据库，并参照表 6.2～表 6.8 的内容，使用表设计器依次创建各个表的结构。

表 6.2　TableInfo 餐台信息表

字段名	含义	类型	长度	IS NULL	主键	标识
TableID	餐台 ID	int		NOT NULL	是	是
TableName	餐台名称	nvarchar	50	NULL		

注：这是餐台固定信息表。餐台名称可以是：1 号台,2 号台……

表 6.3　FoodStyle 菜系表

字段名	含义	类型	长度	IS NULL	主键	标识
StyleID	菜系 ID	int		NOT NULL	是	是
StyleName	菜系名称	nvarchar	50	NULL		

表 6.4　FoodItem 菜品表

字段名	含义	类型	长度	IS NULL	主键	外键	标识
FoodID	菜品 ID	int		NOT NULL	是		是
StyleID	菜系 ID	int		NULL		是	
FoodName	菜品名称	nvarchar	50	NULL			
Price	单价	float		NULL			
ImagePath	图片位置	nvarchar	250	NULL			
IsHot	是否推荐	bit	1	NULL			
ClickCount	单击数	int					

注：FoodItem 表通过 StyleID 外键字段与 FoodStyle 表相关联。

表 6.5　Order 消费单

字段名	含义	类型	长度	IS NULL	主键	外键	标识
OrderID	消费单 ID	int		NOT NULL	是		是
TableID	餐台 ID	int		NULL		是	
Count	人数	int		NULL			
StartTime	开台时间	datetime		NULL			
Status	餐台状态	nvarchar	20	NULL			

注：Status 字段包含两种状态：开台、结账。

表 6.6　OrderDetail 消费明细单

字段名	含义	类型	长度	IS NULL	主键	外键	标识
OrderDetailID	明细单 ID	int		NOT NULL	是		是
OrderID	消费单 ID	int		NULL		是	
FoodID	菜品 ID	int		NULL		是	
Price	价格	float		NULL			
Count	数量	int		NULL			
OrderTime	下单时间	datetime		NULL			

注：OrderDetail 表通过 OrderID 字段与 Order 表产生关联。

表 6.7　Bill 结账单

字段名	含义	类型	长度	IS NULL	主键	外键	标识
BillID	账单 ID	int		NOT NULL	是		是
OrderID	消费单 ID	int		NULL		是	
UserID	操作员 ID	int		NULL		是	
Money	消费金额	float		NULL			
EndTime	结账时间	datetime		NULL			

表 6.8　Users 操作员表

字段名	含义	类型	长度	IS NULL	主键	外键	标识
UserID	操作员 ID	int		NOT NULL	是		是
UserName	操作员姓名	nvarchar	50	NULL			
Pwd	密码	int	10	NULL			
Phone	联系电话	float	50	NULL			

为了让读者对数据库 Restaurant 的各个表之间的关系有个整体的认识，给出各个表之间的关系示意图如图 6.11 所示。图 6.11 中的表看上去比较多，其实可以按照这样的思路来理解：哪份点菜单（订单），点了哪些菜（明细），消费金额是多少（结账）。实质上，这也是一个简单的订单管理数据库的内容。

6.1.4　SQL 语句演练

本章所有的示例仅使用到 Restaurant 数据库中的菜品表 FoodItem 和菜系表 FoodStyle。在学习本节内容之前，请务必熟悉这两个表的结构（其他表可以在第 7 章学习

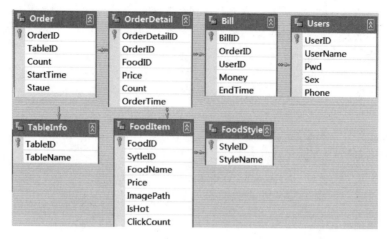

图 6.11   表之间关系示意图

时再回顾),包括字段名、字段类型以及表之间的关系(具有完整性约束)。读者可以按照以上给出的表结构在 SQL Server Management Studio 中创建数据库,或附加本书附带的数据库样例(可以到清华大学出版社网站下载本书的学习资源)。本节将简单介绍实现数据查询、插入数据、更新数据和删除数据的 SQL 语句的最基本的用法,这些语句也将在本章的实例中使用到。

1. 数据查询

基本语法:

```
Select 子句 From 子句 [Where 子句]
```

应用实例 6.1   在菜品表 FoodItem 中,显示全部数据。

```
Select * From FoodItem
```

说明:为了测试查询结果,请启动 SQL Server Management Studio,在启动界面中选择"服务器类型"为"数据库引擎",选择"服务器名称"为本机安装的数据库实例名,选择"身份验证"为"Windows 身份验证"方式登录,然后附加本书的 Restaurant 数据库。

在 SQL Server Management Studio 操作界面中单击工具栏中的"新建查询"图标按钮,打开查询设计器界面,在查询设计器中输入上面的 Select 语句并执行,参照图 6.12 中标识出的步骤进行操作。

应用实例 6.2   在菜品表 FoodItem 中,查询价格在 50～80 之间,StyleID 为 1 的菜品名和价格。

```
Select FoodName,Price From FoodItem Where (Price Between 50 And 80) And StyleID = 1
```

说明:当按条件查询数据时,多个条件可以使用 And 和 Or 运算符。And 表示满足所有的条件,而 Or 表示满足任何一个条件;Between…And…表示数值范围,也可以使用>=和<=比较运算符来代替。多个条件时,每个条件最好使用括号作为独立的条件。

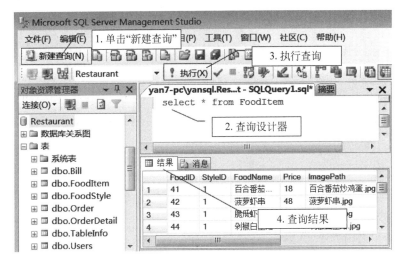

图 6.12　在查询设计器中测试 SQL 语句

应用实例 6.3　在菜品表 FoodItem 中,显示菜品名包含“鸡”的菜品。

```
Select * From FoodItem Where FoodName Like '%鸡%'
```

说明:Like 表示模糊匹配,可以使用通配符“%”和“?”。“%”表示任意多个字符,而“?”表示一个字符,字符串的值用一对单引号作为定界符。如果要精确匹配,请使用“=”运算符。

应用实例 6.4　在菜品表 FoodItem 中查询各种菜品类别的数量。

```
Select StyleID,Count( * )As 数量 From FoodItem Group By StyleID
```

说明:Group by 子句用于分组统计。用于分组统计的 Select 子句中,只能出现分组字段或统计结果字段。As 关键字是为查询结果字段赋予的别名。

应用实例 6.5　在菜品表 FoodItem 中,查询价格不为空值的菜品名和价格,并按价格升序,菜品名降序显示查询结果。

```
Select  FoodName,Price From FoodItem WHERE Price Is Not NULL Order By Price Asc,FoodName Desc
```

说明:Order By 子句用于按指定的字段进行排序,Asc 表示升序,Desc 表示降序,默认为升序。多个字段排序时,每个字段用逗号分隔。Is Not NULL 用于查询不包含空值的字段,如果要查询包含空值的字段,则使用 Is NULL。

应用实例 6.6　查询菜品表 FoodItem 中所有菜品名及其所属的菜系名。

```
Select FoodItem. FoodName, FoodStyle. StyleName From FoodItem, FoodStyle Where FoodItem. StyleID =
FoodStyle. StyleID
```

说明:要从多个表中选择数据,多个表之间必须存在某种关联。在这里,StyleID 字段既是 FoodItem 表中的外键,也是 FoodStyle 表的主键。可以根据键之间的联系得到两个表的交集。基本语法如下:

> Select 表 a.字段名,…,表 b.字段名,… From 表 a,表 b Where 表 a.X = 表 b.X

其中,X 字段表示同名字段,或者是表之间存在关联的字段。多个表时,Where 子句用 And 运算符连接,如 Where 表 a.X 字段=表 b.X 字段 And 表 b.X 字段=表 c.X 字段。

也可以使用连接查询来实现,但上述语法比较简单易懂。使用连接查询的语句如下:

Select FoodItem.FoodName,FoodStyle.StyleName From FoodItem Inner Join FoodStyle *On* FoodItem.StyleID = FoodStyle.StyleID

2. 插入数据

基本语法:

> Insert Into 表名(字段列表) Values(值列表)

说明:字段列表是指表中一个或多个以逗号分隔的字段名;值列表是与字段列表对应位置和类型的具体数据。

应用实例 6.7 插入一条完整的记录到菜品表 FoodItem。

Insert Into FoodItem(StyleID,FoodName,Price,ImagePath,IsHot,ClickCount)
Values(1,'美洲牛扒',12.6,'美洲牛扒.Jpg',1,1)

说明:FoodItem 表包含 int 类型的标识字段 FoodID,该字段是在添加记录时自动递增的,不应由用户添加;FoodItem 表还包含约束字段 StyleID。注意,StyleID 是外键,也是 FoodStyle 表中的主键,在添加记录到 FoodItem 表时,由于表之间存在约束关系,StyleID 的值必须存在于 FoodStyle 表中(这里 StyleID 的值为 1)。对于字符串类型的字段,必须使用一对单引号作为定界符。FoodItem 表中的 IsHot 是 bit 类型字段,取值 0 或 1。

注意:Insert Into 语句中,字段列表和值列表在数量、位置和类型上必须一一对应;在 FoodItem 表中插入数据时,StyleID 的值必须存在其作为主键的 FoodStyle 表中,这是由于表之间存在数据完整性约束。

3. 更新数据

基本语法:

> Update 表名 Set 字段名 = 字段值,字段名 = 字段值… [Where 子句]

说明:多个字段要同时更新时,每个字段的赋值表达式使用逗号分隔。如果带 Where 条件子句,那么将按条件更新表中的记录,否则,将更新表中所有记录。

应用实例 6.8 为菜品表 FoodItem 的所有菜品提价 10%。

Update FoodItem Set Price = Price + Price * 0.1

说明:不含 Where 条件子句,所有的菜品都将在原来价格 Price 的基础上加 10%。

应用实例 6.9 修改菜品表 FoodItem 中 FoodID 为 10 的菜品,设置为推荐(IsHot 为 1)菜品,并使其单击数(ClickCount)加 1。

```
Update FoodItem Set IsHot = 1,ClickCount = ClickCount + 1 Where FoodID = 10
```

说明:含 Where 子句,修改指定记录的字段。

4. 删除数据

基本语法:

```
Delete From 表名 [Where 子句]
```

说明:如果不含 Where 子句,那么将删除整个表的所有记录,否则,仅删除满足条件的记录。

应用实例 6.10　删除菜品表 FoodItem 中价格低于 10,而且是非推荐(IsHot 为 0)的菜品。

```
Delete From FoodItem Where Price < 10 and Ishot = 0
```

说明:如果不含 Where 子句,那么将清空 FoodItem 表的所有数据,否则,删除满足指定条件的数据。

注意:如果要删除表中的一条记录,而该表的主键是其他表的外键,那么必须删除其他表中所有包含该主键字段值的记录后方可执行删除,否则系统会拒绝删除,这也是数据完整性性约束的体现。如 FoodStyle 菜系表的主键 StyleID,它也是菜品表 FoodItem 的外键,如果要删除菜系表中 StyleID 值为 1 的记录,那么必须先删除菜品表中所有 StyleID 为 1 的记录,方可以删除菜系表的该条记录。

6.2　使用 ADO.NET 数据库编程

6.2.1　什么是 ADO.NET

ADO.NET 是一组为.NET 程序员提供访问数据服务的类,其名称来源于.NET 技术出现之前的 ADO(ActiveX Data Object,数据访问对象)。但 ADO.NET 并非 ADO 的简单升级版,而是基于.NET 框架重新开发出来的新一代的数据处理技术,之所以沿用该名称,目的是为具有 ADO 开发经验的老程序员可以以类似使用 ADO 的经验快速熟悉和使用 ADO.NET。

ADO.NET 提供对关系数据、XML 和应用程序数据的访问,是.NET Framework 中不可缺少的一部分。ADO.NET 支持多种开发需求,包括创建由应用程序、工具、语言或 Internet 浏览器使用的前端数据库客户端和中间层业务对象。ADO.NET 类库位于 System.Data 命名空间下。System.Data 命名空间提供对 ADO.NET 结构的类的访问。通过 ADO.NET 可以生成一些组件,用于有效管理多个数据源的数据。

ADO.NET 主要包含两个重要的组件:.NET Framework 数据提供程序和数据集 DataSet。.NET Framework 数据提供程序用于连接到数据库、执行命令和检索结果,可以直接处理检索到的结果,或将其放入 DataSet 对象;DataSet 是一个或多个来自不同数据源的数据表及表关系的集合,存放在本地高速缓存,其数据可以通过.NET Framework 中的 DataAdapter 对象填充,或从 XML 文件导入,也可以导出到 XML 文件。DataSet 对象也可以独立于.NET Framework 数据提供程序使用,以管理应用程序本地的数据或源自 XML 的数据。

图 6.13 参考了 Microsoft 公司给出的 ADO.NET 结构图,同时也说明了.NET Framework 数据提供程序与 DataSet 之间的关系。

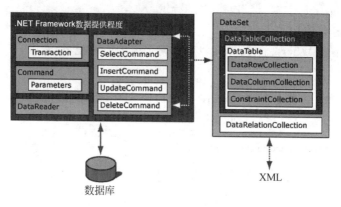

图 6.13　ADO.NET 结构

从图 6.13 可以看出,ADO.NET 主要包含两个组件,分别为.NET Framework 数据提供程序和数据集 DataSet。

对于目前主流的关系型数据库,.NET Framework 提供访问不同主流关系型数据库的.NET Framework 数据提供程序。表 6.9 列出了.NET Framework 中包含的.NET Framework 数据提供程序。

表 6.9　.NET Framework 数据提供程序

.NET Framework 数据提供程序	说　明
SQL Server .NET Framework 数据提供程序	提供对 Microsoft SQL Server 7.0 版或更高版本的数据访问。使用 System.Data.SqlClient 命名空间
OLE DB .NET Framework 数据提供程序	适合于使用 OLE DB 公开的数据源。使用 System.Data.OleDb 命名空间
ODBC .NET Framework 数据提供程序	适合于使用 ODBC 公开的数据源。使用 System.Data.Odbc 命名空间
Oracle .NET Framework 数据提供程序	适用于 Oracle 数据源。Oracle .NET Framework 数据提供程序支持 Oracle 客户端软件 8.1.7 版和更高版本,使用 System.Data.OracleClient 命名空间

不同的.NET Framework 数据提供程序存在于不同的命名空间,用于访问不同的数据源,但核心功能和使用方法是一样的:连接数据源、执行命令、检索数据,或把数据读取到数据集进行处理。

6.2.2 SQL Server .NET Framework 数据提供程序

SQL Server .NET Framework 数据提供程序专门用于访问 SQL Server 数据库,位于 SqlClient 命名空间,其提供一组以 Sql 为前缀的类,如 SqlConnection、SqlCommand 和 SqlDataReader 等,具体内容见表 6.10。

表 6.10　SQL Server .NET Framework 数据提供程序主要的类

类	说　明
SqlConnection	连接到数据源
SqlCommand	表示要对数据源执行的 SQL 语句或存储过程
SqlParameter	表示 SqlCommand 的参数,还可以表示它到 DataSet 列的映射
SqlDataReader	提供从数据源读取数据行的只向前读写记录的方法
SqlDataAdapter	表示一组数据命令和一个数据库连接,用于填充 DataSet 和更新数据源
SqlException	在基础提供程序返回 OLE DB 数据源的警告或错误时引发的异常

从数据库读取数据的一般步骤如下。

(1) 创建并使用 SqlConnection 对象连接到数据库。

(2) 创建并使用 SqlCommand 对象执行 SQL 语句操作数据表。

(3) 创建并使用 SqlDataReader 对象读取数据;或创建并使用 SqlDataAdapter 对象操作数据,将数据填入 DataSet 对象。

(4) 显示数据。

注意:在决定应用程序使用 DataReader 或使用 DataSet 时,应考虑应用程序所需的功能类型。

DataSet 通常用于执行以下操作。

(1) 在应用程序中将数据缓存在本地,以便对数据进行处理。如果只需要读取查询结果,DataReader 是更好的选择。

(2) 在层间或从 XML Web 服务对数据进行远程处理。

(3) 与数据动态交互,例如,绑定到 Windows 窗体控件,或组合并关联来自多个源的数据。

(4) 对数据执行大量的处理,而不需要与数据源保持打开的连接,从而将该连接释放给其他客户端使用。

如果不需要 DataSet 提供的功能,可以用 DataReader 以只进、只读方式返回数据,从而提高应用程序的性能。虽然 DataAdapter 使用 DataReader 填充 DataSet 的内容,但可以用 DataReader 提高性能。这样可以节省 DataSet 使用的内存,并将省去创建 DataSet 并填充其内容所需的处理。

下面详细介绍每一个对象的创建和使用。

6.2.3 创建和使用连接对象

要使用 .NET Framework 数据提供程序访问 SQL Server 数据库,首先要在代码文件首部使用下面的语句声明命名空间的引用:

```
Using System.Data.SqlClient;
```

要实现对数据库的各种操作,必须首先使用连接对象连接上数据库。通过下面的语句创建连接对象:

```
SqlConnection conn = newSqlConnection();
```

创建连接对象后,需要设置连接对象的连接字符串属性,以指明连接的数据源、登录验证方式和数据库名称。登录 SQL Server 有两种验证方式:①Windows 身份验证;②SQL Server 身份验证。

(1) 如果采用 Windows 身份验证,可以设置连接字符串属性为:

```
Conn.ConnectionString =
"Data Source = (local);Initial Catalog = Restaurant; Integrated Security = true";
```

其中,Data Source 设置数据库实例名称,如果使用本地数据库默认实例,可以简写为"(local)"或"."(点号);Initial Catalog 设置了初始数据库为 Restaurant;Integrated Security 设置为 true,表示使用 Windows 身份验证方式。

(2) 如果采用 SQL Server 身份验证,需要指明用户名 User id 和密码 Password,设置连接字符串属性为:

```
Conn.ConnectionString =
"Data Source = (local);Initial Catalog = Restaurant;User id = sa;Password = 123";
```

这里假定用户名为 sa,密码为 123。

创建连接对象并设置其连接字符串属性后,并未真正连接到数据库。要连接到数据库,需要调用其 Open 方法;当数据操作完毕后,需要调用其 Close 方法来关闭与数据库的连接,以释放占用的系统资源。

应用实例 6.11　使用 Windows 身份验证登录 SQL Server,与数据库 Restaurant 建立连接后随即关闭。

📋 **代码片段**

```
SqlConnection conn = new SqlConnection();
conn.ConnectionString = "Data Source = (local);Initial Catalog = Restaurant;
                    Integrated Security = true";
conn.Open();                                    //打开连接
//在这里,执行其他数据库相关的数据表操作
conn.Close();                                   //关闭数据库
```

📖 **代码说明**

该代码片段演示了如何创建连接对象 conn,并通过连接对象的 Open 方法建立了与数据库的连接,未对数据库中的数据表进行任何相关的操作,随后使用连接对象的 Close 方法

关闭与数据库连接。虽然没有实质的意义,但说明了连接数据库的过程,该过程也可以用来在操作数据库前测试是否可以连接上数据库,如果执行后不出现异常,则表示连接成功,否则表示连接失败。

如果使用该代码片段执行时出现异常,请检查:①SQL Server 数据库服务器是否启动。②连接字符串的各个部分是否正确。

注意:Data Source 有多个别名,可以是 Server、Address、Addr、Network Address 之一;Initial Catalog 也可以写为 Database;User ID 可以写为 UID;Password 可以写为 PWD,因此,下面的语句与前面使用 SQL Server 身份验证的连接字符串是等价的:

```
Conn.ConnectionString = "Server = (local);Database = Restaurant;UID = sa;PWD = 123";
```

其中,(local)也可以使用“.”来代替本地数据库服务器的实例名。如果没有密码可以留空,例如:

```
Conn.ConnectionString = "Server = .;Database = Restaurant;UID = sa;PWD = ";
```

如果不使用数据库服务器的默认实例,则还需要指定实例名,例如:

```
Conn.ConnectionString = "Server = .\\实例名;Database = Restaurant;UID = sa;PWD = ";
```

或:

```
Conn.ConnectionString = "Server = 服务器名称(服务器 IP)\\实例名;Database = Restaurant;UID = sa;PWD = ";
```

注意:Server 参数如果使用 IP 地址,需要在“SQL 配置管理器”应用程序中,为该数据库实例启用 TCP/IP,并设定 IP 和访问端口。

为避免写错连接字符串各个部分的关键字,也为了方便记忆,可以使用连接字符串构建器 SqlConnectionStringBuilder 来帮助创建连接字符串,SqlConnectionStringBuilder 对象包含以下常用的属性。

(1) DataSource:用于指定数据源,等同于连接字符串中的 Data Source 的作用。

(2) InitialCatalog:指定登录后需要操作的数据库,等同于连接字符串中的 Initial Catalog 的作用。

(3) IntegratedSecurity:设置为 true 时表示使用 Windows 身份验证方式,设置为 false 时表示使用 SQL Server 身份验证方式。

(4) UserID:使用 SQL Server 身份验证方式时的用户名。

(5) Password:使用 SQL Server 身份验证方式时的密码。

(6) ConnectionString:自动构建的连接字符串。

注意:无论采用哪种验证方式登录 SQL Server,均要设置 DataSource 和 InitialCatalog 属性。

应用实例 6.12　使用 SqlConnectionStringBuilder 对象构建连接字符串。

📄 代码片段

```
SqlConnectionStringBuilder csb = new SqlConnectionStringBuilder();
csb.DataSource = ".";                       //1.指定数据源
csb.InitialCatalog = "Restaurant";          //2.指定数据库
csb.IntegratedSecurity = true;              //3.取为 false 时,需要下面被注释的两条语句
//csb.UserID = "sa";                        //4.用户名
//csb.Password = "123";                     //5.密码
SqlConnection conn = new SqlConnection();   //6.创建连接对象
conn.ConnectionString = csb.ConnectionString; //7.设置连接字符串
```

📄 代码说明

创建 SqlConnectionStringBuilder 对象后,首先设置其 DataSource 和 InitialCatalog 属性,指定数据源和初始数据库;然后根据验证方式的不同来设置其他属性,如设置 IntegratedSecurity 属性为 true,代表使用 Windows 身份验证方式;或者设置 UserID 和 Password 属性,代表使用 SQL Server 身份验证方式;最后该对象通过前面设置好的属性自动构建 ConnectionString 属性,该属性代表建立好的连接字符串。这样就无须记住连接字符串的各个部分的关键字了。

总之,应选择适合自己记忆的构建连接字符串的方式。

6.2.4　创建和使用执行命令对象

连接上数据库的目的之一是为了执行 SQL 命令以操作数据库中的数据。SqlCommand 命令对象用于执行 SQL 语句或存储过程。

1. 常用属性

(1) Connection:设置或取得已连接的对象。

(2) CommandText:要执行的 SQL 语句或存储过程。

(3) CommandType:用于表明 CommandText 是 SQL 语句还是存储过程,其值为 CommandType 类型枚举值之一,Text、TableDirect 或 StoredProcedure,默认值为 Text。

注意,只有用于 OLE DB.NET Framework 数据提供程序才支持 CommandType 取值为 TableDirect,表明 CommandText 直接取值为表名。

(4) Parameters:获取或设置 SQL 语句或存储过程中的命令参数的集合。

注意:SQL Server.NET Framework 数据提供程序不支持在向通过 CommandType.Text 的命令调用的 SQL 语句或存储过程传递参数时使用"?"占位符。在这种情况下,必须使用命名参数。

2. 常用方法

(1) ExecuteScalar():执行查询,并返回查询结果集中的第一行的第一列数据,忽略其他列或行。常用于统计行数、列计算或执行 SQL 语句后返回的结果,如插入新行时获取新行自动递增的标识字段。

（2）ExecuteReader()：将 CommandText 属性发送到 Connection 对象并返回一个数据读取器 SqlDataReader 对象。一般用于 Select 语句并可从返回的 SqlDataReader 对象中读取数据。

（3）ExecuteNonQuery()：执行 SQL 语句并返回受影响的行数，一般用于执行包含 Update、Insert、Delete 的 SQL 语句。

3. 创建命令对象方式

创建 SqlCommand 对象的常用方法有如下几种。

（1）使用带参数的构造方法，同时指定 SQL 命令文本和连接对象。

```
string sql = "Select * from 表名";
SqlCommand comm = new SqlCommand(sql,conn)
```

本书采用这种方式。这里 conn 代表已创建的连接对象。

（2）通过已经创建的连接对象 conn 的 CreateCommand 方法得到，例如：

```
SqlCommand comm = conn. CreateCommand ();
```

这种方式创建 SqlCommand 对象后，需要为其设置 CommandText 属性，以执行相关操作。

（3）使用无参数构造方法创建。

```
SqlCommand comm = newSqlCommand();
```

这种方式创建 SqlCommand 对象后，需要为其设置 Connection 和 CommandText 属性，以执行相关操作。

4. 使用命令对象

创建 SqlCommand 对象并设置好相关属性后，可以执行对数据库的各种操作。

注意，下面所有的实例都需要引入 System. Data. SqlClient 命名空间；而且需要在 SQL Server Management Studio 中附加本书所带的 Restaurant 数据库（或参照 6.1.3 节自行创建该数据库）。另外，读者在上机测试各个应用实例代码时（应用实例 6.13~应用实例 6.16），请自行创建 C# 项目，在默认窗体中添加一个 Button 按钮，并在该按钮的事件处理过程中输入相关代码。

应用实例 6.13 取得菜系表 FoodStyle 的记录数。

📄 代码片段

```
//1.构建连接字符串
string connString = "Data Source = .;Database = Restaurant;Integrated Security = true";
SqlConnection conn = new SqlConnection(connString);    //2.创建连接对象
conn.Open();                                            //3.打开连接
```

```
string sql = "select count( * ) from FoodStyle";      //4.Select 查询的命令文本
SqlCommand comm = new SqlCommand(sql, conn);           //5.创建命令对象
int count = (int)comm.ExecuteScalar();                 //6.执行查询
conn.Close();                                          //7.关闭连接
```

📋 代码说明

（1）注释 1：使用 Windows 身份验证方式构建连接字符串，并保存到字符串变量 connString 中。

（2）注释 2、注释 3：使用连接字符串变量 connString 作为参数来创建连接对象 conn，然后调用其 Open 方法实现打开与数据库的连接。

（3）注释 4：构建用于统计 FoodStyle 表中记录数的 SQL 命令文本。

（4）注释 5：使用命令文本 sql 和连接对象 conn 作为参数，创建命令对象 comm。

（5）注释 6：ExecuteScalar 方法用于取得单值查询结果（该方法只有返回一个值），由于其返回值为 object 类型，因此需要强制转换为 int 类型。返回结果的具体类型，是根据 SQL 语句中指定的查询结果而定的。

ExecuteScalar 方法也可以在插入数据时，得到标识列的值。

应用实例 6.14　向菜系表 FoodStyle 插入一条记录，并取得该记录标识列的值。

📋 代码片段

```
SqlConnection conn = newSqlConnection();
conn. ConnectionString = " Data Source = ( local); Initial Catalog = restaurant; Integrated
security = true";
conn. Open();                                          //打开连接
//执行数据库操作
string sql = "Insert Into FoodStyle(StyleName)Output Inserted.StyleID Values('汤类')";
SqlCommand comm = newSqlCommand(sql, conn);
int StyleID = (int)comm.ExecuteScalar();
conn. Close();                                         //关闭数据库
MessageBox. Show("新记录的 ID 是： " + StyleID);
```

📋 代码说明

本例与应用实例 6.13 不同的地方在于查询字符串 sql 的内容。其中，查询字符串中的 values 关键字前的语句 Output Inserted. StyleID 表示在执行插入数据操作后，返回新插入记录的标识列（自动编号列）StyleID 的值。这里 Output Inserted 是 SQL 语句中的关键字，必须位于 Values 关键字之前。注意 Inserted 关键字后有连接符"."，后紧跟标识列列名。

应用实例 6.15　在 Restaurant 数据库的菜品表 FoodItem 中插入一条记录。

📋 代码片段

```
SqlConnection conn = newSqlConnection();
conn. ConnectionString = " Data Source = ( local); Initial Catalog = restaurant; Integrated
security = true";
conn. Open();                                          //打开连接
```

```
//执行数据库操作
string sql = "Insert Into FoodItem(StyleID,FoodName,Price,ImagePath,IsHot)";
sql += " Values(1,'番茄炒蛋',68,'番茄炒蛋.jpg',1)";

SqlCommand comm = newSqlCommand(sql, conn);
comm.ExecuteNonQuery();

conn.Close();                                    //关闭数据库
```

📄 代码说明

（1）本例是执行非 Select 查询的 SQL 语句，实现向 FoodItem 表中添加一条记录。与应用实例 6.14 不同的地方是调用了 ExecuteNonQuery 方法来实现，但执行结果与调用 ExecuteScalar 方法没有区别。注意 SQL 命令文本中的字符串类型数据需要一对单引号作为定界符。

（2）通常使用 ExecuteNonQuery 方法来执行 SQL 的 Insert、Update 和 Delete 语句，该方法返回一个 int 类型的值，代表执行这些操作后受影响的记录数；虽然使用 ExecuteScalar 方法也可以达到相同的效果，但更多的时候 ExecuteScalar 方法用于需要获取单值查询结果的 Select 语句。

（3）为减少拼接字符串产生错误，上面粗体部分的代码，也可以使用命令参数方式来代替，如下面的代码。

```
//1.带命名参数的 SQL 命令文本
string sql = "Insert Into FoodItem(StyleID,FoodName,Price,ImagePath,IsHot)";
sql += " Values(@StyleID,@FoodName,@Price,@ImagePath,@IsHot)";
//2.创建命令对象
SqlCommand comm = newSqlCommand(sql, conn);
//3.为命名参数指定具体值
comm.Parameters.AddWithValue("@styleID", 1);
comm.Parameters.AddWithValue("@FoodName", "番茄炒蛋");
comm.Parameters.AddWithValue("@Price", 68);
comm.Parameters.AddWithValue("@ImagePath", "番茄炒蛋.JPG");
comm.Parameters.AddWithValue("@IsHot", 1);
//3.执行查询
comm.ExecuteNonQuery();
```

📄 代码说明

（1）注释 1：构建带命名参数的 SQL 命令文本，@后面的名称表示 SQL 命令文本中的命名参数名，命名参数名可以是符合变量命名规则的任意名称，这里的命名参数与字段同名，主要是为了使用直观、方便，避免漏写参数。

（2）注释 2：Parameters 是命令对象的集合属性，代表命名参数集。AddWithValue 方法用于为指定的命名参数提供具体值，方法中的参数 1 是字符串类型的命名参数，注意参数名前带@，与 SQL 命令文本中的命名参数对应；参数 2 是为命名参数提供类型一致的值。使用 AddWithValue 方法为 SQL 命令文本中的命名参数赋值，可以降低因需要构建 SQL 命令字符串带来的复杂度。

Parameters 集合属性的每个元素都是 Parameter 类型的对象,可以单独创建 Parameter 对象并添加到该集合中,但使用其 AddWithValue 的方法更为简单。

不带命名参数的 SQL 命令文本写法上比较简洁,但容易拼接出错;带命名参数的 SQL 命令文本使用简单,直观,不容易出错,但代码量大。读者可以选择适合自己的使用方式。

应用实例 6.16 在菜品表 FoodItem 中,将菜名为"番茄炒蛋"的价格(Price)更新为 90。

📋 代码片段

```
SqlConnection conn = newSqlConnection();
conn. ConnectionString = " Data Source = (local); Initial Catalog = restaurant; Integrated
security = true";
conn. Open();                                            //打开连接
string sql = "Update FoodItem Set Price = @Price Where FoodName = @FoodName";
SqlCommand comm = new SqlCommand(sql, conn);
comm. Parameters. AddWithValue("@Price", 98);
comm. Parameters. AddWithValue("@FoodName", "番茄炒蛋");
comm. ExecuteNonQuery();

conn. Close();                                           //关闭数据库
```

📖 代码说明

与应用实例 6.15 实现的方式类似,使用了带参数的命令文本,并在创建命令对象后,使用其集合属性 Parameters 的 AddWithValue 方法为各个命名参数赋值。

6.2.5 使用 SqlDataReader 读取数据

数据读取器 SqlDataReader 用于快速、向前读取查询结果集中的数据。该对象无法使用 new 方式创建,但可以从命令对象的 ExecuteReader 方法的返回值中得到。

1. 常用属性

(1) FieldCount:获取当前行中的列数。

(2) HasRows:获取一个值,该值表示 SqlDataReader 是否包含一行或多行。

(3) Item[列下标/列名]:SqlDataReader 对象的索引器。

2. 常用方法

(1) GetName(int index):获取指定列的名称。

(2) GetValue(int index):获取指定列的值。

(3) IsDBNull(int index):判断指定列是否包含不存在或缺少的值。

(4) Read():使 SqlDataReader 对象前进到下一条记录。

应用实例 6.17 获取菜品表 FoodItem 的表结构(所有的列名),以及前 5 条记录。

新建项目,保存为 MyDataReader。

界面布局

在 Form1 窗体中添加一个标签和一个按钮，默认控件的名称，界面布局如图 6.14 所示。

图 6.14 界面布局

程序代码

```
//省略其他命名空间声明部分
using System.Data.SqlClient;                          //必须引用该命名空间

namespace MyDataReader
{
    public partial class Form1 : Form
    {
        public Form1() {    InitializeComponent();    } //构造方法
        //按钮 button1 的事件处理过程
        private void button1_Click(object sender, EventArgs e)
        {
            //1.创建连接对象,并打开连接
            SqlConnection conn = newSqlConnection();
            conn.ConnectionString = "Data Source = (local);Initial Catalog = restaurant;
            Integrated security = true";
            conn.Open();

            //2.创建命令对象
            string sql = "select top 5 * from FoodItem";
            SqlCommand comm = new SqlCommand(sql, conn);

            //3.执行命令,得到 SqlDataReader 对象
            SqlDataReader dr = comm.ExecuteReader();

            string fields = "", values = "";          //定义保存字段名和行数据的变量
            //4.取得表结构
            for (int i = 0; i < dr.FieldCount; i++)
            {
                fields += dr.GetName(i) + " ";
            }

            //5.取得每一行所有字段的数据,连接成字符串
            while (dr.Read())
            {
```

```
                    for (int i = 0; i < dr.FieldCount; i++)
                    {
                        values += dr.GetValue(i) + " ";
                    }
                    values += "\r\n";
                }

                dr.Close();                      //6.关闭数据读取器对象
                conn.Close();                    //7.关闭连接对象
                label1.Text = fields + "\r\n" + values;
            }
        }//Form1 类结束
    }//命名空间结束
```

代码说明

(1) 本例实现在单击按钮 button1 时,取得表 FoodItem 的表结构和前 5 条记录并显示到标签 label1 中。

(2) 注释 2:SQL 命令文本中的 top 5 表示取得表中前 5 条记录,"＊"表示所有字段。如果要取得 FoodItem 表中前 20％的记录,可以写为 top 20 percent,percent 关键字表示百分比,例如:

```
Select top 20 Percent ＊ From FoodItem
```

(3) 注释 3:通过命令对象的 ExecuteReader 方法,执行 Sql 查询命令,返回 SqlDataReader 对象。ExecuteReader 方法仅用于执行 Select 查询,并返回 SqlDataReader 数据读取器对象。

(4) 注释 4:FieldCount 属性表示取得表中字段数(列数),它是根据 Select 语句中指定的字段数来确定的。GetName 方法表示取得下标为 i 的列名(字段名)。

(5) 注释 5:Read 方法表示将记录指针移动到下一行,准备读取该行数据。注意:刚取得的 dr 对象不指向任何行,第一次调用时才指向第一行,所以至少要调用一次 Read 方法才能开始读取记录中的字段值。如果返回值为 true,表示存在行数据,否则,表示数据读取完毕或没有数据;GetValue 方法用于取得指定列的值(字段值),也可以使用 dr[i] 或 dr[列名]的方式来代替,结果也一样。

(6) 注释 6、注释 7:数据读取完毕后需要关闭 dr 和 conn 对象,以断开与数据库的连接。

最常用的方法是通过列名来取得当前行中的字段值,如 dr[列名]。上面代码中的 while 循环块可以使用下面的代码来代替。

```
while (dr.Read())
{
    values += dr["FoodId"]+" " + dr["StyleID"] +" " + dr["FoodName"] +" " +
    values += dr["Price"]+" " + dr["ImagePath"]+" " + dr["IsHot"]+" " + dr["ClickCount"];
    values += "\r\n";
}
```

这样,即使以后修改了表中列的顺序,代码也无须改变。本章后面的例子均采用这种方法来获取字段值；而通过 dr[下标]或 GetValue 方法方式取得字段值，其顺序与 Select 查询中的字段列表顺序或表结构中字段顺序有关。

▶ **运行结果**

按 F5 键运行程序，并单击界面上的按钮，运行结果类似图 6.15。

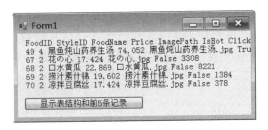

图 6.15　运行结果

典型案例　点餐系统前台设计

在网络点餐管理系统中，顾客可以通过餐台配备的触摸屏进行点餐。本例将设计一个用于顾客点餐的前台界面，以图文的形式显示从菜品表 FoodItem 读取出来的信息，这些信息包括菜品名称、图片和价格。顾客点餐界面的运行效果如图 6.16 所示。

图 6.16　运行效果

1. 案例分析

在应用实例 4.3 中，曾介绍流式布局面板控件 FlowLayoutPanel 的使用以及如何将标签作为子控件动态添加到该控件的具体实现，本例也将以同样的方式实现点餐界面，只是标签的内容不再来自给定的字符串数组，而是动态从数据库中读取出来。

要从数据库中读取数据，首先要创建连接对象连接到数据库，然后使用命令对象执行 Select 查询命令后得到数据读写器对象，通过数据读写器对象的相关方法实现对数据的读取，在应用实例 6.17 中已经介绍了完整的读取数据的过程。

2. 实现步骤

新建项目,保存为 MyFoodMenu。

界面布局

在 Form1 窗体中放置一个 Panel 控件作为操作面板,设置其 Dock 属性为 Bottom,让其停靠在窗体底部;添加两个按钮作为 Panel 控件的子控件;再添加一个 FlowLayoutPanel 控件到窗体,设置其 Dock 属性为 Fill,填满窗体剩余部分,设置其 AutoScroll 属性为 True,实现自动出现滚动条。保留各个控件默认的名称,界面布局如图 6.17 所示。

在项目中添加一个 FoodItem 类文件,该类主要用于暂存从 FoodItem 表中读取出来的行数据,目的是在窗体之间或者方法之间将行数据作为参数进行传递,否则,要实现参数传递就需要定义多个变量来保存行数据。

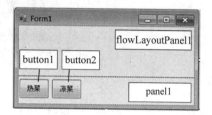

图 6.17　界面布局

程序代码-FoodItem.cs 文件

```
//省略 using 命名空间默认添加的部分
namespace MyFoodMenu
{
    public class FoodItem
    {
        public int FoodID { get; set; }              //菜品 ID
        public string FoodName { get; set; }         //菜品名称
        public float Price { get; set; }             //价格
        public string ImagePath { get; set; }        //图片位置
    }
}
```

代码说明

在 FoodItem 类中添加与菜品表 FoodItem 列名相同的属性,目的是使用起来方便。属性的个数根据需要保存的数据而定,这里仅需要保存菜品 ID、菜品名称、价格和图片位置,也可以定义与表字段数完全一致的更多属性,这样的类也叫实体类。

程序代码-Form1.cs 文件

```
//省略其他 using 命名空间默认添加的部分
using System.Data.SqlClient;
using System.IO;

namespace MyFoodMenu
{
    public partial class Form1 : Form
    {
        public Form1()  {  InitializeComponent(); }  //构造方法
```

//自定义方法 1：查询 FoodItem 表的信息

```
void GetFood( int styleID)
{
    //1.创建连接对象,并打开与数据库的连接
    string connString = "Server = (local);DataBase = restaurant;
    Integrated Security = true";
    SqlConnection conn = new SqlConnection(connString);
    conn. Open( );

    //2.根据条件,执行 Select 查询,得到查询结果集
    string sql = "Select * From FoodItem Where StyleID = " + styleID;
    SqlCommand comm = new SqlCommand( sql, conn);
    SqlDataReader dr = comm. ExecuteReader( );

    //3.创建对象,准备保存读取的数据
    FoodItem Food = new FoodItem( );

    //4.依次读取每一行记录,并将行数据作为参数,传递到 ShowFood 方法去显示
    while ( dr. Read( ))
    {
        //读取菜品 ID、名称、价格、图片位置
        Food. FoodID = int.Parse(dr["FoodID"].ToString( ));
        Food. FoodName = dr["FoodName"].ToString( );
        Food. Price = float.Parse(dr["Price"].ToString( ));
        Food. ImagePath = dr["ImagePath"].ToString( );

        ShowFood(Food);                            //将信息添加到界面
    }

    //5.关闭与数据库的一切连接
    dr. Close( );
    conn. Close( );
}
```

//自定义方法 2：显示数据到界面

```
void ShowFood( FoodItem Food)
{
    //6.动态创建 Label 对象,设置必要的属性
    Label lb = new Label( );
    lb. Name = "ID" + Food. FoodID;
    lb. Text = Food. FoodName + "\r\n" + Food. Price;
    lb. Click += new EventHandler( lb_Click);    //7.关联事件处理过程

    //8.动态设置 Label 的外观项
    lb. AutoSize = false;
    lb. Size = new Size( 140, 120);
    lb. BackColor = Color. Black;
    lb. ForeColor = Color. White;
    lb. Margin = new System. Windows. Forms. Padding( 6);
    lb. ImageAlign = ContentAlignment. TopCenter;
    lb. TextAlign = ContentAlignment. BottomCenter;
```

```
//9.判断图片文件是否存在,如果存在,设置为 Label 的图像
if (File.Exists(Application.StartupPath + "\\Images\\" +
Food.ImagePath))
{
    Image Img = Image.FromFile(Application.StartupPath +
    "\\Images\\" + Food.ImagePath);
    Bitmap bm = new Bitmap(img,130, 80);   //目的:转换为合适尺寸
    lb.Image = bm;
}

//10.将 Label 添加到流式布局面板控件
flowLayoutPanel1.Controls.Add(lb);
}

//11.动态标签的 Click 事件处理过程
void lb_Click(object sender, EventArgs e)
{
    Label lb = sender as Label;
    MessageBox.Show(lb.Name + "\r\n" + lb.Text);
}

//12.Load 事件处理过程: 默认显示热菜(StyleID = 1)数据
private void Form1_Load(object sender, EventArgs e)
{
    GetFood(1);
}

//13."热菜"按钮 button1 的事件处理过程
private void button1_Click(object sender, EventArgs e)
{
    flowLayoutPanel1.Controls.Clear();           //为更新控件显示,清空子控件
    GetFood(1);
}

//14."凉菜"按钮 button2 的事件处理过程
private void button2_Click(object sender, EventArgs e)
{
    flowLayoutPanel1.Controls.Clear();
    GetFood(2);
}
}//Form1 类结束
}//命名空间结束
```

📇 **代码说明**

（1）在 Form1 窗体类文件中，设计了两个自定义方法 GetFood 和 ShowFood。方法 GetFood 实现根据代表菜系编号的参数 StyleID，对菜品表 FoodItem 的数据进行筛选，每读取一条记录，保存到自定义类 FoodItem 的对象 Food 中，并将 Food 对象作为自定义方法 ShowFood 的参数；在 ShowFood 方法中，为将菜品信息显示到窗体界面中，为每一个菜品

动态创建一个 Label 对象 lb,设置其文本内容和其他外观属性后作为子控件添加到 flowLayoutPanel1 控件中。

(2) 注释 1:使用 Windows 身份验证方式,创建连接对象 conn,并打开与 Restaurant 数据库的连接。

(3) 注释 2:根据查询条件构建命令字符串 sql,通过 sql 和连接对象 conn 作为参数创建命令对象 comm,将 comm 对象调用 ExecuteReader 方法执行查询后的返回值保存到数据读取器对象 dr 中。

(4) 注释 3:创建 FoodItem 类型对象 Food,准备使用其属性保存从表中读取的数据。

(5) 注释 4:在循环中,通过 dr 对象的 Read 方法读取查询结果中的每一行记录,并将当前读取的记录保存到 Food 对象对应的属性中。由于使用 dr["字段名"]方式得到的字段值是对象类型,因此需要转换为属性对应的类型进行保存。每读取一行记录,都将保存记录信息的 Food 对象作为参数,调用 ShowFood 方法。

(6) 注释 5:关闭与数据库的连接,必须先关闭 dr 对象,再关闭 conn 对象。

(7) 注释 6:创建标签 Label 对象,设置其 Name 属性,Name 属性是区分对象的唯一标识,只要不重复即可。在 Text 属性中将菜品名和价格分行显示。

(8) 注释 7:为动态创建的标签对象关联同一事件处理过程,在该过程中可以通过标签对象的 Name 属性检测用户单击了哪个对象。Click 事件处理过程的结构可以自动创建,方法是在输入"+="之后,按两次 Tab 键。

(9) 注释 8:设置 Label 对象的外观属性,使其尺寸可以调整,具有黑底白字并居中对齐的效果。

(10) 注释 9:首先判断图片文件是否存在,然后装载图片文件得到 Image 对象。

① 装载图片文件使用的语句如下:

```
Image.FromFile(Application.StartupPath + "\\Images\\" + Food.ImagePath);
```

该语句实现从应用程序当前运行位置的 Images 文件夹中装载指定的图片文件,返回 Image 对象。图片文件名保存在 Food.ImagePath 属性中,Application.StartupPath 表示应用程序当前的运行位置,该位置必须包含 Images 子文件夹,且 Images 文件夹必须存在与菜品对应的图片文件,否则执行该语句时将出现"文件找不到"的异常。

② 创建 Bitmap 对象使用的语句如下:

```
Bitmap bm = new Bitmap(img,130, 80);
```

这是创建 Bitmap 位图类对象时使用的构造方法之一,参数 1 为 Image 对象,参数 2 为宽度,参数 3 为高度。通过给定的宽度和高度,对 Image 对象进行缩放,得到新的位图对象 bm。Bitmap 类继承于 Image 类,因此位图对象 bm 也可以用于设置控件的 Image 属性,从而显示缩放后的图片。如果不进行图像缩放,Label 控件将显示原始图片的大小。

(11) 注释 11:标签的 Click 事件处理过程。这里所有动态创建的标签都使用同一事件处理过程,参数 sender 代表当前触发事件的对象,使用 as 强制转换为 Label 类型,目的是可以取得标签的属性,如 Name 和 Text 属性,可以用于判断当前触发事件的是哪个标签。

(12) 注释 12~注释 14:为了刷新当前界面显示,需要先执行清空 FlowLayoutPanel 控件的操作,然后再调用 GetFood 方法,重新执行查询并显示数据。

6.2.6　数据表格视图控件 DataGridView

数据表格视图控件 DataGridView 用于以表格的方式直观显示数据,也可以直接在表格中对数据进行编辑操作。而在实际开发中,通常使用表格以只读的方式显示数据,而数据的编辑操作将在新窗体中进行,这样做的目的是直观显示当前要编辑的数据,方便在更新数据时对数据进行有效性验证,通过验证的数据将同时更新表格和数据库。DataGridView 控件通常称为表格控件或表格,该控件位于工具箱的“数据”组。本节主要介绍如何创建表格结构、添加新行以及如何填充行数据。

1. 常用属性

DataGridView 控件常用的属性如表 6.11 所示。

表 6.11　DataGridView 控件常用属性

名　　称	说　　明
AllowUserToAddRows	读/写,该值指示是否向用户显示添加行的选项
AllowUserToDeleteRows	读/写,该值指示是否允许用户删除行
AllowUserToOrderColumns	读/写,该值指示是否允许通过手动对列重新定位
AllowUserToResizeColumns	读/写,该值指示用户是否可以调整列的大小
AllowUserToResizeRows	读/写,该值指示用户是否可以调整行的大小
Columns	获取一个包含控件中所有列的集合
CurrentCell	获取或设置当前处于活动状态的单元格
CurrentRow	获取包含当前单元格的行
MultiSelect	读/写,该值指示是否允许用户一次选择多个单元格
ReadOnly	读/写,该值指示用户是否可以编辑单元格
RowHeadersVisible	读/写,该值指示是否显示包含行标题的列
Rows	获取一个集合,该集合包含所有行
SelectionMode	读/写,该值指示如何选择单元格

2. 常用方法

DataGridView 控件的常用方法主要包含在其行集合 Rows 和列集合 Columns 属性中,通过这两个集合属性的相关方法来实现对表格的行和列的操作。

(1) 清空表格列:Columns. Clear()。

(2) 添加列:Columns. Add(列名,列标题)。

(3) 移除指定的表格列:Columns. RemoveAt(列下标)或 Columns. Remove(列名)。

(4) 清空表格行:Rows. Clear()。

(5) 移除指定的表格行:Rows. RemoveAt(行下标)或 Rows. Remove(行对象)。

(6) 添加空行:Rows. Add()。

3. 常用事件

DataGridView 控件常用的事件为单击或双击单元格时触发的事件。

（1）CellClick：单击单元格时触发的事件。

（2）CellDoubleClick：双击单元格时触发的事件。

DataGridView 控件拖放到窗体时默认是没有行和列的空表格，要显示数据，首先要创建表格列，即表结构。可以通过代码来动态创建表格列，但通常的做法是在其"属性"窗口的 Columns 属性中，通过向导来创建表格列。假如在窗体中添加了一个 DataGridView 控件，通过向导创建表格列的步骤如下。

（1）选中 DataGridView 控件，单击在其右上角出现的智能标记，选择"添加列"；或者在"属性"窗体中找到 Columns 属性，单击其右边的"…"按钮，如图 6.18 所示，都将打开如图 6.19 所示的"添加列"对话框。

图 6.18　打开"添加列"对话框的两种方法

图 6.19　"添加列"对话框

（2）在"添加列"对话框中的"名称"栏输入列名，一般与表的字段同名，该名称即为列的 Name 属性，也是引用表格单元格的依据；在"页眉文本"栏输入该列的标题文字，目的是让用户理解该列所代表的含义,该标题即为列的 HeaderText 属性,相当于控件的 Text 属性。依次添加所需的列,直到完成所有列的添加。

(3) 如果要修改列属性,或者对列进行更多的属性设置,比如宽度、高度、背景色或前景色等,可以使用在图 6.18 中标示的方法 1,选择"编辑列…";或使用在图 6.18 中标示的方法 2,都将打开"列编辑"窗体,在该窗体中完成所需的操作。

如果要通过代码来动态创建表格列,并设置列的宽度,可以使用以下的代码片段,该代码片段用于创建包含 7 列的表格,并设置合适的列宽度。这里假定 DataGridView 控件的名称为 dgv。

代码片段

```
//1.创建表格列
dgv.Columns.Add("Pos", "序号");                    //参数分别为列名,列标题
dgv.Columns.Add("StyleID", "菜系 ID");
dgv.Columns.Add("StyleName", "菜系名称");
dgv.Columns.Add("FoodID", "菜品 ID");
dgv.Columns.Add("FoodName", "菜品名称");
dgv.Columns.Add("Price", "价格");
dgv.Columns.Add("ImagePath", "图片位置");

//2.设置列宽
dgv.Columns[0].Width = 80;
dgv.Columns[1].Width = 80;
dgv.Columns[2].Width = 160;
dgv.Columns[3].Width = 80;
dgv.Columns[4].Width = 160;
dgv.Columns[5].Width = 100;
dgv.Columns[6].Width = 160;
```

代码说明

(1) 表格集合属性 Columns 的 Add 方法实现为表格添加了一个列名为 Pos、列标题为"序号"的列,方法中的参数 1 表示列名,参数 2 表示列标题。

(2) 使用表格属性 Columns 的列下标或列名的方式引用列,如 Columns[0]代表第 1 列,下标从 0 开始,列的下标与创建列的顺序有关;同样,Columns["Pos"]也代表第 1 列。

无论是通过向导方式或通过代码方式创建了表格列,数据的填充都必须通过代码使用 Rows 集合的方法来实现。假如窗体添加了控件 dgv,并创建了表格列,下面的代码实现向表格 dgv 添加数据行并填充单元格数据。

```
int count = dgv.Rows.Count;                          //1.取得当前行数
dgv.Rows.Add();                                      //2.添加空行
dgv.Rows[count].Cells["Pos"].Value = count + 1;      //3.填充单元格数据
dgv.Rows[count].Cells["FoodName"].Value = "番茄炒蛋"; //4.填充单元格数据
```

上面给出的代码中,注释 1 前的语句表示取得当前表格的行数;注释 2 前的语句表示在表格末尾添加一个空行;注释 3 前的语句表示向表格最后一行(新创建的空行)列名为 Pos 的单元格填充数据。Cells 是集合属性,代表指定行的单元格的集合,可以通过列下标

或列名引用单元格,如 Cells[0] 代表第 1 个单元格。一般使用列名引用单元格,因为列名与列的顺序无关,如 Cells["Pos"] 代表列名为 Pos 的单元格。单元格的 Value 属性代表单元格的值,可以读写。注释 3 和注释 4 都是向新行的单元格赋值,从而将数据显示到单元格。

由于表格控件在创建好表格结构后,底部默认带有一个空行,目的是允许用户直接添加数据,此时表格属性 AllowUserToAddRows 的默认值为 true。在使用代码添加新行,或者用户直接在原有的空行输入数据的同时表格又会自动产生新的空行。因此,执行上面的代码前,需要先将 dgv 控件属性 AllowUserToAddRows 设置为 false,即不允许用户在表格中直接添加新行数据,而是由代码实现动态填充数据。两者的影响在于 Rows 属性中的下标使用不同,即如果 AllowUserToAddRows 为 true,在添加数据前,表格的行数已包含空行,因此,上面代码注释 3 前的语句应该写为:

```
dgv.Rows[count - 1].Cells["Pos"].Value = coun;
```

可以在表格的"属性"窗口中设置以 Allow 开头的一组属性,实现在运行时是否可以允许用户直接在表格中添加行、删除行或调整列宽和行高等操作。通常表格仅用来显示数据,而添加和修改数据都是通过打开新窗口来实现的,因此往往设置表格数据为只读,并在选择任意单元格时同时选中整行,这些属性既可以通过代码来设置,也可以在表格的"属性"窗口中设置。

应用实例 6.18 将菜品表 FoodItem 所有的信息,包括所属的菜系名称,在数据表格控件 DataGridView 中显示。其中,菜系名称位于菜系表 FoodStyle 中。

新建项目,保存为 MyDataGridView。

界面布局

从工具箱的"数据"组中将 DataGridView 控件拖放到默认创建的窗体 Form1 中。并设置其 Dock 属性为 Fill 以填充窗体,如图 6.20 所示。

添加一个实体类 FoodItem,用于保存从菜品表 FoodItem 读取的记录,FoodItem 的属性与 FoodItem 表的字段对应并同名,在 FoodItem 类中增加一个 StyleName 属性,对应菜系表 FoodStyle 的菜系名称。

图 6.20 界面布局

程序代码-FoodItem.cs 类文件

```
//省略自动生成的部分
public class FoodItem
{
    public int FoodID { get; set; }            //菜品 ID
    public string FoodName { get; set; }       //菜品名称
    public int StyleID { get; set; }           //菜系 ID
    public string StyleName { get; set; }      //菜系名称,来自 FoodStyle 表
    public float Price { get; set; }           //价格
    public string ImagePath { get; set; }      //图片名称
}
```

📖 代码说明

为了使用方便,该类的属性与表的字段名同名。根据需要,可以增加实际表中不存在的属性,也可以去掉不需要的属性。

📋 程序代码-Form1.cs 类文件

```csharp
//省略其他 using 声明部分
using System.Data.SqlClient;
namespace MyDataGridView
{
    public partial class Form1 : Form
    {
        public Form1() {  InitializeComponent();  } //构造方法

        //1.自定义方法：创建表格,并设置相关属性
        void InitGridView()
        {
            dgv.Rows.Clear();                         //2.清除数据行
            dgv.Columns.Clear();                      //3.清除数据列

            //4.创建表格列
            dgv.Columns.Add("Pos", "序号");           //参数：列名,列标题
            dgv.Columns.Add("StyleID", "菜系 ID");
            dgv.Columns.Add("StyleName", "菜系名称");
            dgv.Columns.Add("FoodID", "菜品 ID");
            dgv.Columns.Add("FoodName", "菜品名称");
            dgv.Columns.Add("Price", "价格");
            dgv.Columns.Add("ImagePath", "图片位置");

            //5.设置列宽
            dgv.Columns[0].Width = 60;
            dgv.Columns[1].Width = 60;
            dgv.Columns[2].Width = 60;
            dgv.Columns[3].Width = 80;
            dgv.Columns[4].Width = 100;
            dgv.Columns[5].Width = 80;
            dgv.Columns[6].Width = 160;

            dgv.ReadOnly = true;                      //6.数据只读,不允许直接修改
            dgv.AllowUserToAddRows = true;            //7.不允许添加行
            dgv.AllowUserToDeleteRows = false;        //8.不允许删除行
            dgv.AllowUserToResizeRows = false;        //9.不允许调整行高
            dgv.RowHeadersVisible = false;            //10.隐藏行标头
            dgv.MultiSelect = false;                  //11.不允许多行选择
            dgv.SelectionMode = DataGridViewSelectionMode.FullRowSelect;  //12.选中整行
        }

        //13.自定义方法：将 FoodItem 类型参数包含的数据显示在表格中
        void FillGrid(FoodItem Food)
```

```
{
    int count = dgv.Rows.Count;                    //14.当前行数
    dgv.Rows.Add();                                //15.添加空行

    dgv.Rows[count].Cells["Pos"].Value = count + 1;
    dgv.Rows[count].Cells["FoodID"].Value = Food.FoodID;
    dgv.Rows[count].Cells["FoodName"].Value = Food.FoodName;
    dgv.Rows[count].Cells["StyleID"].Value = Food.StyleID;
    dgv.Rows[count].Cells["StyleName"].Value = Food.StyleName;
    dgv.Rows[count].Cells["Price"].Value = Food.Price;
    dgv.Rows[count].Cells["ImagePath"].Value = Food.ImagePath;
}
```

//**14.** 自定义方法：从 **FoodItem** 表和 **FoodStyle** 表中，读取所有的数据。
//每读取一行记录，作为参数，调用 FillGrid 方法，填充表格。

```
void GetFood()
{
        string connString = "Server = (local);DataBase = restaurant;
        Integrated Security = true";
        SqlConnection conn = newSqlConnection(connString);
        conn.Open();

        string sql = "select FoodItem. * ,FoodStyle. * from FoodItem,FoodStyle
        Where FoodItem.StyleID = FoodStyle.StyleID";
        SqlCommand comm = newSqlCommand(sql, conn);
        SqlDataReader dr = comm.ExecuteReader();
        FoodItem Food = newFoodItem();

        while (dr.Read())
        {
            //读取并保存行数据
            Food.FoodID = int.Parse(dr["FoodID"].ToString());
            Food.FoodName = dr["FoodName"].ToString();
            Food.StyleID = int.Parse(dr["StyleID"].ToString());
            Food.StyleName = dr["StyleName"].ToString();
            Food.Price = float.Parse(dr["Price"].ToString());
            Food.ImagePath = dr["ImagePath"].ToString();
            FillGrid(Food);                        //自定义方法：填充记录到表格
        }
        dr.Close();conn.Close();
}
```

//**15.** 窗体的 **Load** 事件处理过程，初始化表格，读取数据并显示到表格

```
private void Form1_Load(object sender, EventArgs e)
{
    InitGridView();
    GetFood();
}
```

//**16.** 在表格中双击单元格时，取得当前选中行的数据

```
private void dgv_CellDoubleClick(object sender, DataGridViewCellEventArgs e)
```

```
        {
            if (dgv.CurrentRow == null) return;         //17.判断当前有无选择行
            string selectInfo = "";
            selectInfo += dgv.CurrentRow.Cells["Pos"].Value + ",";
            selectInfo += dgv.CurrentRow.Cells["FoodID"].Value + ",";
            selectInfo += dgv.CurrentRow.Cells["FoodName"].Value + ",";
            selectInfo += dgv.CurrentRow.Cells["StyleID"].Value + ",";
            selectInfo += dgv.CurrentRow.Cells["StyleName"].Value + ",";
            selectInfo += dgv.CurrentRow.Cells["Price"].Value + ",";
            selectInfo += dgv.CurrentRow.Cells["ImagePath"].Value;
            this.Text = selectInfo;              //18.测试选中行的数据,显示数据到标题栏
        }
    }//Form1 类结束
}//命名空间结束
```

📖 代码说明

（1）注释 1～注释 12：自定义方法 InitGridView，实现创建表格列，并设置各列的宽度，同时设置了表格的其他属性来限制用户操作，如表格数据只读、不允许用户在运行时添加数据、不允许用户删除行数据、不可调整行高、没有表格右侧的行标头、只能单行选择以及单击单元格时自动选择整行。这些属性都可以在表格的"属性"窗口中设置而不需要使用代码，这里只是给出使用代码实现的示例。

（2）注释 13：自定义方法 FillGrid，在表格中创建新行，然后将数据依次填充到新行中的单元格中。

（3）注释 14：自定义方法 GetFood，实现从数据库中的菜品表 FoodItem 和菜系表 FoodStyle 中读取数据。每读取一条记录，保存到 Food 对象中，并作为参数调用 FillGrid 方法来显示数据。

（4）注释 16：表格的 CellDoubleClick 事件处理过程，实现双击单元格时，取得选中行的数据，并连接成字符串显示到窗体标题栏中。

（5）其余内容请参见代码中的注释。

▶ 运行结果

按 F5 键运行程序，运行结果如图 6.21 所示。

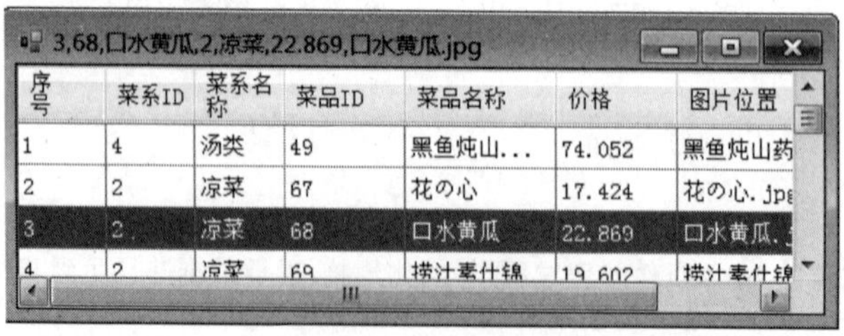

图 6.21　运行结果

典型案例　显示、添加、修改和删除数据

本例实现对数据库 Restaurant 中的 FoodItem 表进行基本的数据操作，包括数据的显示、添加、修改和删除，运行效果如图 6.22 所示，具体实现功能如下。

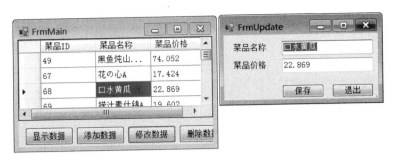

图6.22 主窗体和数据修改窗体的运行效果

（1）在主窗体中，实现：①将数据库中 FoodItem 表的数据显示在 DataGridView 控件中；②删除在 DataGridView 控件选中的数据行，并更新到数据库。

（2）在数据录入窗体中，将录入的数据显示到主窗体的 DataGridView 控件中，并更新到数据库。

（3）在数据修改窗体中，显示并修改主窗体 DataGridView 控件选中的数据，同时将修改后的数据保存到数据库。

1. 案例分析

在项目实际开发过程中，要实现对一个数据表进行各种操作时，一般会创建一个主窗体，将数据以只读方式显示在表格中以供用户浏览，用户可以通过操作按钮删除数据行，而录入数据和修改数据都会在新窗口中进行，本例也遵循这一惯例来实现。

要快速从数据库读取表数据，可以使用 SqlDataReader 对象的方法；数据的显示可以使用表格控件 DataGridView；可以将在表格控件中选中的行数据作为一个整体（对象）传递到其他窗体，表格控件也可以作为对象传递到其他窗体，从而在其他窗体直接操作同一表格控件的内容；添加和修改后的数据要更新到数据库，一般使用 SqlCommand 命令对象的 ExecuteNonQuery 方法来实现。

本例将综合前面已经介绍的内容，包括窗体对象的创建和显示，在窗体之间传递参数、对数据的查询和编辑等，以实际开发过程为顺序，分为5大部分逐步介绍实现的过程。

2. 具体实现

创建项目，并保存为 MyDataTable。

（1）主界面设计。

第1步：将默认创建的窗体文件 Form1.cs 重新命名为"FrmMain.cs"，作为项目主窗体。

第2步：拖动一个 Panel 控件停靠在主窗体底部，设置其 Dock 属性为 Bottom；拖放4个按钮到 Panel 控件中，分别重命名为 btShow、btAdd、btUpdate 和 btDel，并分别修改各个按钮的 Text 属性为"显示数据""添加数据""修改数据"和"删除数据"。

第3步：在工具箱的"数据"组中，拖放一个 DataGridView 控件到窗体，重命名为 dgv，设置其 Dock 属性为 Fill，填满剩余的主窗体界面空间。

步骤1~步骤3实现了如图6.23所示的主窗体的界面布局。

第 4 步：为表格控件 dgv 添加三列数据列，列名分别为 FoodID、FoodName 和 Price，对应的列标题分别为"菜品 ID""菜品名称"和"菜品价格"。建立好的表格控件界面如图 6.24 所示。

图 6.23   主窗体 FrmMain 的界面布局

图 6.24   包含三列的表格

第 5 步：设置表格控件 dgv 的属性，使其数据只读，用户不能直接在表格中添加行、修改行和删除行，并且单击单元格时选中整行。在"属性"窗口中，设置以下表格的属性，初始化表格样式。

```
ReadOnly: True;                        //只读
AllowUserToAddRows: False;             //不允许用户添加行
AllowUserToDeleteRows: False;          //不允许用户删除行
MultiSelect: False;                    //不允许多行选中
SelectionMode: FullRowSelect;          //单击单元格时选中整行
```

在这里，表格控件 dgv 只起到显示数据的功能，而数据修改和添加功能将通过新建窗体来完成，目的是避免用户直接修改数据时出现"数据类型不匹配"的异常，而在新窗体中可以方便对录入的数据进行验证。

（2）添加类文件。

第 6 步：在项目中添加一个对应 FoodItem 表的实体类，类的属性名对应表的字段名，目的是用于保存从数据表查询得到的记录。这样做的好处在于可以将一条记录作为一个整体对象，作为方法参数或在窗体之间传递，使得方法的参数更加简洁。FoodItem 类的代码如下。

```
public class FoodItem
{
    public int FoodID { get; set; }
    public string FoodName { get; set; }
    public float Price { get; set; }
}
```

第 7 步：添加一个 DB 类，定义一个公共静态字段 ConnString，初始化为连接字符串。静态公共字段相当于全局变量。由于在项目中多个窗体将使用到连接字符串，这样做可以避免重复定义连接字符串。DB 类代码如下。

```
public class DB
{
    public static string ConnString = "Server = .;DataBase = Restaurant;
```

```
                        Integrated Security = true";
    }
```

（3）在主窗体中添加自定义方法 GetFood，实现将读取的数据显示到表格控件。

第 8 步：在窗体 FrmMain 代码文件中，添加一个自定义方法 GetFood，用于读取数据库中 FoodItem 表的信息。每读取一条记录，都保存到 FoodItem 对象中，作为自定义方法 FillGrid 的参数。

注意：FrmMain 代码文件必须声明对命名空间 System.Data.SqlClient 的引用。

```
void GetFood()
{
    SqlConnection conn = newSqlConnection(DB.ConnString);
    conn.Open();

    string sql = "Select * From FoodItem";
    SqlCommand comm = newSqlCommand(sql,conn);
    SqlDataReader dr = comm.ExecuteReader();
    while (dr.Read())
    {
        FoodItem fi = new FoodItem();                    //保存行数据的对象 di
        fi.FoodID = int.Parse( dr["FoodID"].ToString());
        fi.FoodName = dr["FoodName"].ToString();
        fi.Price = float.Parse(dr["Price"].ToString());
        FillGrid(fi);                                    //作为行数据,填充表格控件
    }
    dr.Close();
    conn.Close();
}
```

上面的代码用到了自定义方法 FiilGrid，该方法实现向表格控件 dgv 添加一行数据，代码如下。

```
void FillGrid(FoodItem fi)
{
    int count = dgv.Rows.Count;                          //取得当前行数
    dgv.Rows.Add();                                      //添加空行
    //填充空行的单元格, Value 为 object 类型,可以赋任何类型值
    dgv.Rows[count].Cells["FoodID"].Value = fi.FoodID;
    dgv.Rows[count].Cells["FoodName"].Value = fi.FoodName;
    dgv.Rows[count].Cells["Price"].Value = fi.Price;
}
```

第 9 步：为"显示数据"按钮 btShow 编写 Click 事件处理过程，调用自定义方法显示数据。

```
private void btShow_Click(object sender, EventArgs e)
{
    dgv.Rows.Clear();                                    //初始化表格控件
    GetFood();                                           //自定义方法,读取表数据并显示到表格控件中
}
```

（4）添加新窗体 FrmAdd，实现数据录入并保存到数据库，同时更新主窗体表格。

第 10 步：为项目添加新窗体，保存为 FrmAdd。在该窗体中实现将录入的数据保存到数据库，并更新主窗体表格控件的数据。图 6.25 为 FrmAdd 的界面布局。

在 FrmAdd 窗体代码文件中，添加一个 DataGridView 类型公共字段 dgv。

图 6.25　AddFrm 界面布局

```
public DataGridView dgv;   //用于保存从主窗体传递过来
                           //的表格对象
```

在主窗体中单击"添加数据"按钮 btAdd 时，将创建 FrmAdd 对象。在显示 FrmAdd 窗体前，将主窗体表格控件 dgv 给 FrmAddd 对象的公共字段 dgv 赋值，两者都是指向同一个对象，这样在 FrmAdd 窗体中，dgv 就可以直接操作主窗体的表格对象了。

注意：FrmAdd 窗体代码文件必须声明对命名空间 System.Data.SqlClient 的引用。

第 11 步：为"保存"按钮 button1 添加事件处理过程并输入如下代码。

```
private void button1_Click(object sender, EventArgs e)
{
    FoodItem fi = new FoodItem();              //用于暂存输入的数据
    fi.FoodName = textBox1.Text;               //取得菜品名称
    fi.Price = float.Parse(textBox2.Text);     //取得菜品价格
    SaveFoodItem(fi);                          //保存到数据库
    UpdateGrid(fi);                            //更新主窗体数据的显示

    //保存后初始化
    textBox1.Text = ""
    textBox2.Text = "";
    textBox1.Focus();                          //取得输入焦点
}
```

代码中的自定义方法 SaveFoodItem 实现将界面输入的数据保存到数据库，方法 UpdateGrid 用于更新主窗体的表格数据，两个自定义方法的代码如下。

```
void SaveFoodItem(FoodItem fi)
{
    //保存到数据库
    SqlConnection conn = newSqlConnection(DB.ConnString);
    conn.Open();
    string sql = "Insert Into FoodItem(StyleID,FoodName,Price) ";
    sql += "Values(1,'" + fi.FoodName + "'," + fi.Price + ")";

    SqlCommand comm = newSqlCommand(sql, conn);
    comm.ExecuteNonQuery();
    conn.Close();
}
```

注意：添加数据到 FoodItem 表时，由于 StyleID 是外键，StyleID 的值必须存在于关联表 FoodStyle 表中。这里假定 StyleID 在 FoodStyle 中存在值为 1 的记录。

```
void UpdateGrid(FoodItem fi)
{
    //更新表格
    int count = dgv.Rows.Count;                //当前表格行数
    dgv.Rows.Add();
    dgv.Rows[count].Cells["FoodName"].Value = fi.FoodName;
    dgv.Rows[count].Cells["Price"].Value = fi.Price;
}
```

第 12 步：在主窗体 FrmMain 中，为"添加数据"按钮 btAdd 创建事件处理过程，实现创建 FrmAdd 窗体对象，并传递主窗体表格对象。在 FrmAdd 类中实现数据录入和保存，以及更新主窗体的表格数据。

主窗体中的"添加数据"按钮 btAdd 的事件处理过程的代码如下。

```
private void btAdd_Click(object sender, EventArgs e)
{
    FrmAdd frm = new FrmAdd();                 //创建窗体对象
    frm.dgv = this.dgv;                        //传递表格对象
    frm.ShowDialog();                          //打开窗体
}
```

（5）添加新窗体 FrmUpdate，实现对在主窗体表格控件中选择的行数据进行操作。

第 13 步：为项目添加新窗体，保存为 FrmUpdate。在该窗体中实现显示在主窗体表格控件中选中的行数据，以便核对修改，修改后保存到数据库，并更新主窗体表格控件选中行的数据。图 6.26 为 FrmUpdate 窗体的界面布局。

图 6.26　UpdateFrm 界面布局

在 UpdateFrm 窗体代码文件中，添加一个 DataGridView 类型公共字段。

```
public DataGridView dgv;
```

在主窗体中单击"修改数据"按钮 btUpdate 时，将创建 FrmUpdate 对象，在显示 FrmUpdate 窗体前，将主窗体表格对象赋值给 FrmUpdate 窗体的公共字段 dgv，两者指向同一个对象，那么在 FrmUpdate 窗体中，使用 dgv 就可以直接操作主窗体的表格对象了。

注意：FrmUpdate 窗体的代码文件必须声明对命名空间 System. Data. SqlClient 的引用。

在 UpdateFrm 窗体的代码文件中，添加一个 FoodItem 类型公共字段 FoodItem，用于保存在主窗体表格控件中选中并传递过来的行数据。

```
public FoodItem fi;
```

在 UpdateFrm 窗体的 Load 事件处理过程中，将传递过来的行数据显示到对应的文本框，代码如下。

```
private void UpdateFrm_Load(object sender, EventArgs e)
{
```

```
        textBox1.Text = fi.FoodName;
        textBox2.Text = fi.Price.ToString();
    }
```

第14步：单击 FrmUpate 窗体上的"保存"按钮 button1 时,需要将修改后的数据保存到数据库,以及更新主窗体表格控件的数据显示,实现代码如下。

```
private void button1_Click(object sender, EventArgs e)
{
    fi.FoodName = textBox1.Text;
    fi.Price = float.Parse(textBox2.Text);
    SaveFoodItem(fi);                        //保存到数据库
    UpdateGrid(fi);                          //更新表格控件
    Close();                                 //保存后关闭窗体
}
```

上面代码中的自定义方法 SaveFoodItem 实现将修改后的数据保存到数据库,自定义方法 UpdateGrid 用于更新主窗体表格控件的数据显示,两个方法的实现代码分别如下。

```
void SaveFoodItem(FoodItem fi)               //保存到数据库
{
    SqlConnection conn = newSqlConnection(DB.ConnString);
    conn.Open();
    string sql = "Update FoodItem Set FoodName = '" + fi.FoodName + "',Price = " + fi.Price;
    sql += " Where FoodID = " + fi.FoodID;
    SqlCommand comm = newSqlCommand(sql, conn);
    comm.ExecuteNonQuery();
    conn.Close();
}
void UpdateGrid(FoodItem fi)                 //更新表格
{
    dgv.CurrentRow.Cells["FoodName"].Value = fi.FoodName;
    dgv.CurrentRow.Cells["Price"].Value = fi.Price;
}
```

第15步：在主窗体 FrmMain 中,为"修改数据"按钮 btUpdate 创建事件处理过程,在该过程中首先判断是否选中行,如果没有,则退出过程;否则,创建 FrmUpdate 窗体对象,并传递表格对象以及选中行的数据,从而实现在 FrmUpdate 窗体更新数据。

主窗体中的"修改数据"按钮 btUpdate 的事件处理过程的代码如下。

```
private void btUpdate_Click(object sender, EventArgs e)
{
    if (dgv.CurrentRow == null) return;      //如果没有选中行,终止执行
    FrmUpdate frm = newFrmUpdate();
    frm.dgv = this.dgv;                      //传递表格对象
    FoodItem fi = new FoodItem();            //创建保存当前行数据的对象
    //由于单元格的 Value 属性是 object 类型,需要转换类型后再保存
    fi.FoodID = int.Parse(dgv.CurrentRow.Cells["FoodID"].Value.ToString());
    fi.FoodName = dgv.CurrentRow.Cells["FoodName"].Value.ToString();
    fi.Price = float.Parse(dgv.CurrentRow.Cells["Price"].Value.ToString());
    frm.fi = fi;                             //传递行数据
```

```
        frm.ShowDialog();
    }
```

第16步：在主窗体中实现数据删除。

单击主窗体中的"删除数据"按钮 btDel 时，将根据选中行的主键列 FoodID，实现从数据库中删除该行，并从表格中移除选中行。

主窗体 FrmMain 中的"删除数据"按钮 btDel 的事件处理过程的代码如下。

```
private void btDel_Click(object sender, EventArgs e)
{
    if (dgv.CurrentRow == null) return;          //如果没有选中行,终止执行
    int foodID = int.Parse(dgv.CurrentRow.Cells["FoodID"].Value.ToString());

    //根据选择的 FoodID,从数据库中删除该条记录
    SqlConnection conn = newSqlConnection(DB.ConnString);
    conn.Open();

    string sql = "Delete From FoodItem Where FoodID = " + foodID;
    SqlCommand comm = newSqlCommand(sql, conn);
    comm.ExecuteNonQuery();
    conn.Close();

    dgv.Rows.Remove(dgv.CurrentRow);    //从表格中删除选中行
}
```

项目文件列表如图 6.27 所示。

注意：在数据库 Restaurant 中，FoodItem 表中的 FoodID、FoodName 和 Price 列的数据不能为空，否则在读取数据时将发生异常，原因在于代码中没有对这些字段值进行验证，在进行类型转换时将出现错误；另外，在 FoodStyle 表中，由于 StyleID 字段是 FoodItem 中具有约束关系的外键，因此必须至少存在 StyleID 值为 1 的行，否则，在执行数据添加操作时将出现"违反数据约束性"的异常。

图 6.27　项目文件

6.2.7　使用数据集和数据适配器

1. 数据集与数据适配器概述

数据集 DataSet 是 ADO.NET 结构中的主要组件之一，它是从数据源中检索到的数据在内存中的缓存。DataSet 表示整个数据集，其中包含表、约束以及表之间的关系。图 6.28 是 DataSet 的对象模型。

使用 DataSet 的方法有若干种，这些方法可以单独应用，也可以结合应用。

（1）以编程方式在 DataSet 中创建 DataTable、DataRelation 和 Constraint，并使用数据填充表。

（2）通过 DataAdapter 用现有关系数据源中的数据表填充 DataSet。

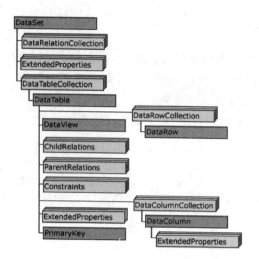

图 6.28　DataSet 对象模型

（3）使用 XML 加载和保持 DataSet 内容。

在典型的多层实现中，用于创建和刷新 DataSet 并依次更新原始数据的步骤如下。

（1）通过 DataAdapter 使用数据源中的数据生成和填充 DataSet 中的每个 DataTable。

（2）通过添加、更新或删除 DataRow 对象更改单个 DataTable 对象中的数据。

（3）调用 GetChanges 方法以创建只反映对数据进行的更改的第二个 DataSet。

（4）调用 DataAdapter 的 Update 方法，并将第二个 DataSet 作为参数传递。

（5）调用 Merge 方法将第二个 DataSet 中的更改合并到第一个中。

（6）针对 DataSet 调用 AcceptChanges；或者调用 RejectChanges 以取消更改。

　　DataSet 看起来像管理一个或多个表的数据信息以及表与表之间关系的一个容器，实质上，我们把 DataSet 理解为内存中的数据库，这个数据库可以没有一张表（DataTable），也可以有多个表；数据表（DataTable）是有结构的，有行（DataRow），有列（DataColumn），可以是空表，也可以是包含数据的表；可以建立表与表之间的关系（DataRelation）；可以对其中的表进行查询、修改和追加等操作。但要注意，我们操作的仅仅是"内存中的数据库"，如果要把数据更新到数据源，则必须使用相应的方法。

　　对于 DataSet 的使用，本节内容只关心下面几个问题。

（1）如何创建和使用 DataSet。

（2）如何把表数据添加到 DataSet。

（3）如何维护保存在 DataSet 表中的数据，例如查找、修改、添加和更新到数据源。

（4）如何检索每个表行列数据信息或关系。

　　数据适配器（DataAdapter）充当 DataSet 和数据源之间的桥梁，用于检索和更新数据。DataAdapter 通过 Fill 方法提供这个连接器：使用 Fill 方法将数据从数据源加载到 DataSet 中，并使用 Update 方法将 DataSet 中所做的更改发回数据源。

　　DataAdapter 还包括 SelectCommand、InsertCommand、DeleteCommand、UpdateCommand 等属性，以实现数据的加载和更新。

2．使用数据适配器与数据集

使用数据适配器可以将数据库中的数据填充到数据集，它是数据库与数据集的桥梁。数据集获取数据后，可以断开与数据库的连接，所有的数据编辑和查询操作可以在数据集完成，在需要更新到数据库时，才通过数据适配器连接到数据库来完成操作。

1）创建数据适配器对象

SqlDataAdapter 有 4 种构造方法，其参数和含义见表 6.12。

表 6.12　构造方法

名　　称	说　　明
SqlDataAdapter()	初始化 SqlDataAdapter 类的新实例
SqlDataAdapter(SqlCommand)	初始化 SqlDataAdapter 类的新实例，用指定的 SqlCommand 作为 SelectCommand 的属性
SqlDataAdapter(String，SqlConnection)	使用 SelectCommand 和 SqlConnection 对象初始化 SqlDataAdapter 类的一个新实例
SqlDataAdapter(String，String)	用 SelectCommand 和一个连接字符串初始化 SqlDataAdapter 类的一个新实例

一般我们都会采用后两种构造方法来创建数据适配器对象。下面的内容将详细介绍两者的使用方法和注意点。

2）使用数据适配器查询数据并填充数据集

数据适配器 SqlDataAdapter 的主要作用是从数据库中获取数据，并将数据填充到数据集 DataSet。下面的步骤是使用数据适配器对象读取数据并填充到数据集的一般过程。

（1）构建 Select 命令文本和创建连接对象。

SqlDataAdapter(String，SqlConnection)构造方法中，参数 1 表示包含 Select 查询的 SQL 命令文本，参数 2 表示连接对象。因此要使用该构造方法创建对象，需要先构造命令文本和创建连接对象。例如：

```
string sql = "select * from FoodItem";
string connString = "Data Source = (local);Initial Catalog = restaurant;Integrated security = true";
SqlConnection conn = newSqlConnection(connString);
```

（2）使用 SqlDataAdapter(String，SqlConnection)构造方法创建数据适配器对象。

```
SqlDataAdapter da = new SqlDataAdapter(sql, conn);
```

（3）创建数据集对象。

```
DataSet ds = new DataSet();
```

（4）使用 SqlDataAdapter 对象填充数据集 DataSet。

```
da.Fill(ds);
```

步骤说明：

在步骤(1)中，conn 对象并未使用 Open 方法打开与数据库的连接，打开与数据库的连接是在 SqlDataAdapter 对象调用 Fill 方法向数据集填充数据时才进行的。当执行 Fill 方法后,连接将自动断开,conn 对象处于关闭状态。如果在步骤(1)中,创建 conn 对象后调用了 Open 方法,那么在执行 Fill 方法后,conn 对象仍然处于与数据库连接的状态,此时需要显式地调用 Close 方法断开与数据库的连接。

在步骤(3)中,创建了不包含任何数据表的数据集对象 ds。

在步骤(4)中,调用数据适配器的 Fill 方法,自动连接数据库、执行查询并将查询结果填充到数据集,最后自动关闭与数据库的连接。填充数据集时使用了默认的表名,如果数据集包含多个数据表,默认的表名将依次是 Table0,Table1,…。可以在填充数据集时指定表名,如 da.Fill(ds, "FoodItem"),否则,填充到数据集中的数据将使用默认的表名。

也可以使用 SqlDataAdapter(String,String)构造方法来创建对象,这里参数 1 表示 Select 命令文本,参数 2 表示连接字符串,使用该构造方法可以将上面代码中的步骤(1)~步骤(4)简化为如下的代码。

```
string sql = "select * from FoodItem";
string connString = "Data Source = (local);Initial Catalog = restaurant;Integrated security = true";
SqlDataAdapter da = newSqlDataAdapter(sql, connString);
DataSet ds = newDataSet();
da.Fill(ds);
```

代码说明:当使用 SqlDataAdapter(String,String)构造方法创建数据适配器对象时,与数据库的连接、数据读取与填充,同样是在调用 Fill 时进行的,一旦该方法执行完毕,将自动关闭与数据库的连接。由于省略了创建连接对象的过程,使得创建数据适配器对象的过程更加简捷,因此本章案例都将采用这种方法来创建数据适配器对象。当然,如果不执行 Fill 方法,则不会连接数据库也不会执行 SQL 查询命令。

3) 显示数据

在数据填充到数据集后,如果要将数据显示到窗体界面的 DataGridView 控件,这将非常简单,只要设置表格控件的数据源属性 DataSource 为数据集中的数据表对象即可,无须编写代码从数据集中一行行地读取数据。如在窗体中添加了一个名为 dataGridView1 的表格控件,只要设置其数据源属性为数据集中的表即可。

```
dataGridView1.DataSource = ds.Tables[0];
```

执行该句代码后,表格控件将自动显示数据集中下标为 0 的数据表的数据。由于数据集可以包含多个数据表,所有的数据表构成 Tables 的集合,可以通过下标或填充数据集时的表名来引用。Tables[0]表示显示数据集第一个数据表,Tables["FoodItem"]表示数据集中名称为 FoodItem 的数据表,例如:

```
dataGridView1.DataSource = ds.Tables["FoodItem"];
```

注意:"FoodItem"必须是在填充数据集时指定的表名。

如果要在 Form1 窗体中的 dataGridView1 控件中显示 Restaurant 数据库中菜品表 FoodItem 的所有数据,实现的完整代码如下。

```
private void Form1_Load(object sender, EventArgs e)
```

```
{
    string sql = "select * from FoodItem";
    string connString = "Data Source = (local);
    Initial Catalog = restaurant;Integrated security = true";
    SqlDataAdapter da = newSqlDataAdapter(sql, connString);
    DataSet ds = newDataSet();
    da.Fill(ds, "FoodItem");
    dataGridView1.DataSource = ds.Tables["FoodItem"];
}
```

这样，当程序运行时，界面 dataGridView1 控件将自动显示 FoodItem 表中所有的数据，填充数据集时的表名可以为任意名称，但通常都设置为实际的表名。

6.2.8　DataTable

DataTable 表示内存中的数据表。DataTable 是 . NET Framework 类库中 System . Data 命名空间的成员，数据集中的每一个表，都属于 DataTable 类型。DataTable 可以独立创建和使用，也可以作为 DataSet 的成员创建和使用，而且 DataTable 对象也可以与其他 . NET Framework 对象（包括数据视图 DataView）一起使用。可以通过 DataSet 的 Tables 属性来访问 DataSet 中数据表的集合，最常见的情况是作为 DataSet 的成员使用。

DataTable 包含行（DataRow）集合和列（DataColumn）集合信息以及数据视图 DataView（相当于从一个数据表中按不同查询条件得到的虚拟表）。

1. 创建独立的 DataTable

数据表 DataTable 是数据列和数据行的集合。在创建数据表对象后，需要为其建立表结构后才能使用。要建立数据表的结构，首先需要创建数据列 DataColumn 对象，指定列名和列的数据类型后添加到列集合 Columns 中；数据表的结构创建好后，通过调用数据表对象的 NewRow 方法返回与数据表结构一致的数据行 DataRow 对象，再通过使用列下标或列名方式引用当前数据行对象中的列（单元格）并对其赋值，最后将行对象添加到数据表的行集合 Rows 中构成表数据。这个过程就像我们在数据库中建立表结构后通过创建新的空行来添加数据一样。

创建内存中独立的数据表 DataTable 的步骤如下。

（1）首先创建数据表 DataTable 对象。

（2）创建数据列 DatColumn 对象，并添加到数据表的列集合中。

（3）通过数据表的 NewRow 方法创建新空行并对各列赋值，添加到数据表的行集合中。

如果要显示数据表的结构和数据，可以将数据表作为表格控件的数据源。

应用实例 6.19　创建一个包含两列和两行数据的 DataTable 数据表，并将数据表的内容显示到 DataGridView 控件中。

新建项目，并为项目添加一个新窗体，保存为 FrmDataTable。添加一个在窗体底部停靠的按钮；添加一个 DataGridView 控件，填充剩余的窗体空间，保留控件默认的名称，界面布局和运行结果如图 6.29 所示。

图 6.29　界面布局与运行结果

为按钮 button1 添加 Click 事件处理过程,并输入以下代码。

📃 **代码片段**

```csharp
//按钮 button1 事件处理过程
private void button1_Click(object sender, EventArgs e)
{
    DataTable dTable = new DataTable("菜品表");        //1.指定表名,创建数据表
    //2.创建数据列
    DataColumn dCol = new DataColumn("菜品 ID", Type.GetType("System.Int32"));
    dTable.Columns.Add(dCol);                         //3.将列添加到数据表
    dCol = new DataColumn("菜品名称", Type.GetType("System.String"));
    dTable.Columns.Add(dCol);                         //将列添加到数据表

    DataRow dRow = dTable.NewRow();                   //4.创建数据行
    dRow["菜品 ID"] = 1;                              //5.通过列名引用数据列
    dRow[1] = "番茄炒蛋";                             //6.通过下标引用数据列
    dTable.Rows.Add(dRow);                           //7.将数据行添加到行集合
    dRow = dTable.NewRow();                           //8.再次创建新行
    dRow["菜品 ID"] = 2;
    dRow[1] = "红烧肉";
    dTable.Rows.Add(dRow);
    dataGridView1.DataSource = dTable;                //9.显示到表格控件
}
```

📋 **代码说明**

(1) 注释 1:创建内存中的数据表 DataTable 对象并指定表名为"菜品表"。

(2) 注释 2:创建数据列 DataColumn 对象 dCol,数据列包含列名和允许保存数据的类型。在创建数据列对象的同时,可以指定列名和列的数据类型。语句 new DataColumn(参数 1,参数 2)中,参数 1 为列名,字符串类型;参数 2 为列的数据类型,Type 类型。Type 类型是指.NET 支持的数据类型。C♯ 中的基元类型与.NET Framework 中基元类型存在对应的关系,如 int 是 System.Int32 的别名,两者在使用上也一致。但数据列的数据类型只支持.NET Framework 中的基元类型,可以通过 Type 的静态方法 GetType 使用.NET Framework 中的基元类型的类型名作为参数获得 Type 类型,如 Type.GetType("System.Int32"),注意名称区分大小写;也可以使用 typeof 运算符将 C♯ 的基元类型转换为 Type 类型,如 typeof(int)、typeof(string)等。

(3) 注释 3:通过 Columns 集合属性的 Add 方法将创建好的数据列对象 dCol 添加到

数据表中。Columns 代表数据列的集合,具有添加列和删除列等方法;可以使用下标或列名方式引用数据表中的某列,如 Table.Columns[0]或 Table.Columns["菜品 ID"]在这里均表示引用数据表中的"菜品 ID"列。

（4）注释 4：通过数据表对象的 NewRow 方法返回数据行 DataRow 对象,此时并非在原来的表中添加新行,而是返回与表结构一致的独立的行对象。可以使用 Rows 集合属性获取存在的行对象,但不能使用 new 关键字创建数据行对象。

（5）注释 5、注释 6 和注释 7：创建新的数据行对象后,通过下标或列名方式对当前行的各列赋值,然后作为数据行添加到数据表中,此时该行才实际存在数据表中。

（6）注释 9：将数据表对象作为表格控件的数据源,数据即可自动显示。表格控件的数据源可以是数据集中的表,也可以是独立的数据表,它们都属于 DataTable 类型。

2. 从数据集中获取 DataTable

更多的情况下,我们都是从 DataSet 获得 DataTable 的。下面的例子说明了如何从获得的数据表中取得表结构和数据。

应用实例 6.20 以 Restaurant 数据库的菜品表 Fooditem 为例,取得列名和前 5 行数据。

🔲 **代码片段**

```
//自行创建项目,在窗体中添加一个 button1 按钮并为其事件处理过程添加以下代码
//按钮 button1 事件处理过程
private void button1_Click(object sender, EventArgs e)
{
    string sql = "select * from FoodItem";
    string connString = "Data Source = (local);Initial Catalog = restaurant;
    Integrated security = true";

    SqlDataAdapter da = new SqlDataAdapter(sql, connString);
    DataSet ds = new DataSet();
    da.Fill(ds,"菜品表");

    //1.取得数据表
    DataTable dTable = ds.Tables["菜品表"];
    string colName = "", rowData = "";          //2.定义准备保存列名和行数据的字符串变量

    //3.列举数据列
    foreach (DataColumn dCol in dTable.Columns)
    {
        colName += dCol.ColumnName + ",";          //4.取得列名
    }

    //5.取得前 5 行数据
    for (int i = 0; i < 5; i++)
    {
        //6.使用下标或列名方式,取得当前行中列的数据
        rowData += dTable.Rows[i][0] + "," + dTable.Rows[i]["FoodName"] + "\r\n";
```

```
        }
        //7.测试结果
        MessageBox.Show(colName + "\r\n" + rowData);
    }
```

📖 **代码说明**

数据集包含数据表的集合属性 Tables,可以使用下标或填充数据集时指定的表名取得数据表。这里需要注意的是,当前行的数据列(单元格),通过使用 Rows[行下标][列下标]或 Rows[行下标][列名]的方式来引用并进行读写。

3. 更新 DataSet 数据到数据源

DataAdapter 的 Fill 方法可以将从数据源查询到的结果填充到数据集,然后断开与数据库的连接。在数据集中对数据表进行的任何操作都是在内存中完成的,操作结果不会直接影响到数据源。DataAdapter 的 Update 方法可将 DataSet 中所有数据表的更改解析回数据源。与 Fill 方法类似,Update 方法将 DataSet 的对象和可选的 DataTable 对象或DataTable 名称用作参数。DataSet 对象是包含已做出更改的 DataSet,而 DataTable 标识从其中检索更改的表。

在介绍如何将 DataSet 更新到数据源前,需要对 DataTable 常用操作有所了解。

1) 在 DataTable 中添加和修改数据行

从应用实例 6.18 和应用实例 6.19 可知:①如果要向数据表中添加数据行,首先通过数据表对象的 NewRow 方法创建与表结构一致的数据行,数据行使用列下标或列名的方式对数据列进行引用并赋值,最后必须通过 Rows 的 Add 方法将数据行添加到数据表中;②如果要修改行数据,可以使用 Rows[行下标]的方式引用数据行,再使用 Rows[行下标][列下标]或 Rows[行下标][列名]的方式对数据列重新赋值,实现行数据修改;③如果要从数据集中获取数据表,可以使用数据集的 Tables 集合属性,使用表下标或表名方式取得。数据表的数据通常是使用数据适配器对象填充的。

2) 删除数据行

如果要删除数据表中的指定行,可以调用行集合 Rows 的 RemoveAt(行下标)、Remove(行对象)方法或对指定行执行 Delete 方法。假定 dTable 是已存在的数据表对象,下面的语句都将删除 dTable 中的第一行。

```
dTable.Rows[0].Delete();        //对该行添加删除标记,并未实际删除,可以撤销删除
dTable.Rows.RemoveAt(0);        //直接移除,不可撤销
```

两者都在更新数据源时才真正执行删除操作。区别在于 Delete 方法只是在 dTable 中对指定行添加了删除标记,可以使用 dTable 对象的 RejectChanges 方法撤销删除标记;而RemoveAt 或 Remove 方法是直接移除数据行,移除后不可撤销。

3) 数据行查询

如果要查询满足条件的数据行,可以使用数据表对象的 Select 方法,方法中的字符串参数相当于 Select 查询命令中的 Where 条件子句,但省略 Where 关键字,返回值为数据行数

组。如在数据表 dTable 中查询 Price(价格)大于 30 的,FoodName(菜品名)包含"鸡"的数据行,代码如下。

```
DataRow[] dRows = dTable.Select("Price > 30 AND FoodName like '%鸡%'");
```

4) 获取数据行状态 RowState

数据表的行状态属性 RowState 描述当前行在行集合中的状态,与对该行执行的操作的类型和是否对该行调用了 AcceptChanges 方法有关。执行的相关操作包括:添加行、修改行和删除行;AcceptChanges 方法表示接收数据表的所有更改。

在使用数据适配器对象将改变后的数据集更新到数据源时,将根据数据表中行的状态信息来执行相应的操作。

RowState 为 DataRowState 枚举类型,包含以下值之一。

(1) Detached:该行已被创建,但不属于任何 DataRowCollection。DataRow 在两种情况下立即处于此状态:创建之后添加到集合中之前;或从集合中移除之后。

(2) Unchanged:该行自上次调用 AcceptChanges 方法以来尚未更改。

(3) Added:该行已添加到 DataRowCollection 中,AcceptChanges 方法尚未调用。

(4) Deleted:该行已通过 DataRow 的 Delete 方法被删除。

(5) Modified:该行已被修改,AcceptChanges 方法尚未调用。

下面的自定义方法 Demo 创建了包含一列数据的独立数据表,Demo 方法很好地说明了在对数据表进行各种操作后,数据行状态的变化。

📖 **代码片段**

```csharp
using System.Data.SqlClient;
//自定义方法Demo()
void Demo()
{
    DataTable dTable = new DataTable("用户表");        //创建数据表
    //创建字符串类型的数据列
    DataColumn colName = new DataColumn("姓名",Type.GetType("System.String"));
    dTable.Columns.Add(colName);                    //添加列
    DataRow row = dTable.NewRow();                  //创建新行,未添加到数据表
    string s = ("当前行状态:" + row.RowState) + "\r\n";
    dTable.Rows.Add(row);                           //添加到数据表
    s += ("添加新行后状态:" + row.RowState) + "\r\n";
    dTable.AcceptChanges();                         //接收添加操作
    s += ("接收操作后状态:" + row.RowState) + "\r\n";
    row["姓名"] = "张三";                            // 修改行
    s += ("修改后状态:" + row.RowState) + "\r\n";
    row.Delete();                                   // 删除行
    s += ("删除后状态:" + row.RowState) + "\r\n";
    dTable.AcceptChanges();                         //
    s += ("再次接收操作后状态:" + row.RowState);
    MessageBox.Show(s);
}
```

📄 **代码说明**

调用该方法后,将弹出如图 6.30 所示的信息对话框。

5) 数据视图 DataView

数据视图 DataView 是数据表 DataTable 的不同表现
形式。通过为数据视图设置不同的筛选、排序条件,可以从
同一个数据表中获取不同的数据视图,也可以对数据进行
编辑、搜索和导航操作。

可以从数据表对象的 DefaultView 属性中获得数据视
图对象,也可以以数据表对象作为构造方法的参数来创建
数据视图对象,例如:

图 6.30　运行结果

```
DataView dv1 = dTable.DefaultView;        //获得 DataTable 的默认视图
DataView dv2 = new DataView(dTable);       //创建视图对象
```

数据视图也可以作为表格控件的数据源。如果为数据视图设置了不同的筛选条件,并
依次设置为表格控件 DataGridView 的 DataSource 属性时,表格控件将显示不同视图的
内容。

可以使用数据视图对象实现对数据的添加、修改和删除等操作,这些操作将影响数据视
图行状态属性 DataViewRowState;也可以执行对数据筛选操作从而得到新的视图。数据
视图包含以下常用的属性和方法。

(1) 数据行视图 DataRowView。

数据行视图 DataRowView 是指数据视图 DataView 中的数据行。DataView 使用下标
方式引用特定的数据行视图,例如:

```
DataView dv = dTable.DefaultView;
DataRowView drv = dv[0];                   //dv 中的第 1 行
```

使用 DataView 的 AddNew 方法,在 DataView 中添加新行。

```
DataView dv = dTable.DefaultView;
DataRowView drv = dv.AddNew();             //在数据视图中创建新行
```

使用列下标或列名方式引用列,如 drv[列下标]或 drv[列名],可以获取或修改特定行
视图数据。如果要删除行视图,则使用其 Delete 方法。

假定已将数据库 Restaurant 中的 FoodItem 表的数据填充到了数据集 ds,下面的代码
实现使用 DataView 向 DataTable 添加新行。

```
DataView dv = ds.Tables[0].DefaultView;
DataRowView drv = dv.AddNew();
drv["FoodName"] = "测试菜品";
drv["Price"] = 12.3;
drv.EndEdit();
```

代码中的 AddNew 方法只是向数据视图添加新行,此时 DataTable 中并未插入新的数
据行,只有在执行 EndEdit 方法后,DataTable 才会真正添加数据行,而下面的代码实现修

改数据视图中第二行,并随之将其删除。

```
DataView dv = ds.Tables[0].DefaultView;
DataRowView drv = dv[1];
drv["FoodName"] = "测试菜品";
drv["Price"] = 12.3;
drv.Delete();
```

代码中的 dv[1] 表示取得数据视图中的第二行,并使用列名方式修改各列数据。

所有这些操作的结果将同步反映到 DataTable 中。同样地,在 DataTable 中的任何更改,都将影响与之关联的所有数据视图。

(2) DataViewRowState 数据视图行状态属性。

表示当前数据视图中行的状态,DataViewRowState 枚举值之一,类似于数据行对象的 RowState 属性。通过将数据视图对象的 RowStateFilter 属性设置为 DataViewRowState 枚举值,可以得到处于不同视图行状态的数据视图,如下面的语句仅显示被删除的数据行视图。

```
dv.RowStateFilter = DataViewRowState.Deleted;
```

(3) RowFilter 属性。

数据视图的 RowFilter 属性用于设置筛选条件,该属性在使用上与数据表的 Select 方法类似,都是相当于 Select 查询命令中的 Where 条件子句,但省略了 Where 关键字。如在数据表对象 dTable 中筛选 Price(价格)大于 30 的,FoodName(菜品名)包含“鸡”的数据,代码如下。

```
dTable.DefaultView.RowFilter = "Price>30 AND FoodName like '%鸡%'";
```

此时 DefaultView 只包含筛选后的数据。如果将 dTable 对象作为 DataGridView 控件的数据源,则 DataGridView 控件将自动显示筛选后的数据。如果再次设置 RowFilter 为空字符串,例如:

```
dTable.DefaultView.RowFilter = "";
```

则 DefaultView 包含数据表的全部数据,在 DataGridView 控件中也会自动刷新显示。

(4) Sort 属性。

数据视图的 Sort 属性用于设置排序方式,相当于 Select 查询命令中的 Order By 子句,但省略 Order By 关键字。如在数据表对象 dTable 中实现按 Price 降序、FoodName 升序方式进行排序,代码如下。

```
dTable.DefaultView.Sort = "Price asc,FoodName desc";
```

如果要取消排序,将 Sort 属性设置为空字符串即可。

(5) Find 方法。

数据视图的 Find 方法是根据排序关键字,查找满足条件的行,返回的是在数据视图中的行下标,然后可以通过视图对象取得该行数据。注意,在使用 Find 方法前,必须先设置 Sort 属性,如下面的代码实现在数据表 dTable 中按 FoodName 字段进行查找满足条件的数据行下标。

```
dTable.DefaultView.Sort = "FoodName desc";
//设置菜品名为排序关键字,并得到排序后的视图
int RowIndex = dTable.DefaultView.Find("黑鱼炖山药养生汤");
//根据排序关键字查找菜品名,得到在排序后的行在数据视图中的下标 RowIndex
//如果没找到,RowIndex 值为 - 1
```

然后,可以通过使用 dTable. DefaultView[RowIndex]["列名"]方式得到各列数据。

如果要按多个排序关键字进行查找,先设置 Sort 属性,再创建包含多个关键字的值的对象数组作为 Find 方法的参数,如在数据表对象 dTable 中,通过 FoodId 和 FoodName 字段查找数据行:

```
dTable.DefaultView.Sort = "FoodID,FoodName";
int RowIndex = dTable.DefaultView.Find(new object[]{70,"凉拌豆腐丝"});
```

然后通过使用 dTable. DefaultView[RowIndex]["列名"]方式取得行中的其他列的数据。

注意:通过 Find 方法得到的行下标 RowIndex 是在数据视图中的位置,而不是在原来数据表 dTable 中的行下标,使用 dTable[RowIndex]["列名"]语句将取得错误的结果。如果要查询数据行,建议最好使用数据表对象的 Select 方法来实现。

上面的代码均假定数据表 dTable 是从数据集获得的,那么对数据表 dTable 的一切操作都是在内存中进行,不影响实际数据库中的表。如果要将在内存中更改后的数据更新到实际数据库(数据源)中,需要使用 SqlDataAdapter 的 Update 方法来实现。

6) 更新数据集数据到数据源

前面介绍了使用数据适配器对象将数据填充数据集。如果要实现将有更改的数据集更新到数据库,需要调用 SqlDataAdapter 对象的 Update 方法来完成。当以数据集作为参数调用 Update 方法时,在数据集中所有有更改的数据表都将更新到数据库;如果以数据表或表名作为参数调用 Update 方法,则只将数据集中当前指定的数据表更新回数据库。

使用 Update 方法之前,必须先设置数据适配器对象的 InsertCommand、UpdateCommand 和 DeleteCommand 的 SqlCommand 类型的属性,否则无法执行相应的更新。这些 SqlCommand 类型的属性使用手工设置会比较麻烦,可以使用 ADO. NET 提供的 SqlCommandBuilder 类帮我们自动生成。当内存表的任何数据变化要反映回数据源时,SqlCommandBuilder 类将起到一个重要的作用,它自动生成用于协调对 DataSet 的更改与关联数据库的单表命令。需要强调的是,使用 SqlCommandBuilder 对象为 SqlDataAdapter 对象自动生成相关命令属性的前提是数据表必须包含主键。而 SqlDataAdapter 对象的 SelectCommand 命令属性是在创建对象时通过 sql 命令文本参数自动设置,并在调用 Fill 方法时执行。下面的例子说明了如何使用数据适配器对象填充数据集,并在添加记录后,更新数据到数据库。

应用实例 6. 21　以 Restaurant 数据库为例,向菜品表 FoodItem 中添加一条记录,记录包含 StyleID(菜系 ID)为 1 和 FoodName(菜品名称)为"测试菜名"的数据。

代码片段

```
string sql = "Select * From FoodItem";
string connString = "Data Source = (local);
Initial Catalog = restaurant;Integrated security = true";
SqlDataAdapter da = new SqlDataAdapter(sql, connString);      //1.创建对象
SqlCommandBuilder builder = new SqlCommandBuilder(da);        //2.生成更新命令
DataSet ds = new DataSet();                                   //3.创建数据集
da.Fill(ds,"FoodItem");                                       //4.填充数据集,并指定表名

DataRow dRow = ds.Tables["FoodItem"].NewRow();               //5.创建新行
dRow["StyleID"] = 1;                                          //6.为当前列填充数据
dRow["FoodName"] = "测试菜名";                                 //7.为当前列填充数据
ds.Tables["FoodItem"].Rows.Add(dRow);                        //8.添加行
da.Update(ds,"FoodItem");                                    //9.更新到数据库
```

代码说明

（1）注释 1：以命令文本 sql 和连接字符串 connString 作为参数，创建 SqlDataAdapter 对象 da，执行该语句后，将自动配置其 SelectCommand 属性，但只有在执行到 Fill 方法时，才会打开与数据库的连接，执行查询命令。

（2）注释 2：以 da 对象作为参数，创建 SqlCommandBuilder 对象，自动生成 da 对象的 InsertCommand、UpdateCommand 和 DeleteCommand 命令属性值，使得 da 对象可以正确执行 Update 方法，该方法根据数据行状态信息，从对应的 InsertCommand、UpdateCommand 和 DeleteCommand 命令属性中得到命令对象来执行，完成对数据库的更新操作。

（3）注释 9：通过 da 的 Update 方法，将数据集 ds 中名为 FoodItem 的表，所有有更新操作的数据保存到数据库 Restaurant。注意，如果 Fill 方法中指定了表名，Update 方法中指定的表名必须与其一致。当调用 Update 方法时，da 根据 ds 中配置的索引顺序为每一行检查 RowState 属性，并迭代执行所需的 Insert、Update 或 Delete 语句。例如，根据 FoodItem 中行的排序，Update 可能先执行一个 Delete 语句，接着执行一个 Insert 语句，然后再执行另一个 Delete 语句。应注意到这些语句不是作为批处理进行执行的，每一行都单独更新。

应用实例 6.22　假定在 Restaurant 数据库中创建一个 TestUser 表，包含 UserID 和 UserNo 和 UserName 共三个字段，分别代表用户 ID、用户编号和用户名。其中，UserID 为 int 类型且为标识列；UserNO 为 int 类型且为主键；UserName 为 nvarchar 类型，长度 50，表的结构如图 6.31(a)所示。使用 SqlDataAdapter 和 DataSet 实现数据的显示、添加、修改和删除操作，并更新到数据库的 TestUser 表。

本例是为理解后面典型案例而先介绍的简单示例。

1. 实现思路

本例实现的基本思路为：①显示数据：将数据表中的数据显示到表格控件中；②添加数据：向数据表添加一条记录，包含用户编号和姓名；③修改数据：查找新添加的内容，将姓名列修改为新值；④删除数据：将查找到的数据删除；⑤保存数据。

　　其中，步骤②～④的操作并未更新数据库，而是在执行保存操作后，才将所有添加、修改和删除的数据一起更新到数据库。这也是使用数据适配器和数据集来操作数据的优点之一：读取所需要的数据到内存中的数据集，并断开与数据库的连接，从而减轻服务器为维护连接所占用的资源，数据操作完毕，一次性更新回数据库，这就是 .NET"离线数据操作"模式。

2. 具体实现

　　新建项目，保存为 MyTestDS。在默认创建的 Form1 窗体中添加一个 DataGridView 控件，再依次添加 5 个 Button 控件，保留各个控件默认的名称，界面布局如图 6.31(b) 所示。

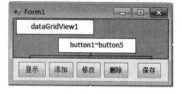

(a) 表结构　　　　　　　　　　　(b) 界面布局

图 6.31　表结构和界面布局

📖 程序代码

```csharp
//省略其他 using 声明部分
using System.Data.SqlClient;
namespace MyTestDS
{
    public partial class Form1 : Form
    {
        publicForm1() {    InitializeComponent();    }          //构造方法

        DataSet ds = null;                                      //定义数据集变量
        string connString = "Data Source = (local);
        Initial Catalog = restaurant;Integrated security = true"; //连接字符串
        int CurUserNo = 0;                                      //当前编号

        //1.自定义方法: 创建并返回数据适配器对象
        SqlDataAdapter GetDa()
        {
            //2.这里仅选择两个字段,没有标识列 UserID
            string sql = "Select UserNo,UserName From TestUser";
            SqlDataAdapter da = new SqlDataAdapter(sql, connString);
            //自动生成 da 的 Insert、Update 和 Delete 对应的命令属性
            SqlCommandBuilder builder = new SqlCommandBuilder(da);
            return da;
        }
        //3."显示"按钮事件处理过程
        private void button1_Click(object sender, EventArgs e)
        {
```

```
        ds = new DataSet();
        SqlDataAdapter da = GetDa();
        da.Fill(ds, "User");
        dataGridView1.DataSource = ds.Tables["User"];

        //4.取得当前序号最大值
        object obj = ds.Tables["User"].Compute("Max(UserNo)", "");
        if (obj != DBNull.Value) CurUserNo = (int)obj;      //5.如果表包含数据
        CurUserNo++;
    }
    //6."添加"按钮的事件处理过程
    private void button2_Click(object sender, EventArgs e)
    {
        DataTable dTable = ds.Tables["User"];
        DataRow dRow = dTable.NewRow();                      //创建新行
        dRow["UserNo"] = CurUserNo;                          //为当前数据列赋值
        dRow["UserName"] = "测试姓名" + CurUserNo;
        CurUserNo++;
        dTable.Rows.Add(dRow);                               //添加行
    }
    //7."修改"按钮的数据处理过程
    private void button3_Click(object sender, EventArgs e)
    {
        DataTable dTable = ds.Tables["User"];
        //8.按条件查找行数据,得到数据行数组
        DataRow[] dRow = dTable.Select("UserName like '%测试%'");
        //依次执行数据行的修改
        for (int i = 0; i < dRow.Length; i++)
        {
            dRow[i]["UserName"] = "非测试姓名";            //修改数据
        }
    }
    //9."删除"按钮的事件处理过程
    private void button4_Click(object sender, EventArgs e)
    {
        DataTable dTable = ds.Tables["User"];
        //按条件查找数据行,得到数据行数组
        DataRow[] dRow = dTable.Select("UserName like '%测试%'");
        //删除数据行
        for (int i = 0; i < dRow.Length; i++)  dRow[i].Delete();
    }
    //10."保存"按钮事件处理过程
    private void button5_Click(object sender, EventArgs e)
    {
        SqlDataAdapter da = GetDa();
        da.Update(ds, "User");                              //更新到数据源
    }
}//Form1 类结束
}//命名空间结束
```

代码说明

（1）注释 1：自定义方法 GetDa，实现创建数据适配器对象 da，并将 da 作为构造方法的参数来创建 SqlCommandBuilder 对象 builder，从而协助 da 创建相关的更新命令。注意，Select 命令文本中必须包含关键字字段 UserNo，否则无法成功创建 builder 对象。由于在显示和保存操作中都需要使用到 da，为实现代码重用，将该过程设计为一个方法。在 GetDa 方法中的 Select 语句并没有选择表中的标识列（UserID），是由于标识列在执行数据操作时可能会出现异常，解决方法将在后面的典型案例中讨论。

（2）注释 3：创建数据集对象 ds，调用 GetDa 方法得到数据适配器 da 对象，使用 Fill 方法来填充 ds，然后将数据显示到表格控件中。由于用户编号 UserNo 是主键列，在添加数据操作时，该值不能重复，也不能为空，为了测试保存功能，先取得当前 UserNo 的最大值并递增 1，以待使用。而要在数据表中取得字段的最大值，可以使用数据表对象的 Compute 方法，该方法中的参数 1 为包含对字段计算的字符串表达式，可以包含简单的 SQL 统计函数，如 Count()、Max() 等，参数 2 为筛选数据的条件表达式，相当于 Select 查询命令中不带 Where 关键字的条件子句，如果对整个数据表进行统计，可以设置其为空字符串；如果当前表是空表，Compute 方法将返回 DBNull.Value，表示数据库没有数据。

（3）注释 6：从数据集的表集合属性中获取数据表对象 dTable，并通过 dTable 创建新行 dRow，依次为 dRow 的各列赋值后，添加到行集合中，完成向 dTable 添加新行。

（4）注释 7、注释 8：在修改和删除的操作中，先通过使用数据表对象的 Select 方法得到满足条件的数据行，然后执行相应的操作。注意，所有添加、修改和删除操作，都没有更新到实际的数据库，只有在单击"保存"按钮时，才在"保存"按钮的事件处理过程中，再次创建 da 对象并调用 Update 方法来完成更新操作。

（5）注释 10：再次创建 SqlDataAdapter 对象 da 并调用其 Update 方法，真正实现将数据表更新到实际的数据库。如果将 da 定义为类字段或属性，那么只需要创建一次 da 对象，在需要的过程中直接使用。

注意，当添加一行数据时，该行的状态为 Added，如果在执行保存操作前对该行的数据进行了修改，新添加行的状态依然是 Added，而不是 Modified；而如果对已执行保存操作后的数据行进行修改，修改前行状态处于 Unchanged，修改后该行数据状态才是 Modified。

▶ 运行结果

按 F5 键运行程序，单击"显示"按钮后，反复执行添加、修改和保存操作，最后单击"保存"按钮，打开数据库后将会看到已更新的数据。

注意：如果将本例注释 2 后面的语句

```
string sql = "Select UserNo,UserName From TestUser";
```

在 Select 语句后添加标识列，修改为：

```
string sql = "Select UserID,UserNo,UserName From TestUser";
```

那么程序运行时，先执行"添加"操作并执行"保存"操作，然后直接在表格控件中对新添加的数据行的 UserName 进行修改，再执行"保存"操作时，将会看到如图 6.32 所示的"违反并发性"的错误提示，虽然这并非真的是由于并发操作而产生的错误。

```
//10."保存"按钮事件处理过程
private void button6_Click(object sender, EventArgs e)
{
    SqlDataAdapter da = GetDa();
    da.Update(ds, "User");
}
```

图 6.32　"违反并发性"的错误提示

出现异常的原因在于,在首次执行"添加"操作并执行"保存"操作后,在数据库中会新增记录并使标识列 UserID 的值自动递增,递增后的 UserID 不会反映到内存中的 DataTable 中,从表格控件也可以看到,新行的 UserID 列是空的;当在表格控件中对 UserID 为空值的数据行进行修改后再次执行"保存"操作时,UserNo 值相同的 DataTable 中的行与实际数据库中的行,两者标识列的值不一致,数据库管理系统认为该记录在修改前后的版本不一致,拒绝修改从而导致异常的发生。

像本例中,解决的办法是不把标识列添加到内存表,也就是填充数据集的 Select 语句中不包含标识列 UserID。但只有标识列不同时作为主键列时才可以为了避免异常而这么做。

如果标识列同时为主键列,由于主键列不能为空,也不能重复,此时,Select 语句必须包含该列。如 FoodItem 表中,FoodID 既是标识列,又是主键列,在这种情况下,在内存表添加数据行并更新到数据源时,必须使内存中数据表的标识列的值与数据源中的标识列的值保持一致,这样,再次在内存表中修改这些记录时将不会再出现异常。处理这种情况的难度在于如何保持内存表中新记录的标识列与数据源标识列同步更新。

在数据源中,标识列的值是自动递增的,新添加的记录的标识不一定是上一条存在记录的标识简单地加 1,比如数据源中最后一条记录的标识是 100,添加三条记录后,则标识分别为 101、102 和 103,如果在数据源中删除了这三条记录,再添加一条记录,那么这条记录的标识将为 104,标识 101~103 将不再存在。

在内存中的数据表,虽然可以通过指定列为标识列,并为其指定初始值和标识增量,如为 FoodItem 表中 FoodID 列设置相关的标识列信息:

```
ds.Tables["FoodItem"].Columns["FoodId"].AutoIncrement = true;     //指定为标识列
ds.Tables["FoodItem"].Columns["FoodId"].AutoIncrementSeed = 值;   //标识种子
ds.Tables["FoodItem"].Columns["FoodId"].AutoIncrementStep = 1;    //标识增量
```

但在内存中通过 DataSet 对数据表 FoodItem 反复执行添加、删除操作后,在更新到数据源时,这些记录的标识将可能和数据源中的标识不一致,从而引发"违法并发性"的操作异常。在下面的典型案例中,采用的解决方案是,在将数据集更新到数据源前,从数据源中取得标识列的最大值后递增 1,以该值为初始值顺序地为 DataTable 中各个新行的标识列重新赋值,然后将该值依次递增,从而避免了 DataTable 中新行的标识与更新到数据源时自动产生的标识不一致的情况。

在 DataTable 中,可以根据数据行状态查找到新添加的行。由于产生异常的根本原因是在添加新行后对新行的操作引起的,修改和删除原来已存在的行则不受影响(这些行的标识已经和数据源对应的标识一致),因此无须关注修改和删除状态的行。

典型案例　使用 DataSet 实现数据的增、删、改、查操作

本案例使用 SqlDataAdapter 和 DataSet,实现对 Restaurant 数据库中的菜品表 FoodItem 的查询、添加、修改、删除和保存操作。

1. 案例分析

首先使用 SqlDataAdapter 的 Fill 方法,读取数据源的数据填充到数据集,并显示到表格控件,然后使用 DataTable 相关的方法添加数据行,查找数据并对查找结果进行编辑,最后将已做出修改的 DataTable 通过 SqlDataAdapter 的 Update 方法可靠地更新到数据源。

由于在数据源 FoodItem 表中,FoodID 列既是标识列,又是主键列,直接按照应用实例 6.21 的方法实现表数据的编辑操作,将不可避免地出现异常,原因已在前面分析。为此,这里采用任意操作都可避免异常的方案,即在执行 SqlDataAdapter 的 Update 方法前,筛选出新添加到 DataTable 中的行,并取得数据源中标识列的最大值,依次递增为各新行的标识列赋值,最后执行更新到数据源的操作。

由于数据源中标识列的最大值不一定是已存在的最后一条记录的标识,因此需要先向数据源插入一条记录,在获取该记录的标识后随之删除,那么该标识递增 1 后才是即将向数据源插入的记录的最大标识。

2. 具体实现

新建项目,保存为 MyDataSet。

界面布局

在默认创建的 Form1 窗体中添加一个 DataGridView 控件,再依次添加 5 个 Button 控件(button1～button5),保留各个控件默认的名称,界面布局如图 6.33 所示。

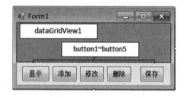

图 6.33　界面布局

程序代码

```
//省略其他 using 声明部分
using System.Data.SqlClient;
namespace MyTestDS
{
    public partial class Form1 : Form
    {
        public Form1() { InitializeComponent(); }          //构造方法
        DataSet ds = new DataSet();                          //创建并初始化数据集
        string connString = "Data Source = (local);Initial Catalog = restaurant;
        Integrated security = true";
        //1. 自定义方法: 创建并返回数据适配器对象
        SqlDataAdapter GetDa()
```

```
{
    string sql = "Select * From FoodItem";
    SqlDataAdapter da = new SqlDataAdapter(sql, connString);
    //2. 为 da 自动创建添加、更新、删除的命令对象
    SqlCommandBuilder builder = new SqlCommandBuilder(da);
    return da;
}
```

//3. "显示"按钮 button1 的事件处理过程
```
private void button1_Click(object sender, EventArgs e)
{
    ds.Clear();                                          //刷新显示时,清空数据集
    SqlDataAdapter da = GetDa();
    da.Fill(ds, "FoodItem");
    dataGridView1.DataSource = ds.Tables["FoodItem"];
}
```

//4. "添加"按钮 button2 的事件处理过程
```
private void button2_Click(object sender, EventArgs e)
{
    DataTable dTable = ds.Tables["FoodItem"];            //5. 取得数据表
    DataRow dRow = dTable.NewRow();                      //6. 创建新行
    //7. 为新行的各列赋值
    dRow["StyleID"] = 1;
    dRow["FoodName"] = "测试菜品";
    dRow["Price"] = 12.8;
    dTable.Rows.Add(dRow);                              //8. 添加到数据表
}
```

//9. "修改"按钮 button3 的事件处理过程
```
private void button3_Click(object sender, EventArgs e)
{
    DataTable dTable = ds.Tables["FoodItem"];
    //10. 按条件查找行数据,得到行数组
    DataRow[] dRow = dTable.Select("FoodName = '测试菜品'");
    for (int i = 0; i < dRow.Length; i++)               //11. 依次修改为新值
        dRow[i]["FoodName"] = "非测试菜品";
}
```

//12. "删除"按钮 button4 的事件处理过程
```
private void button4_Click(object sender, EventArgs e)
{
    DataTable dTable = ds.Tables["FoodItem"];
    //按条件查找行数据,得到行数组
    DataRow[] dRow = dTable.Select("FoodName like '%测试菜品%'");
    for (int i = 0; i < dRow.Length; i++) dRow[i].Delete();
}
```

//13. "保存"按钮 button6 事件处理过程
```
private void button5_Click(object sender, EventArgs e)
{
```

```
        int MaxID = GetMaxFoodID();                    //14.获得数据源当前标识列的最大值
        //15.查询当前添加的行
        DataRow[] dRows = ds.Tables["FoodItem"].Select("", "",
        DataViewRowState.Added);
        for (int i = 0; i < dRows.Length; i++)
        {
            dRows[i]["FoodID"] = MaxID;                 //16.修改标识列的值
            MaxID++;                                    //递增1
        }
        SqlDataAdapter da = GetDa();
        da.Update(ds, "FoodItem");                      //17.更新到数据库
    }
```

//18.取得数据源标识列当前的最大值

```
    int GetMaxFoodID()
    {
        //19.插入记录并返回标识列的值的 Insert 语句
        string sql = "Insert Into FoodItem(StyleID) Output Inserted.FoodID
        Values(1)";
        SqlConnection conn = new SqlConnection(connString);
        conn.Open();
        //20.插入测试记录,得到当前记录的标识列值,代表当前标识列的最大值
        SqlCommand comm = new SqlCommand(sql, conn);
        int maxID = (int)comm.ExecuteScalar();
        //21.删除添加的测试记录
        comm = new SqlCommand("Delete From FoodItem Where FoodID = " + maxID,
        conn);
        comm.ExecuteNonQuery();
        conn.Close();
        return ++maxID;
    }
}
}//命名空间结束
```

📄 **代码说明**

(1) 注释 1:自定义方法 GetDs,构建并返回数据适配器对象 da。由于多个事件处理过程需要取得数据适配器对象,为实现代码复用,将该过程设计为方法。

(2) 注释 3:"显示"按钮的事件处理过程,为刷新数据集,先清空数据集原有的数据表,然后调用 GetDs 方法,读取数据源 FoodItem 的数据填充到数据集,最后将数据表作为表格控件的数据源,显示数据。

(3) 注释 4~注释 8:"添加"按钮的事件处理过程,取得数据表对象,并通过其来创建新行,并依次为新行的各列赋值,最后添加到行集合中,表格控件将同步显示新行的数据。

(4) 注释 9~注释 11:"修改"按钮事件处理过程,取得数据表对象,并调用其 Select 方法,查找满足 FoodName 为"测试菜品"的数据行,在循环体中依次为 FoodName 重新赋值。

(5) 注释 12:"删除"按钮的事件处理过程,取得数据表对象,通过模糊匹配的查找方式,查找到满足条件的数据行,并在循环体中依次为其添加删除标记。

（6）注释 14：使用自定义方法 GetMaxFoodID，取得数据源当前最大标识列值并递增 1。

（7）注释 15、注释 16：在更新数据源前，通过数据表对象的 Select 查询的方法，取得行状态处于 Added 的数据行，并更新其标识列，使其与数据源即将产生的标识列一致，避免两者不一致出现异常。其中，语句 DataRow[] dRows = ds. Tables["FoodItem"]. Select("", "", DataViewRowState. Added)；中，参数 1 为查询条件；参数 2 为排序字段列表，不使用排序则留空；参数 3 为当前视图中行状态信息，从这里可以检索出最新添加的行，从而得到数据行数组，并在循环体中依次对标识进行修改。最后才更新到数据源。只有新添加的行才需要更改标识列，其他对存在数据的修改或删除操作，因为标识是确定存在的，因此不需要修改。

（8）注释 19：在 Insert 命令文本中使用 Output 关键字，目的是在执行该语句后返回标识列的值，Inserted 关键字后的 FoodID 指定了标识列。注意，由于 StyleID 列是 FoodItem 的外键，且是 FoodStyle 表的主键，它们之间存在约束关系，因此代表 StyleID 列的值 1 必须存在 FoodStyle 表中。

（9）注释 20：ExecuteScalar 方法返回值是 object 类型，因此在确保执行结果是 int 类型数据的情况下可以强制转换为 int 类型。

（10）注释 21：删除测试记录。

注意，由于表之间的约束关系，StyleID 的值在 FoodStyle 表中必须真实存在。最好的做法是在设计表时，标识列不要同时作为主键列，从而避免代码编写的复杂性。

6.3 数据访问控件

为减少编码、提高开发效率，.NET 提供了功能强大、方便易用的数据控件和组件，这些控件或组件通过向导方式协助我们连接到数据库，自动创建数据集和数据集适配器，实现数据查询、显示、导航以及数据编辑功能，如修改、删除和新增记录等。

本节主要内容如下。
（1）使用数据组件连接数据源，并自动创建项目数据集。
（2）实现数据显示以及数据导航。
（3）实现数据新增、修改和删除等功能，并将操作结果更新到源数据库。

如果对 6.2 节的数据适配器、数据集和数据表的相关内容非常熟悉，本节内容将非常容易理解，因为本节介绍的控件或组件，只是对这些对象的进一步的封装。

6.3.1 数据控件初步使用

数据控件或组件位于工具箱中的"数据"组，如图 6.34 所示。

其中：
（1）DataSet：数据集组件，实现对内存中的数据表进行维护和管理。

图 6.34 数据控件

（2）BindingSource：绑定源组件，以 DataSet 作为数据源，对 DataSet 数据集的某个表成员的默认视图进行封装并提供一组操作数据的方法，一般用于作为其他控件的数据源，如 DataGridView、ComboBox 等。

（3）DataGridView：数据表格视图控件，可以使用 BindingSource 作为数据源，用于显示 BindingSource 中对应数据表的数据。

（4）BindingNavigator：绑定导航控件，以 BindingSource 作为绑定源，为 BindingSource 提供可视化的操作界面，实现记录的定位和编辑等功能。

各个控件或组件之间的关系如图 6.35 所示。首先，通过数据适配器组件读取数据源数据并填充数据集 DataSet 组件，然后使用 BindingSource 组件绑定到数据集中的其中一个数据表，BindingSource 为其他控件提供数据源，比如数据表格视图控件 DataGridView 和数据导航控件 BindingNavigator。DataGridView 用于显示和编辑数据，BindingNavigator 使用 BindingSource 提供的方法，操作数据并将操作结果更新到数据源。

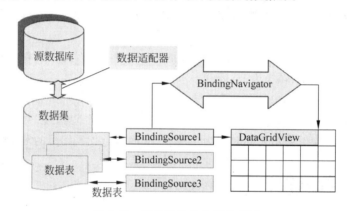

图 6.35　数据控件的关系示意图

为了便于理解，我们可以认为 DataSet 是在内存中建立与物理数据库结构一致的数据库，而数据集适配器负责读取数据并将数据填充到 DataSet，其实质上是通过向导建立的连接字符串，建立与数据库的连接，执行 SQL 命令，也是在 6.2 节介绍的数据集和数据适配器类，只是.NET 将其包装为组件，无须编写代码而是通过可视化向导方式来使用，因此更加简单易用。

BindingSource 组件负责管理指定的、单个表的数据，并将表的数据提供给其他数据显示控件。BindingSource 其实是对数据表的 DataView 进行了包装，提供操作接口来操作数据。

BindingNavigator 控件为 BindingSource 提供用户操作界面，在底层通过调用 BindingSource 的方法，来实现数据的移动、添加新行、删除行以及更新数据等操作。

使用数据控件或组件访问数据库的一般步骤如下。

（1）在"数据源"窗口中，为项目添加数据源，从而建立 DataSet 组件。

（2）添加绑定源组件，设置其数据来源和数据成员为 DataSet 组件中的数据表。

（3）添加数据导航控件，设置绑定源为绑定源组件。

（4）添加数据表格控件，设置数据源为绑定源组件，显示数据。

下面通过具体实例按实现步骤介绍这些控件或组件的使用。由于组件与控件使用方式一致，只是组件在运行时不显示在界面上，为描述方便，有时将组件也称为控件。

应用实例6.23　使用数据访问控件，显示 Restaurant 数据库中的 FoodItem 表的数据，实现的运行效果如图 6.36 所示。

新建项目，保存为 MyData。

1. 添加数据源，创建 DataSet

该步骤主要作用是通过向导来构建连接字符串，并根据连接字符串创建项目中的可视化的数据集，通过数据集设计器来对数据表和数据适配器进行其他操作。

1）为项目添加数据源

打开项目中默认创建的 Form1 窗体，执行菜单"数据"→"显示数据源"命令，将出现"数据源"窗体，如图 6.37 所示。首次为项目添加数据源时，将出现"添加数据源"的链接标签，通过单击该标签，打开如图 6.38 所示的"数据源配置向导"对话框。

图 6.36　运行效果

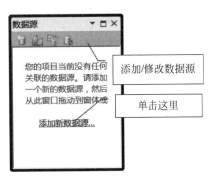

图 6.37　添加数据源

图 6.38　数据配置向导1

2）选择数据源类型

在图 6.38 的"数据源配置向导"对话框中，选择"数据库"，单击"下一步"按钮。由于截图比较大，这里只截取了对话框的部分界面，裁剪掉了操作按钮部分，下同。

3）选择数据源模型

在图 6.39 中，选择"数据集"，并单击"下一步"按钮。

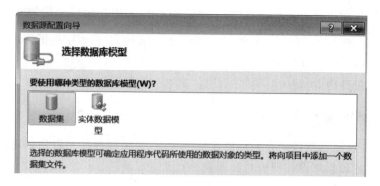

图 6.39　数据配置向导 2

4）新建连接

在图 6.40 中，单击"新建连接"按钮，将出现如图 6.41 所示的对话框。

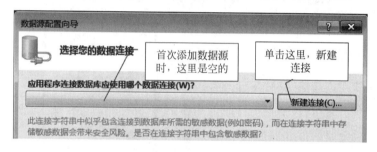

图 6.40　数据配置向导 2

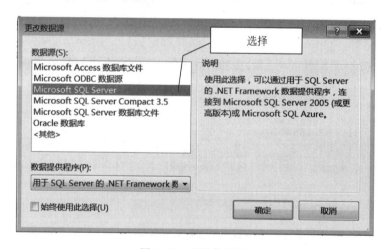

图 6.41　选择数据源

5）选择数据库类型

在图 6.41 中选择 Microsoft SQL Server 后单击"确定"按钮。如果勾选了"始终使用此选择"复选框，那么下次在图 6.39 中单击"下一步"按钮时，将直接出现如图 6.42 所示的界面。

6）选择数据库服务器、数据库名和登录方式

在图 6.42 中，依次按图示的步骤输入或选择正确的本机服务器名、登录方式和数据库

名称,最后单击"测试连接"按钮,如果弹出"测试连接成功"的信息对话框,表示根据选择项成功构建了连接字符串,否则,重新检查图 6.42 中标示的 1~3 项的内容。

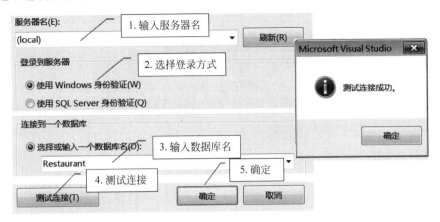

图 6.42　选择连接参数

7) 完成连接选择

在图 6.42 中单击"确定"按钮后,将返回"数据源配置向导"界面,在该界面中可以查看构建的连接字符串,如图 6.43 所示。如果再次为项目添加数据源,该连接字符串将出现在图 6.43 的列表框中,无须再重复创建。

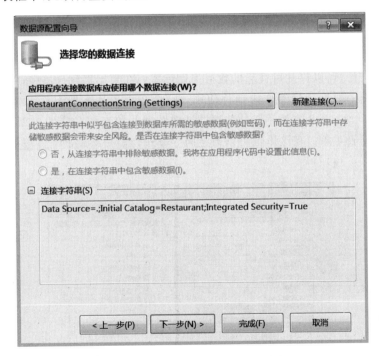

图 6.43　构建连接字符串成功后的界面

8) 选择数据库对象,完成配置

单击图 6.43 中的"下一步"按钮时,将出现如图 6.44 所示的界面,在该界面中可以将所需的表添加到数据集。数据集的名称默认采用"数据库名＋DataSet"的命名方式,可以修改为满足标识符命名规则的其他名称。本步骤仅仅是在项目数据集中创建表结构,并未读取数据。单击"完成"按钮后,项目中"数据源"窗体中将出现已添加的数据集和数据表,如图 6.45 所示。

图 6.44　选择数据库对象

图 6.45　数据源窗体

同时,在项目文件列表中,将多出一个数据集文件 RestaurantDataSet. xsd,如图 6.46 所示。双击该文件,可以打开可视化的数据集设计器。在数据集设计器中,将数据表和为该数据表填充数据的数据适配器作为组件使用。每个数据集适配器组件都包含两个默认方法:Fill 和 GetData。Fill 方法用于从数据源读取数据并填充到对应的数据表;GetData 方法用于返回数据表对象。在这里也可以通过向导方式为数据适配器组件添加自定义的查询方法。

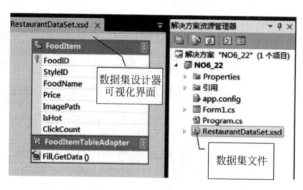

图 6.46　数据集设计器

2. 添加绑定源组件

将绑定源组件 BindingSource 从工具箱的"数据"组拖放到窗体。该组件在运行时不可见。依次按照如图 6.47 所示的步骤,为绑定源组件设置数据源和数据成员属性。该步骤表示 BindingSource 的数据将来自项目数据集中指定的数据表,设置该组件属性后,窗体下面会自动添加 restaurantDataSet 和 foodItemTableAdapter 两个对象,这是本窗体用到的数据集和数据适配器组件的具体对象,使用这两个对象来获取和保存数据表的数据。

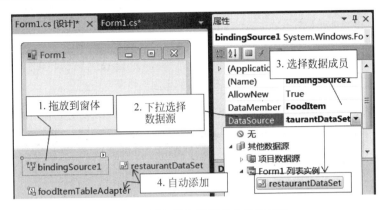

图 6.47　添加绑定源组件并设置属性

3. 添加数据导航控件

将数据导航控件 BindingNavigator 从工具箱的"数据"组拖放到窗体,参照图 6.48,设置 BindingNavigator 的 BindingSource 属性为 bindingSource1。绝大多数情况下,BindingNavigator 都是以 BindingSource 为操作对象并成对出现,两者对数据的定位和移动都有对应的方法。该控件拥有默认功能的工具栏,可以在该工具栏中添加其他控件来实现自定义功能。BindingNavigator 仅起辅助操作数据的作用,不是必需的。

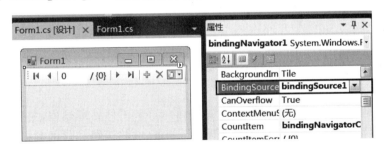

图 6.48　数据导航控件绑定属性设置

4. 添加数据视图表格控件

最后将表格控件添加到窗体,并设置其 DataSource 属性为绑定源组件 bindingSource1,如图 6.49 所示,在程序运行时,表格控件将自动显示 bindingSource1 中的数据。

至此,完成了本例的界面和功能设计。按 F5 键运行程序,将可以看到如图 6.36 所示的运行结果,可以在运行界面上直接对数据进行添加、修改和删除的操作,不过此时还不能实现保存的功能,实现保存功能需要自己编写代码,而如果采用下面的方法完成,则无须编写代码就可以实现数据的保存功能。

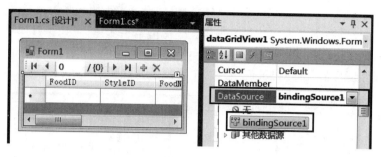

图 6.49　表格控件数据源属性设置

上述的步骤 2～4，其实也可以通过以下的操作合并为一步来完成，如图 6.50 所示。

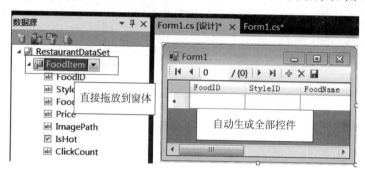

图 6.50　自动添加数据控件

该操作的不同之处在于导航控件工具栏中自动添加了一个"保存"按钮，并在窗体代码文件中自动添加了如下代码。

```
private void foodItemBindingNavigatorSaveItem_Click(object sender, EventArgs e)
{
  this.Validate();
  this.foodItemBindingSource.EndEdit();
  this.tableAdapterManager.UpdateAll(this.restaurantDataSet);
}
```

这段代码是导航控件工具栏中"保存"按钮的 Click 事件处理过程，主要实现在单击工具栏中的"保存"按钮时，对表格控件的数据进行验证，并将表格控件的数据更新到数据表，最后将数据表更新到数据源。tableAdapterManage 是按照该操作方法自动添加到窗体的表适配器管理器组件，主要作用是在窗体上有多个表适配器时，可以实现一次性调用所有表适配器的更新方法，将多个表的数据更新到数据库。由于本例只有一个数据适配器组件，因此实际上也与使用了 foodItemTableAdapter 对象的 Update 方法更新一个表的数据的作用相同。

再次按 F5 键运行程序，可以看到数据表 FoodItem 的数据已经在数据表控件中显示出来了，并且可以移动记录进行查看，也可以直接在表格控件中输入数据、删除数据和执行保存操作。到此为止，我们没写一行代码，就可以实现对数据表的查看、新增、修改和保存数据的基本功能。

注意：要实现保存功能，表必须存在主键列。FoodItem 表中的 FoodID 列为主键，因此本例可以实现保存操作，否则，单击"保存"按钮时将出现异常。

6.3.2　更进一步的功能

在上例中，当程序运行时，表格控件总是显示整个表的数据，如何实现显示按条件查询的结果，如何自定义更新数据的方法，是本节要解决的问题。

1. 认识数据集设计器

在"解决方案资源管理器"中，双击 RestaurantDataSet.xsd 文件可打开如图 6.51 所示的数据集设计器。数据集设计器管理所有通过向导添加的数据表，可以编辑列属性、设置主键以及建立表之间的关系。每一个数据表对应创建了一个数据适配器，可以为数据适配器创建自定义查询方法和获取表数据的方法，也可以重新构建或修改自动生成的 Select、Insert、Update 和 Delete 命令文本。

图 6.51　数据集设计器

图 6.51 中列出了已添加到项目数据集中的数据表，以及用于填充数据集的数据适配器。数据适配器下方列出两个方法，其中一个是 Fill 方法，该方法指示了如何从源数据库的数据表中读出数据，默认读取的是表中所有数据，然后填充数据集对应的数据表。其对应的 SQL 语句为 Select ＊ from［表名］。以 FoodItem 表为例，我们从图 6.52 中了解数据适配器的"属性"窗口。

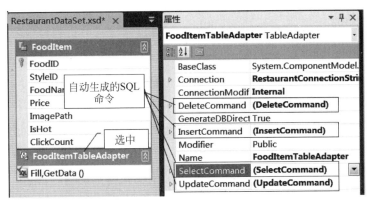

图 6.52　表数据适配器的主要属性

（1）SelectCommand：包含调用 TableAdapter 的 Fill 方法时默认执行的 SQL 语句。

（2）InsertCommand：包含调用 TableAdapter 的 Insert 方法时默认执行的 SQL 语句。

（3）DeleteCommand：包含调用 TableAdapter 的 Delete 方法时默认执行的 SQL 语句。

（4）UpdateCommand：包含调用 TableAdapter 的 Update 方法时默认执行的 SQL 语句。

SQL 命令文本在展开对应的属性时可以看到。注意：只有数据源中的表有主键列时，才会自动创建执行 Insert、Update 和 Delete 操作的命令文本。

2．添加自定义查询方法

这里根据 FoodID 字段来创建自定义查询方法，实现根据输入的 FoodID，显示查询结果。步骤如下。

（1）在数据集设计器中的 FoodItemTableAdapter 的标题栏右击，在图 6.53 中选择"添加查询…"。

（2）在后面出现的"TableAdapter 查询配置向导"对话框中，保持默认选择，如图 6.54 和图 6.55 所示，依次单击"下一步"按钮，直到出现如图 6.56 所示的对话框。

（3）添加 Select 查询语句。

在图 6.56 中的文本框中，输入 Select 命令文本并添加查询条件"Where FoodID＝@FoodID"，这里的@代表其后面的 FoodID 为查询命令中的参数，也是后面自定义方法中的参数。

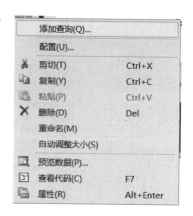

图 6.53　为表数据适配器添加查询

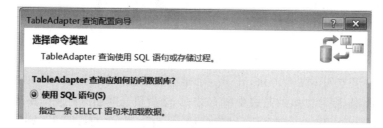

图 6.54　选择命令类型

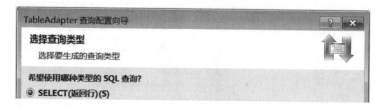

图 6.55　选择查询类型

（4）输入方法名，并完成操作。

在图 6.57 中，勾选界面中的两个复选框，并分别输入自定义的方法名。单击"完成"按钮，操作结果如图 6.58 所示。

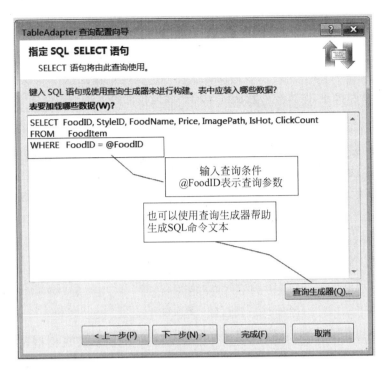

图 6.56 输入 Select 查询语句

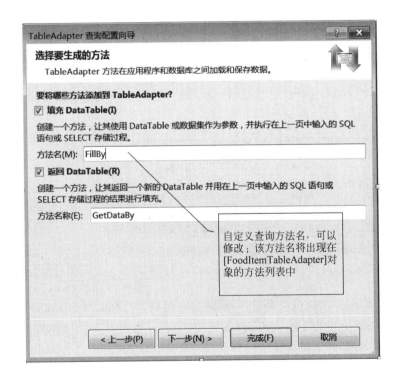

图 6.57 输入自定义方法名

图 6.58 操作结果

3. 使用自定义查询方法

FillBy 方法是按给定的 FoodID 参数执行数据查询自定义方法，并将查询结果填充到数据集。在应用实例 6.23 的基础上，我们向导航控件的工具栏添加如图 6.59 所示的三个控件：标签、文本框和按钮，保留控件默认的名称。添加控件的方法与在普通工具栏上添加控件方法一致。完成后的界面布局如图 6.59 所示。

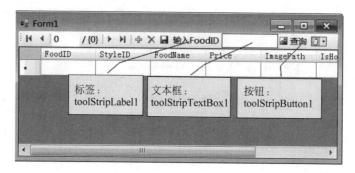

图 6.59　界面布局

为 ToolStripButton1 按钮的 Click 事件过程添加如下代码，实现根据在文本框中输入的 FoodID 参数执行查询。

```
private void toolStripButton1_Click(object sender, EventArgs e)
{
    int FoodID = int.Parse(toolStripTextBox1.Text);
    this.foodItemTableAdapter.FillBy(this.restaurantDataSet.FoodItem,FoodID);
}
```

当程序运行时，在 toolStripTextBox1 中输入 FoodID 值，单击"查询"按钮，则数据表格的内容将自动更新为查询结果，如图 6.60 所示。

图 6.60　运行结果

建立添加、删除和更新的自定义方法的过程类似，不同的是在图 6.55"TableAdapter 查询配置向导"中，根据需要选择查询类型为 Insert、Update 或 Delete，再在图 6.56 中删除自动生成的语句，替换为自定义的 SQL 命令文本。

这里需要说明的是，对于数据源没有主键的表，TableAdapter 对象默认的 DeleteCommand 属性和 UpdateCommand 属性是空的（如果有主键，则会在添加数据源过程中自动生成），因此，当我们在表格控件中删除或修改了记录，单击导航工具栏中的"保存"按钮时,将会出现缺少相关命令的错误提示。

6.4 数据报表

在信息管理系统中,报表预览和打印是重要的功能。本节将详细介绍在基于C♯的应用程序开发过程中,报表的创建、预览和打印功能的具体实现,通过本节的学习,可以满足一般报表的设计要求。本节主要内容包括:

(1) 添加数据报表文件。

(2) 设计明细报表。

(3) 预览和打印数据报表。

(4) 为报表传递参数。

(5) 设计分组统计报表。

6.4.1 简单报表

在C♯中,报表的预览和打印是通过报表控件ReportViewer加载报表文件实现的。报表文件的数据来自指定数据集中的数据表。因此,要实现报表的预览和打印,必须先为项目添加数据源,再添加报表文件,最后通过报表设计器来协助我们完成对报表的设计。报表文件是一种XML格式的文件,可以使用记事本打开查看。

下面通过创建一个完整的包含报表的项目来介绍报表的使用。

应用实例 6.24 为新建的项目添加一个数据报表,实现对 Restaurant 数据库中的菜品表 FoodItem 所有数据的预览和打印。

新建项目,保存为 MyReport。

1. 添加项目数据源

在 MyReport 项目中,按照本章应用实例 6.22 中的步骤 1~步骤 8 完成项目数据集 RestaurantDataSet 的创建。

2. 添加报表文件

选择菜单"项目"→"添加新项"命令,或在当前项目中的"解决方案资源管理器"窗口中,右击项目名称,在出现的快捷菜单中选择"添加"→"新建项",都将弹出"添加新项"对话框中。在"添加新项"对话框中选择"报表",保存默认名称为"Report1.rdlc",然后单击对话框中的"添加"按钮,进入报表设计器界面。如果以后要修改报表,可以通过双击项目中的报表文件 Report1.rdlc,重新打开报表设计器,进入报表的编辑状态。

3. 报表设计器的使用

报表设计器各部分描述如图 6.61 所示。

默认情况下,报表设计器只显示白色的"报表主体"部分和灰色的"报表区域"部分。如果要显示报表标尺、报表页眉和报表页脚部分,可以右击"报表区域",在弹出的快捷菜单中,

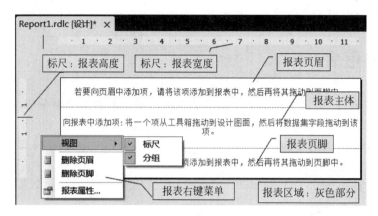

图 6.61　报表设计器

分别选择"添加页眉""添加页脚"和"标尺"项。报表页眉和报表页脚相当于 Office 应用程序中 Word 文档的页眉和页脚。使用报表工具箱中的文本框控件来为页眉和页脚添加所需的文本；设计报表时，可以参考代表打印纸张边界的标尺来调整报表主体的宽度和高度，避免报表主体内容超出设定纸张大小而使数据无法完全打印。默认纸张的大小为 A4 纸（宽×高为 21cm×29.7cm，边距为 2cm）。

报表主体是重复显示记录的区域，可以从报表工具箱中添加各种报表控件到报表主体，一般常用的控件是文本框和表控件。

单击在"报表区域"快捷菜单中出现的"报表属性"项，可以打开"报表属性"对话框，在该对话框中，可以设置报表的打印方向、纸张大小以及修改报表边距等属性。

4. 报表主体设计

报表主体是显示数据表数据的区域。要显示数据，必须为报表添加数据源。首先，在报表设计器打开的情况下，在"视图"菜单中选择"报表数据"，打开"报表数据"窗体。图 6.62(a)为"报表数据"窗体。注意，只有在报表设计器打开状态下，才会显示"报表数据"菜单项。

(a) 报表数据窗体

(b) 完成数据集添加

图 6.62　报表数据窗体

　　单击"报表数据"窗体工具栏中的"新建"→"数据集",在打开的"数据集属性"对话框中,选择"数据源"为RestaurantDataSet,"可用数据集"为FoodItem,确认选择后,在图6.71(b)中就可以看到数据集和数据表已添加进来了。

　　为了显示数据表数据,需要借助报表工具箱中的"报表项"组的表控件,将表控件拖放到报表主体区域。表控件默认2行3列,第1行是表头,第2行是数据区域,数据区域是重复显示记录的区域,如图6.63所示。

图6.63　表控件

　　在"报表数据"窗体中,将FoodItem显示的字段依次拖放到表控件的列中,如图6.64所示。如果需要新增列,可以右击列标头,选择"插入列",通过列边线调整到合适的列宽。各个区域都可以通过对应的边线调整到合适尺寸。

图6.64　拖放字段到表控件相应的列

5. 预览和打印报表

　　报表的预览和打印,需要借助工具箱中的"报表"组中的ReportViewer控件来实现。打开Form1窗体并添加ReportViewer控件,设置ReportViewer控件填满窗体,在其右上角的智能标记(黑小三角)中,选择项目中要预览的报表文件MyReport.Report1.rdlc,如图6.65所示。

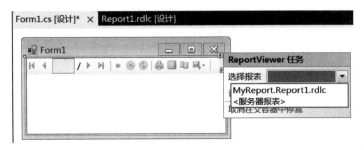

图6.65　选择报表

　　按 F5 键运行程序,将看到如图 6.66 所示的运行界面。单击界面工具栏上的"打印机"图标按钮,如果此时电脑连接了打印机,将在打印机中输出该报表的内容。

图 6.66　运行结果

6.4.2　报表使用进阶

　　如果要在报表中动态显示报表标题和页码,或仅打印查询结果,或创建简单分组统计的报表,需要进一步了解报表设计器的使用。

1. 添加页眉标题和页脚页码

　　页眉一般显示报表标题等相关内容的文本信息,页脚一般显示当前页数和总页数等文本信息。这些文本信息不是通过标签控件实现的,而是通过文本框控件来实现。文本框可以直接输入静态文本、表达式或选择表字段。

　　在应用实例 6.24 的基础上,如果要为报表页眉添加"龙宴酒家点菜单"的静态文本,在报表页脚显示页数和总页数,具体操作步骤为:①在页眉区域添加文本框控件,并直接输入"龙宴酒家点菜单"文本。为调整文本字体效果,需要退出文本框的编辑状态,再选中整个文本框控件,在"属性"窗口中设置 Font 属性的字体大小 FontSize 为 20pt,并将文本框调整到合适的大小,如图 6.67(a)所示。②在页脚区域添加文本框控件并对其右击,选择"表达式"(注意:需要选中整个文本框控件,而不是在其编辑状态,才会出现"表达式"菜单项),打开"表达式"对话框。在该对话框中的"类别"列表框中,选择"内置字段",在其对应的"项"列表框中找到 PageNumber 和 TotalPages 项,并双击,则在对话框的文本框中将显示以下表达式:

```
= Globals!PageNumber Globals!TotalPages
```

　　Globals!PageNumber 代表当前页数,Globals!TotalPages 代表总页数,所有的内置字段项都带"Globals!"前缀,代表系统内置的全局变量;"="字符表示文本框中的内容是表达式,而不是静态文本,表达式可以包含常数、报表参数、表字段值及函数等,可以在"表达式"对话框中选择或输入。

　　由于当前页数和总页数连接在一起,需要在显示时将其区分,为了显示"页数/总页数"的格式,需要将两者通过"&"连接符连接起来,上面的表达式需要修改为:

```
= Globals!PageNumber & "/" & Globals!TotalPages
```

再次运行程序,可以看到如图6.67(b)所示的运行效果。

(a) 添加页眉和页脚文本　　　　　　　　　　(b) 运行结果

图6.67　页眉和页脚设置及运行效果

2. 筛选打印数据

默认情况下数据报表显示的是整个数据表的数据,如果要使数据报表显示按条件查询的结果,则需要在数据集设计器中,为表数据适配器添加自定义查询的方法。参照6.3.2节中为表数据适配器添加自定义查询的方法FillBy的过程,在本项目的数据集设计器中也为表数据适配器添加一个相同的自定义查询方法FillBy,实现按关键字段FoodID来查询数据。

在为表数据适配器添加自定义查询的方法FillBy后,打开本项目Form1的代码文件,找到以下代码。

```
private void Form1_Load(object sender, EventArgs e)
{
    this.FoodItemTableAdapter.Fill(this.RestaurantDataSet.FoodItem);
    this.reportViewer1.RefreshReport();
}
```

这些代码是在为ReportViewer控件绑定数据报表文件时自动添加的。第1行代码表示使用表适配器默认的Fill方法来填充数据集;第2行代码表示自动加载数据报表文件,并刷新报表显示。将第1行代码注释掉,并替换为以下语句:

```
this.FoodItemTableAdapter.FillBy(this.RestaurantDataSet.FoodItem,80);
```

该方法以FoodID为查询参数,执行查询并将查询结果填充到数据集,因此只显示FoodID为80的数据,再次运行程序,运行结果如图6.68所示。

3. 报表参数

有时需要在程序运行时动态改变报表的内容,比如页眉的内容,可以通过在报表设计器中创建报表参数,然后在包含报表控件的窗体中向报表传递参数值来实现。

1) 创建报表参数

在报表设计状态,选择菜单"视图"→"报表数据"命令,打开"报表数据"窗体,右击"参数"项,选择"添加参数…",如图6.69所示,在打开的"报表参数属性"对话框中输入参数名和参数类型。本例输入的信息为"参数名:rpTitle,类型:文本",完成文本类型报表参数rpTitle的创建。

图 6.68 数据预览

图 6.69 添加报表参数

2) 修改页眉文本框控件的内容

选中报表页眉中的文本框控件并右击,选择"表达式"(注意,选择文本框控件时不要让其处于编辑状态),在打开的"表达式"对话框中选择"类别"列表框中,选择"参数"项,在其对应的"值"列表框中找到报表参数 rpTitle 项,双击 rpTitle 让其自动生成表达式显示在文本框中。本处生成的表达式为:＝Parameters!rpTitle.Value。所有的报表参数均以"Parameters!"开始,报表参数具有 Value 属性,代表参数值。

3) 报表参数传递

报表参数的类型为 ReportParameter,该类型位于命名空间 Microsoft. Reporting. WinForms 中,使用之前先引入该命名空间。为向报表对象传递具体参数值,需要创建报表类型的对象,然后使用报表对象的 SetParameters 方法为报表参数赋值。打开 Form1 代码文件,将 Form1 的 Load 事件处理过程的代码修改如下(粗体字部分)。

```
private void Form1_Load(object sender, EventArgs e)
{
    //this.FoodItemTableAdapter.Fill(this.RestaurantDataSet.FoodItem);
    this.FoodItemTableAdapter.FillBy(this.RestaurantDataSet.FoodItem,80);

    ReportParameter rp = new ReportParameter("rpTitle", "小马哥酒店点餐单");
    reportViewer1.LocalReport.SetParameters(rp);

    this.reportViewer1.RefreshReport();
}
```

创建 ReportParameter 对象时,构造方法中参数 1 为报表参数的名称,参数 2 为报表参数的值,两者均为字符串类型。

LocalReport 属性代表本地报表对象,指不需要连接到远程报表服务器,而是在本地创建和显示的报表。使用本地报表对象的 SetParameters 方法为报表参数赋值,该方法参数可以是一个 ReportParameter 对象,也可以是 ReportParameter 对象数组。如果要为报表传递多个参数,那么使用 ReportParameter 对象数组作为参数。

注意:窗体代码文件必须声明对 Microsoft. Reporting. WinForms 命名空间的引用。

再次运行程序,将看到页眉显示的内容为"小马哥酒店点餐单"。

4. 分组统计报表

报表分组的目的是根据条件对记录进行统计,如记录数、总价格等。在上例基础上,根据字段 IsHot(代表是否为推荐菜品的字段)在 FoodItem 表中统计 IsHot 值分别为 true 和 false 的记录数。

1) 添加分组

选择数据行,右击,选择"添加组"→"行组"→"父组…",如图 6.70 所示。

在打开的对话框中,选择分组字段为 IsHot,并根据需要添加组头和组尾,如图 6.71 所示。

图 6.70 添加分组　　　　　　　　图 6.71 选择分组依据和组属性

已完成添加分组功能的报表如图 6.72 所示。

2) 添加计算表达式

分组列、组头行和组尾行,可以根据需要决定是否删除,这里均保留。为了显示记录数,在组尾行的 Food Name 列输入静态文字"小计",在组尾行的 Price 列输入如下的表达式:

图 6.72 分组报表界面

= Sum(Fields!Price.Value)

该表达式实现对分组后的 Price 列进行求和计算。所有的表字段都是以"Fields!"为前缀引用的。表达式可以直接在单元格中输入(每个单元格默认包含文本框),也可以通过"表达式"对话框辅助实现。统计结果要显示在组尾行哪个单元格就在哪个单元格中输入表达式,也可以对组尾行的单元格进行合并显示。

为了在报表最后一页显示总计行,选中整个组尾行,右击,选择"插入行"→"组外部-下方",该行将显示在最后一页(组内部:每一组后面都将重复;组外部:所有组最后,不重复,仅显示一次)。在该行的 Food Name 列中输入"总计",在组尾行的 Price 列中输入如下表达式:

= Sum(Fields!Price.Value)

该表达式与组尾行 Price 列的表达式相同,但该表达式实现的是对报表 Price 列所有的数据进行统计。再次运行程序,将看到如图 6.73 所示的运行效果。由于查询结果只显示 FoodID 为 80 的数据,因此报表中只显示一行数据。如果修改自定义查询方法,显示全

图 6.73 分组数据预览

部表数据,将会看到 IsHot 为 true 和 IsHot 为 false 的两组数据。

小结

对数据库数据的基本操作是增、删、改、查等,本章首先介绍实现这些基本操作的 SQL 数据操纵语句,对这些语句的使用要非常熟悉而且有必要再进行扩展学习。

ADO. NET 是一组通过编程方式访问数据服务的类。本章重点介绍使用 ADO. NET 访问 SQL Server 数据库的几大类:SqlConnection、SqlCommand、SqlDataReader、SqlDataAdapter 和 DataSet。访问 SQL Server 数据库的一般步骤是:连接数据库,执行查询,得到查询结果。有两种方式可以从数据库中得到查询结果,一种是使用 SqlDataReader 对象方式,一种是使用 DataSet 方式。使用 SqlDataReader 对象获取的数据如果要更新回数据库,需要使用 SqlCommand 对象通过执行更新的 SQL 语句实现;通过 DataSet 获取的数据如果要更新回数据库,使用的是 SqlDataAdapter 对象的 Update 方法进行。两者的不同之处在于,前者数据读取后,每次操作都需要保持与数据库的连接,而后者将数据读取在本地内存中后可以断开与数据库的连接,在内存中完成所有的数据编辑操作后,再批量更新到数据库。从对数据库数据的操作实现来看,两者本质是一样的:都需要连接数据库,都使用 SqlCommand 对象执行 SQL 语句来实现,属于实现数据库的操作的两种方式。

SqlCommand 执行 SQL 语句主要有两种方法,一个是执行 Select 查询的 ExecuteReader 方法,返回包含查询结果集的 SqlDataReader 对象;一个是执行非 Select 查询,如 Insert、Update 和 Delete 语句的 ExecuteNonQuery 方法,该方法不是返回查询结果,而是返回方法执行后影响的记录数。

数据控件或组件,提供通过向导和可视化的方式来实现对数据库的访问。将数据源绑定到控件显示是一种快捷的方法。在开发数据库应用程序时,如果要使用到数据报表,6.4 节数据报表介绍的内容可以满足一般的设计要求。

上机实践

参照本章"典型案例显示、添加、修改和删除数据"的内容,开发一个"菜品数据维护"项目,按以下方式实现对菜品表 FoodItem 所有数据的查看、添加、修改和删除功能。

(1) 使用 SqlDataReader 和 SqlCommand 方式。

(2) 使用 DataSet 方式。

(3) 使用数据控件方式。

最后,为项目添加一个报表窗体,实现按菜品分类,统计出各分类菜品的数量并实现打印预览功能。

第7章

网络点餐管理系统项目开发

7.1 案例说明

网络点餐管理系统是一个基于 C♯ 语言开发,使用 SQL Server 数据库,采用 C/S 架构的完整的开发项目,该项目综合了全书各章知识点,包括基础语法、控件编程和界面设计、文件操作、数据库操作、数据报表以及安装包制作等内容,是学习本课程内容后的一次实战演练,也是提高开发技能的一个综合性实训项目。

7.2 开发背景

随着科技的发展,人们在生活和工作上处理各种事务更加便捷,如使用电脑或手机实现网购快递、点餐外送、二维码支付、行程预订,等等,这一切都体现了科技的进步带给人们在衣、食、住、行等各个方面的便捷性,而软件的开发和应用使这些便捷性得到强有力的支撑。现在各行业基本上都有相应的信息管理系统,而餐饮行业中,大多数顾客还是按照传统方式等候服务员的点餐服务,经营者还是手工收集顾客点餐信息进行结账……如果能为餐饮行业设计一套网络点餐系统,让顾客能够直接在餐台的终端下单;厨师能够通过在厨房终端显示的点餐单为顾客制作菜品;收银员能够在服务台的终端进行结账等,这种智能化的系统将让顾客既能体验科技感又能感受到消费的便捷性;餐厅经营者为此将大大降低人力物力等运营成本,同时又能提高服务效率。本项目正是基于当前餐饮行业的发展状况和业务模式,同时为提高顾客消费便捷性,以及提高餐饮行业经营者的服务效率和降低成本等因素而开发的。

7.3 需求分析

通过社会调研以及对市面同类型软件的分析得知,顾客对点餐系统界面的最大要求是简洁明了,操作便捷和人性化,无须专门去学习操作技能;根据顾客行为习惯,顾客通常是根据菜品分类、菜品图片和价格来决定是否消费。因此,为适应用户的操作习惯并参考普通餐厅的纸质点菜单,本项目的顾客点餐界面将首先分类展示菜品的图片和价格,顾客可以随时切换菜品来查看菜品信息,然后通过单击菜品图片来实现点餐功能。

　　对于前台界面显示的所有信息,后台系统都需要预先录入,包括菜品分类、菜品信息、菜品图片和价格等相关的基础数据,因此,后台系统必须能够提供对这些基础数据进行维护的界面。同时,为了能够在后台系统显示当前餐台的消费情况,需要对每张餐台的信息进行收集和管理,使经营者可以对当前餐台的就餐状态一目了然,最后自动结账并打印消费清单。此外,为帮助餐厅经营者了解营业情况,后台系统需要根据时间段对营业额和利润进行统计并形成数据报表。

　　由此可知,需要开发前台系统,提供给顾客使用,以便采集顾客消费信息;同样,需要开发提供给餐厅经营者使用的后台系统,用于处理顾客消费信息,并对基础数据进行维护。由于本书是介绍 C♯ WinForm 程序设计的课程,因此本项目采用 C/S(Client/Server,客户端/服务器端或是前端/后端)架构进行开发。客户端用于采集用户操作数据提交到数据库服务器,服务器端对数据库服务器的数据进行处理和维护。

　　而当我们学习了后续课程"ASP. NET 动态网页设计"后,可以将本项目改为采用基于浏览器的 B/S(Browser/Server,浏览器/服务器)架构进行开发。B/S 架构的优点在于,客户端无须独立安装,只要安装了浏览器即可操作,所以又称为"瘦客户端"。

　　基于. NET 语言开发 WinForm 应用程序,数据库一般采用与微软公司的产品无缝对接的 Access 或 SQL Server。Access 是小型桌面数据库,是 Office 应用程序中的套件之一,一般用于没有服务端的桌面应用程序(也叫单机版应用程序),而网络应用程序基本都采用 SQL Server 数据库。SQL Server 是大型网络数据库,安全、稳定、可靠。

　　基于以上分析,本项目采用 Client/Server 架构,使用 C♯ 语言,选择 SQL Server 数据库进行开发,前台客户端用于采集用户操作数据,后台服务器端用于对数据进行处理和维护,两者作为独立的项目分别进行开发。

7.4　项目概况

1. 功能结构图

　　网络点餐管理系统的功能结构图如图 7.1 所示。

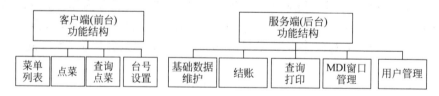

图 7.1　客户端和服务器端功能结构图

2. 项目文件清单

　　为对网络点餐管理系统有个大致了解,先给出项目文件清单,并对文件清单中各个文件的用途做出简要的说明。客户端项目文件清单如图 7.2(a)所示,服务器端项目文件清单如图 7.2(b)所示。

(a) Client项目文件清单　　　(b) Server项目文件清单

图 7.2　客户端和服务器端项目文件清单

（1）客户端项目 Client 文件清单说明。

① DBHelper.cs：公共类文件，在 Client 项目中实现对数据库的所有操作。

② FrmMain.cs：主窗体文件，提供顾客点餐界面，实现点餐操作。

③ FrmAddFood.cs：具体点餐窗体文件，实现将菜品项添加到点餐单。

④ FrmSetter.cs：设置窗体文件，用于设置餐台编号，同时限制顾客擅自退出程序。

（2）服务端项目 Server 文件清单说明。

① DBHelper.cs：公共类文件，在 Server 项目中实现对数据库的所有操作。

② FoodItem.cs：菜品实体类文件，用于保存 FoodItem 表的数据。

③ FrmMain.cs：主窗体文件，提供操作菜单和工具栏，实现系统其他操作的接口。

④ FrmFoodStyle.cs：菜品分类数据维护窗体文件，实现菜品分类信息的维护。

⑤ FrmFood.cs：菜品数据维护窗体文件，实现对菜品信息的增、删、改、查操作。

⑥ FrmFoodItem.cs：菜品修改和添加窗体文件，实现菜品项信息的添加和修改。

⑦ FrmFoodTable.cs：餐台数据维护窗体文件，实现为餐台编号和命名。

⑧ FrmBill.cs：结账窗体文件，实现顾客结账和查询账单、打印小票功能。

⑨ FrmPrint.cs：报表统一打印窗体文件。

⑩ FrmPrintTime.cs：打印条件设置窗体文件。

⑪ ReportBill.rdlc：消费小票报表文件。

⑫ ReportSales.rdlc：营业额报表文件。

⑬ ServerDataSet.xsd：项目数据集设计文件。

（3）系统整体操作。

系统的整体操作流程如图 7.3 所示。

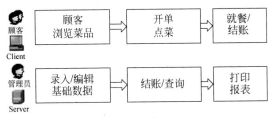

图 7.3　操作示意图

　　① 客户端：客户端启动后，顾客可以浏览菜品，确认就餐时，执行"开单点菜"操作，然后选择感兴趣的菜品并确认数量，进入就餐状态，最后执行"结账"操作，结束就餐过程。

　　② 服务器端：服务器启动后，管理员可以编辑已有菜品数据，或者增加新菜品数据，当接收到顾客结账信息时，统计消费金额并打印消费清单。

　　对于本项目的学习，建议读者下载本项目示例代码，熟悉操作流程后，根据操作逻辑，再学习代码的具体实现。

7.5　数据库设计

　　网络点餐管理系统使用的数据库是在 6.1.3 节中介绍的 Restaurant 数据库，Restaurant 数据库的设计过程已在该节有详细的介绍，请读者务必先熟悉 Restaurant 数据库中各个表的具体结构和表之间的关系。

　　需要指出的是，数据库设计的规范程度将关系到代码编写的复杂程度，数据库设计范式等级越高，关系就越多，数据表也将越多，代码编写越复杂；反之，数据库范式等级越低，数据冗余度越高，代码相对简单，两者是一对矛盾体，需要根据实际经验取得平衡，这就要求读者在平时多学多练，在实践中总结经验。

7.6　主要功能模块

7.6.1　公共类设计

　　由于对数据表的基本操作是查询、添加、修改和删除数据，只要给定了 SQL 语句，这些操作都可以通过 ADO.NET 类库中的 SqlCommand 对象的"Execute"开头的相关方法来实现，这些方法的区别在于是否返回查询结果，同时由于在类中不需要保存具体操作数据，因此将这些对数据库的基本操作封装为静态类 DBHelper。静态类的所有属性和方法都必须是静态的，即都需要使用 static 关键字修饰。另外一种可以更便捷取得查询结果的方式是使用数据集，因此 DBHelper 类也提供了取得数据集的方法，总之，DBHelper 类封装了项目中对数据库的所有的操作功能。

　　Client 项目和 Server 项目都分别包含 DBHelper 类文件，除了 DBHelper 类在两个项目中的命名空间不一样，其他内容完全一样。该类虽然可以作为单独项目编译为 DLL 文件，然后在 Client 和 Server 项目中分别添加对该文件的引用，而无须将 DBHelper 类的源代码分别包含在项目中，但由于本书没有介绍 DLL 文件的制作内容，也为了方便独立介绍，所以采用类文件的方式分开使用，即 Client 项目和 Server 项目都包含内容一样的 DBHelper 类文件。以下是 DBHelper 类文件的完整代码。

程序代码-DBHelper.cs

```
using System;
using System.Collections.Generic;
using System.Linq;
```

```csharp
using System.Text;
using System.Data;
using System.Data.SqlClient;
namespace Client
{
    public static class DBHelper
    {
        //1.连接字符串字段和私有连接对象字段
        public static String ConnString = "Data Source = (local); Initial Catalog = Restaurant;
        Integrated Security = true";
        static SqlConnection _conn = null;          //私有字段

        //2.连接对象属性
        public static SqlConnection Conn              //公共只读属性,取得连接对象
        {
            get
            {
                try
                {
                    //如果连接对象没有创建,或已关闭,则创建并打开
                    if (_conn == null || _conn.State == ConnectionState.Closed)
                    {
                        _conn = new SqlConnection(ConnString);
                        _conn.Open();
                    }
                    return _conn;
                }
                catch (Exception ex)
                {
                    System.Windows.Forms.MessageBox.Show("连接发生错误,原因如下: \r\n"
                    + ex.Message); return null;
                }
            }
        }
        //3.关闭连接对象
        static void Close()
        {
            if (_conn != null)
            {
                _conn.Close();
                _conn = null;
            }
        }
        //4.返回 SqlDataReader 对象,仅用于执行 Select 查询语句
        public static SqlDataReader GetDataReader(string Sql)
        {
            if (Conn == null) return null;
            SqlCommand comm = new SqlCommand(Sql, Conn);
            return comm.ExecuteReader(System.Data.CommandBehavior.CloseConnection);
        }
```

```
//5.用于执行 Update/Insert/Delete 语句,并返回操作所影响的记录数
public static int ExecSql(string Sql)
{
    if (Conn == null) return -1;          //返回-1表示当前连接对象没有创建
    SqlCommand comm = new SqlCommand(Sql, Conn);
    int num = comm.ExecuteNonQuery();
    Close();
    return num;                           //返回因添加、删除、修改操作而受影响的记录数
}
//6.返回单值查询结果
public static object GetOne(string sql)
{
    if (Conn == null) return null;
    SqlCommand comm = new SqlCommand(sql, Conn);
    object obj = comm.ExecuteScalar();    //返回单值查询结果
    Close();
    return obj;                           //返回 object 类型,使用时需要转换为实际类型
}
//7.取得数据集
public static DataSet GetDataSet(string Sql, string TableName)
{
    if (Conn == null) return null;
    SqlDataAdapter DA = new SqlDataAdapter(Sql, Conn);   //接收已打开的连接对象
    DataSet ds = new DataSet();
    DA.Fill(ds, TableName);
    Close();                              //必须关闭连接对象
    return ds;
}
}//DBHelper 类结束
}//命名空间结束
```

📖 代码说明

(1) 注释 1：创建连接字符串 connString,定义连接对象属性对应的私有字段_conn,由于是静态类,所有的属性和方法都是静态的,可以直接通过类名使用其方法和属性。

(2) 注释 2：将连接对象设计为只读属性 Conn,而不是设计为方法返回连接对象(当然也可以设计为方法),主要是为了方便使用,当取得连接对象的属性时,如果该属性为 null,自动创建该对象；如果无法连接数据库,则提示用户,同时将该属性重新设置为 null。其他方法使用到该属性时,需要判断该值是否为 null,再决定是否执行其他操作。由于 MessageBox 类位于 System.Windows.Forms 命名空间,创建 DBHelper 类时并没有默认引用该命名空间,因此这里需要包含命名空间的全名称使用,也可以在 using 声明区引用该命名空间后直接使用。

(3) 注释 3：自定义方法 Close,用于关闭已经创建的连接对象。由于在注释 7 的位置使用了已打开的连接对象 Conn 来填充数据集,必须调用该方法关闭连接对象。

(4) 注释 4：自定义方法 GetDataReader,实现通过指定的 Select 查询语句,返回数据读取器对象 SqlDataReader,从而得到查询结果。ExecuteReader 有两个重载的方法,其中之一为可带枚举类型 System.Data.CommandBehavior 的参数,CloseConnection 枚举值表示

在类外部关闭 SqlDataReader 对象时,自动关闭连接对象,从而不需要在类外部调用实现关闭连接对象的方法。

(5)注释5:自定义方法 ExecSql,实现执行指定的 SQL 语句,包括 Insert、Update 和 Delete 语句,返回操作所受影响的记录数。

(6)注释6:自定义方法 GetOne,实现执行指定的查询语句,返回包含单值结果。一般用于执行 SQL 语句中的计数、求和、求最大值或最小值以及求平均值等函数。

(7)注释7:自定义方法 GetDs,实现根据 Select 语句,返回数据集对象。注意,这里创建数据适配器对象时,必须手动关闭连接对象,而且数据集指定了表名,更新数据集时也必须指定数据集中的表名。

(8)在所有的自定义方法中都必须判断当前连接对象是否可用。

7.6.2 客户端设计

Client 项目主要包含分类显示菜品的主窗体 FrmMain 和具体点菜窗体 FrmAddFood。为使系统更实用,为管理员增加了需要权限设置餐台编号和退出系统功能的窗体 FrmSetter,使得普通顾客用户不能随意关闭该系统。

1. 主窗体 FrmMain 设计

主窗体主要用于分类显示菜品,以供顾客选择。由于菜品的类别是在后台动态添加的,可能会经常更新,因此,前台主界面需要根据后台菜品的类别,动态创建用于显示菜品类别的操作按钮,单击不同的按钮将显示不同类别的菜品列表,为了美观,所有的按钮都采用平面样式,实际效果如图 7.4 所示。

图 7.4 客户端主界面运行效果

📰 **界面布局**

为 Client 项目添加窗体,保存为 FrmMain。在窗体中添加一个 Panel 控件使其停靠在底部；在 Panel 中添加一个标签和三个按钮，标签用于显示餐台编号；再向窗体添加两个 FlowLayoutPanel 控件，一个停靠在窗体顶部，并为其添加一个按钮，作为固定显示"推荐菜品"的操作按钮；另一个 FlowLayoutPanel 控件填充窗体剩余的空间，作为动态创建标签的容器，这些标签用于显示菜品信息。所有的按钮设置为平面样式和"红底白字"的外观，界面布局和控件文本、控件名称如图 7.5 所示。

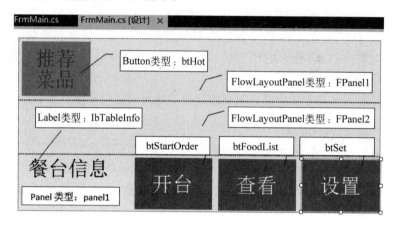

图 7.5　主窗体界面布局

程序代码

```
//省略自动添加的 using 部分
//1.添加命名空间引用
using System.IO;
using System.Data.SqlClient;
namespace Client
{
    public partial class FrmMain : Form
    {
        public FrmMain()  {InitializeComponent();}  //构造方法

        //2.定义字段
        public string TableID = "";                 //当前餐台编号
        public int OrderID = -1;                    //当前餐台订单 ID
        DataSet ds = null;                          //保存菜品信息的数据集

        //3.自定义方法：动态创建菜品类别按钮
        void ShowMenuStyle()
        {
            string sql = "Select * From FoodStyle";
            //调用静态类的方法，得到查询结果
            SqlDataReader dr = DBHelper.GetDataReader(sql);
            while (dr.Read())
            {
                Button bt = new Button();
                bt.Name = "bt" + dr["StyleID"];     //设置动态按钮的名称
                bt.Text = dr["StyleName"].ToString()//设置按钮文本
```

```
        bt.ForeColor = Color.White;

        //设置动态按钮的字体、边界、尺寸、平面外观与存在的按钮 btHot 一样
        bt.Font = btHot.Font;
        bt.Margin = btHot.Margin;
        bt.Size = btHot.Size;
        bt.FlatStyle = btHot.FlatStyle;
        bt.FlatAppearance.BorderSize = btHot.FlatAppearance.BorderSize;
        bt.FlatAppearance.BorderColor = btHot.FlatAppearance.BorderColor;
        bt.FlatAppearance.MouseDownBackColor =
              btHot.FlatAppearance.MouseDownBackColor;
        bt.FlatAppearance.MouseOverBackColor =
              btHot.FlatAppearance.MouseOverBackColor;
        bt.Click += new EventHandler(bt_Click);
        FPanel1.Controls.Add(bt);            //添加到流式布局面板
    }
    dr.Close();                              //关闭 dr 的同时,将自动关闭了数据库连接对象
}
```

//4. 菜品分类中动态按钮事件处理过程

```
void bt_Click(object sender, EventArgs e)
{
    Button bt = sender as Button;                //转换为 Buton 类型以取得相关属性
    int StyleID = int.Parse(bt.Name.Replace("bt", "").ToString());  //取得 StyleID
    ShowFoodMenu(StyleID);                       //显示指定 StyleID 的菜品列表
}
```

//5. 自定义方法：根据菜品类别编号 StyleID,动态创建标签控件,显示菜品列表

```
void ShowFoodMenu(int StyleID = 0)
{
    Font ft = new System.Drawing.Font("黑体", 12, FontStyle.Bold);  //创建标签字体
    FPanel12.SuspendLayout();                    //挂起控件,添加控件完毕一起显示
    FPanel12.Controls.Clear();                   //清空上一次显示的菜品列表信息标签

    //建立筛选条件,准备在数据集中筛选菜品
    string where = "";
    if (StyleID > 0) where = "styleID = " + StyleID;        //菜品类别
    else where = "IsHot = 1";                               //推荐菜品

    DataRow[] dRows = ds.Tables[0].Select(where);           //取得满足条件的数据行
    foreach (DataRow dr in dRows)
    {
        Label  lb = new Label();
        lb.Name = "ID" + dr["FoodID"];
        lb.Text = dr["FoodName"] + "\r\n" + "￥" + dr["price"];
        lb.Size = new Size(180, 220);
        //设置 lb 的 Click 事件属性
        lb.Click += new EventHandler(lb_Click);

        //只有图片文件存在当前程序目录下,才显示
        if (File.Exists(Application.StartupPath + "\\Images\\" + dr["ImagePath"]))
        lb.Image = Image.FromFile(Application.StartupPath + "\\Images\\" +
        dr["ImagePath"]);
```

```
            //设置标签的外观属性
            lb.ImageAlign = ContentAlignment.TopCenter;
            lb.TextAlign = ContentAlignment.BottomCenter;
            lb.Cursor = Cursors.Hand;                           //显示手状光标
            lb.Margin = new System.Windows.Forms.Padding(6);    //设置上、下、左、右边距
            lb.Font = ft;                                       //设置字体
            lb.ForeColor = Color.White;
            FPanel2.Controls.Add(lb);                           //添加到容器控件
        }
        FPanel2.ResumeLayout();                                 //子控件添加完毕确认显示
}
//6.菜品信息标签的事件组处理过程
void lb_Click(object sender, EventArgs e)
{
    if (OrderID <= 0)
    {
        MessageBox.Show("请先开台,再点菜!", "提示");
        return;
    }

    Label lb = sender as Label;                                 //强制转换
    FrmAddFood frm = new FrmAddFood();
    frm.FoodName_Price = lb.Text;                               //菜品名称和价格
    frm.Img = lb.Image;                                         //菜品图片

    //取得具体菜品的点菜数量
    if (frm.ShowDialog() == DialogResult.OK)
    {
        SaveFood(lb, frm.Count);                                //取得菜品数量并保存
    }
}

//7.自定义方法:根据菜品名称、价格、数量和订单 ID,保存到订单明细表
void SaveFood(Label lb, int Count)
{
    string FoodID = lb.Name.Replace("ID", "");                 //去掉 ID 前缀
    int pos = lb.Text.IndexOf('￥');                           //查找子串
    string Price = lb.Text.Substring(pos + 1);                 //取价格部分的子串

    string sql = "Insert Into OrderDetail(OrderID,FoodID,Price,Count) Values(";
    sql += OrderID + "," + FoodID + "," + Price + "," + Count;
    sql += ")";
    DBHelper.ExecSql(sql);
}
//8.自定义方法:初始化控件设置背景前景色,读取菜品信息
void Init()
{
    TableID =  Program.TableInfo.Split('|')[0];        //从餐台信息字符串中拆分出餐台 ID
    lbTableInfo.Text = Program.TableInfo;              //显示餐台信息
    this.BackColor = Color.Black;
```

```
        lbTableInfo.ForeColor = Color.White;

        ds = DBHelper.GetDataSet("Select * From FoodItem", "FoodItem");  //填充数据集
        if (ds == null)          //如果无法连接数据库,则返回 null,无法继续操作,退出本程序
        {
            MessageBox.Show("数据库连接失败,即将退出", "提示");
            Application.Exit();            //退出应用程序,关闭所有打开的窗体(假如有)
        }
    }
```

//9. 窗体 Load 事件处理过程
```
private void Form1_Load(object sender, EventArgs e)
{
    Init();                           //初始化界面,读取菜品表所有数据并填充数据集
    ShowMenuStyle();                  //动态创建菜品分类的操作按钮
    ShowFoodMenu();                   //显示菜品列表,不带参数表示显示所有的推荐菜品
}
```

//10. "开台"按钮事件处理过程
```
private void btStartOrder_Click(object sender, EventArgs e)
{
    //判断订单编号是否存在,存在则表示顾客已开台,进入就餐状态
    if (OrderID > 0)
    {
        MessageBox.Show("已开台,请不要重复开台!", "提示");
        return;
    }
    //餐台只有两种状态: 已结账[空闲]/开台[未结账]
    string sql = "Select count( * ) From [order] Where TableID = " + TableID +
    " AND status = '开台'";
    int count = (int)DBHelper.GetOne(sql);  //返回记录数
    if (count > 0)
    {
        MessageBox.Show("请稍候,正在等待上一位顾客结账!", "提示");
        return;
    }
    //添加开台信息,并得到返回的订单编号
    sql = "insert into [Order] (tableID, status) ";
    sql += " output inserted.OrderID ";
    sql += " Values(" + TableID + ",'开台')";
    OrderID = (int)DBHelper.GetOne(sql);        //保存返回的订单编号
    MessageBox.Show("开台成功,可以开始点菜啦!", "开台成功");
}
```

//11. "查看"按钮事件处理过程
```
private void btFoodList_Click(object sender, EventArgs e)
{
    If(OrderID <= 0) return;                //非就餐状态,退出
    //取得当前订单,所有相关菜品信息
    string sql = "select FoodItem.FoodName, OrderDetail.Price, OrderDetail.count,
    OrderDetail.Price * OrderDetail.count as 小计 ";
    sql += " From OrderDetail,FoodItem
    where OrderDetail.FoodID = FoodItem.FoodID and OrderID = " + OrderID;
    SqlDataReader dr = DBHelper.GetDataReader(sql);
```

```
                string FoodInfo = "你点的菜有:\r\n";        //保存点菜信息
                int pos = 1;                             //序号
                float Fee = 0f;                          //当前费用
                while (dr.Read())
                {
                    FoodInfo += pos + " : " + dr["FoodName"] + "   " + dr["price"] + "   " +
                    dr["Count"] + "\r\n";
                    Fee += float.Parse(dr["小计"].ToString());
                    pos++;
                }
                dr.Close();                              //关闭 dr 对象同时将自动关闭连接对象
                FoodInfo += "\r\n 当前金额为: " + Fee;
                MessageBox.Show(FoodInfo, "提示");
            }
//12."推荐菜品"按钮事件处理过程
            private void btHot_Click(object sender, EventArgs e)
            {
                ShowFoodMenu();
            }
//13."设置"按钮事件处理过程
            private void btSet_Click(object sender, EventArgs e)
            {
                FrmSetter frm = new FrmSetter();         //打开系统的设置窗体
                frm.ShowDialog();
            }

        }//FrmMain 类结束
    }//命名空间结束
```

📖 **代码说明**

(1) 注释 3：自定义方法 ShowMenuStyle，实现根据菜系表 FoodStyle 的记录数，动态生成分类按钮，单击不同按钮时，将显示不同类别的所有菜品。

① DBHelper.GetDataReader(sql)：该语句实现通过自定义静态类 DBHelper 的方法执行查询，并返回查询结果对象，然后根据记录数，动态创建按钮，最后添加到流式布局面板控件 FPanel1 中。

② 在动态创建按钮后，为使其外观统一，将其外观属性设置为与已存在的按钮 btHot 一致。按钮必须设置 FlatStyle 属性为平面样式后，其属性 FlatAppearance 才有效，该属性的作用是使得鼠标移过或单击按钮时，自动更改按钮的外观颜色。

(2) 注释 4：动态按钮的事件组处理过程。实现单击按钮时，取得保存在按钮 Name 属性中的 StyeID，并作为方法 ShowFoodMenu 的参数。

(3) 注释 5：自定义方法 ShowFoodMenu，实现根据参数 StyleID，从数据集中查询菜品数据，并根据菜品信息动态创建标签控件，添加到流式布局面板控件 FPanel2 中从而显示所有菜品的图文信息。容器控件的 SuspendLayout 方法是暂时挂起控件，不刷新界面，在子控件添加完毕后，通过 ResumeLayout 方法显示到界面，避免每次添加控件都进行一次刷新。

（4）注释 6：动态标签的 Click 事件处理过程，实现取得代表具体菜品的标签信息，传递到具体的点菜窗体 FrmAddFood 中显示，根据该窗体返回的点菜数量，调用 SaveFood 方法，保存到数据库的订单明细表 DetailOrder。

（5）注释 7：自定义的 SaveFood 方法，实现根据订单编号，将顾客选择的菜品信息及数量保存到订单明细表 DetailOrder。

（6）注释 8：自定义方法 Init，实现设置窗体背景色并初始化界面控件状态，然后调用 DBHelper 静态类的方法，读取菜品表 FoodItem 所有的数据，填充到数据集。使用数据集的目的是为了在顾客切换不同菜品类别时，不需要反复连接数据库去查询数据，这是数据集的一个典型应用场景。

（7）注释 13："设置"按钮的事件处理过程，实现单击该按钮时，打开设置窗体 FrmSetter。设置窗体用于验证用户权限，使得系统管理员才有更改餐台编号信息和执行关闭程序操作的权限，设置窗体的具体功能实现参见 7.6.2 节。

2. 点菜窗体 FrmAddFood

FrmAddFood 是实现具体点菜功能的窗体。在 FrmAddFood 中显示顾客当前选择的具体菜品信息（名称、价格和图片），并取得顾客选择该菜品的数量。实现思路为：在 FrmAddFood 窗体中定义必要的公共字段，保存从主窗体 FrmMain 传递过来的菜品信息，在 FrmAddFood 使用模式对话框打开时，将菜品信息显示到其相应控件中；通过顾客在该界面的不同操作，设置窗体的返回值来自动关闭窗体。主窗体 FrmMain 根据 FrmAddFood 窗体关闭时的返回值来判断用户是否执行了确认操作，从而取得用户选择的菜品数量，运行效果如图 7.6 所示。

图 7.6 点菜窗体的运行效果

界面布局

为 Client 项目添加窗体，保存为 FrmAddFodd。向窗体添加一个 PictureBox 控件用以显示菜品图片；添加 4 个操作按钮，分别实现数量调节和确认或取消操作；添加两个标签，用于显示菜品名称和静态说明文字；添加一个只读文本框控件，显示选择的菜品数量，界面布局、控件名称和文本如图 7.7 所示。

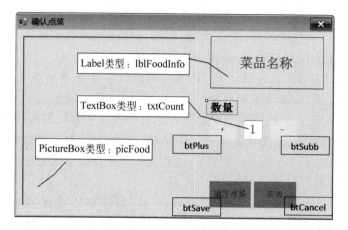

图 7.7 FrmAddFood 窗体界面布局

程序代码

```
//省略自动生成的命名空间
namespace Client
{
public partial class FrmAddFood : Form
{
    public FrmAddFood()    { InitializeComponent();  }    //构造方法
    //定义公共字段,保存从主窗体传递过来的值
    public Image Img;                               //菜品图片
    public string FoodName_Price;                   //菜品名称和价格
    public int Count = 0;                           //默认 0 为未点菜

    private void FrmAddFood_Load(object sender, EventArgs e)
    {
        BackColor = Color.Black;                    //设置窗体背景色
        //显示主窗体传递过来的菜品信息:菜品图片、菜品名称和价格
        picFood.Image = Img;                        //显示菜品图片
        lblFoodInfo.Text = FoodName_Price;          //显示菜品名称和价格
    }

    //"确定点菜"按钮的事件处理过程
    private void btSave_Click(object sender, EventArgs e)
    {
        Count = int.Parse(txtCount.Text);           //取得菜品数量
        DialogResult = DialogResult.OK;             //设置窗体返回值,自动关闭窗体
    }

    //"取消"按钮的事件处理过程
    private void btCancel_Click(object sender, EventArgs e)
    {
        DialogResult = DialogResult.Cancel;         //设置窗体返回值,自动关闭窗体
    }
```

```
//增加菜品数量
private void btPlus_Click(object sender, EventArgs e)
{
    int count = int.Parse(txtCount.Text);
    count++;                                     //菜品数量加 1
    txtCount.Text = count.ToString();
}
```

//减少菜品数量
```
private void btSubb_Click(object sender, EventArgs e)
{
    int count = int.Parse(txtCount.Text);
    count--;                                     //菜品数量减 1
    //限制数量只能大于 0
    if (count > 0) txtCount.Text = count.ToString();
    }
}//窗体类结束
}命名空间结束
```

代码说明

　　如果一个窗体由其他窗体以模式窗体的方式打开，那么在设置这个窗体的 DialogResult 属性后，该窗体将自动关闭，其他窗体可以通过该窗体的 DialogResult 属性值来判断用户执行的操作。由于其余代码比较简单，请读者参照注释自行分析。

3. Program.cs 启动入口文件

　　Program.cs 文件是项目启动的入口文件。在客户端主窗体显示前，需要从 TableInfo.txt 文本文件中获取客户端对应的餐台编号信息，餐台编号是顾客结账的依据，该文件位于客户端当前启动位置。把餐台编号信息保存到文件的目的是无须每次启动客户端时都要重复执行设置餐台编号的操作，而是通过判断该文件是否存在来决定。如果该文件不存在，说明客户端是首次启动，未设置当前客户端对应的餐台编号，那么需要自动打开设置窗体，让系统管理员设置好并在保存后显示主窗体；如果该文件已存在，说明该餐台编号已经设置，那么可以直接显示主窗体。

程序代码

```
//省略自动生成的代码
using System.IO;
namespace Client
{
    static class Program
    {
        //定义保存餐台信息(编号和名称、状态)的公共静态变量
        public static string TableInfo = "";

        [STAThread]
        static void Main()
```

```
        {
            Application.EnableVisualStyles();
            Application.SetCompatibleTextRenderingDefault(false);

            TableInfo = GetTableInfo();              //1.从文件读取餐台信息

            //如果当前不存在餐台信息文件,打开设置窗体 FrmSetter
            if (TableInfo == "")
            {
                FrmSetter frm = new FrmSetter();     //2.创建 FrmSetter 对象
                DialogResult dr = frm.ShowDialog();
                if (dr != DialogResult.OK)           //3.如果用户取消设置
                {
                    Application.Exit();              //退出应用程序
                    return;
                }
            }

            //打开主窗体.如果能执行到这里,可以确定 TableInfo 变量已包含餐台信息
            Application.Run(new FrmMain());          //4.打开客户端主窗体
        }//Main()方法结束

        //5.自定义方法,判断信息文件是否存在
        static string GetTableInfo()
        {   //信息文件的格式:餐台 ID|餐台名称|状态
            if (!File.Exists(Application.StartupPath + "\\TableInfo.txt")) return ""; //6
            return  File.ReadAllText(Application.StartupPath + "\\TableInfo.txt");    //7
        }
    }//类结束
}//命名空间结束
```

代码说明

（1）注释 1：调用自定义方法 GetTableInfo，根据当前应用程序所在位置的餐台信息文件是否存在来决定是否需要打开设置窗体。如果返回值是空字符串，说明首次使用本系统，需要先打开设置窗体；否则直接打开主窗体。

（2）注释 2、注释 3：打开设置窗体。如果窗体返回值不是 DialogResult.OK，代表用户取消设置，或者用户无权限操作，那么关闭应用程序。

（3）注释 4：Application.Run(new FrmMain())语句表示以模式对话框的方式打开主窗体（模式对话框的概念在第 4 章已介绍），该语句等同于下面语句的组合：

```
FrmMain frm = new FrmMain();
frm.ShowDialog();
```

（4）注释 5：自定义方法 GetTableInfo，实现判断当前应用程序启动位置是否包含餐台信息文件，如果存在则读取并返回文件的内容，否则返回空字符串。Application.StartupPath 属性代表当前应用程序的启动位置，File 的静态方法 ReadAllText 用于实现一次性读取整个文本文件的内容。

4. 登录与设置窗体

设计登录与设置窗体 FrmSetter 的原因是根据实际出发,因为前台系统不能由顾客关闭,而必须由拥有权限的管理员来操作;另外,设置餐台信息也需要通过检测用户权限来操作,因此把这两部分功能整合在一个窗体,方便使用。此外,设置餐台信息应该在系统首次使用时而不是每次启动时都要设置,为此,在当前应用程序启动位置建立一个保存餐台信息的文本文件,如果不存在该文件,那么打开本窗体进行设置,并保存设置结果;如果文件存在,直接打开主窗体。

该窗体是在主窗体中单击"设置"按钮时和客户端首次启动运行时使用。

界面布局

为 Client 项目添加窗体,保存为 FrmSetter。为窗体添加两个文本框,分别用于输入用户名和密码;添加三个操作按钮;添加一个组合框,用于显示当前餐台编号的占用情况,界面布局和控件名称、控件文本如图 7.8 所示。

图 7.8 FrmSetter 设置窗体界面布局

程序代码

```
//省略自动生成的代码
using System.Data.SqlClient;
namespace Client
{
    public partial class FrmSetter : Form
    {
        public FrmSetter() { InitializeComponent(); }        //构造方法
        //1.Load 事件处理过程
        private void FrmSetter_Load(object sender, EventArgs e)
        {
            AddCombo();                                      //读取餐台信息,填充到组合框
        }

        //2.自定义方法,从数据库中取得餐台信息并按一定格式填充到组合框
        void AddCombo()
        {
            cmbTableInfo.Items.Clear();
            string sql = "Select * From TableInfo Order by TableStatus";
            SqlDataReader dr = DBHelper.GetDataReader(sql);
            if (dr != null)
            {
                while (dr.Read())
                {
                    cmbTableInfo.Items.Add(dr["TableID"] + "|" + dr["TableName"] +
                        "|" + dr["TableStatus"]);
                }
                dr.Close();                                  //关闭
            }
```

```
//如果数据库没有数据,提示用户并中断操作
if (cmbTableInfo.Items.Count == 0)
{
    MessageBox.Show("请先在数据库录入餐台信息数据!", "提示");
    DialogResult = DialogResult.Cancel;
    return;
}
//如果有数据,默认选择第一项
cmbTableInfo.SelectedIndex = 0;
}
```

//3.自定义方法,验证权限
```
bool CheckUser(string User, string Pwd)
{
    string sql = "Select count( * ) From Users Where UserName = '";
    sql += User + "' and Pwd = '" + Pwd + "'";
    object obj = DBHelper.GetOne(sql);                    //无法连接数据库将返回 null
    int count = obj == null ? 0 : (int)obj;
    return count > 0 ? true : false;
}
```

//4.正确设置后,保存餐台信息到文件,下次启动将直接进入主窗体
```
private void btSet_Click(object sender, EventArgs e)
{
    //4.1 账号正确才可以设置
    if (!CheckUser(txtUser.Text, txtPwd.Text))
    {
        MessageBox.Show("账号错误!", "提示");
        return;
    }
    //4.2 取得餐台信息
    string TableInfo = cmbTableInfo.Text;
    if (TableInfo == "")
    {
        MessageBox.Show("请选择餐台信息!", "提示");
        return;
    }
    //4.3 判断餐台编号是否被其他客户端占用
    if (TableInfo.IndexOf("已设置") >= 0)
    {
        MessageBox.Show("此餐台编号已被占用!", "提示");
        return;
    }
    //4.4 保存到程序启动位置,以便下次启动自动读取餐台信息
    System.IO.File.WriteAllText(Application.StartupPath + "\\TableInfo.txt", TableInfo);
    Program.TableInfo = TableInfo;

    //4.5 更新到数据库
    string sql = "Update TableInfo Set TableStatus = '已设置' Where TableID = " +
    TableInfo.Split('|')[0];
```

```
        DBHelper.ExecSql(sql);

        //4.6 设置窗体返回值,自动关闭窗体
        DialogResult = DialogResult.OK;
    }

    //5.取消操作
    private void btCancel_Click(object sender, EventArgs e)
    {
        DialogResult = DialogResult.Cancel;
    }

    //6."退出系统"按钮的事件处理过程
    private void btClose_Click(object sender, EventArgs e)
    {
        if (!CheckUser(txtUser.Text, txtPwd.Text))
        {
            MessageBox.Show("账号错误!", "提示");
            return;
        }
        //6.1账号正确,直接退出应用程序并关闭所有打开的窗体
        Application.Exit();
    }
}//类结束
}//命名空间结束
```

📑 **代码说明**

(1) 注释 2：自定义方法 AddCombo,实现从数据库读取餐台信息并填充到组合框。餐台信息的数据格式自定义为"餐台 ID|餐台名称|餐台状态",这里的餐台状态是指该餐台编号是否已给其他客户端占用,取值为未设置或已设置。

(2) 注释 3：自定义方法 CheckUser,根据文本框输入的用户名和密码,在数据库的 Users 表中判断是否存在该用户。这是验证账号正确性的典型方式,即按条件判断记录数,如果记录数(即行数)大于 0 则存在记录,说明账号正确,方法返回 true,否则错误,返回 false。由于 DBHelper 类的静态方法 GetOne 在设计时返回 object 类型,并在无法连接数据库时返回 null,因此这里需要判断后转换类型。

(3) 注释 4：注释 4.1 根据输入的用户名和密码判断账号是否正确;注释 4.2 中,由于组合框的样式设置为下拉列表框(只读),只能通过 Text 属性判断选择的内容;注释 4.3 根据选择的内容判断是否存在代表已被占用的子串(存在,返回≥0 的值,否则返回−1);注释 4.4 将餐台信息保存到文本文件中,并设置 Program.TableInfo 静态变量的值,该值在主窗体中使用;注释 4.5 用于更新数据库,避免其他餐台的客户端使用;注释 4.6 设置窗体的返回值为 DialogResult.OK,并自动关闭窗体,该值在这里代表操作成功。如果在 Main 方法中打开本窗体并获得 DialogResult.OK 的值,表示可以启动主窗体。

(4) 注释 5：关闭窗体,并让窗体返回 DialogResult.Cancel。由于 FrmSetter 窗体在 Program 中的 Main 方法和在主窗体中单击"设置"按钮时都会使用到,该值在 Main 方法中代表退出整个应用程序,在主窗体中,将返回到主窗体界面。

（5）注释6：单击窗体中的"退出系统"按钮时，需要权限判断，该操作只在主窗体中准备退出系统时会用到。Application.Exit()与Close()方法的区别在于，前者关闭当前所有已打开的窗体，退出系统，后者仅关闭本窗体。

7.6.3　服务器端设计

1. 主窗体 FrmMain 设计

服务器端的主窗体 FrmMain 是一个 MDI 窗体。本章之前并未专门介绍 MDI 窗体的相关内容，由于 MDI 窗体使用比较简单，这里做个补充介绍。

正如容器控件可以把其他控件作为子控件添加到其内部一样，一个窗体也可以作为其他窗体的容器，让其他窗体打开时，显示在其内部。这样的窗体在 C＃ 中称为 MDI（Multiple Document Interface，多文档接口）窗体，主要目的是为了便于集中管理多个窗体。在 MDI 窗体内部打开多个窗体后，可以同时在多个窗体之间进行切换操作，也可设置窗体的排列方式。

要使一个窗体成为 MDI 窗体，可以通过设置其 IsMdiContainer 属性为 true（可以在程序运行阶段通过代码动态设置，也可以在设计阶段在"属性"窗体中设置）。要使其他窗体打开时显示在 MDI 窗体内部，必须在运行时通过代码动态设置其 MdiParent 属性为已存在的 MDI 窗体对象，并通过 Show 方法显示为非模式窗体（不能是 ShowDialog 方法，因为该方法无法同时操作多个窗体）。

图 7.9　MDI 窗体运行效果

如果在一个项目中创建三个窗体，分别命名为 MDIForm、Form1 和 Form2。设置 MDIForm 的 MdiParent 属性为 true，使其成为 MDI 窗体，并在 MDIForm 打开时，在其内部显示 Form1 和 Form2。下面的代码实现让 Form1 和 Form2 成为 MDIForm 的子窗体并以平铺方式显示，运行效果如图 7.9 所示。

```
private void MDI_Load(object sender, EventArgs e)
{
    this.IsMdiContainer = true;                      //设置为 MDI 窗体,也可以在"属性"窗体中设置
    Form1 frm1 = new Form1();
    Form2 frm2 = new Form2();
    frm1.MdiParent = this;                           // 动态属性.设置其容器为 MDI 窗体对象
    frm2.MdiParent = this;                           //
    frm1.Show();                                     //显示窗体
    frm2.Show();
    this.LayoutMdi(MdiLayout.TileHorizontal);        //设置多窗体排列方式
}
```

其中，MdiParent 属性只能通过代码设置，代表该窗体显示在哪个 MDI 窗体内部。MDI 窗体的 LayoutMdi 方法代表当前 MDI 窗体内部多个窗体的排列方式。参数为 MdiLayout 枚举类型。MdiLayout 中的各个枚举值的含义如下。

（1）Cascade：所有 MDI 子窗口均层叠在 MDI 父窗体的工作区内。

（2）TileHorizontal：所有 MDI 子窗口均水平平铺在 MDI 父窗体的工作区内。

（3）TileVertical：所有 MDI 子窗口均垂直平铺在 MDI 父窗体的工作区内。

（4）ArrangeIcons：所有 MDI 子图标均排列在 MDI 父窗体的工作区内。

另外，还可以通过 MDI 窗体的 MdiChildren 集合属性，取得 MDI 窗体当前打开的所有子窗体对象。

Server 项目的主窗体 FrmMain 是 MDI 窗体，在项目中主要提供对其他窗体的操作接口，如菜单、工具栏等，具体功能则在各自窗体中独立实现。在主窗体 FrmMain 中，只有两个常用的窗体作为其子窗体，一个是维护菜品数据的窗体 FrmFood，另外一个是用于结账操作的窗体 FrmBill，其余窗体为非子窗体并以模式窗体方式显示。

以下是服务端主窗体 FrmMain 的设计与实现。

界面布局

在 Server 项目中添加一个新窗体，保存为 FrmMain。为 FrmMain 窗体添加菜单、工具栏和状态栏，实现的界面布局如图 7.10 所示，窗体的各个菜单项参见图 7.11。

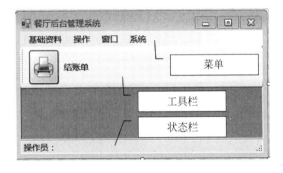

图 7.10　主窗体界面布局

图 7.11　菜单列表

由于主窗体仅作为其他窗体的操作接口，在下面给出的代码中，仅包含主要窗体的操作代码，包括"基础资料"菜单中的菜品编辑，以及"操作"菜单中的结账、打印小票和营业报表功能实现；其余模式窗体的打开以及"窗口"菜单中实现窗体排列等功能都比较简单，不再列出这些代码。

在图 7.11 中，主要菜单项和工具栏项按钮对应的文本和名称如下。

（1）基础资料菜单。

餐台信息管理：Menu_TableInfo

菜品分类：Menu_FoodStyle

菜品编辑：Menu_FoodItem

（2）操作菜单。

结账：Menu_Bill

打印小票：Menu_PrintBill

营业报表：Menu_PrintSales

（3）工具栏按钮。

结账单：Tool_BtBill

📄 **代码片段-FrmMain. cs**

```csharp
FrmBill bill = null;                          //定义窗体类字段
//1. 自定义方法 根据窗体名称查找子窗体
bool FindForm(string formName)
{
    bool IsExit = false;
    foreach (Form f in MdiChildren)
    {
        if (f.Name == formName)
        {
            IsExit = true;
            break;
        }
    }
    return IsExit;
}
//2. 自定义方法：显示子窗体
void ShowForm(string frmName, Form frm)
{
    frm.Name = frmName;
    frm.WindowState = FormWindowState.Maximized;
    frm.MdiParent = this;
    frm.Show();                               //显示非模式窗体
}
//3. Load 事件处理过程,设置为 MDI 窗体并显示结账单窗体
private void FrmMain_Load(object sender, EventArgs e)
{
    this.IsMdiContainer = true;               //设置为 MDI 窗体
    //让主窗体显示时,默认显示结账窗体
    bill = new FrmBill(0);
    ShowForm("Bill1", bill);                  //首先打开结账窗体
    bill.SetTabPage(0);                       //指定显示当前选项卡为结账
}
//4. 工具栏"结账单"按钮 Tool_BtBill 事件处理过程
private void Tool_BtBill_Click(object sender, EventArgs e)
{
    Menu_Bill.PerformClick();                 //执行与菜单一致的操作
}
```

```
//5."结账"菜单项 Menu_Bill 事件处理过程
private void Menu_Bill_Click(object sender, EventArgs e)
{
    if (!FindForm("Bill1"))
    {
        bill = new FrmBill();
        ShowForm("Bill1", bill);          //打开结账窗体
    }
    bill.SetTabPage(0);                   //指定显示当前选项卡为结账
}
//6."打印小票"菜单项 Menu_PrintBill 事件处理过程
private void Menu_PrintBill_Click(object sender, EventArgs e)
{
    if (!FindForm("Bill1"))
    {
        bill = new FrmBill();             //结账窗体
        ShowForm("Bill1", bill);
    }
    bill.SetTabPage(1);                   //指定窗体显示当前选项卡为打印小票
}
//7."营业报表"菜单项 Menu_PrintSales 事件处理过程
private void Menu_PrintSales_Click(object sender, EventArgs e)
{
    //选择时间范围的窗体 FrmPrintTime
    FrmPrintTime frmTime = new FrmPrintTime();//打印窗体
    if (frmTime.ShowDialog() == DialogResult.OK)
    {
        FrmPrint frm = new FrmPrint();        //共有的打印窗体
        frm.SelectIndex = 1;                  //报表选择:1---营业额报表,2---打印小票
        frm.StartTime = frmTime.StartTime;
        frm.EndTime = frmTime.EndTime;
        frm.Show();
    }
}
//8."菜品编辑"菜单项 Menu_FoodItem 事件处理过程
private void Menu_FoodItem_Click(object sender, EventArgs e)
{
    if (!FindForm("FrmFood1"))
    ShowForm("FrmFood1", new FrmFood());      //显示菜品编辑窗体
}
//9. "菜品分类"菜单项 Menu_FoodStyle 事件处理过程
private void Menu_FoodStyle_Click(object sender, EventArgs e)
{
    FrmFoodStyle frm = new FrmFoodStyle();菜品分类窗体
    frm.ShowDialog();                         //显示为模式窗体
}
//省略其他菜单项事件处理过程
```

📄 **代码说明**

（1）主窗体的功能是打开其他窗体，具体功能在各自窗体中实现。在这里，将操作数据

比较多的两个窗体"菜品编辑"和"结账"窗体作为主窗体的子窗体来实现,其他窗体以模式对话框方式显示。

（2）注释 1：自定义方法 FindForm,实现根据给定窗体的名称,查找子窗体。主要用于判断当前操作的窗体是否已经打开,如果打开,不再重复打开。MdiChildren 集合属性包含已经在 MDI 窗体中打开的所有子窗体对象。

（3）注释 2：自定义方法 ShowForm,实现根据已创建好的窗体对象,通过设置其 MdiParent 属性使其作为主窗体的子窗体。注意这里设置窗体 Name 属性的目的是便于在主窗体中根据窗体名来查找子窗体,设置 WindowState 属性是让窗体在打开时最大化。

（4）注释 3：实现主窗体显示时,将结账窗体显示为子窗体。由于结账功能和打印功能分属"结账"窗体中的两个不同选项卡,这里调用选项卡对象的 SetTabPage 方法来指定当前选项卡。

（5）注释 4：工具栏中"结账单"按钮的事件处理过程,这里仅包含调用菜单项 Menu_Bill 的 PerformClick 方法的语句,表示执行菜单项 Menu_Bill 的 Click 事件处理过程。菜单项和工具栏按钮都可以当一般按钮使用,都具有 PerformClick 方法。

（6）注释 5、注释 6：根据窗体名称查找子窗体 FrmBill,如果没有找到,则新建窗体并打开,同时调用 FrmBill 中自定义方法 SetTabPage,显示指定的选项卡。

（7）注释 7：显示项目共用的报表打印窗体 FrmPrint。FrmPrintTime 是选择时间范围的窗体。

（8）注释 8：显示菜品编辑 FoodItem 子窗体。

（9）注释 9：以模式窗体方式打开 FrmFoodStyle 窗体。

2. 结账窗体 FrmBill 设计

结账窗体 FrmBill 是项目主要窗体,也是 MDI 主窗体的子窗体之一,实现从数据库的餐台信息表 TableInfo 和订单表 Order 中读取数据,并将数据显示在数据表格中,这些数据代表不同餐台的顾客在不同时间范围的点餐信息。在该窗体实现了结账功能,以及对当前账单和历史账单的查询和打印功能。

结账窗体使用了位于工具箱"容器"组中的 TabControl 选项卡容器控件,该控件的选项卡用作数据表格的容器,在不同选项卡间切换时显示不同类型的账单信息。TabControl 的集合属性 TabPages 包含一组已存在的选项卡 TabPage 对象,可以使用 TabPages 动态添加选项卡,也可以在 TabControl 的"属性"窗体中通过向导添加选项卡。使用 TabPages[下标]或 TabPages[选项卡名称]方式来引用具体的选项卡对象,例如：

```
tabControl1.TabPages[0];                    //使用下标引用
tabControl1.TabPages["tabPage1"];           //使用名称引用
```

每一个选项卡都相当于带标题栏的面板控件,与其他容器控件使用并无多大区别。可以添加或移除其他任意子控件。如果要设置一个选项卡为当前选项卡,可以通过 TabControl 对象的 SelectIndex 属性或 SelectedTab 属性来指定,前者使用下标赋值,后者使用 TabPage 对象赋值,例如：

```
tabControl1.SelectedIndex = 0;
```

```
tabControl1.SelectedTab = tabPage1;
```

界面布局

为 Server 项目添加窗体,保存为 FrmBill。在窗体中添加一个 TabControl 控件,保持默认的两个选项卡。在选项卡 1 中,添加一个"结账"按钮,停靠在选项卡顶部,添加一个表格控件,填充剩余空间;在"属性"窗体中,将表格控件初始化为 4 列,各个控件的名称和文本参照图 7.12(a)中的界面布局。在选项卡 2 中,添加一个 Panel 控件,停靠在选项卡顶部,并为其添加两个 DateTimePicker 控件,一个文本框和两个按钮;将最后添加的表格控件填充剩余的 Panel 空间,各个控件的名称和文本参照图 7.12(b)中的界面布局。

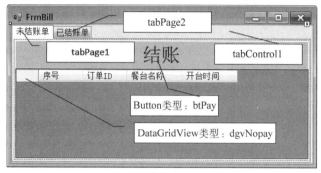

(a) 结账窗体-未结账单

(b) 结账窗体-已结账单

图 7.12 结账窗体

程序代码

```
//省略自动添加的 using 部分
using System.Data.SqlClient;
namespace Server
{
    public partial class FrmBill : Form
    {
        public FrmBill() {  InitializeComponent();  }    //构造方法

        //1.自定义方法,使得外部可以在打开窗体时设置当前选项卡
        public void SetTabPage(int index = 0)
        {
```

```
        tabControl1.SelectedIndex = index;
}
```

//2.初始化表格
```
void InitGridView(DataGridView dgv)
{
    dgv.Rows.Clear();                                   //清空行
    dgv.AllowUserToAddRows = false;                     //不允许直接添加行
    dgv.AllowUserToDeleteRows = false;                  //不允许直接删除
    dgv.AllowUserToResizeRows = false;                  //行高度不可调整
    dgv.MultiSelect = false;                            //单行选中
    dgv.SelectionMode = DataGridViewSelectionMode.FullRowSelect;  //选中一行
    dgv.ReadOnly = true;                                //只读,不能直接修改
    dgv.RowHeadersVisible = false;                      //隐藏行头
}
```
//3.根据参数 IsEnd,在表格中显示已结账单或未结账单
```
void FillGridView(DataGridView dgv, bool IsEnd = false)
{
    dgv.Rows.Clear();
    int rowIndex = 0;

    //先默认为未结账账单
    string WhereStr = " Where Status = '开台'";          //默认
    string sql = "Select [Order].OrderID,[TableInfo].TableName,[Order].StartTime";
    sql += " From [TableInfo] inner join [Order] ON
    [TableInfo].TableID = [Order].TableID  " + WhereStr;

    //假如查询已结账账单
    if (IsEnd)                                          //如果已结账,修改条件
    {
        //按条件查询已结账信息
        WhereStr = "  Where Status = '已结账' and ([Order].StartTime >= '" +
        dtpStart.Value + "' and [Order].StartTime <= '" + dtpEnd.Value + "')";
        if (txtTableName.Text != "")                   //按餐台名称,模糊匹配
        {
            WhereStr += " and TableName Like % '" + txtTableName.Text + "' % ";
        }
        sql = "Select [Order].OrderID, [TableInfo].TableName, [Order].StartTime,
         [Bill].EndTime " ;
        sql += " From [TableInfo] inner join [Order] ON [TableInfo].TableID =
        [Order].TableID INNER JOIN [Bill] ON [Order].OrderID = [Bill].OrderID" +
        WhereStr;
    }
    SqlDataReader dr = DBHelper.GetDataReader(sql);

    while (dr.Read())
    {
        dgv.Rows.Add();
        dgv.Rows[rowIndex].Cells[0].Value = rowIndex + 1;
        dgv.Rows[rowIndex].Cells[1].Value = dr["OrderID"];
        dgv.Rows[rowIndex].Cells[2].Value = dr["TableName"];
```

```
            dgv.Rows[rowIndex].Cells[3].Value = dr["StartTime"];
            //只在已结账账单显示结账时间
            if (IsEnd) dgv.Rows[rowIndex].Cells[4].Value = dr["EndTime"];
            rowIndex++;
        }
        dr.Close();                                    //同时将关闭连接
}
```

//4. Load 事件处理过程,初始化界面控件
```
private void FrmBill_Load(object sender, EventArgs e)
{
    //初始化日期时间控件,起始日期为昨天
    dtpStart.Value = DateTime.Now.AddDays(-1);
    InitGridView(dgvPay);                              //初始化未结账表格
    InitGridView(dgvNoPay);                            //初始化已结账表格
    FillGridView(dgvNoPay);                            //首先显示当前未结账单数据
}
```

//5. "结账"按钮 btPay 的事件处理过程
```
private void btPay_Click(object sender, EventArgs e)
{
    Pay();                                             //对选择的行进行结账操作
}
```

//6. 自定义方法,实现结账功能
```
public void Pay()
{
    if (dgvNoPay.CurrentRow == null)
    {
        MessageBox.Show("没有选中要结账的单据!", "提示");
        return;                                        //没有选择
    }

    int OrderID = int.Parse(dgvNoPay.CurrentRow.Cells["OrderID"].Value.ToString());
    //显示顾客点餐的详细信息:菜品名称、价格、数量,
    //该菜品项的消费金额小计(价格*数量)
    string sql = "Select [FoodItem].FoodName, [FoodItem].price,[OrderDetail].Count,
    [FoodItem].price*[OrderDetail].Count as 小计";
    sql += " From [FoodItem],[OrderDetail] Where ";
    sql += " [FoodItem].FoodID=[OrderDetail].FoodID and [OrderDetail].OrderID=" +
    OrderID;
    SqlDataReader dr = DBHelper.GetDataReader(sql);
    string s = "菜品名称\t单价\t数量\t小计\r\n"; //显示格式
    float Pay = 0.0f;                                  //累计消费金额
    while (dr.Read())
    {
        s += dr["FoodName"] + "," + dr["Price"] + "," + dr["Count"] + ",小计:" +
        dr["小计"] + "\r\n";
        Pay += float.Parse(dr["小计"].ToString());//每份菜品项消费金额的累计
    }
    dr.Close();
```

```
//确认结账
if (MessageBox.Show(s + "\r\n消费金额: " + Pay, "消费明细",
MessageBoxButtons.YesNo, MessageBoxIcon.Question) == DialogResult.Yes)
{
    //订单表中,更改为"已结账状态"
    sql = "Update [Order] set  Status = '已结账' where orderID = " + OrderID;
    DBHelper.ExecSql(sql);
    //插入账单表: 订单 ID、金额
    sql = "Insert Into Bill(OrderID,Money,UserID) Values(" + OrderID + "," + Pay
    + ",1)";
    DBHelper.ExecSql(sql);
    //结账成功后,从表格中移除该行信息
    dgvNoPay.Rows.Remove(dgvNoPay.CurrentRow);
}
}
```

//7."查询"按钮事件处理过程,按条件查询已结账单,并显示到表格中
```
private void btSearch_Click(object sender, EventArgs e)
{
    FillGridView(dgvPay, true);
}
```

//8.打开打印窗体,并打印小票报表
```
private void btPrint_Click(object sender, EventArgs e)
{
    PrintBill();
}
```

//9.自定义方法,打开打印窗体
```
public void PrintBill()
{
    if (dgvPay.CurrentRow == null)
    {
        MessageBox.Show("请选择需要打印的点菜单!", "提示");
        return;
    }
    int OrderID = int.Parse(dgvPay.CurrentRow.Cells[1].Value.ToString());

    FrmPrint frm = new FrmPrint();
    frm.OrderID = OrderID;   //打印窗体需要的查询使用的条件
    frm.SelectIndex = 2;     //窗体打印报表标记,1-打印营业报表,2-打印小票报表
    frm.Show();
}
}//类结束
}//命名空间结束
```

📖 **代码说明**

(1) 本窗体代码实现的操作逻辑为:①顾客在客户端 Client 项目的主窗体中,单击"开

台"按钮时,数据将保存到 Order 表中,当单击菜品项确认点菜时,菜品具体信息将保存到明细表 OrderDetail 中;②在本窗体的结账界面中,先从订单表 Order 表中取得处于"开台"状态的 OrderID、TableID 和开台时间 StartTime,并根据 TableID,从 TableInfo 中取得餐台名称 TableName,组合显示到表格 dgvNoPay 中,在选择行后,可以执行"结账"操作;③顾客结账时,需要显示消费清单和消费金额。为显示消费清单,首先根据选中行的订单表 Order 中的关键字段 OrderID,从订单细节表 OrderDetail 中找到菜品编号 FoodID,再根据 FoodID 从菜品表 FoodItem 查询菜品名称 FoodName 和价格 Price,将顾客点餐的具体内容显示在对话框中,最后确认或取消结账。结账操作实现将订单表的状态设置为"已结账"状态,并插入相关数据到账单表 Bill,作为历史数据;④在已结账界面中,根据查询条件,从订单表 Order、餐台信息表 TableInfo 和账单表 Bill 中,取得订单表中的 OrderID、开台时间 StartTime、餐台信息表中的餐台名称 TableName 和账单表中的结账时间 EndTime,显示到表格 dgvPay 中,以便打印包含消费项目的小票。

(2) 注释1:自定义方法 SetTabPage,实现根据选项卡的下标,设置 TabControl 控件的当前选项卡。该方法是在主窗体打开 FrmBill 子窗体后,根据需要显示的状态是"未结账单"还是"已结账单"在外部调用的,因此方法使用 public 修饰符。

(3) 注释2:自定义方法 InitGridView,实现根据不同的参数,初始化不同的表格。主要为了避免重复编写代码。这些属性也可以在"属性"窗口中预先设置。

(4) 注释3:自定义方法 FillGridView,实现根据参数,将查询结果显示在不同表格中。当参数 IsEnd 为 false 时,读取"未结账单"的数据并显示在 dgvNoPay 表格中,否则,读取"已结账单"的数据显示在 dgvPay 表格中。由于窗体有两个表格,列名不能相同,因此这里采用下标方式来访问表格的单元格,注意表格列下标必须对应 dr 对象中的列名。方法中的 SQL 语句可能是难点,组合 SQL 语句的基本思路是,需要哪些字段信息(Select [表1].字段名,[表2].字段名,…),这些字段信息在哪个表(From 表1,表2,…),这些表之间根据哪个字段来关联(WHERE [表1].关联字段=[表2].关联字段…)。

(5) 注释6:自定义方法 Pay,实现结账功能。首先根据要显示的菜品名称、价格和数量和消费金额,通过 SQL 连接语句,实现多表查询,在信息对话框中显示消费清单和消费金额,然后修改订单表状态并从表格中移除,最后添加到账单表中。

(6) 注释9:自定义方法 PrintBill,实现打开项目共用的打印窗体来打印消费清单。打印窗体在本项目中可以打印消费清单,也可以打印营业报表,因此,需要在创建打印窗体对象时,传递一个标识字段 SelectIndex 来决定打印哪个报表。同时,报表数据是根据 OrderID 字段读取的,因此也需要传递过去。下面将介绍打印报表窗体 FrmPrint 的具体实现。

3. 报表打印功能实现

在 6.3 节中介绍了如何向项目添加数据源,通过从"数据源"窗体以拖曳的方式将整个数据表拖放到窗体,可以快速建立数据表的编辑界面,而无须编写代码;同时,在介绍数据报表时,报表设计器中"报表数据"窗体中的报表数据源,也来自已添加到项目中的数据源。

在 Server 项目中,由于要用到数据库中所有的表,因此在为项目添加数据源时选择所有的表。添加数据源后,打开项目数据集设计器,可以看到已添加到项目数据集中所有的表及表之间的关系,如图 7.13 所示。

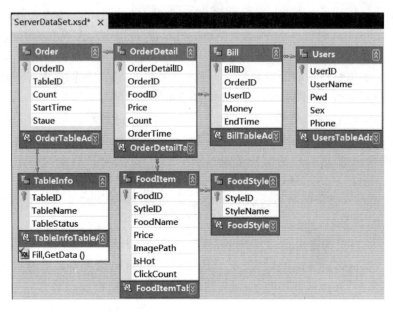

图 7.13　Server 项目数据集设计器

前面章节介绍的数据报表的数据只来自单个表。如果报表数据来自多个表,比如打印消费清单的报表,需要根据订单表 Order 的订单编号 OrderID,从菜品表 FoodItem 查询菜品名称和价格、从订单明细表 OrderDetail 查询菜品数量,进行统计后才能得到顾客的消费金额。在这种情况下,可以使用数据集设计器来协助我们创建自定义数据集,即同时创建数据表以及为数据表填充数据的数据集适配器,这个数据集将作为报表的数据来源。

以实现"打印小票"功能的报表为例,介绍整个报表的制作和预览、打印实现过程。

1) 报表制作

(1) 添加报表数据源,制作报表。

① 为项目添加数据源,并选择 Restaurant 数据库中所有的表,操作完成后可以在数据集看到如图 7.13 所示的内容。

② 创建自定义报表数据源。在数据集设计器的灰色区域,单击右键,选择"添加"→TableAdapter,在出现的对话框中,连续单击"下一步"按钮,直到出现"TabelAdapter 配置向导"中的"输入 SQL 语句"对话框,单击对话框中的"查询生成器"按钮,选择 Bill、FoodItem 和 OrderDetail 三个表,通过"查询生成器"协助完成 SQL 语句中的连接查询。完成的查询语句如下。

```
SELECT Bill.OrderID, FoodItem.FoodName, FoodItem.Price, OrderDetail.Count,  FoodItem.Price
* OrderDetail.Count as 小计,Bill.EndTime
FROM  FoodItem INNER JOIN
OrderDetail ON FoodItem.FoodID = OrderDetail.FoodID INNER JOIN
Bill ON OrderDetail.OrderID = Bill.OrderID AND Bill.OrderID = @OrderID
```

再次打开数据集设计器,将看到多了一个数据集视图,该数据集将作为报表的数据来源。双击其标题栏,修改标题为"Bill_Report",如图 7.14 所示。

③ 为项目添加报表文件,保存为 ReportBill.rdlc。在报表设计状态,打开"报表数据"窗体,为报表添加数据源,操作步骤为:在"报表数据"窗体工具栏中单击"新建"→选择"数据集…",在出现的"数据集属性"对话框中,参照图 7.15,依次输入数据集名称、选择项目数据源和选择"可用数据集"为 Bill_Report。

图 7.14 数据表

图 7.15 "数据集属性"对话框

④ 此后,创建报表的过程与应用实例 6.24 中介绍的过程完全一样。最终建立的消费清单报表如图 7.16 所示。

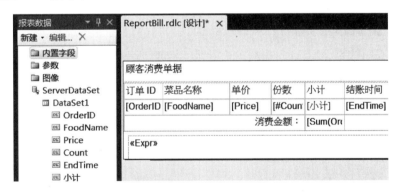

图 7.16 消费清单报表

(2) 以(1)中步骤②~④相同的方式创建营业报表 ReportSales.rdlc,如图 7.17 所示。

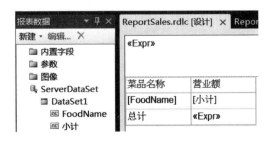

图 7.17 营业报表

其中,营业报表的 SQL 查询语句如下。

```
SELECT  FoodItem.FoodName, SUM(OrderDetail.Price * OrderDetail.Count) AS 小计
FROM OrderDetail INNER JOIN FoodItem ON OrderDetail.FoodID = FoodItem.FoodID INNER JOIN  Bill
ON OrderDetail.OrderID = Bill.OrderID WHERE (Bill.EndTime >= @startTime) AND (Bill.EndTime
<= @endTime) GROUP BY FoodItem.FoodName
```

2)"报表打印"窗体 FrmPrint 的设计

如果一个项目有多个报表文件需要显示,可以只制作一个打印窗体,通过动态更改报表视图控件 ReportView 的数据源和报表文件来实现。本项目实现多个报表文件共用一个报表窗体 FrmPrint。项目中的报表文件 ReportBill.rdlc 和 ReportSales.rdlc,都通过打开 FrmPrint 窗体来实现预览和打印。下面是具体实现。

以下是报表打印窗体 FrmPrint 具体的设计与实现。

界面布局

为项目添加窗体,保存为 FrmPrint。添加一个报表视图控件 ReportView 并填充窗体,不添加其他任何组件。如图 7.18 所示,该窗体将在主窗体中打开。

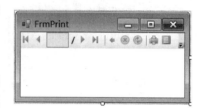

图 7.18 打印窗体界面布局

程序代码

```
//省略自动生成的 using 部分
using Microsoft.Reporting.WinForms;
using System.Data.SqlClient;
namespace Server
{
    public partial class FrmPrint : Form
    {
        public FrmPrint() { InitializeComponent(); }        //构造方法

        //1.选择报表的标识字段:1--- 统计营业额  2--- 打印小票
        public int SelectIndex = 1;                         //默认

        //2.小票报表读取数据时,SQL 语句所需参数
        public int OrderID = 0;                             //订单 ID

        //3.营业报表读取数据时,SQL 语句统计所需参数,统计日期
        //日期参数值可由外部传入,这里设置初始值
        public DateTime StartTime = DateTime.Now.AddYears(-10);
        public DateTime EndTime = DateTime.Now;

        //4.Load 事件处理过程
        private void FrmPrint_Load(object sender, EventArgs e)
        {
            //创建项目数据集类型和数据源对象
            ServerDataSet ds = new Server.ServerDataSet();  //项目数据集对象 ds
            if (SelectIndex == 1)                           //营业报表
            {
```

```
        //自定义方法,初始化数据源和指定打印的报表
        SetReportSource("Sales_Report", "Server.ReportSales.rdlc", ds);

        //读取报表所需的数据并填充到数据表
        ServerDataSetTableAdapters.Sales_ReportTableAdapter da =
        new ServerDataSetTableAdapters.Sales_ReportTableAdapter();
        da.Fill(ds.Sales_Report, StartTime, EndTime);
        //创建报表所需的报表参数
        ReportParameter[] rp = new ReportParameter[2];
        rp[0] = new ReportParameter("StartTime", StartTime.ToString());
        rp[1] = new ReportParameter("EndTime", EndTime.ToString());
        reportViewer1.LocalReport.SetParameters(rp);  //传递参数
    }
    else                                            //已结账单的小票报表
    {
        //初始化数据源和指定打印的报表
        SetReportSource("Bill_Report", "Server.ReportBill.rdlc", ds);
        //读取报表所需数据并填充到数据表
        ServerDataSetTableAdapters.Bill_ReportTableAdapter da =
        new ServerDataSetTableAdapters.Bill_ReportTableAdapter();
        da.Fill(ds.Bill_Report, OrderID);
    }
    //刷新报表显示
    reportViewer1.RefreshReport();
}
```

//5. 自定义方法：为报表设计器提供报表的数据源

```
//目的是添加报表数据源,而报表数据源是 ReportDataSource 类型
//Name 属性指定报表数据集的名称,Value 属性指定绑定数据源对象
void SetReportSource(string dsTableName, string ReportName, DataSet ds)
{
    reportViewer1.LocalReport.DataSources.Clear();

    //绑定源对象 bs,用作报表数据源对象提供数据来源
    BindingSource bs = new BindingSource();
    bs.DataSource = ds;                             //绑定源对象的数据源
    bs.DataMember = dsTableName;                     //绑定数据成员：表名

    ReportDataSource rd = new ReportDataSource();    //创建报表数据源对象
    rd.Name = "DataSet1";                            //报表的数据集名称
    rd.Value = bs;                                   //设置数据源为绑定数据源 bs
    reportViewer1.LocalReport.DataSources.Add(rd);   //本地报表添加数据源

    //设置报表名称
    reportViewer1.LocalReport.ReportEmbeddedResource = ReportName;
    }
}//类结束
}命名空间结束
```

📄 代码说明

为了理解本段代码,首先要理解报表控件 ReportViewer 如何绑定报表文件和显示报表数据的过程。为此我们向项目添加一个测试窗体 Test,并将 ReportViewer 控件拖放到窗体。当我们为报表控件选择要显示的报表文件 ReportBill.rdlc 后,会发现在窗体下方自动添加了如图 7.19 所示的三个组件。

| 📇 ServerDataSet | 🏷 Bill_ReportBindingSource | 📇 Bill_ReportTableAdapter |

图 7.19　选择报表文件后自动添加的组件

这个操作结果是开发环境 Microsoft Visual Studio 2010 自动帮助我们完成的,运行结果就是在报表控件中能够显示我们在数据集设计器中自定义的数据表 Bill_Report 的数据。

开发环境是怎么帮我们做到的呢?实质上,当我们在报表控件中选择报表文件时,开发环境将分析报表的数据源,并根据报表的数据源在当前窗体创建项目数据集对象,同时根据报表文件选定的数据表创建数据适配器对象,这样我们在图 7.19 中就看到了数据集组件 ServerDataSet 和数据适配器组件 Bill_ReportTableAdapter。而 Bill_ReportBindingSource 绑定源组件负责从数据集 ServerDataSet 读取 Bill_Report 数据表的数据,并向其他对象提供数据的来源。报表文件的数据只能由绑定源对象或数据表对象提供,也即绑定源控件在这里是作为报表的数据来源,报表控件 ReportViewer 根据报表文件的设计布局和报表文件的数据源,在运行时装载报表文件并显示。

在窗体的 Load 事件处理过程中还可以看到自动添加了如下的代码。

```
private void Test_Load(object sender, EventArgs e)
{
    // TODO:这行代码将数据加载到表"ServerDataSet.Bill_Report"中.
    //您可以根据需要移动或删除它。
    this.Bill_ReportTableAdapter.Fill(this.ServerDataSet.Bill_Report,OrderID 参数);
    this.reportViewer1.RefreshReport();                    //呈现报表内容
}
```

这段代码实现了数据适配器 Bill_ReportTableAdapter 根据其保存的 SQL 语句执行查询,并将查询结果填充到数据表 ServerDataSet.Bill_Report,然后报表控件装载报表并显示。

整个实现过程如图 7.20 所示。

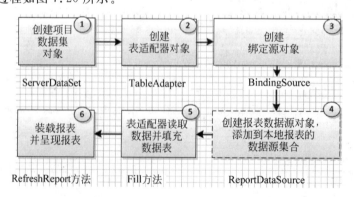

图 7.20　报表显示过程

在图 7.20 中我们会发现有一个 ReportDataSource 对象,这个就是报表文件的数据源对象,报表控件将从该对象中获取报表文件所要求的数据,而它的数据由 BindingSource 提供。这个对象没有以组件形式出现在窗体下方,但在窗体的后台代码文件 Test. Designer. cs 中可以找到。ReportDataSource 需要设置两个重要的属性,一个是 Name 属性,对应报表文件中的数据集名称,另一个是 Values 属性,对应绑定源 BindingSource 对象,在报表中只能由 BindingSource 或 DataTable 对象为其赋值。创建好的 ReportDataSource 对象,由报表控件的本地报表对象将其添加到数据源集合中,这样报表控件在装载报表文件后才能显示报表文件的内容。

ReportDataSource 位于 Microsoft. Reporting. WinForms 命名空间中。

理解了这些关系后,为了实现用共享报表控件来显示不同报表文件,参照在窗体自动创建的组件和自动生成的代码,我们可以使用代码来动态显示报表,其过程总结为: ①创建项目数据集对象,根据报表文件所需数据,创建并使用表适配器对象器读取数据并填充数据集; ②创建绑定源对象,设置其 DataSource 和 DataMember 属性分别为数据集对象和数据表名称; ③ 创建 ReportDataSource 对象,并设置它的的 Name 和 Value 属性; ④ 将 ReportDataSource 对象添加到报表控件的本地报表的数据源集合中,注意还需要设置本地报表绑定的报表文件名。最后调用报表控件的 RefreshReport 方法装载报表并呈现数据。

本例程序代码中的自定义方法 SetReportSource 就是按照上述思路和步骤来实现的。代码中,根据表名 dsTableName 和数据集对象 ds 作为绑定源数据控件 bs 的属性值,而 bs 又作为报表数据源对象 rd 的数据来源,最后本地报表对象 reportViewer1. LocalReport 将 rd 添加到其数据源集合中,并设置 reportViewer1. LocalReport 要装载的报表文件 ReportName。在数据集得到数据填充后,调用报表视图控件的 RefreshReport 方法,显示报表内容。这就是一个报表视图控件显示不同报表文件的代码实现。

注意:使用项目中数据集和表适配器对象来查询数据完全是为了使用方便。也可以自己创建 DataSet 和 SqlDataAdapter 对象,连接数据库,执行 SQL 查询来填充数据到 DataSet,而后作为绑定源控件的数据来源,不过这种方法的开发效率显然低于使用数据集设计器来完成。

4. 基础数据编辑

本项目的基础数据包括:餐台信息、菜品分类和菜品信息。系统应该首先实现基础数据的维护功能,因为数据库有了基础数据,才可以进行下一步的编写代码和调试。但由于基础数据内容比较少,功能实现也比较简单,因此放在本节来介绍。

1) 餐台信息编辑窗体 FrmFoodTable 和菜品分类 FrmFoodStyle 编辑窗体

餐台信息表 TableInfo 只包含 TableID(餐台编号)、TableName(餐台名称)和 TableStatus(状态)三个字段,而菜品分类表 FoodStyle 更简单,只有 StyleID(菜系编号)和 StyleName(菜系名称)两个字段。由于需要维护的信息非常少,为了提高开发效率,减少编写代码的工作量,实现快速开发,因此在创建窗体后,在"数据源"窗体中直接将显示的数据表拖放到窗体,自动生成表格控件、数据导航控件、绑定源组件以及表适配器等组件,然后让用户直接在表格控件中实现对数据的各种操作,这样基本无须编写代码就可实现数据的"增删改查"功能。FrmFoodTable 和 FrmFoodStyle 两个窗体的界面布局分别如图 7.21(a)和图 7.21(b)所示。

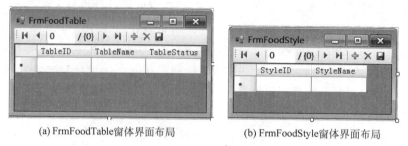

(a) FrmFoodTable窗体界面布局   (b) FrmFoodStyle窗体界面布局

图 7.21　基础数据维护窗体

2）菜品信息编辑窗体 FrmFood 设计

菜品信息编辑窗体 FrmFood 负责菜品表 FoodItem 的数据维护，在该窗体中实现了对数据"增删改查"的典型操作。与结账窗体 FrmBill 一样，都作为 MDI 主窗体的子窗体运行。运行效果如图 7.22 所示。

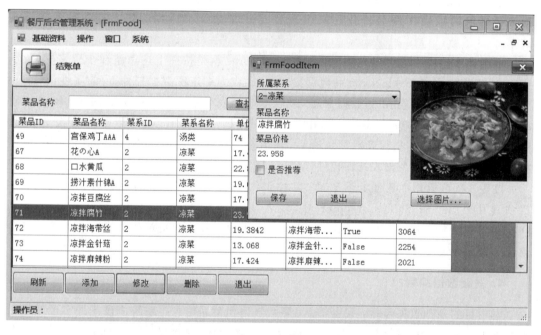

图 7.22　菜品信息编辑窗体运行效果

以下是菜品信息编辑窗体 FrmFood 的设计与实现。

界面布局

为 Server 项目新建窗体，保存为 FrmFood。添加一个 Panel 控件，停靠在窗体顶端，并在其中添加一个文本框和一个按钮；添加一个 Panel 控件，停靠在窗体底部，并在其中添加 5 个按钮；添加一个 DataGridView 控件，填充窗体剩余控件，各个控件的名称和文本如图 7.23 所示。

在"属性"窗体中为表格控件 dgv 添加 8 列，对应菜品表 FoodItem 的所有字段，以及菜

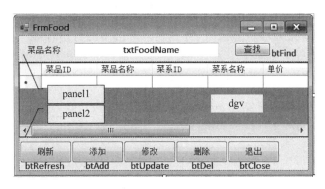

图 7.23　FrmFood 窗体界面布局

系表 FoodStyle 中的菜系名称,将表格各列的列名设置与表字段名一一对应,列标题修改为中文显示。

　　FrmFood 窗体实现的功能分析:①在菜品信息编辑窗体中,窗体刚打开和执行窗体中的数据刷新功能时,都需要将菜品表的所有数据显示到表格中;而查找功能是按菜品名称进行模糊匹配查询,并在表格中显示查询结果。两种操作的不同之处在于,前者不需要查询条件,而后者需要根据条件查询,因此可以将数据显示功能设计为带查询条件参数的方法。②删除操作是将选中的数据行从表格中移除,并同步更新数据库。③添加和修改的操作结果都要同时更新表格和数据库。不同的是,修改操作是将用户选中的行数据显示在修改界面以便核对修改,修改完毕后要退出修改界面;而添加操作需要初始化界面控件,保存数据后可以继续添加数据,直到用户关闭界面,由于两者大部分代码重叠,因此,这里让添加和修改的功能共享同一个窗体 FrmFoodItem 来实现,如图 7.24 所示。

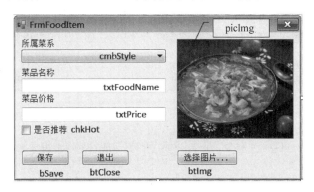

图 7.24　FrmFoodItem 窗体界面布局

　　添加功能实现的思路是:打开 FrmFoodItem 窗体,初始化界面,检查录入数据的有效性后将数据保存到数据库,同时更新表格的数据显示。可连续添加数据,直到用户执行退出操作才关闭窗体。

　　修改功能实现的思路是:打开 FrmFoodItem 窗体前,将在表格中选中的数据,传递到该窗体进行修改,在检查数据的有效性后将数据更新到数据库,同时更新表格的数据显示,操作完毕后即关闭窗体。

　　在 FrmFoodItem 窗体中,如何判断当前要执行的操作是添加还是修改呢?这根据在

FrmFoodItem 窗体中定义的公共整型字段 SelectIndex 来决定。如果该窗体用于执行修改操作,在创建该窗体对象并准备显示时,将在表格中选中的行下标赋予该变量;否则,赋予该变量为-1,表示执行添加操作。为了同步显示主窗体表格控件的数据,将表格对象也一起传递到该窗体,以实现在该窗体中直接操作主窗体的表格。

程序代码-菜品信息编辑窗体 FrmFood. cs 类文件

```csharp
//省略自动生成的 using 部分
using System.Data.SqlClient;
namespace Server
{
    public partial class FrmFood : Form
    {
        public FrmFood()  {   InitializeComponent();  }   //构造方法

        //1.初始化表格
        void InitGridView()
        {
            dgv.AllowUserToAddRows = false;           //不允许直接添加行
            dgv.AllowUserToDeleteRows = false;        //不允许直接删除行
            dgv.AllowUserToResizeRows = false;        //行高不可调整
            dgv.MultiSelect = false;                  //单行选择
            dgv.SelectionMode = DataGridViewSelectionMode.FullRowSelect;   //完全行选择
            dgv.ReadOnly = true;                      //只读,不能直接在表格中修改数据
            dgv.RowHeadersVisible = false;            //隐藏行标头
        }

        //2.填充数据到表格,与"查找"功能合并
        void FillGridView(string OtherWhere = "")          //2.1 可选参数,仅用于"查找"功能
        {
            dgv.Rows.Clear();                         //清空表格
            int rowIndex = 0;                         //记录行下标的变量

            string sql = "Select FoodItem. * ,FoodStyle.StyleName from FoodItem,FoodStyle";
            sql += " Where FoodStyle.styleID = FoodItem.StyleID";
            sql += OtherWhere;          //仅"查询"功能带条件子句 OtherWhere,默认为空字符串
            SqlDataReader dr = DBHelper.GetDataReader(sql);
            while (dr.Read())
            {
                dgv.Rows.Add();
                for (int i = 0; i < dr.FieldCount; i++)
                {
                    string colName = dr.GetName(i);       //取得列名
                    //2.2 使用列名引用单元格
                    dgv.Rows[rowIndex].Cells[colName].Value = dr[colName];
                }
                rowIndex++;
            }
            dr.Close();
        }
```

```
//3.Load 事件处理过程
private void FrmFoodItemList_Load(object sender, EventArgs e)
{
    InitGridView();                          //初始化表格样式
    FillGridView();                          //读取数据,填充表格
}
```

```
//4."刷新"按钮的事件处理过程
private void btRefresh_Click(object sender, EventArgs e)
{
    FillGridView();                          //重新读取数据,填充表格
}
```

```
//5."添加"按钮的事件处理过程
private void btAdd_Click(object sender, EventArgs e)
{
    FrmFoodItem frm = new FrmFoodItem();
    frm.dgv = this.dgv;                      //5.1 传递表格对象
    frm.SelectIndex = -1;                    // 5.2 -1 表示准备添加数据
    frm.ShowDialog();
}
```

```
//6."修改"按钮的事件处理过程
private void btUpdate_Click(object sender, EventArgs e)
{
    if (dgv.CurrentRow == null) return;      //6.1 只有选中行才可以修改
    FrmFoodItem frm = new FrmFoodItem();
    frm.dgv = this.dgv;
    frm.SelectIndex = dgv.CurrentRow.Index;  //6.2 当前选中的行下标
    frm.ShowDialog();
}
```

```
//7."删除"按钮的事件处理过程
private void btDel_Click(object sender, EventArgs e)
{
    if (dgv.CurrentRow == null) return;      //只有选中行才可以删除
    //7.1 删除数据库中的数据
    string sql = "Delete From FoodItem Where FoodID = ";
    sql += dgv.CurrentRow.Cells["FoodID"].Value;
    DBHelper.ExecSql(sql);

    //7.2 从表格中移除当前行
    dgv.Rows.Remove(dgv.CurrentRow);
}
```

```
//8."关闭"按钮的事件处理过程
private void btClose_Click(object sender, EventArgs e)
{
    Close();
}
```

```
//9."查找"按钮的事件处理过程
private void btFind_Click(object sender, EventArgs e)
{
    FillGridView(" AND FoodName Like '%" + txtFoodName.Text + "%'");
}
}//类结束
}//命名空间结束
```

📄 代码说明

（1）注释1：自定义方法 InitGridView，用于设置表格控件的相关属性，使表格控件仅起到数据显示的作用，限制用户不能直接在表格控件中进行数据编辑等操作，这些操作通过功能按钮或在新窗体中进行。此外，这些属性也都可以在表格的"属性"窗体中设置。

（2）注释2：自定义方法 FillGridView，实现读取菜品表 FoodItem 的数据并填充到表格控件中。由于菜系名称 FoodName 位于菜系表 FoodStyle，因此要构建实现连接查询的 SQL 语句。注释2.1中，自定义方法设计为带可选参数 OtherWhere，目的是为了在实现查询功能时，根据条件查询显示得到的数据。调用该方法时，如果参数为空（默认），也就是没有附加的查询条件，则显示全部数据；注释2.2中，由于表格的列名设置为与字段名一致，因此，可以通过 Cells[colName] 的方式来使用列名引用表格的单元格，而 dr[colName] 是根据 Select 语句中的字段名读取数据，两者一一对应，方便赋值。

（3）注释5、注释6："添加"和"修改"按钮的事件处理过程，都实现打开 FrmFoodItem 窗体，并将表格控件传递到该窗体，使得在该窗体中可以直接引用表格控件，即在 FrmFoodItem 窗体中可以直接操作表格控件来更新表格数据。注释5.2和注释6.2中的 SelectIndex 是打开 FrmFoodItem 窗体时用来判断当前操作是添加还是修改数据，如果是添加数据操作，传递−1作为标识；如果是修改操作，传递在表格中选中的行下标，以便取得该行数据来显示。

（4）注释7："删除"按钮的事件处理过程，实现删除在表格控件中选中的行，表格控件的 CurrentRow 属性代表当前选择行，如果表格控件没有数据或没选中行，该值为 null。与修改操作类似，执行删除操作前必须判断是否存在当前行。删除数据操作的结果是从表格控件中移除选中行，并更新数据库。

（5）注释9："查找"按钮的事件处理过程，实现根据文本框输入的内容，以模糊匹配方式构建查询语句中附加的条件子句，作为自定义方法 FillGridView 的参数，实现在表格控件中显示按条件查询的结果。

以下是菜品项窗体 FrmFoodItem 的实现代码。

📄 程序代码-菜品项窗体 FrmFoodItem.cs 类文件

```
//省略自动生成的 using 部分
using System.IO;
using System.Data.SqlClient;
namespace Server
{
    public partial class FrmFoodItem : Form
```

```
{
    public FrmFoodItem() { InitializeComponent(); }     //构造方法
    public DataGridView dgv = null;                          //1.由主窗体传入
    public int SelectIndex = -1;             //2.操作标记: >= 0 修改数据; -1 新增数据
    string ImageFileName = "";                           //3.保存图片名称
```

//4.自定义方法,取得菜系表所有数据,添加到组合框
```
void AddComb()
{
    cmbStyle.Items.Clear();
    SqlDataReader dr = DBHelper.GetDataReader("select * from FoodStyle");
    while (dr.Read())
    {
        //自定义格式显示菜系信息: ID-名称
        cmbStyle.Items.Add(dr["StyleID"] + "-" + dr["StyleName"]);
    }
    dr.Close();
    if (cmbStyle.Items.Count > 0) cmbStyle.SelectedIndex = 0;   //默认选择第1项
}
```

//5.修改操作时,显示选择的数据,以便修改
```
void ShowUpdateData()
{
    //显示当前需要修改的数据
    if (SelectIndex >= 0)                            //修改操作
    {
        //修改时,显示选中项
        cmbStyle.Text = dgv.Rows[SelectIndex].Cells["StyleID"].Value + "-" +
        dgv.Rows[SelectIndex].Cells["StyleName"].Value;  //5.1 自动选中项
        txtFoodName.Text =
        dgv.Rows[SelectIndex].Cells["FoodName"].Value.ToString();

        txtPrice.Text = dgv.Rows[SelectIndex].Cells["Price"].Value.ToString();
        chkHot.Checked = (bool)dgv.Rows[SelectIndex].Cells["IsHot"].Value;
        ImageFileName = dgv.Rows[SelectIndex].Cells["ImagePath"].Value.ToString();
        picImg.Image = LoadImage(ImageFileName);       //5.2装载图片文件
    }
}
```

//6.Load 事件处理过程
```
private void AddFoodItem_Load(object sender, EventArgs e)
{
    AddComb();
    ShowUpdateData();
}
```

//7.数据验证
```
bool CheckData()
{
    if (cmbStyle.Items.Count == 0) return false;
    if (txtFoodName.Text == "") return false;
```

```
        float price;
        if (!float.TryParse(txtPrice.Text, out price)) return false;   //7.1 是否可以转
                                                                       //换为实数

        return true;
    }
```

//8. 自定义方法，添加记录，并返回记录的标识

```
int InsertFoodItem(FoodItem fi)
{
    string sql = "Insert Into FoodItem(styleId,FoodName,price,ImagePath,IsHot) ";
    sql += " Output Inserted.FoodID ";       //8.1 需要返回新插入数据后的标识列的值
    sql += " Values(";
    sql += fi.StyleID + ",";
    sql += "'" + fi.FoodName + "',";
    sql += fi.Price + ",";
    sql += "'" + fi.ImagePath + "',";
    sql += fi.IsHot;
    sql += ")";
    int FoodID = (int)DBHelper.GetOne(sql);    //8.2 执行 SQL 语句,返回单值结果
    return FoodID;
}
```

//9. 自定义方法，修改记录

```
void UpdateFoodItem(FoodItem fi)
{
    string sql = "Update FoodItem Set ";
    sql += " StyleId = " + fi.StyleID + ",";
    sql += "FoodName = '" + fi.FoodName + "',";
    sql += " price = " + fi.Price + ",";
    sql += " ImagePath = '" + fi.ImagePath + "',";
    sql += " IsHot = " + fi.IsHot;
    sql += " Where FoodID = " + dgv.Rows[SelectIndex].Cells["FoodID"].Value;
    DBHelper.ExecSql(sql);
}
```

//10. 自定义方法，更新表格显示

```
void UpdateGridView(FoodItem fi)
{
    int count = dgv.Rows.Count;                    //10.1 先默认添加操作,取得当前行数
    if (SelectIndex >= 0) count = SelectIndex;//10.2 如修改操作,则改变值
    else  dgv.Rows.Add();                          //10.3 添加新行

    dgv.Rows[count].Cells["FoodID"].Value = fi.FoodID;
    dgv.Rows[count].Cells["FoodName"].Value = fi.FoodName;
    dgv.Rows[count].Cells["StyleID"].Value = fi.StyleID;
    dgv.Rows[count].Cells["StyleName"].Value = fi.StyleName;
    dgv.Rows[count].Cells["Price"].Value = fi.Price;
    dgv.Rows[count].Cells["ImagePath"].Value = fi.ImagePath;
```

```
            dgv.Rows[count].Cells["IsHot"].Value = fi.IsHot;
            dgv.Rows[count].Cells["ClickCount"].Value = fi.ClickCount;
}
```

//11.将选择的图片复制到当前路径的 Images 文件夹中
```
void SaveImage()
{
    if (ImageFileName != "")
    {
        string CurImagePath = Application.StartupPath + "\\Images";
        if (!Directory.Exists(CurImagePath)) Directory.CreateDirectory(CurImagePath);
        File.Copy(picImg.Tag.ToString(), CurImagePath + "\\" + ImageFileName, true);
    }
}
```

//12.取得指定的图片文件
```
Image LoadImage(string FileName)
{
    string CurImagePath = Application.StartupPath + "\\Images";
    if(!File.Exists(CurImagePath + "\\" + FileName)) return null;
    return Image.FromFile(CurImagePath + "\\" + FileName);
}
```

//13."选择图片"按钮的事件处理过程
```
private void btImg_Click(object sender, EventArgs e)
{
    openFileDialog1.Filter = "*.jpg|*.jpg|*.png|*.png";   //选择图片文件
    openFileDialog1.FileName = "";
    openFileDialog1.Multiselect = false;
    if (openFileDialog1.ShowDialog() == DialogResult.OK)
    {
        string filename = openFileDialog1.FileName;
        picImg.Tag = filename;                  //保存全路径名,以便复制文件
        picImg.Image = Image.FromFile(filename);
        FileInfo fi = new FileInfo(filename);   //取得文件信息
        ImageFileName = fi.Name;                //取得文件名
        //去掉扩展名,让菜品名称默认为图片名称
        txtFoodName.Text = fi.Name.Replace(fi.Extension, "");
    }
}
```

//14."保存"按钮的事件处理过程
```
private void btSave_Click(object sender, EventArgs e)
{
    if (!CheckData())
    {
        MessageBox.Show("数据不完整或有误!", "提示");
        return;
```

```
        }

                //14.1 获取录入的数据项
                FoodItem foodItem = new FoodItem();
                foodItem.FoodID = -1;            //添加数据时还没有获取该值,暂时设置为默认值-1
                foodItem.FoodName = txtFoodName.Text;
                foodItem.StyleID = int.Parse(cmbStyle.Text.Split('-')[0]);   //14.2 取得菜
                                                                 //系 ID
                foodItem.StyleName = cmbStyle.Text.Split('-')[1];   //14.3 取得菜系名称
                foodItem.Price = float.Parse(txtPrice.Text);
                foodItem.IsHot = chkHot.Checked ? 1 : 0;
                foodItem.ImagePath = ImageFileName;
                foodItem.ClickCount = 0;                          //添加数据时默认为 0

                SaveImage();                                      //保存图片
                if (SelectIndex >= 0)                             //假如是修改操作
                {
                    //修改数据
                    foodItem.FoodID = (int)dgv.Rows[SelectIndex].Cells["FoodID"].Value;
                    foodItem.ClickCount = (int)dgv.Rows[SelectIndex].Cells["ClickCount"].Value;
                    UpdateFoodItem(foodItem);                     //更新数据库
                    UpdateGridView(foodItem);                     //更新表格数据显示
                    Close();                                      //更新数据后需要关闭窗体
                    return;                                       //修改完毕退出,不执行后面的语句
                }

                //添加新项操作
                foodItem.FoodID = InsertFoodItem(foodItem); //插入记录后获取自动编号
                UpdateGridView(foodItem);                        //更新表格数据显示
                txtFoodName.Text = "";  txtPrice.Text = "";  ImageFileName = "";
        }


        //15."关闭"按钮事件处理过程
        private void btClose_Click(object sender, EventArgs e)
        {
            Close();
        }
    }//类结束
}//命名空间结束
```

📑 **代码说明**

（1）注释 1：保存外部传递过来的数据表格对象。

（2）注释 2：标识字段,用于判断窗体当前要执行的操作是添加还是修改。

（3）注释 3：保存外部传递过来的图片文件名称。

（4）注释 4：自定义方法 AddComb,实现将菜系表 FoodStyle 的信息以"ID-名称"的格式添加到组合框,如果有数据则默认选择第 1 项。

（5）注释 5：自定义方法 ShowUpdateData，在修改状态中，将选中数据行的内容显示到界面相应的控件中。注释 5.1 中，将组合框的 Text 属性设置为存在的项，实现自动选中该项；注释 5.2 中，调用自定义方法 LoadImage，装载指定的图片文件并将其显示在图片控件中。

（6）注释 7：每个数值类型都有 TryParse 方法，该方法在类型转换无效时，不会出现异常，仅返回 false 值代表转换无效，否则，会将转换结果保存在该方法的输出参数中。

（7）注释 8：构建插入记录时返回标识字段值的 SQL 语句。"Output Inserted"为 SQL Insert 语句中的关键字，必须置于 Values 关键字前，Inserted 后面带一个"."，后紧跟标识字段名，当使用在注释 8.2 位置的方法执行该 SQL 语句后，将返回新增记录的标识字段值。

（8）注释 10：添加或修改数据，并更新数据表格。注释 10.1～注释 10.3，根据对公共整型字段 SelectIndex 的判断，来决定是否在表格控件中增加新行。

（9）注释 11：将选择的图片文件复制到当前应用程序所在位置的 Images 文件夹中，如果 Images 文件夹不存在则创建。

（10）注释 12：自定义方法 LoadImage，实现按给定的图片文件名，判断文件是否存在，存在则装载图片文件并返回 Image 对象。

（11）注释 13：设置"打开文件对话框"组件只能选择 jpg 和 png 类型的图片文件，并将选择的图片显示在图片控件中，同时将图片名称保存为菜品的名称。注释 13.1 中 tag 属性几乎是每个控件具有的 object 类型属性，可以在该属性保存额外的任意类型数据，这里用来保存图片文件的绝对路径，以便在 SaveImage 方法中找到该文件来保存。

（12）注释 14：cmbStyle. Text. Split('-')[0]语句表示将组合框中显示的文本，按字符"-"拆分成字符串数组，其中，下标 0 表示数组的第 1 个元素，该语句相当于：

```
string[] s = cmbStyle.Text.Split('-');
foodItem.StyleID = (int)s[0];
```

这里组合框的文本 cmbStyle. Text 的格式为"菜系 ID-菜系名"。

同样，cmbStyle. Text. Split('-')[1]语句也是按字符"-"拆分成字符串数组，但取得代表菜系名称的第 2 个元素。

（13）代码中使用了公共类 FoodItem，该类作为实体类使用，用于保存菜品表的一条记录。下面是 FoodItem 类的代码。

```
public class FoodItem
{
    public int FoodID { get; set; }
    public string FoodName { get; set; }
    public int StyleID { get; set; }
    public float Price{get;set;}
    public string ImagePath { get; set; }
    public int IsHot{get;set;}
    public int ClickCount{get;set;}
    //为了方便使用，添加对应 FoodStyle 表中的字段 StyleName
    public string StyleName { get; set; }
}
```

7.7　制作安装包

当项目完成后,需要制作程序安装包交付给用户在安装后使用。安装过程其实也是为用户配置程序运行环境的过程。下面以为 Client 客户端项目制作安装包为例,按步骤以图文方式简单介绍程序安装包的制作过程。

步骤 1:打开 Client 项目,在 Microsoft Visual Studio 2010 开发环境中进入编辑状态。

步骤 2:为 Client 项目添加安装项目。打开"文件"菜单,选择"添加"→"新建项目…",如图 7.25 所示。

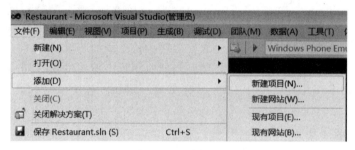

图 7.25　添加项目

步骤 3:选择安装项目模板。在打开的"添加新项目"对话框中,在左侧的"已安装的模板"列表中选择"其他项目类型"→"安装和部署"→Visual Studio Installer 项,再选择对话框右侧的"安装项目"模板。项目名称可以修改为任意名称,这里重命名为"ClientSetup",然后为 ClientSetup 项目选择保存位置,如图 7.26 所示。完成后单击"确定"按钮,进入如图 7.27 所示安装项目编辑环境。

图 7.26　添加安装项目

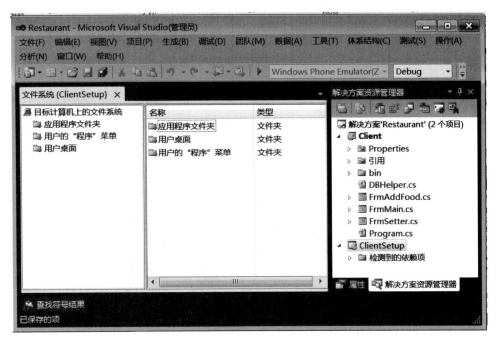

图 7.27　安装项目界面

步骤 4：为安装项目关联 Client 项目。在"项目"菜单中，选择"添加"→"项目输出…"，如图 7.28 所示。在出现的图 7.29 中，依次选择 Client 和"主输出"。

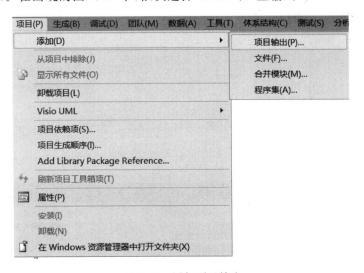

图 7.28　添加项目输出

步骤 5：为项目添加必要的文件。在"文件系统"窗体中，右击"应用程序文件夹"项，选择"添加"→"文件夹"，如图 7.30 所示。在这里创建名称为 Images 的文件夹，然后将 Client 项目中所用到的图片文件添加到该文件夹，如图 7.31 所示。Client 项目在运行时，必须要存在菜品对应的所有的图片文件。安装时，在图 7.31 中的"应用程序文件夹"中创建的文件夹和添加的文件都将一起复制到用户选择的安装位置。

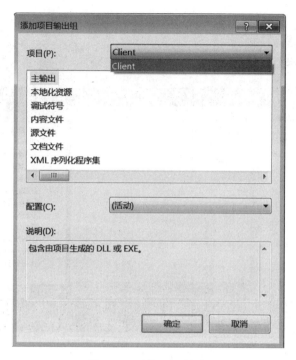

图 7.29　选择项目输出

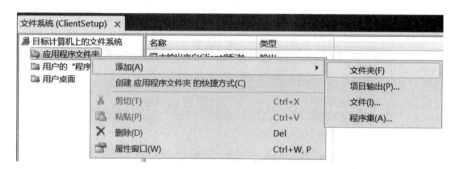

图 7.30　准备建立文件夹

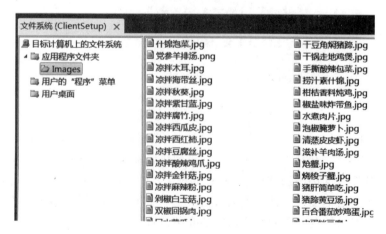

图 7.31　添加文件后的界面

步骤6：创建快捷方式。可以在安装后为应用程序在系统的"开始"菜单和"桌面"建立快捷方式。如果要在桌面建立快捷方式，选中"文件系统"窗体中的"用户桌面"项，在其右边空白区域右击，在弹出的快捷菜单中选择"创建新的快捷方式"，如图7.32所示。然后在图7.33和图7.34中选择快捷方式对应的目标程序。该快捷方式将在系统安装后，显示在用户桌面中。在该快捷方式的"属性"窗口中，可以修改快捷方式的名称或为快捷方式添加程序图标。

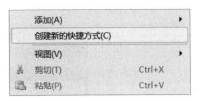

图7.32 创建快捷方式

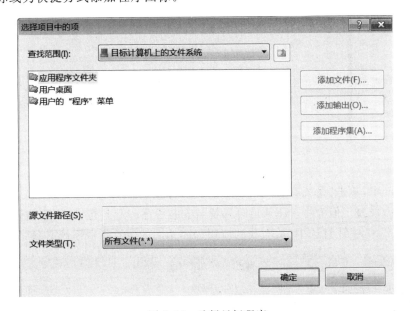

图7.33 选择目标程序

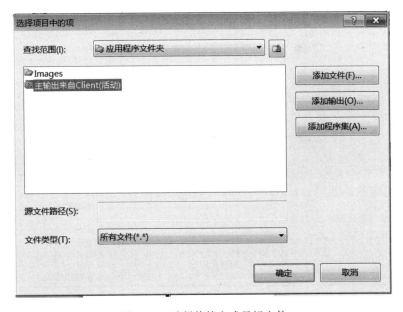

图7.34 选择快捷方式目标文件

步骤 7：设置安装项目属性。在开发环境的"项目"菜单中，选择"ClientSetup 属性…" （ClientSetup 是安装项目名称），如图 7.35 所示，根据需要可对安装程序的属性进行修改。

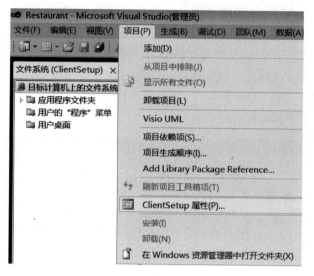

图 7.35　设置安装项目属性

在图 7.36 中，单击"系统必备…"按钮，选择程序运行时必需的组件。这里组件项都按默认选择，不做修改。但为将. NET 运行环境与安装程序一起打包，而不需要用户从网上下载，因此在图 7.37 中注意选中"从与我的应用程序相同的位置下载系统必备组件"项。

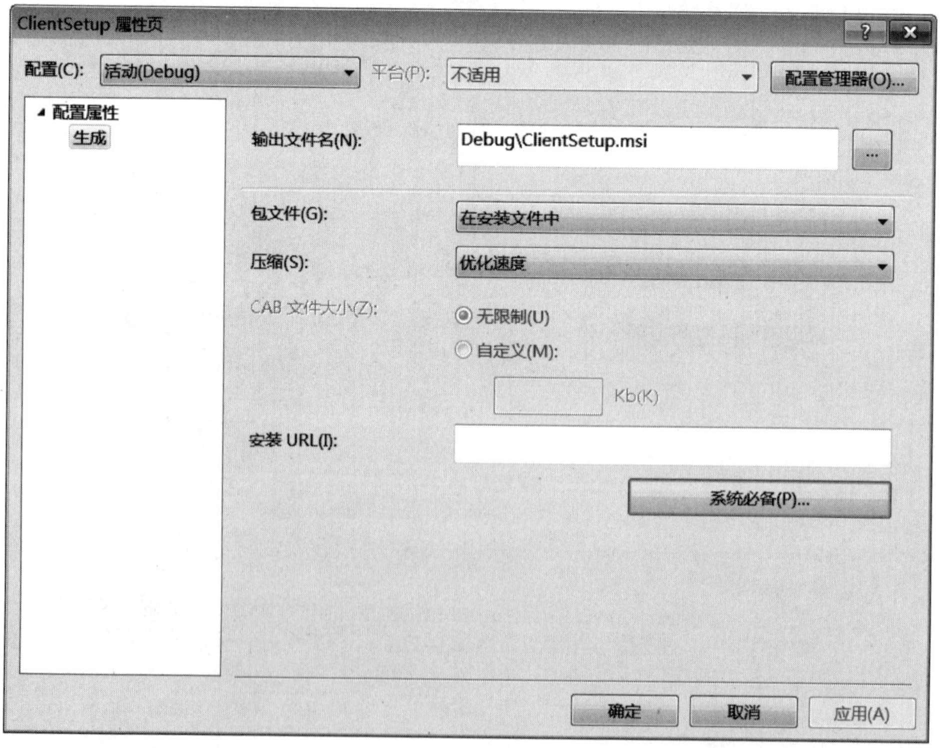

图 7.36　安装项目属性页

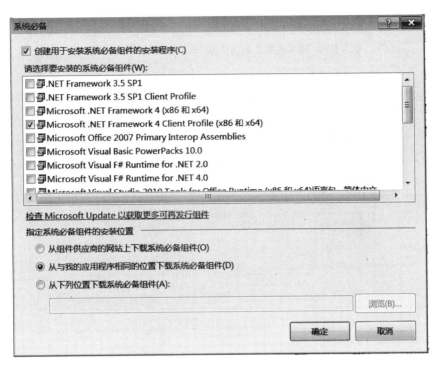

图 7.37 生成.NET运行环境

步骤 8：设置安装项目在运行时的属性。首先在"解决方案资源管理"窗体中，先选中项目名称 ClientSetup，然后选择"属性"窗口，如图 7.38 所示。在项目的"属性"窗口中可以设置安装标题、产品名称等信息。

图 7.38 安装选项

步骤 9：生成安装项目。选择菜单"生成"→"生成 ClientSetup"，完成程序安装包的制作。在该项目的 Debug 文件夹中，将看到如图 7.39 所示的内容。

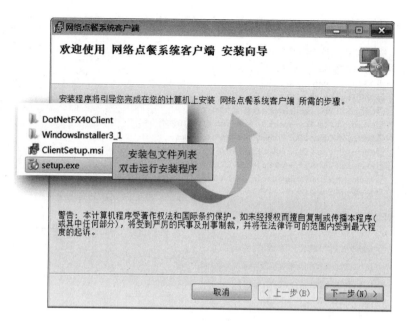

图 7.39　完成后的安装文件及启动安装界面

　　图 7.39 中 DotNetFX40Client 文件夹保存了.NET 运行环境的安装包,如果用户电脑缺少.NET 的运行环境,需要先安装该文件的内容,以建立程序的运行环境;WindowsInstaller3_1 文件夹的内容是在安装.NET 环境时可能需要用到的安装器。双击 ClientSetup.msi 或 setup.exe 可执行文件,都将完成客户端 Client 的安装过程。

参 考 文 献

[1] 柳青,严健武.Visual Basic.NET 程序设计[M].北京:人民邮电出版社,2008.

[2] [美] Mark Michaelis.C♯本质论[M].周靖,译.北京:人民邮电出版社,2008.

[3] [美] Christan Nagel,Bill Evjen,Jay Glynn.C♯高级编程[M].李铭,译.6 版.北京:清华大学出版社,2008.

[4] [美] James Huddleston.C♯数据库入门经典[M].姜玲玲,冯飞,译.3 版.北京:清华大学出版社,2008.

[5] Microsoft.MSDN Library for Visual Studio 2005.

[6] 刘秋香,王云,姜桂洪.Visual C♯.NET 程序设计[M].北京:清华大学出版社,2012.

图 书 资 源 支 持

感谢您一直以来对清华版图书的支持和爱护。为了配合本书的使用，本书提供配套的资源，有需求的读者请扫描下方的"书圈"微信公众号二维码，在图书专区下载，也可以拨打电话或发送电子邮件咨询。

如果您在使用本书的过程中遇到了什么问题，或者有相关图书出版计划，也请您发邮件告诉我们，以便我们更好地为您服务。

我们的联系方式：

地　　址：北京市海淀区双清路学研大厦 A 座 701

邮　　编：100084

电　　话：010－62770175－4608

资源下载：http://www.tup.com.cn

客服邮箱：tupjsj@vip.163.com

QQ：2301891038（请写明您的单位和姓名）

用微信扫一扫右边的二维码，即可关注清华大学出版社公众号"书圈"。

资源下载、样书申请

书圈

扫一扫，获取最新目录